Abgeleitete physikalische Größen (Fortsetzung)

Name	Formelzeichen	Definitionsgleichung	Einheiten Name	Zeichen	Weitere Einheiten Name	Zeichen	Zusammenhang/ Erläuterungen

Energie
  Arbeit
  Innere Energie
  Wärme
  elekt. Energie
	E, W
	W
	U
	Q
	W
		
		$W = F \cdot s$
		
		$Q = m \cdot c \cdot \Delta T$
		$W = U \cdot I \cdot t$
			Joule	J	Newtonmeter
					Wattsekunde
					Kilowattstunde
						Nm
						Ws
						
						kWh
							1 J = 1 Nm = 1 Ws
							
							1 kWh = 3 600 000 Ws
							    = 3,6 MJ

Leistung	P	$P = \dfrac{W}{t}$	Watt	W			$1\,W = 1\,\dfrac{Nm}{s} = 1\,\dfrac{J}{s} = 1\,V \cdot A$
Schwingungsdauer	T	$T = \dfrac{t}{n}$	Sekunde	s			
Frequenz	f	$f = \dfrac{n}{t}$	Hertz	Hz			$1\,Hz = \dfrac{1}{s}$
Beleuchtungsstärke	E		Lux	lx			$1\,lx = 1\,\dfrac{cd}{m^2}$
Brechkraft	D	$D = \dfrac{1}{f}$	Dioptrie	dpt			$1\,dpt = \dfrac{1}{m}$
Temperaturdifferenz	ΔT $\Delta \vartheta$	$\Delta T = T_2 - T_1$ $\Delta \vartheta = \vartheta_2 - \vartheta_1$	Kelvin	K	Grad Celsius	°C	1 °C = 1 K
Wärmekapazität	C	$C = \dfrac{Q}{\Delta \vartheta}$	Joule durch Kelvin	$\dfrac{J}{K}$	Joule durch Grad Celsius	$\dfrac{J}{°C}$	$1\,\dfrac{J}{K} = 1\,\dfrac{J}{°C}$
spezifische Wärmekapazität	c	$c = \dfrac{Q}{m \cdot \Delta \vartheta}$	Joule durch Kilogramm · Kelvin	$\dfrac{J}{kg \cdot K}$	Joule durch Kilogramm · Grad Celsius	$\dfrac{J}{kg \cdot °C}$	$1\,\dfrac{J}{kg \cdot K} = 1\,\dfrac{J}{kg \cdot °C}$
Wärmeleitfähigkeit	λ		Joule durch Meter Kelvin	$\dfrac{J}{m \cdot K}$			
Wärmedurchgangszahl	k		Watt durch Quadratmeter · Kelvin	$\dfrac{W}{m^2 \cdot K}$			
Elektrische Ladung	Q	$Q = I \cdot t$	Coulomb	C	Amperestunde	Ah	1 C = 1 As 1 Ah = 3600 As
Elektrische Spannung	U	$U = \dfrac{W}{Q}$	Volt	V			$1\,V = 1\,\dfrac{Nm}{C} = 1\,\dfrac{Ws}{C}$
Elektrischer Widerstand	R	$R = \dfrac{U}{I}$	Ohm	Ω			$1\,\Omega = 1\,\dfrac{V}{A} = \dfrac{1}{S}$
Elektrischer Leitwert	G	$G = \dfrac{I}{U}$	Siemens	S			$1\,S = 1\,\dfrac{A}{V}$
Spezifischer Widerstand (linearer Leiter)	ϱ	$\varrho = R \cdot \dfrac{A}{l}$	Ohm·Quadratmillimeter durch Meter		$\dfrac{\Omega \cdot mm^2}{m}$		elektrische Leitfähigkeit $\varkappa = \dfrac{1}{\varrho}$
Elektrische Kapazität	C	$C = \dfrac{Q}{U}$	Farad	F			$1\,F = 1\,\dfrac{C}{V}$
Aktivität	A	$A = \dfrac{1}{t}$	Becquerel	Bq		$\dfrac{1}{s}$	$1\,Bq = \dfrac{1}{s}$
Energiedosis	D	$D = \dfrac{W}{m}$	Gray	Gy	Joule durch Kilogramm	$\dfrac{J}{kg}$	$1\,Gy = 1\,\dfrac{J}{kg}$
Äquivalentdosis	H	$H = D \cdot Q$	Sievert	Sv	Joule durch Kilogramm	$\dfrac{J}{kg}$	$1\,Sv = 1\,\dfrac{J}{kg};\ 1\,Sv = \dfrac{100}{rem}$

Physik
für
Berufsfachschulen

Autoren:
    Heinrich Hübscher
    Horst Lochhaas
    Günter Pradel
    Bernd Vorwerk

1. Auflage   Druck 5 4 3
Herstellungsjahr 2005 2004
Alle Drucke dieser Auflage können im Unterricht parallel verwendet werden.

© Westermann Schulbuchverlag GmbH, Braunschweig 2000
www.westermann.de

Verlagslektorat: Jürgen Diem, Rita Dittbrenner, Ingeborg Kassner
Herstellung: Dirk Walter-von Lüderitz
Druck und Bindung: westermann druck GmbH, Braunschweig

ISBN 3-14-152116-6

Inhalt

Einführung

Physik eine Naturwissenschaft 6
Von der Beobachtung der Natur zur Physik 6

Aufbau und Eigenschaften der Körper .8
Ein Körper - was ist das physikalisch 8

Physikalische Größen 10
Länge, Zeit, Geschwindigkeit 10
Jeder Körper hat eine Masse.................... 12
Jeder Körper nimmt einen Raum ein 14
Jeder Stoff hat eine Dichte 16

Mechanik

Kräfte 18
Kräfte und ihre Wirkungen 19
Kraftmessung 20
Hookesches Gesetz 22
Kräfte kann man addieren und zerlegen.... 24
Auflagedruck 26
Reibung 28

Kraftumformung 30
Kraftwandler 30
Die schiefe Ebene 32
Hebel und Hebelgesetz 33

Arbeit - Energie - Leistung 36
Mechanische Arbeit 36
Hubarbeit mit Kraftwandlern 37
Energie 38
Leistung 39
Aus Technik und Sport 40
Aufgaben 42
Basiswissen Mechanik I 43

Bewegungen 44
Geschwindigkeit 44
Gleichförmige Bewegung 46
Beschleunigung 48
Anhalteweg 50
Freier Fall 51

Kraft und Bewegung 52
Kraft, Masse und Beschleunigung 52
Kraft und Gegenkraft 53
Trägheit 54
Kinetische Energie 56
Basiswissen Mechanik II 57

Mechanik der Flüssigkeiten und Gase

Druck und Druckmessung 58
Unter Druck gesetzt 59
Wir messen den Druck 60
Mit Flüssigkeiten Kräfte übertragen
und verstärken 61

Schweredruck in Flüssigkeiten 62
Schweredruck und Wassertiefe 62
Auftrieb in Flüssigkeiten 64

Schweredruck in Gasen 66
Luftdruck und Vakuum 66
Auftrieb im Luftmeer 68
Aus Medizin, Sport und Technik 70
Anwendungen und Aufgaben 70
Basiswissen Mechanik der Flüssigkeiten
und Gase 73

Wärmelehre

Temperatur und Körpereigenschaften 74
Temperaturmessung 75
Ausdehnung fester und flüssiger Körper
beim Erwärmen 76
Warm und kalt im Teilchenmodell –
absolute Temperatur 78
Änderung der Aggregatzustände 79

Die Energieform Wärme 82
Innere Energie und Wärme 82
Wärme wird gemessen – Heizwert............. 84
Wärmekapazitäten und ihre Bedeutung 86

Wärmetransport 88
Arten des Wärmetransports, Konvektion... 88
Wärmeleitung 89
Wärmestrahlung 90
Warum Wärme gepumpt werden kann –
Zweiter Hauptsatz der Wärmelehre 91

Energieversorgung eines Hauses 92
Energieumsatz in einem Haus 92
Was ist eine Wärmedurchgangszahl? 94
Energie sparen! – Aber wie? 95

**Verbrennungs- und
Wärmekraftmaschinen** 96
Verbrennungsmotoren 96
Turbinen 98
Stirlingmotor 98
Dampfkraftwerk 99

Energie und Umwelt 100
Energieumwandlungen 100
Auswirkungen der Energienutzung........... 100
Schonung der Umwelt 102
Basiswissen Wärmelehre 103

Optik

Ausbreitung des Lichts 104
Lichtstrahlen 105
Schattenbildung und Mondphasen 106
Finsternisse 108

Reflexion 110
Reflexion am ebenen Spiegel 110
Anwendungen der Reflexion 112
Wölb- und Hohlspiegel 114
Basiswissen Optik I....................................117

Brechung..118
Geknickte Lichtstrahlen 118
Untersuchung der Lichtbrechung 119
Totalreflexion und Dispersion 120
Anwendungen der Lichtbrechung.............122

Optische Geräte 124
Optische Linsen..124
Strahlengang und Bildkonstruktion bei
dünnen Linsen 126
Lochkamera 128
Projektor 129
Fotoapparat 130
Das menschliche Auge 132
Mikroskop und Fernrohr 134

Farben 135
Kontinuierliche Spektren 135
Nichtkontinuierliche Spektren..................136
Körperfarben - Farbmischung...................137
Additive und subtraktive Farbmischung .138
Basiswissen Optik II...................................139

Elektrizitätslehre

Stromkreis..140
Elektrische Energieverteilung...................141
Der elektrische Stromkreis........................144
Gefahren durch den elektrischen Strom und
Schutzmaßnahmen......................................146

Elektrische Ladungen 148
Untersuchung von Ladungen 148
Elektrische Felder......................................152

**Elektrische Spannung und
Stromstärke**..154
Elektrische Spannung................................154
Elektrische Stromstärke............................158
Elektrischer Widerstand 161
Spezifischer Widerstand 164
Reihenschaltung von Widerständen 166
Parallelschaltung von Widerständen 168

Elektrische Leistung und Arbeit 170
Elektrische Leistung..................................170
Elektrische Arbeit 171
Elektrische Energie....................................172
Kosten für elektrische Energie..................172
Energieumwandlung und
Sparmöglichkeiten....................................173
Basiswissen Elektrizitätslehre I...............175

**Elektromagnetische
Wechselwirkung**......................................176
Magnetische Wirkung stromdurchflossener
Leiter..176
Anwendungen von Elektromagneten........178

Motoren 180
Leiter im Magnetfeld 180
Elektromotor...182

Generatoren 184
Spannungserzeugung durch Induktion 184
Wechselspannungsgenerator 186

Transformatoren 188
Transformatoren.......................................188

Elektronik

Elektronische Werkstoffe....................190
Bauelemente der Elektronik 190
Widerstand und Temperatur 192
Widerstand und Licht 193

Elektronische Bauelemente 194
Gleichrichterdioden..................................194
Leuchtdioden(LEDs) 196
Transistoren verstärken 197
Transistoren schalten................................198

Elektronische Schaltungen 199
Transistorschaltungen 199
Grundlagen der Schaltalgebra 200
Basiswissen Elektrizitätslehre (II) und
Elektronik...201

Schwingungen und Wellen

Mechanische Schwingungen................202
Beschreibung von Schwingungen.............202
Schwingungsarten.....................................204

Mechanische Wellen..............................206
Entstehung und Ausbreitung von Wellen 206

Akustik 208	**Kernumwandlungen** 216
Schallausbreitung 208	Der radioaktive Zerfall 216
Schallgeschwindigkeit...............209	Künstliche Kernumwandlung 217
Schallmessung..........................210	
Was ist Lärm ?..........................212	**Strahlengefahr und Strahlschutz** ..218
Lärmschutz...............................213	Grundbegriffe des Strahlenschutzes.........218
	Strahlenbelastung und Schutzmaßnahmen.....................................219

Radioaktivität und Kernenergie

Radioaktivität........................214	**Stichwortverzeichnis**............................220
Strahlen aus dem Atomkern 214	
Vom Aufbau der Atome.............215	**Personenverzeichnis**.............................224
	Bildquellen..224

Themen der ganzseitigen Abbildungen:

S. 18: Kraftraining
S. 58: Taucher
S. 74: Thermogramm eines Hauses
S. 104: Zeitaufnahme vom nächtlichen Himmel
S. 140: Elektrische Versorgung eines Hauses

Stufen

- **1. Stufe:** Erfahrung, Beobachtung, Problem
- **2. Stufe:** Vermutungen, Hypothesen
- **3. Stufe:** Versuch, Experiment
- **4. Stufe:** Falls Hypothese bestätigt: Gesetz gefunden. Falls Hypothese nicht bestätigt: Neu nachdenken

So kann ein physikalisches Gesetz entstehen

Liebe Schülerinnen, liebe Schüler,

wir, die Autoren dieses Physikbuches, laden Sie zu einer aufregenden Reise ein, zu einer Reise in die Welt der Physik.
Wir werden dem Energiespender Sonne begegnen; wir werden sehen, dass Lichtstrahlen zurückgeworfen und gebrochen werden können und unter günstigen Bedingungen einen Regenbogen zaubern. Sie werden erfahren, wie man seine Muskelkräfte messen kann und wie man einen funktionsfähigen Elektromotor bastelt.
Sie lernen die Funktionsweise eines Transistors kennen und können dann Transistorschaltungen selbst bauen und noch vieles, vieles mehr.
Diese abenteuerliche Reise in die Welt der Physik soll Interesse wecken, Spaß bereiten – Mädchen und Jungen gleichermaßen.
Physik gestattet Einblicke in die Natur; Physik hilft, Natur und Umwelt besser zu verstehen, sie zu schützen und zu bewahren. Physik hilft, sorgsam und verantwortungsbewusst mit der Natur umzugehen und sie nicht „auszubeuten".
Physik hilft, neue Techniken, neue Technologien zu entwickeln und verantwortungsvoll zu nutzen. Physik ist interessant, Physik ist wichtig! Es lohnt sich, Physik zu lernen!
Viel Freude mit diesem Physikbuch und eine spannende Reise in die Welt der Physik wünscht Ihnen

Ihr Physik-Team

Von der Beobachtung der Natur zur Naturwissenschaft

Die Menschen der Frühzeit waren mit der Natur viel enger verbunden als wir heutigen Menschen. Sie fühlten sich den Naturabläufen und den Naturgewalten total ausgesetzt. Das galt erst recht für Naturkatastrophen, wie z.B. Unwetter, Wirbelstürme, Überschwemmungen, Vulkanausbrüche, Brände Erdbeben, die auch heute noch viele Opfer fordern. Schon die Menschen des Altertums (z. B. die Sumerer, die Babylonier, die Ägypter) untersuchten das Naturgeschehen und entdeckten dabei Regelmäßigkeiten. Immer mehr Abläufe in der Natur ließen sich auf diese Weise „physikalisch" erklären und brauchten nicht mehr den Launen von Göttern und Dämonen zugeschrieben werden.

Der Grieche **Aristoteles** (384–322 v. Chr.) befasste sich besonders intensiv mit Naturerscheinungen. Durch Beobachten mit den Sinnen - Experimentieren spielte damals eine untergeordnete Rolle – gewann er viele Erkenntnisse, die er seinen Schülern als Naturlehre vermittelte.

Der Italiener **Galilei** (1564 – 1642) verstand das Experiment als gezielte Frage an die Natur. Mit Hilfe von Experimenten erhielt er viele zuverlässige physikalische Erkenntnisse, z.B. über Bewegungsabläufe, die er auch mathematisch zu beschreiben versuchte. Mit Hilfe eines selbstgebauten Fernrohres entdeckte er Berge auf dem Mond und vier Monde des Planeten Jupiter.

Mit dem Erkennen und dem mathematischen Formulieren von Gesetzmäßigkeiten entwickelt sich die Naturlehre zur Naturwissenschaft. Kriterium: Immer und überall kommt man bei gleichen Versuchsgegebenheiten zum gleichen Versuchsergebnis. Es gilt der Zusammenhang: **Gleiche physikalische Ursache - gleiche physikalische Wirkung**. Die Physik ist zuverlässig!

Sich mit Physik befassen heißt:
- beobachten der Natur und von technischen Vorgängen,
- staunen, sich wundern, Genaueres wissen wollen,
- Vermutungen anstellen,
- planmäßig experimentieren,
- die Experimente auswerten und die gewonnenen Erkenntnisse möglichst auch mathematisch formulieren.

Auf diesem Wege fanden viele berühmte Physikerinnen und Physiker Gesetze, die immer und überall gelten. Es gibt aber immer noch viel zu entdecken. Forscherinnen und Forscher aus fast allen Nationen bemühen sich intensiv, vorhandene Erkenntnisse zu präzisieren und neue zu gewinnen. Für besonders wertvolle Forschungsergebnisse auf dem Gebiet der Physik wird seit 1900 Jahr für Jahr ein Preis, nach seinem Stifter Nobelpreis genannt, verliehen. Einer der bekanntesten Nobelpreisträger der Physik ist **Albert Einstein** (1879 – 1955).

Die Physik spielt auch in anderen Wissenschaften, z. B. Chemie, Biologie, Medizin, eine wichtige Rolle. Die Physik hat **fächerübergreifende** Bedeutung.

Physik eine Naturwissenschaft

1 Mechatroniker bei der Arbeit

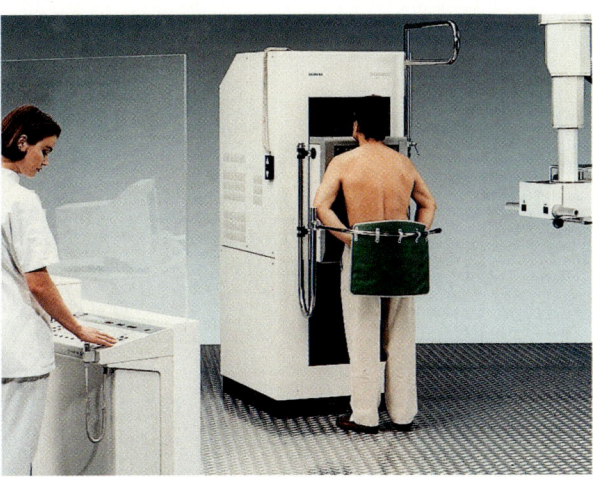

2 Röntgenuntersuchung

Physik und Technik
Die Physik erforscht und beschreibt die Natur. Die Ergebnisse werden in der Technik genutzt. Dabei hilft die Technik in vielen Fällen, die Lebensbedingungen der Menschen zu verbessern und ihr Leben zu verlängern.

Mit technischen Hilfsmitteln konnte der Mensch seine Mobilität zu Lande (Auto und andere Verkehrsmittel), zu Wasser (Schiffe) und in der Luft (Flugzeuge) enorm steigern. Die Physik trägt in der Medizin dazu bei, viele Gebrechen zu mildern (Prothesen aller Art) und Herzkranken (z.B. Herzschrittmacher) das Leben erträglich zu machen.

Physikalische Erkenntnisse helfen auch in der Haustechnik (z. B. Waschautomat, Geschirrspüler, Staubsauger u.a.). In Fertigungsbetrieben sind viele Werkzeuge und Maschinen und vielerorts auch Roboter im Einsatz, um den Arbeitern anstrengende und gefährliche Arbeiten zu ersparen.

Technische Entwicklungen sind selten abgeschlossen. Ständig geht es um Verbesserungen, also um Weiterentwicklung.

Ein Beispiel zur Verdeutlichung: Für die Menschen des Altertums war das gängige Zeitmaß ein Tag, also die Zeitspanne von einem Sonnenaufgang bis zum nächsten. Mit dem Bau von Uhren konnten kürzere Zeittakte realisiert werden. Bereits im 17. Jahrhundert gelang es, Pendeluhren zu konstruieren mit einem Fehler von ca. zwei Minuten pro Tag. Moderne Quarzuhren weichen pro Tag nur noch ungefähr 0,001 s von der exakten Zeit ab und Atomuhren gar nur 0,3 s in 10 000 Jahren!

Physik und Umwelt
Am Anfang der technischen Entwicklung waren die negativen Auswirkungen auf die Umwelt gering. Erst als die Industrialisierung in großem Maßstab (industrielle Revolution) einsetzte, wurden neben den Vorteilen (Arbeit und wachsender Wohlstand) auch die negativen Auswirkungen (Luft- und Wasserverschmutzung, Lärm u.a.) augenfällig.

Die physikalische Forschung hat wesentlich mitgeholfen, Umweltschäden messtechnisch erfassen und mildern zu helfen. Man denke nur an die Messsysteme für Abgase, an Katalysatoren für die Abgasverminderung, an die Verbesserung der Motoren (weniger Benzinverbrauch) und an die Sicherheit technischer Systeme (ABS, Airbag).

Ein besonderes Anliegen physikalischer Forschung ist es, Energie sparen und Abfälle vermeiden zu helfen.

Physik und Berufswelt
Entsprechend der Vielseitigkeit des physikalisch-technischen Fachwissens gibt es viele Berufe, in denen sich Auszubildende mit Physik beschäftigen müssen. Beispiele: Physiklaborant/in, Krankenschwester, Mechatroniker/in, Informationselektroniker/in, Werkstoffprüfer/in und viele andere mehr.

Verbesserte Techniken und neue Technologien haben auch eine Veränderung der beruflichen Qualifikationen bewirkt: Ohne Datenverarbeitung geht es in fast keinem Beruf mehr.

Mit Physik lässt sich beruflich viel anfangen; es lohnt sich, in diesem Unterrichtsfach Kenntnisse zu erwerben.
Dieses Buch möchte Ihnen dabei helfen.

Einführung

1 Verdrängung von Wasser

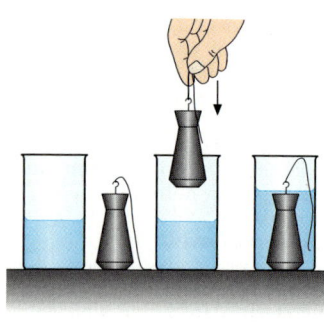

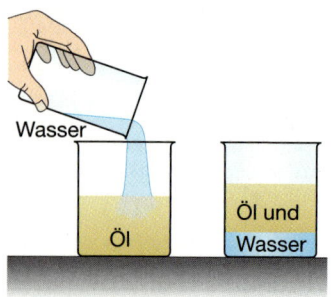

2 Verdrängung von Körpern

Ein Körper – was ist das physikalisch?

▽ 1: Tauchen Sie wie in Bild 1 ein umgedrehtes Glas in das Wasser ein! Beschreiben Sie Ihre Beobachtungen!

In das umgedrehte Glas dringt nur wenig Wasser ein. Der Flüssigkeitsspiegel in der Glasschale steigt. Wie können wir dieses erstaunliche Ergebnis verstehen? Warum dringt das Wasser kaum in das Glas ein? Was hat das mit der in dem Glas befindlichen Luft zu tun? Warum steigt der Flüssigkeitsspiegel in der Glasschale?

Offenbar hat das Gas Luft die Flüssigkeit Wasser verdrängt. Ob das Wasser auch durch andere Körper verdrängt werden kann, lässt sich mit Hilfe der folgenden Versuchsreihe untersuchen.

▽ 2: Führen Sie die Versuche nach Bild 2 durch und beschreiben Sie die Beobachtungen!
a) Tauchen Sie den festen Gegenstand in das Wasser und ziehen Sie ihn wieder heraus!
b) Füllen Sie in die Glasschale etwas Pflanzenöl und schütten Sie aus einem zweiten Glas etwas Wasser dazu!

Ergebnis: Der feste Körper verdrängt die Flüssigkeit Wasser. Die Flüssigkeit Wasser verdrängt die Flüssigkeit Öl.

In der Alltagssprache verstehen wir unter „Körper" meistens einen menschlichen oder tierischen Körper. In der Mathematik bedeutet Körper (z. B. Würfel oder Kegel) wieder etwas anderes: Sie umgrenzen einen bestimmten Raum.

In der Physik verstehen wir unter „Körper" alle Dinge, die aus einem Stoff bestehen und irgendwie begrenzt sind. So bildet die Luft in einem Ballon einen gasförmigen Körper, das Wasser in einem Glas einen flüssigen Körper und ein Geldstück einen festen Körper.

> **Unter einem physikalischen Körper versteht man eine begrenzte Menge Stoff.**

Eigenschaften von Körpern

Fest – flüssig – gasförmig, das sind die drei **Aggregatzustände,** in denen fast alle Stoffe vorkommen können. Am bekanntesten ist das Wasser, das als Eis (fester Stoff), als Wasser (Flüssigkeit) sowie als Wasserdampf (Gas) existiert.

Wie können wir uns die drei unterschiedlichen Zustände für den gleichen Stoff verständlich machen?

Dazu benutzen wir die Vorstellung, die sich bereits die Griechen **Leukipp** und **Demokrit** um etwa 450 v. Chr. gemacht hatten. Sie nahmen an, dass alle Stoffe aus kleinsten, nicht mehr teilbaren Teilchen aufgebaut sind, und nannten diese **Atome** (atomos, gr. unteilbar).

Inzwischen weiß man mehr über diese kleinsten Teilchen, die Atome.

Die verschiedenen Stoffe wie Eisen, Wasser, Kupfer, Holz unterscheiden sich in der Art ihrer kleinsten Teilchen. Die Atome der 112 zur Zeit bekannten Grundstoffe, Elemente genannt (z.B.: Eisen, Kupfer, Sauerstoff, Wasserstoff, Kohlenstoff), unterscheiden sich durch die Masse und Größe voneinander. Viele dieser Atomsorten können zu mehreren zusammentreten. Es entstehen dann **Moleküle**. Sie sind die Grundbausteine der zahlreichen chemischen Verbindungen. So verbinden sich gern zwei Wasserstoffatome mit einem Sauerstoffatom. Sie bilden ein Wasserteilchen, ein Wassermolekül.

Atome können doch noch weiter geteilt werden. Für uns aber genügt es vorerst, wenn wir uns die Atome als winzig kleine, harte, unzerstörbare Kugeln vorstellen. Mit dieser vereinfachten Darstellung – wir sprechen von einem **Teilchenmodell** – lassen sich viele Dinge erklären. Deshalb brauchen wir zunächst noch kein feineres Modell.

> **Mit dem Kugelteilchenmodell lassen sich viele Beobachtungen erklären.**

Aufbau und Eigenschaften der Körper

3 Ausgießen von Wasser

Kräfte zwischen den kleinsten Teilchen

V 3: Gießen Sie vorsichtig Wasser aus einem Glas aus! Beschreiben Sie die Beobachtung und versuchen Sie sie mit Hilfe des Teilchenmodells zu erklären!

Das Wasser läuft an der Außenwand des Glases herunter, obwohl es doch eigentlich senkrecht nach unten fallen müsste (Bild 3).

Mit Hilfe des Teilchenmodells können wir diese Beobachtung verstehen. Zwischen den einzelnen Teilchen des gleichen Stoffes herrschen Kräfte, dadurch werden die Wasserteilchen untereinander zusammengehalten. Man spricht von **Kohäsionskräften**. Aber auch zwischen den Atomen des Wassers und des Glases wirken Kräfte. Diese Kräfte, die zwischen Teilchen verschiedener Stoffe wirken, heißen **Adhäsionskräfte**. Beim vorsichtigen Ausgießen reichen sie aus, um die Wasserteilchen am Glas entlangfließen zu lassen.

Fest – flüssig – gasförmig

Kräfte zwischen den Teilchen sind auch dafür verantwortlich, ob ein Körper als gasförmiger, flüssiger oder fester Körper vorliegt. Man kann also die Aggregatzustände mit dem Verhalten der kleinsten Teilchen erklären (Bild 4).

Bei festen Körpern (z. B. Kupfer, Eis, Zucker) sind die Kräfte zwischen den Teilchen sehr groß, so dass ein einzelnes Atom oder Molekül seinen Platz nicht verlassen kann. Daher sind Festkörper meistens stabil und haben eine kaum veränderbare Form. Manche Körper fallen durch ebene Oberflächen auf. Es sind **Kristalle**.

Die meisten festen Körper bestehen aus einer Vielzahl kleiner Kriställchen, die nur mit der Lupe oder unter dem Mikroskop erkennbar sind. Die Regelmäßigkeit der äußeren Form kann durch die regelmäßige Anordnung der Teilchen erklärt werden (Bild 4a).

Bei Flüssigkeiten sind die Kräfte zwischen den Teilchen wesentlich schwächer als bei festen Körpern. Es gelingt immerhin, die einzelnen Teilchen gegeneinander zu verschieben. Flüssigkeiten nehmen daher jede Form an, in die sie hineingegossen werden (Bild 4b).

> **In Flüssigkeiten liegen die Teilchen dicht nebeneinander, können aber leicht gegeneinander verschoben werden. Zwischen den Teilchen wirken Anziehungskräfte.**

Bei Gasen gibt es nur noch sehr schwache Kräfte zwischen den Teilchen, die weit voneinander entfernt sind. Daher benötigen Gase ein wesentlich größeres Volumen als Flüssigkeiten oder feste Körper bei gleicher Masse und gleichem Druck (Bild 4c). Erst wenn die Temperatur sinkt, werden die Anziehungskräfte zwischen den Gasteilchen stärker wirksam, so dass viele Gase dann beginnen, flüssig zu werden (z. B.: Bildung von Tau auf einer Wiese).

> **Zwischen den Gasteilchen ist viel Platz. Zwischen den einzelnen Teilchen wirken kaum Kräfte.**

4: Beschreiben Sie die Aggregatzustände mit Hilfe des Teilchenmodells!

	Feste Körper	Flüssige Körper	Gasförmige Körper
Form, Volumen	Eigene Form; eigenes Volumen	Keine eigene Form; hat eigenes Volumen; füllt Formen aus	Keine eigene Form; füllt jedes Volumen aus
Kräfte zwischen den Teilchen	stark	schwach	sehr schwach
Teilchen verschiebbar?	nein	ja — leicht verschiebbar	ja — viel Platz zwischen den Teilchen
Beispiel	Eisenklotz, Gewichtsstück	Limonade im Glas	Luft im Luftballon
Veranschaulichung im Teilchenmodell			

4 Vergleich der Aggregatzustände

Physikalische Größen

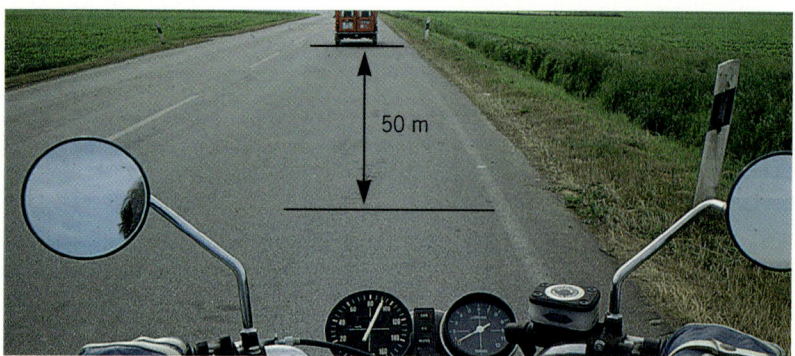

1 Weg und Zeit

Zoll (")
(engl. inch)
1 Zoll = 2,56 cm

Seemeile (sm)
1 sm = 1852 m

Meile (mi)
1 mi = 1609 m

2 Andere Längeneinheiten

Länge, Zeit und Geschwindigkeit

An der Landstraße stehen die schwarzweißen Markierungspfähle in einer Entfernung von 50 Metern auseinander. Alle 2,5 Sekunden „huscht" bei gleichbleibender Geschwindigkeit ein Pfahl vorbei (Bild 1). Entfernungen nennt man häufig auch Strecken oder Längen.

Länge, Zeit und Geschwindigkeit sind **physikalische Größen**. Alle physikalischen Größen setzen sich aus zwei Anteilen zusammen, einem **Zahlenwert** und einer **physikalischen Einheit**.

Die Angabe 50 m wird durch das Produkt aus dem Zahlenwert 50 und der Einheit 1m dargestellt: 50 · 1 m = 50 m.

1875 einigten sich 17 Staaten auf das metrische System. Seitdem ist als Einheit für die **Länge** 1 Meter in vielen Staaten gesetzlich festgelegt. Auf einem Stab aus Platin und Iridium wurde die Einheit damals durch den Abstand zweier Markierungen festgelegt (Bild 3). Dieses **Urmeter** wird sorgfältig, gegen Umwelteinflüsse geschützt, in Paris aufbewahrt. Alle Staaten haben eine entsprechende Nachbildung bekommen.

Heute wird die Länge mit Hilfe der Lichtgeschwindigkeit definiert. Die Einheit 1 Meter ist die Strecke, die das Licht im Vakuum, also im luftleeren Raum, während der Zeit 1/299792458 Sekunden durchläuft.

Obwohl der Meter die gesetzliche Längeneinheit ist, werden noch andere Längeneinheiten benutzt (Bild 2). Je nach Messgenauigkeit muss ein entsprechendes Messgerät ausgewählt werden. Lineale, Maßbänder, Messlatten und Zollstöcke sind Beispiele für **Längenmessgeräte**.

Auch die **Zeit** ist eine physikalische Größe. Als Einheit der Zeit wurde 1 Sekunde festgelegt. Das ist der 86400ste Teil eines mittleren Sonnentages.

Als größere Einheiten werden die Minute (min) und die Stunde (h) verwendet:
1 min = 60 s   1 h = 3600 s

Die physikalischen Größen werden durch Buchstaben symbolisiert. Sie werden kursiv gedruckt.
Die Strecke erhält das Symbol s,
die Zeit erhält das Symbol t und
die Geschwindigkeit das Symbol v.

Länge und Zeit sind **Basisgrößen**. Die zugehörigen Einheiten heißen **Basiseinheiten**. Flächen (A) sind abgeleitete Größen. Die Einheit 1 Quadratmeter (m^2) wird auf die Basiseinheit 1 m zurückgeführt (Bild 4). Sind a und b die Längen der Rechteckseiten, dann ist der Flächeninhalt des Rechtecks durch Multiplikation festgelegt.

$$A = a \cdot b$$

Es ergibt sich die Einheit für den Flächeninhalt 1 m · 1 m = 1 m².

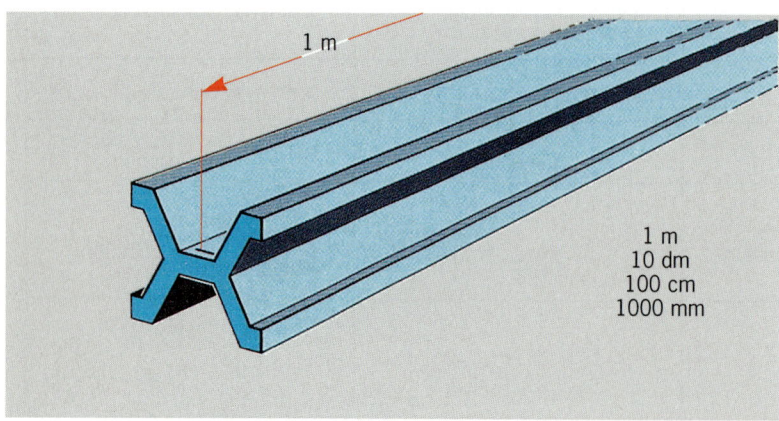

3 Längennormal (Ende)

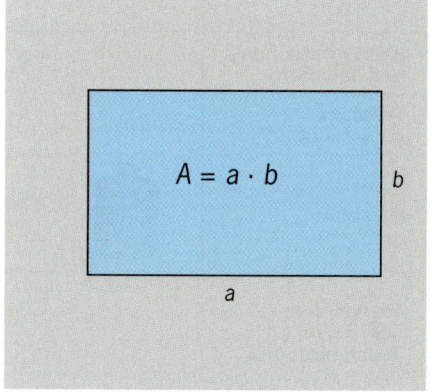

4 Flächeninhalt

Länge, Zeit und Geschwindigkeit

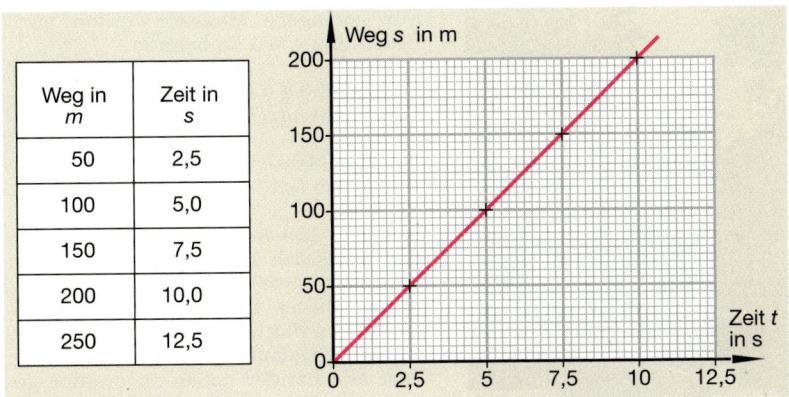

5 Weg-Zeit-Diagramm

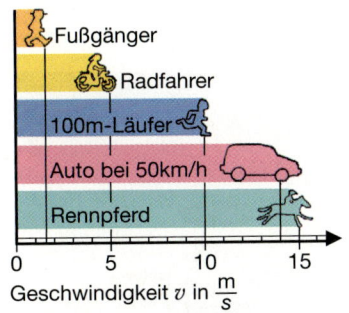

Beispiele für Geschwindigkeiten

Geschwindigkeit

Um die Geschwindigkeit zu bestimmen, müssen der Weg s und die dafür benötigte Zeit t gemessen werden. Einige Messergebnisse für die gleich bleibende Geschwindigkeit sind in Bild 5 in einer Wertetabelle und in einem Diagramm dargestellt.

Dividiert man die zurückgelegten Wegstrecken s durch die dafür benötigten Zeiten t, so erhält man immer den gleichen Wert 20. Das ist der Wert für die Geschwindigkeit v.

$$v = \frac{50\,m}{2{,}5\,s} = \frac{100\,m}{5\,s} = \frac{150\,m}{7{,}5\,s} = \ldots = 20\,\frac{m}{s}$$

Geschwindigkeit = $\dfrac{\text{zurückgelegter Weg}}{\text{dafür benötigte Zeit}}$

oder als Formelgleichung $v = \dfrac{s}{t}$.

Wenn der Weg s in Metern (m) und die Zeit t in Sekunden (s) angegeben werden, ergibt sich als Einheit für die Geschwindigkeit 1 m/s. Gelesen wird das Meter durch Sekunde.

> **Physikalische Größen werden durch das Produkt aus Zahlenwert und Einheit beschrieben:**
>
> **Größe = Zahlenwert · Einheit.**
>
> **Beziehungen zwischen physikalischen Größen werden in Form von Gleichungen dargestellt.**
>
> **Beispiel:**
> $$v = \frac{s}{t}.$$

Da im Verkehr die Geschwindigkeiten meistens angeben, wie viele Kilometer in einer Stunde bei gleich bleibender ununterbrochener Fahrt zurückgelegt wurden, muss die Einheit m/s in die Einheit km/h umgerechnet werden.
1 m/s bedeutet bei gleich bleibender Geschwindigkeit 60 m/min oder auch 3600 m/h; das sind 3,6 km/h. Es gilt also:

$$1\,\frac{m}{s} = 3{,}6\,\frac{km}{h}.$$

Diese Gleichung ermöglicht ein schnelles Umrechnen:
20 m/s sind 20 · 3,6 km/h = 72 km/h.

9 Beispiel:
Umrechnen von km/h in m/s
Ein Auto fährt mit einer Geschwindigkeit von 50 km/h. Wie groß ist seine Geschwindigkeit in m/s?

In 1 km/h ersetzen wir 1 km durch 1000 m und 1 h durch 3600 s. Dadurch erhalten wir:

$$1\,\frac{km}{h} = \frac{1000\,m}{3600\,s} = \frac{1\,m}{3{,}6\,s},\text{ also:}$$

$$50\,\frac{km}{h} = \frac{50}{3{,}6}\,\frac{m}{s} \approx 13{,}9\,\frac{m}{s}.$$

Die Geschwindigkeit beträgt ungefähr 13,9 m/s.

> $$1\,\frac{m}{s} = 3{,}6\,\frac{km}{h} \qquad 1\,\frac{km}{h} = \frac{1\,m}{3{,}6\,s}$$

Im Stadtverkehr lässt sich die erlaubte Höchstgeschwindigkeit von 50 km/h (≈13,9 m/s) fast nie durchgehend einhalten. Rote Ampeln, Staus, Warten als Abbieger, vorsichtiges Fahren führen zu einer wesentlich verminderten **Durchschnittsgeschwindigkeit**. Diese wird errechnet, indem der gesamte zurückgelegte Weg durch die insgesamt dafür benötigte Zeit dividiert wird.

Die Geschwindigkeit, die ein Auto, ein Fahrrad, ein Fußgänger „in einem bestimmten Moment" gerade aufweist, heißt **Momentangeschwindigkeit**. Sie kann innerhalb einer Ortschaft zwischen 0 m/s (rote Ampel) und 13,9 m/s (zulässige Höchstgeschwindigkeit) schwanken.

Aufgaben
1. Ein ICE benötigt für die 640 km lange Strecke Berlin–Bonn 4 h 38 min, für die 540 km lange Strecke Hamburg-Frankfurt 3 h 20 min. Wie groß sind die Durchschnittsgeschwindigkeiten?
2. Warum ist die Durchschnittsgeschwindigkeit nie größer als der höchste Wert der Momentangeschwindigkeit?
3. Wie viele Meter legt ein Pkw bei „Tempo 130" in einer einzigen Sekunde etwa zurück?

Physikalische Größen

1 Große Masse – kleine Masse

Für geringere Massen werden auch Bruchteile von 1 kg benutzt.

1 kg = 1000 g (Gramm).
1 g = 1000 mg (Milligramm).

Größere Massen werden in Tonnen (t) angegeben (1 t = 1000 kg).

Seit über 100 Jahren wird bei Paris ein Gewichtsstück zum Vergleich staubfrei in einem geschützten Raum aufbewahrt. Dieses **Urkilogramm**, ein Zylinder aus Platin und Iridium, hat vereinbarungsgemäß die Masse $m = 1$ kg. Fast alle Länder haben davon eine genaue Kopie erhalten. Die Kopie für Deutschland wird in der Physikalisch-Technischen Bundesanstalt in Braunschweig sorgsam aufbewahrt.

Nach dieser Kopie werden die Wägestücke genau festgelegt.

Jeder Körper hat eine Masse

Zum **Vergleich von Massen** benutzt man eine Tafel- oder eine Balkenwaage und Gewichtsstücke. Die Waage befindet sich im Gleichgewicht, wenn der Waagebalken waagerecht steht.

Ⓥ 1: Legen Sie auf eine der beiden Waagschalen eine Kugel aus Knete oder Ton! Legen Sie auf die andere Waagschale so lange Gewichtsstücke, bis Gleichgewicht herrscht!

Die Waage ist dann austariert. Beide Massen sind gleich.

Ⓥ 2: Formen Sie aus der Knetekugel kleinere Kugeln, Figuren oder Herzchen und legen Sie alles wieder gemeinsam auf die Waagschale!

Die Waage bleibt austariert. Durch Teilen, Umformen, Zusammendrücken usw. wird die Masse der Kugel nicht verändert, man sagt: Die Masse bleibt erhalten. Das Formelzeichen ist der Buchstabe m.

Die Einheit der Masse ist 1 kg (Kilogramm).

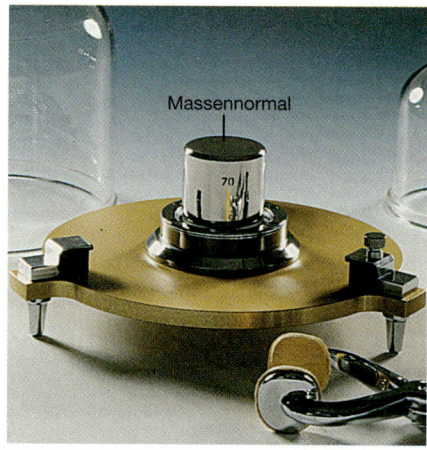

4 Massennormal

☐ 3: Geben Sie die Masse an für ein Paket Butter, einen Becher Jogurt, eine Tafel Schokolade!

☐ 4: Wie groß ist Ihre Masse?

☐ 5: Schätzen Sie die Masse von unterschiedlichen Körpern (Bleistift, Federtasche, Knete, Nägel oder Schrauben)! Bestimmen Sie anschließend die Masse mit Hilfe einer Waage!

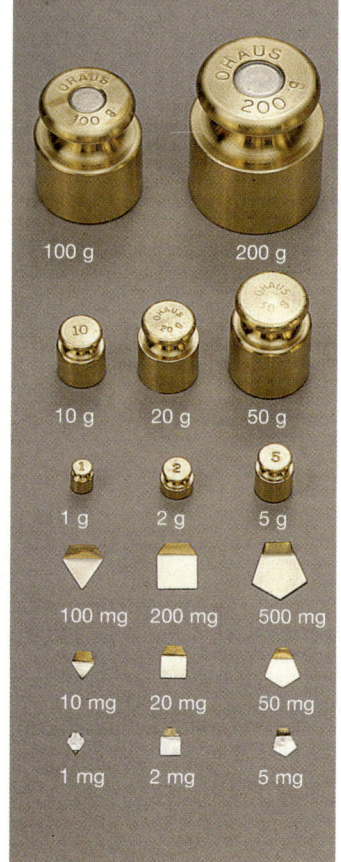

2 Wägestücke

3 Die Masse bleibt erhalten

Masse und Dichte

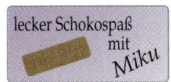

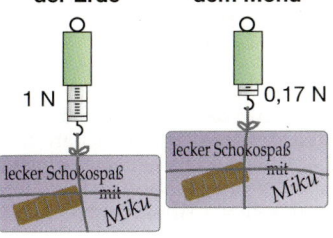

Masse und Gewichtskraft

Beispiele für Massen	
Haar	0,011 mg
1 l Luft	1,3 g
2-Cent-Münze	3 g
1 l Wasser	1 kg
Frau	60 kg
Mann	70 kg
Pkw	1 t
Elefant	5–6 t
Erde	6000000000000000000000 t

Worin unterscheiden sich eigentlich Masse und Gewichtskraft?
Nehmen wir als Beispiel eine Tafel Schokolade.

V 6: Bestimmen Sie mit einer Balkenwaage die Masse m der Tafel Schokolade mit Verpackung! Bestimmen Sie anschließend die Gewichtskraft F_G derselben Schokolade mit dem Kraftmesser!

Balkenwaage: $m = 102$ g.
Kraftmesser: $F_G = 1$ N.
Die Schokolade wird von der Erde angezogen. Mit gleicher Kraft wird aber auch die Erde von der Schokolade angezogen, nur merkt man auf Grund der großen Erdmasse nichts davon. Mit dem Kraftmesser wird die Anziehungskraft zwischen der Erde und einem Körper bestimmt.

Könnten wir diese Messungen auf dem Mond wiederholen, würden wir folgende Werte erhalten: Die Balkenwaage würde wieder eine Masse $m = 102$ g anzeigen, der Kraftmesser eine Gewichtskraft $F_G = 0{,}17$ N. Die Masse bliebe in jedem Fall gleich, solange wir nichts davon wegnehmen oder dazutun. Aber die Gewichtskraft änderte sich. Auf dem Mond wirkt eine geringere Anziehungskraft (**Schwerkraft**) als auf der Erde. Auch auf dem Mond ist diese Gewichtskraft zum Mittelpunkt gerichtet.

Könnten wir diesen Versuch auch auf anderen **Himmelskörpern** durchführen, würden wir feststellen:
Auf Himmelskörpern mit großer Masse wäre die Gewichtskraft größer als auf Himmelskörpern mit kleiner Masse (Bild 5). Außerdem änderte sich die Gewichtskraft mit der Entfernung zum Himmelskörper. Selbst auf der Erde zeigt der Kraftmesser für dasselbe Ge-

6 Geringere Gewichtskraft auf dem Mond

wichtsstück unterschiedliche Werte an. Eine Ursache für die Abweichungen auf der Erde ist ihre abgeplattete Form. So beträgt der Durchmesser am Äquator 12756 km, vom Nord- zum Südpol 12714 km. Eine weitere Ursache ist ihre Drehung um die eigene Achse.

Zwischen allen Körpern wirkt eine **Massenanziehungskraft** (Schwerkraft oder Gravitationskraft).

> **Die Gewichtskraft ist ortsabhängig. Die Masse bleibt gleich.**

Zusammenhang von Masse und Gewichtskraft
Aus dem Bild 5 entnehmen wir, dass auf einen Körper mit der Masse $m = 1$ kg auf der Erdoberfläche in Mitteleuropa die Gewichtskraft 9,81 N, auf dem Mond die Gewichtskraft 1,62 N wirkt. Will man nun die Gewichtskraft F_G einer bestimmten Masse m an einem dieser Orte berechnen, so muss man die Masse mit dem Faktor 9,81 bzw. 1,62 multiplizieren. Dieser Faktor heißt **Ortsfaktor** g. Seine Einheit ist N/kg.
Es gilt: $F_G = m \cdot g$.
Auf der Erde können wir näherungsweise mit dem Faktor $g = 10$ N/kg rechnen. Für $m = 1$ kg erhält man:
$F_G = 1$ kg $\cdot$ 10 N/kg $= 10$ N.

> **Auf einen Körper mit der Masse $m = 1$ kg wirkt auf der Erdoberfläche ungefähr die Gewichtskraft 10 N.**

Aufgaben
1. Wie groß ist der Unterschied der Gewichtskraft eines Menschen ($m = 75$ kg) am Nordpol und am Äquator?
2. Ergänzen Sie die Beispiele für Massen!
3. Die Gesamtausrüstung eines Raumfahrers hat eine Masse von 84 kg. Wie groß ist die Gewichtskraft auf der Erde, auf dem Mond?
4. Die Raumfahrer bringen vom Mond Gesteinsproben mit zur Erde zurück. Auf dem Mond messen sie eine Gewichtskraft von 12 N. a) Wie groß ist die Gewichtskraft auf der Erde? b) Wie groß ist die Masse?

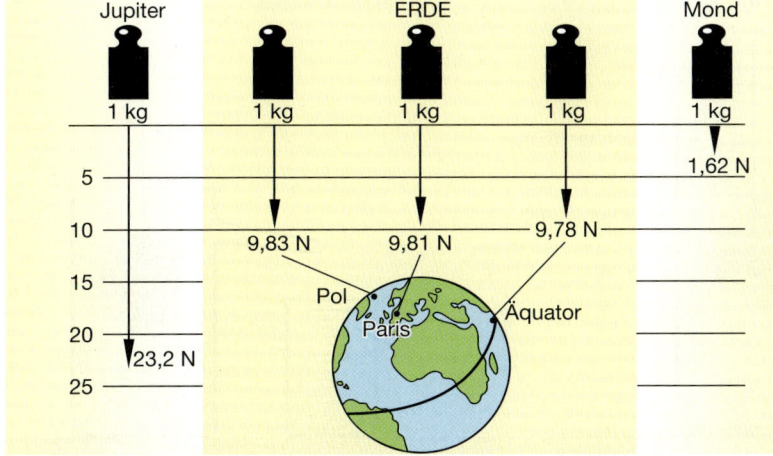

5 Die Gewichtskraft ist ortsabhängig

Physikalische Größen

Jeder Körper nimmt einen Raum ein

Das Volumen eines Würfels, Quaders oder Zylinders kann man besonders leicht berechnen.
Es gilt: Volumen = Fläche · Höhe.
$$V = A \cdot h.$$
Hierbei ist A die Grundfläche und h die Körperhöhe (Bild 1).
Volumenangaben V erfolgen in der Einheit 1 m³ (Kubikmeter). In vielen Fällen benutzt man die kleinere Einheit 1 dm³ (= 1 l) oder die noch kleinere Einheit 1 cm³ (= 1 ml, Milliliter).

Beispiel
Eine Safttüte hat die Grundfläche A = 50 cm². Sie ist 20 cm hoch. Wie groß ist das Volumen?
Es gilt: V = 50 cm² · 20 cm = 1000 cm³ = 1 l.
Diese Angabe bedeutet, dass 1000 Würfel mit der Kantenlänge 1 cm in dieser Tüte Platz hätten.

Das **Volumen von Flüssigkeiten** wird mit einem **Messzylinder** bestimmt (Bild 3). Dazu wird die Flüssigkeit in den Messzylinder gefüllt. Zum Abmessen kleinerer Flüssigkeitsvolumen dient eine Saugpipette, in die die zu messende Flüssigkeit hineingesaugt wird (Bild 4).

An den Markierungsstrichen kann das Volumen abgelesen werden. Beim Ablesen muss aber beachtet werden, dass das Wasser am Rande etwas höher steht als in der Mitte. Damit einheitlich abgelesen wird, vereinbarte man, dass stets an der tiefsten Stelle abgelesen wird.

Ⓥ 1: Bestimmen Sie mit einem Messzylinder, wie viel Flüssigkeit in ein Trinkglas, eine Tasse oder eine Milchflasche passt! Schätzen Sie vor jeder Messung das Volumen!

Ⓥ 2: Ermitteln Sie die Menge der Flüssigkeit, die Sie an einem Tag trinken!

Nun haben viele Körper aber fast nie die einfache Form eines Würfels oder eines Quaders, so dass eine Berechnung mit der Formel nicht möglich ist.

Wie bestimmt man das **Volumen eines unregelmäßig geformten Körpers**? Das lässt sich ebenfalls mit einem Messzylinder durchführen.

Ⓥ 3: Füllen Sie den Messzylinder zum Teil mit Wasser und lesen Sie den Wasserstand ab! Binden Sie einen Faden um den Gegenstand und tauchen Sie ihn in die Flüssigkeit ein! Lesen Sie nach dem vollständigen Eintauchen des Gegenstandes den Wasserspiegel ab (Bild 5a)!

Da der Gegenstand das Wasser verdrängt hat, muss sein eigenes Volumen genauso groß sein wie die Differenz beider Werte.

Beispiel
Volumen Wasser + Stein	67 ml
– Volumen Wasser	50 ml
= Volumen Stein	17 ml

Ⓥ 4: Stellen Sie neben ein vollständig gefülltes Überlaufgefäß einen Messzylinder (Bild 5b)! Lassen Sie den Gegenstand in das Überlaufgefäß sinken! Lesen Sie an den Eichmarken das Volumen des verdrängten Wassers ab!

Volumenangaben:
1 m³ = 1000 dm³ = 1000 l
1 dm³ = 1000 cm³
1 l = 1000 ml
1 hl = 100 l
1 cm³ = 1000 mm³
Auch das sind Volumenangaben:
1 Tropfen, 1 Teelöffel voll,
1 barrel = 158,8 l.

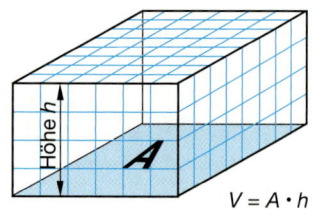

1 Volumen eines Quaders

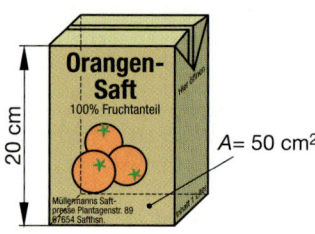

2 1 Liter

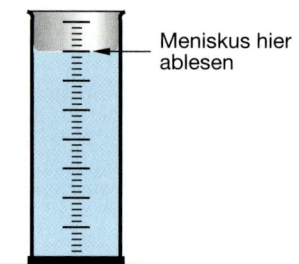

3 Messzylinder

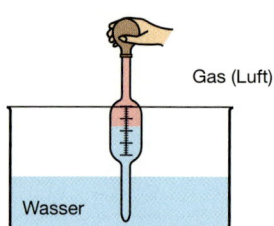

4 Messpipette

Beispiele für Volumen
Atemluft (volle Puste)	3 l
Fußball	5,5 l
Körper einer Frau (Mittelwert)	60 l
Körper eines Mannes (Mittelwert)	70 l
Erde	1000000000000000000000 m³

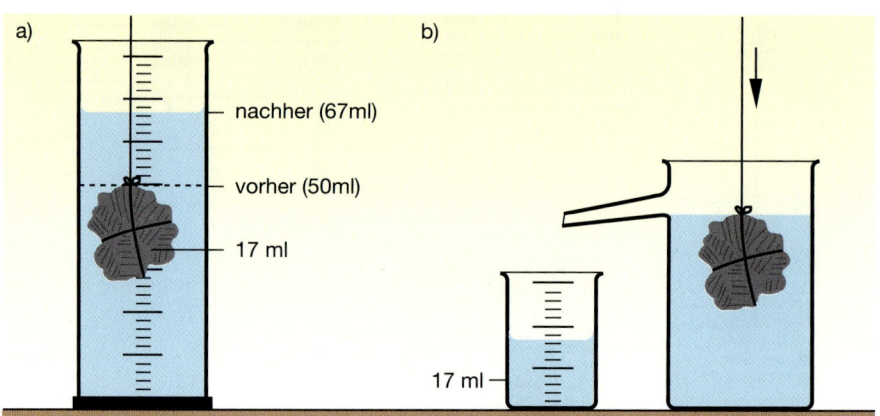

5 Volumenmessung a) mit dem Messzylinder, b) mit dem Überlaufgefäß

Volumen

Um das **Volumen eines Gases** bestimmen zu können, wendet man gern folgenden Trick an (Bild 6): Zunächst wird ein Messzylinder vollständig mit Wasser gefüllt. Danach wird er unter der Wasseroberfläche einer ebenfalls mit Wasser gefüllten Schale umgestülpt. Anschließend lässt man das Gas durch einen Schlauch in den umgestülpten Messzylinder perlen. Das Gas steigt in dem umgekehrten Zylinder nach oben und verdrängt dabei das Wasser.

V 5: Messen Sie 250 ml Atemluft ab!

V 6: Bestimmen Sie Ihr Atemvolumen mit einem hinreichend großen Auffangbehälter!

V 7: Füllen Sie ein Überlaufgefäß wie in Bild 5 bis zur Ausflussöffnung mit Wasser! Bestimmen Sie das Volumen Ihrer Hand!

☐ 8: Schätzen Sie den Wasserverbrauch im Haushalt:
a) einmal Zähneputzen,
b) drei Minuten duschen,
c) ein Wannenbad,
d) 500 g Nudeln kochen,
e) ein Waschgang der Waschmaschine,
f) einmal WC-Spülung betätigen.

☐ 9: Wie lassen sich die geschätzten Werte aus Aufgabe 8 überprüfen?

V 10: Ermitteln Sie den täglichen Wasserverbrauch für eine Woche! Lesen Sie dazu täglich zur gleichen Zeit die Wasseruhr ab und notieren Sie die Werte!

Volumenmessung

An der Tankstelle oder im Wohnhaus wäre es ganz schön umständlich, wenn das Benzin oder das Wasser eimerweise gemessen und umgefüllt werden müsste. Durch **Benzin- und Wasseruhren** (Bild 7) werden die verbrauchten Flüssigkeitsmengen leichter bestimmt. Von der Flüssigkeit wird ein Flügelrad angetrieben. Die Zahl der Umdrehungen ist ein Maß für die durchgeflossene Flüssigkeitsmenge.

Der **Kofferraum eines Pkws** wird auch in Litern angegeben, doch wer transportiert darin schon Flüssigkeiten? Interessanter ist es doch, wie viele Koffer, Sprudelkästen oder Kisten transportiert werden. Tatsächlich wird das Volumen des Kofferraumes durch Auslegen mit kleinen Quadern (a = 20 cm, b = 10 cm, c = 5 cm) ermittelt.

☐ 11: Berechnen Sie das Volumen des Quaders!
☐ 12: Kofferraumangaben: Golf 330 l, Mercedes 410 l, Audi 540 l.
Wie viele Quader passen jeweils hinein?

Volumenangaben:
1,000 m³ = 1000 l
0,100 m³ = 100 l
0,010 m³ =   10 l
0,001 m³ =   1 l

Beispiel (Bild 7)
Zifferanzeige:
00091   = 91   m³
Zeigeranzeigen:
2 · 0,1   = 0,2   m³
7 · 0,01   = 0,07   m³
3 · 0,001   = 0,003   m³
5 · 0,0001   = 0,0005   m³
               = 91,2735   m³

6 Messung eines Gasvolumens

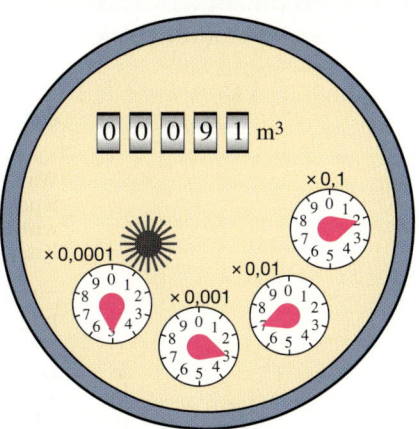
7 Wasseruhr

8 Wie viel Platz ist im Kofferraum?

Physikalische Größen

1 Gleich und doch nicht gleich

Jeder Stoff hat eine Dichte

Was ist schwerer, Schaumstoff oder Knete? Bei einer vorschnellen Antwort würde jeder sofort antworten: Natürlich Knete! Aber ist das auch richtig?

☐ 1: Vergleichen Sie die beiden Würfel in Bild 1!

Legt man beide Würfel auf eine Balken- oder Tafelwaage, so ist die Waage im Gleichgewicht, beide Würfel haben die gleiche Masse, sie sind auch gleich schwer. Sicherlich muss man bei diesem Vergleich auch das Volumen beachten. Nimmt man einen Schaumstoffwürfel und einen Knetewürfel mit gleichem Volumen in die Hand, merkt man gleich, welcher Würfel der schwerere von beiden ist. Bei gleichem Volumen ist der Würfel aus Knete erheblich schwerer als der Würfel aus Schaumstoff. Die Masse m der Knete nimmt einen kleineren Raum ein.

Der **Zusammenhang zwischen der Masse m und dem Volumen V** kann in folgendem Versuch untersucht werden (Bild 2):

▽ 2: Teilen Sie eine Ton- oder Knetekugel in einzelne Stücke! Bestimmen Sie mit einer Balkenwaage von jedem Stück Ton oder Knete die Masse m und anschließend mit einem Überlaufgefäß das Volumen V!
Tragen Sie die Messergebnisse in eine Tabelle und in ein Diagramm ein!
Die Messergebnisse liegen angenähert auf einer Geraden, die durch den Nullpunkt geht. Masse und Volumen sind proportional zueinander.

☐ 3: Dividieren Sie für jedes einzelne Stück Ton oder Knete die Masse m durch das Volumen V und tragen Sie die Ergebnisse in die vierten Spalte der Tabelle ein!

Die Werte in der vierten Spalte stimmen alle überein. Sie sind für den gleichen Stoff gleich. Diesen Wert nennt man Dichte. Sie gibt eine Materialeigenschaft an:

$$\text{Dichte} = \frac{\text{Masse}}{\text{Volumen}}, \quad \varrho = \frac{m}{V}$$

Die Dichte erhält das Formelzeichen ϱ (rho; aus dem griechischen Alphabet). Die Einheit der Dichte ist $1\ \text{kg/m}^3$. Oft ist es bequemer, eine andere Einheit zu wählen, z. B.: $1\ \text{g/cm}^3$.

Beispiele für Dichten

Stoff	Dichte in g/cm³
Luft bei 20°C	0,0013
Styropor	0,017
Tannenholz	0,4–0,8
Spiritus	0,83
Eis	0,9
Wasser	1,0
Salzwasser	
Nordsee	1,01
Totes Meer	1,20
Mensch	1,02
Aluminium	2,7
Eisen	7,86
Kupfer	8,93
Gold	19,3
Iridium	22,4

Eine Knetekugel...

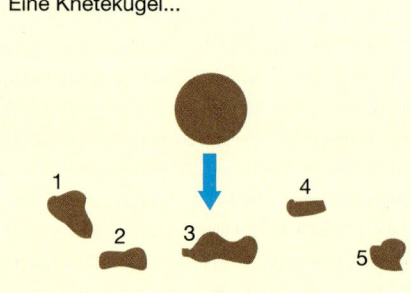

...wird in Stücke zerteilt.

Von jedem Stück...

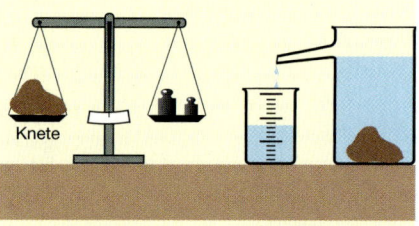

...wird die Masse m bestimmt... ...sowie das Volumen V.

Die Werte von m und V werden in die Tabelle eingetragen:

Stück	Masse m in Gramm	Volumen V in cm³	$\frac{m}{V}$ in $\frac{g}{cm^3}$
1	32	13	2,5
2	27	12	2,3
3	41	17	2,4
4	19	8	2,4
5	38	16	2,4

2 Bestimmung der Dichte

Dichte

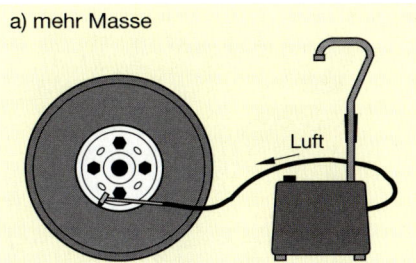

5 Verdichten

3 Versuchsablauf

Beispiel 1: Dichtebestimmung der Luft

Um die **Dichte der Luft** zu ermitteln, muss zunächst die Masse m und dann das Volumen V einer bestimmten Luftmenge gemessen werden.

▽ 4: Bestimmen Sie die Masse eines voll gepumpten Fußballs! Leiten Sie danach wie in Bild 3 einen Teil der Luft aus dem Fußball in einen Messzylinder! Wiegen Sie den Fußball erneut!

Aus dem Fußball wurden beispielsweise 700 cm³ Luft entnommen, die Masse wurde um 0,84 g geringer. Es gilt:

$\varrho = \dfrac{m}{V}$.   Daraus folgt:

$\varrho = \dfrac{0{,}84\ \text{g}}{700\ \text{cm}^3} = 0{,}0012\ \dfrac{\text{g}}{\text{cm}^3}$.

Die Dichte der Luft beträgt 0,0012 g/cm³.

Beispiel 2: Dichteänderung

Bei gleichem Volumen wird die Masse verändert: Gase lassen sich zusammenpressen – verdichten.
In Gasflaschen werden mit einer Pumpe zusätzliche Gasteilchen hineingepumpt. Bei unverändertem Volumen der Flasche (z. B.: 10 l) wird die Masse m des Gases vergrößert. Damit nimmt die Dichte zu. Gleichzeitig steigt der Druck in der Flasche.

Beispiel für eine Dichteänderung:
Bei normalem Druck ergibt sich nach der Formel für die Dichte:

$\varrho = \dfrac{m}{V}$,

$\varrho = \dfrac{13\ \text{g}}{1000\ \text{cm}^3} = 0{,}0013\ \dfrac{\text{g}}{\text{cm}^3}$.

Zusätzlich wird Luft hineingefüllt: Überdruck

$\varrho = \dfrac{19{,}5\ \text{g}}{1000\ \text{cm}^3} = 0{,}00195\ \dfrac{\text{g}}{\text{cm}^3}$.

Es wird Luft abgepumpt: Unterdruck

$\varrho = \dfrac{5\ \text{g}}{1000\ \text{cm}^3} = 0{,}0005\ \dfrac{\text{g}}{\text{cm}^3}$.

Bei gleicher Masse wird das Volumen verringert:
Bei einer Fahrradpumpe, die vorn zugehalten wird, wird – bei gleicher Masse – das Volumen ebenso verringert wie in einem Zylinder des Viertakt-Motors.

Aufgaben
1. Bestimmen Sie die Dichte von Eisen (Spiritus, Speiseöl)!
2. Bestimmen Sie die Dichte verschiedener Münzen! Welche Münzsorten sind aus dem gleichen Material?
3. Vergleichen Sie die Masse m und das Volumen V von 1 kg Eisen mit 1 kg Styropor!
4. Berechnen Sie die Dichte!
   a) Schmuckanhänger m = 3,51 g, V = 0,2 cm³
   b) Zucker m = 1000 g, V = 625 cm³
5. Bestimmen Sie das Volumen der einzelnen Würfel in Bild 4!

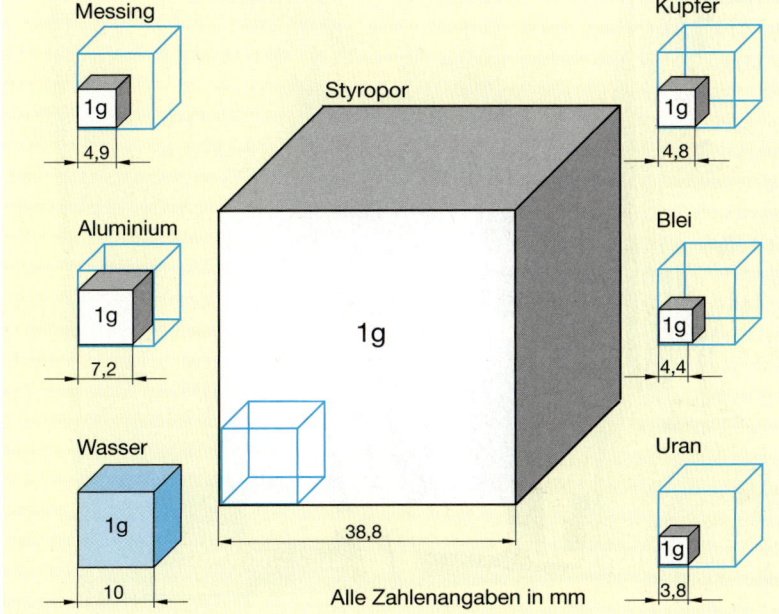

4 Würfel gleicher Masse

Mechanik

Kräfte

1 Bewegungsänderung und Verformung durch Muskelkraft

Kräfte und ihre Wirkungen

Vorbereitungen für den Wettkampf. Die **Muskelkraft** soll gesteigert werden.

☐ 1: Beschreiben Sie die Tätigkeiten der Sportler auf der vorigen Seite!

☐ 2: Beschreiben Sie weitere Möglichkeiten, die Muskelkraft mit einem Ball zu trainieren!

Wenn Sie die Tätigkeiten vergleichen, wird Ihnen deutlich, dass sich die **Wirkungen der Muskelkraft** in zwei Gruppen einteilen lassen:
● Der Sandsack zeigt den Eindruck der Faust, der Expander wird gespannt, ein Fußball wird eingedrückt. Hierbei wird immer etwas **verformt**. Wenn die Verformung zurückgeht, nennt man die Körper **elastisch,** im anderen Fall **unelastisch** (plastisch).
● Der Sandsack bewegt sich etwas und wird beim Zurückpendeln abgebremst, die Kugel wird weggestoßen, ein Ball wird abgefangen oder in eine andere Richtung gelenkt. Bei diesen Beispielen wird immer **eine Bewegung verändert**.
Ursache für alle diese unterschiedlichen Vorgänge ist die Muskelkraft. Sie bewirkt eine **Verformung** oder eine **Bewegungsänderung**.

Eine Bewegungsänderung kann aber ganz unterschiedlich sein. Betrachten Sie die Fahrradfahrer in Bild 1 genauer. Einer tritt kräftig in die Pedale, um schneller zu werden. Man sagt: **Er beschleunigt.** Durch Bremsen wird er langsamer, schließlich bleibt er stehen. Man sagt: Die Bewegung wird **abgebremst**. Obwohl er in der Kurve gleich schnell bleibt, ist das Kurvenfahren eine Bewegungsänderung, weil sich die **Richtung ändert**.

Verformungen oder Bewegungsänderungen können auch durch andere Vorgänge herbeigeführt werden:
Die **Windkraft** verbiegt Bäume oder beschleunigt Segelschiffe.
Die **Wasserkraft** reißt oft viel Sand und Geröll in den Flüssen mit. Der Expander ließe sich auch durch ein angehängtes Gewichtsstück dehnen: **Gewichtskraft**. Für den Radfahrer wäre es sicherlich bequemer, aber nicht so umweltfreundlich, wenn er sich durch **Motorkraft** antreiben ließe.

Ganz allgemein kann man sagen: Immer, wenn etwas bewegt oder verformt wird, muss eine Kraft wirken.

🆅 3: Zeigen Sie in Versuchen, wie durch Magnetkraft, Gewichtskraft und Windkraft etwas verformt oder eine Bewegung geändert wird!

> **Jede Verformung oder Bewegungsänderung wird durch eine Kraft verursacht.**

Manchmal wird das Wort Kraft auch im nichtphysikalischen Sinn gebraucht. Da Sehkraft, Willenskraft, Waschkraft und Überzeugungskraft weder etwas verformen noch eine Bewegung verändern können, zählen sie nicht zu den physikalischen Kräften.

☐ 4: Beschreiben Sie die Wirkungen der Kräfte in Bild 2!

2 Kräfte wirken

Mechanik

1 Wer ist stärker?

Kraftmessung

Wie werden Kräfte gemessen?
Beim Tauziehen werden Kräfte verglichen (Bild 1). Beide Gruppen ziehen gleich stark, wenn es keiner gelingt, die andere Gruppe wegzuziehen. Das Seil bewegt sich dann nicht. Auch beim Fingerhakeln ist der **Kraftvergleich** einfach. Viel besser ist der Vergleich mit einem Expander.

Ⅴ 1: Befestigen Sie nach Bild 2 einen **Expander** so, dass er während des Versuches nicht abrutscht! Ziehen Sie verschieden stark und markieren Sie jeweils, wie weit der Expander auseinander gezogen wird!
Wenn Sie die Marken vergleichen, wird deutlich:

> Je weiter der Expander auseinander gezogen wird, desto größer ist die Muskelkraft.

Ⅴ 2: Mehrere Schüler sollen ihre Kräfte mit dem Expander vergleichen.

Wer zieht mit der kleinsten, wer mit der größten Kraft? Wann ziehen zwei Schüler mit gleicher Kraft?
Auch ein Gewichtsstück dehnt den Expander (Bild 3).
Muskelkraft und Gewichtskraft sind gleich groß, wenn sie denselben Expander um die gleiche Strecke verlängern. Doch wie lässt sich eine doppelte oder dreifache Kraft bestimmen? Auch diese Frage können wir mit dem Expander beantworten.

Ⅴ 3: Hängen Sie nacheinander ein, zwei, ... gleiche Gewichtsstücke an den Expander! Die Wirkung der Gewichtsstücke verdoppelt, ... sich.

Wir vereinbaren:

> Zwei Kräfte sind gleich groß, wenn sie denselben Expander um die gleiche Strecke verlängern. Eine doppelte, dreifache, ... Kraft wirkt, wenn sie denselben Expander oder eine Metallfeder so weit dehnt wie 2, 3, ... Gewichtsstücke.

Damit haben wir eine Möglichkeit gefunden, Kräfte zu messen. Das Formelzeichen der Kraft ist F (engl. force). Zusätzlich muss aber noch eine Einheit festgelegt werden, die für alle Kraftmessungen gilt. Sie ist nach dem englischen Physiker **Isaac Newton** (1643–1727) benannt.
Um die Kraft der Gewichtsstücke aus dem Versuch 2 in der Einheit Newton angeben zu können, benutzen wir folgende Festlegung:

> Die Einheit der Kraft ist 1 Newton (1 N). Ein Körper der Masse 102 g übt auf der Erde die Gewichtskraft $F_G = 1$ Newton (N) aus.

Beispiele für Gewichtskräfte	
Tafel Schokolade	1 N
1 l Wasser	10 N
1-kg-Gewichtsstück	10 N
Mensch	700 N
Pkw	10000 N
Zugkräfte	
Mensch	500 N
Haar zerreißt bei	1 N
Pkw beschleunigt	3500 N

2 Der Expander als Kraftmesser

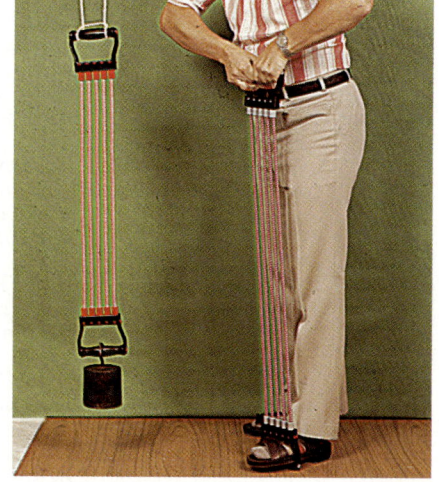

3 Gleiche Wirkung durch Muskelkraft

Kräfte

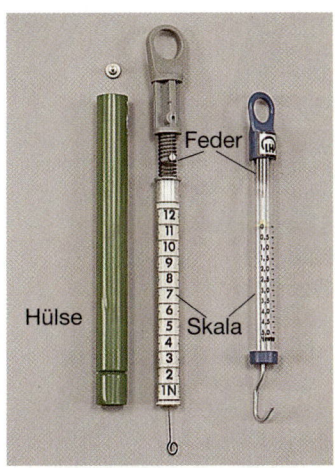

4 Kraftmesser

Umgang mit dem Kraftmesser
Messbereich des Kraftmessers beachten!
Den Kraftmesser in Richtung der zu messenden Kraft halten!
Vor dem Messen den Kraftmesser auf null einstellen!

Kräfte werden mit dem **Kraftmesser** gemessen (Bild 4). Im Innern befindet sich eine Stahlfeder. Vor jeder Messung stellt man die äußere Hülle so fest, dass der untere Rand mit dem Skalenwert null abschließt.

Ⓥ 4: Bestimmen Sie die Kräfte mit einem Kraftmesser! Schätzen Sie vor jeder Messung die Kraft!
a) Bestimmen Sie die Gewichtskraft F_G der Federtasche, des Physikbuches, eines Schlüssels!
b) Bestimmen Sie die Kraft, bei der ein Haar, ein Faden oder ein Draht zerreißt!
Ⓥ 5: Bauen Sie einen Kraftmesser nach Bild 6 und messen Sie damit unterschiedliche Kräfte.

Bauanleitung für einen Kraftmesser:
Bohren Sie in den Boden der beiden Röhren jeweils in der Mitte ein kleines Loch, durch das der Draht gezogen werden kann. Befestigen Sie an beiden Enden der Schraubenfeder jeweils eine Öse! An den Ösen werden die beiden Drähte so befestigt, dass Sie sie in die Röhrchen ziehen können. Ziehen Sie zunächst die Feder in das engere Röhrchen und biegen Sie den Draht nach dem Durchstechen zu einem Haken! Ziehen Sie danach das andere Ende der Feder mit dem Draht in das äußere Röhrchen und sichern Sie das Drahtende durch eine Öse!

Herstellen der Skala
Besorgen Sie sich mehrere gleiche Gewichtsstücke, deren Gewichtskraft Sie kennen (z. B. mehrere Tafeln Schokolade, mehrere Münzen)! Bestimmen Sie zunächst den Nullpunkt und markieren Sie ihn auf der inneren Röhre! Hängen Sie danach die Gewichtsstücke der Reihe nach an und kennzeichnen Sie die entsprechenden Punkte ebenfalls auf dem inneren Röhrchen! Wenn Sie den Versuch mit den Tafeln Schokolade durchgeführt haben, entspricht der Ab-

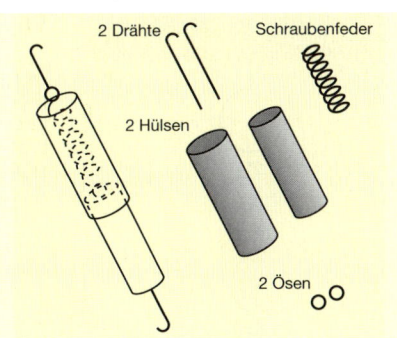

6 Bau eines Kraftmessers

stand von einer Markierung zur anderen der Kraft 1 Newton. Den Abstand zwischen zwei Marken können Sie in zehn gleiche Abstände einteilen.

Ⓥ 6: Messen Sie mit Ihrem Kraftmesser unterschiedliche Gewichtskräfte. Vergleichen Sie die Messungen mit einem Kraftmesser aus der Sammlung!

Kraft und Wechselwirkung
Tina und Jan ziehen etwa gleich stark am Seil (Bild 5). Was wird geschehen? Sie treffen sich in der Mitte.

☐ 7: Was geschieht, wenn nur Jan zieht, während Tina sich das Seil um den Körper bindet?
Das Ergebnis ist sicherlich überraschend. Sie treffen sich wieder in der Mitte. Offenbar wirkt auch auf Jan eine gleich große Kraft, die entgegengesetzt seiner Muskelkraft wirkt.
Man nennt diese Kraft **Gegenkraft**. Sie wirkt gleichzeitig und ist der Richtung entgegengesetzt.
☐ 8: Überprüfen Sie diese Aussage mit Hilfe von Kraftmessern!

Gefährlich wird es, wenn Tina plötzlich vom Skateboard nach hinten abspringt. Durch die Gegenkraft saust das Skateboard nach vorn (Rückstoßprinzip) und könnte jemanden verletzen.

☐ 9: Überlegen Sie, was geschieht, wenn Jan einen schweren Gegenstand (Medizinball) wegstößt (Bild 5)!

Das **Rückstoßprinzip** können Sie in den folgenden Versuchen zeigen:

Ⓥ 10: Befestigen Sie einen aufgeblasenen Luftballon auf einem leichten Wagen und lassen Sie die Luft entweichen!
Ⓥ 11: Befestigen Sie eine mit Gas gefüllte Patrone (z. B: Heimsiphon) an einem kleinen Wagen! Schlagen Sie mit Hammer und Nagel die Patrone an, damit das Gas entweichen kann!

Durch die jeweilige Gegenkraft kommt das Fahrzeug voran.

5 Wechselwirkung der Muskelkräfte

Mechanik

1 Weiche Feder

Hookesches Gesetz

Bei der Kraftfahrzeugfederung (Bild 2) dient die **Schraubenfeder** zum Abfangen von Stößen, in der Sprungfedermatratze ebenfalls, ferner als Spielzeugantrieb oder im Kugelschreiber zum Zurückfedern der Mine. Die elastische Dehnung können Sie genauer an einer Schraubenfeder (z. B. der eines Kugelschreibers) untersuchen.

V 1: Besorgen Sie sich eine Schraubenfeder und mehrere Gewichtsstücke mit gleicher Gewichtskraft! Befestigen Sie die Schraubenfeder wie in Bild 3 und kennzeichnen Sie die Länge der Feder! Hängen Sie nacheinander an diese Schraubenfeder ein, zwei, drei, ... Gewichtsstücke und kennzeichnen Sie die jeweilige Länge der gedehnten Feder!

V 2: Messen Sie jeweils die Verlängerung der Feder. Tragen Sie Ihre Ergebnisse in eine Tabelle nach Bild 4 ein!

□ 3: Stellen Sie die Messergebnisse in einem Schaubild dar!

Dazu wird ein Achsenkreuz gezeichnet. Auf der **horizontalen Achse** wird die Kraft F in Newton aufgetragen, auf der **senkrechten Achse** die Verlängerung s in cm. Für die Einteilung der Achsen wird ein passender Maßstab gewählt. Tragen Sie danach die Wertepaare aus der Tabelle ein und verbinden Sie sie! Was stellen Sie fest?

V 4: Wiederholen Sie Versuch 1 mit einer anderen Schraubenfeder sowie mit einem Gummiband! Tragen Sie die Ergebnisse ebenfalls in Ihr Schaubild ein! Ergebnis: Gleich große Verlängerungen s treten nur bei den Federn auf.

> **Die Schraubenfeder dehnt sich proportional zur Gewichtskraft F_G:** $\quad s \sim F$,
> (sprich: s proportional F).

2 Harte Feder

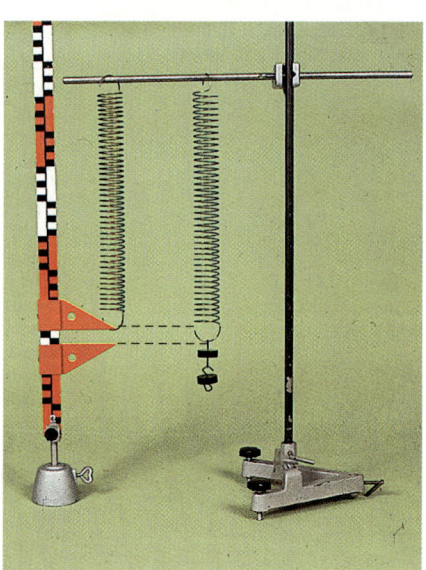

3 Versuchsaufbau

Gewichts-kraft F in N	Verlängerung s der Feder in cm	F/s in N/cm
0,5	1,0	0,5
1	2,0	0,5
1,5	3,0	0,5
2	4,1	0,49
2,5	5,0	0,5
3	6,0	0,5

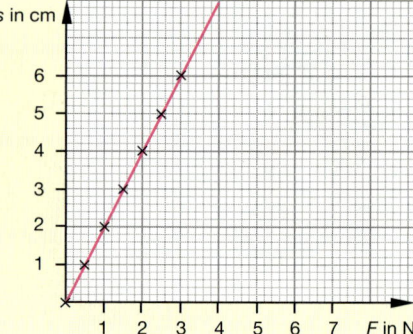

4 Messbeispiel und grafische Darstellung der Messwerte

Kräfte

Dieser Zusammenhang wurde zum ersten Mal von dem englischen Naturforscher **Robert Hooke** (1635–1703) formuliert (**hookesches Gesetz**).

Beispiel
Ein Gewichtsstück verlängert die Feder um 1 cm. Zwei Gewichtsstücke haben die doppelte Kraft, die Feder dehnt sich um 2 cm. Drei Gewichtsstücke wirken auf die Feder mit dreifacher Kraft, die Verlängerung beträgt 3 cm.

Das **Schaubild** (Bild 5) verdeutlicht besser den Zusammenhang zwischen der Kraft F und der Verlängerung s einer Schraubenfeder. Die Achsen werden mit Skalen in einem sinnvollen Maßstab versehen.
In diesem Beispiel wird für die Kraft 1 Newton 2 cm, für die Verlängerung s der Feder jeweils 1 cm gezeichnet. Jeder Punkt im Achsenkreuz ist durch ein **Wertepaar** gekennzeichnet. Die Verbindungslinie aller Werte bildet eine Gerade, die durch den Nullpunkt geht.

So wird abgelesen:
Aus dem Schaubild (Bild 5) können dann für jeden Punkt die entsprechenden **Wertepaare** abgelesen werden.
a) Wie groß ist die Verlängerung s der Feder, wenn eine Kraft von 4 Newton wirkt?
 Hinweis: Die Kraft ist bekannt, folgen Sie dem blauen Pfeil!
b) Wie groß ist die Kraft F zum Verlängern der Feder um 6 cm?
 Hinweis: Die Verlängerung ist bekannt, folgen Sie dem roten Pfeil!
Aus dem Schaubild können Sie auch Werte bestimmen, die nicht in der Tabelle angegeben sind.

☐ 5: Lesen Sie aus dem Schaubild ab: Wie groß ist die Verlängerung der Feder, wenn eine Kraft von 2,5 N wirkt? Welche Kraft muss wirken, damit die Feder um 3,5 cm verlängert wird?

Federkonstante
☐ 6: Bilden Sie für jedes Messergebnis von Versuch 2 und 4 den Quotienten F/s! Vergleichen Sie die Ergebnisse!

Der Quotient aus der Kraft F und der Verlängerung s der Feder ist für jede Feder konstant. Diesen Wert nennt man **Federkonstante** D. Sie ist ein Maß für die Härte der Feder.

$$\text{Federkonstante} = \frac{\text{Kraft}}{\text{Verlängerung}} \qquad D = \frac{F}{s}$$

Die Federkonstante gibt an, welche Kraft aufgewandt werden muss, um eine Feder um 1 cm zu verlängern.
Bei der „weichen" Feder genügt eine Kraft von 0,5 N, um sie um 1 cm zu verlängern. Bei der „härteren" Feder wird eine Kraft von 3 N benötigt, um sie um die gleiche Strecke s zu verlängern.

- Die Messergebnisse für jede einzelne Feder liegen auf einer Geraden (proportionale Zuordnung).
- Die Messergebnisse des Gummibandes ergeben keine proportionale Zuordnung.

Aufgaben
1. Um wie viele Zentimeter wird jede Feder in Bild 6 gedehnt, wenn eine Kraft von 4, 6 Newton wirkt?
2. Bestimmen Sie für jede Feder in Bild 6 die Kraft, die notwendig ist, die Federn um 6,2 cm zu verlängern.
3. Welches sind die Federkonstanten in Bild 6?
4. Eine Schraubenfeder verlängert sich um 2,5 cm, wenn eine Kraft von 1 N wirkt.
   a) Zeichnen Sie das Diagramm!
   b) Lesen Sie im Diagramm die Verlängerung s ab, wenn eine Kraft von 3,5 N wirkt!
   c) Welche Kraft F wirkt, wenn die Feder um 3,5 cm verlängert wird?

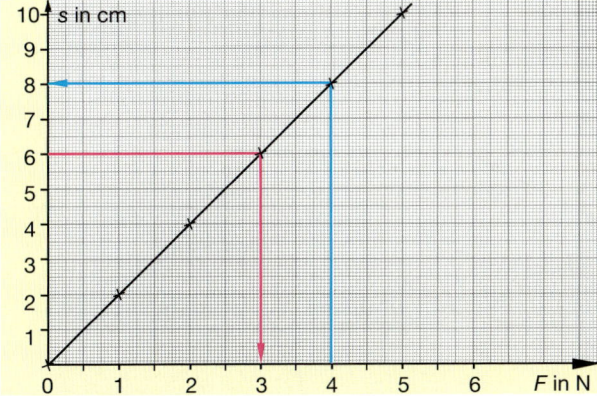

5 So wird abgelesen

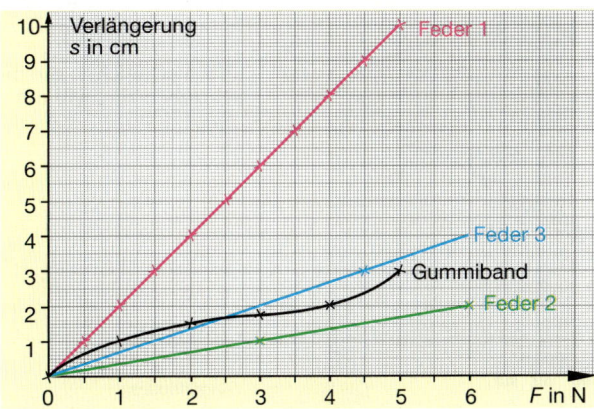

6 Messbeispiele

Mechanik

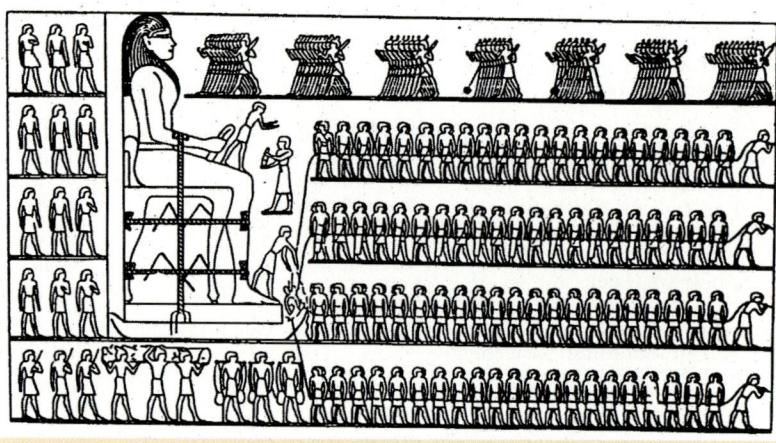

1 Vereint geht es besser

Kräfte kann man addieren und zerlegen

Vereint geht es besser – nach dieser uralten Methode schleppten schon die Ägypter vor 4000 Jahren riesige Steinblöcke zu den Pyramiden (Bild 1). Viele Arbeiter zogen in die gleiche Richtung, die Beträge der Kräfte addierten sich zur Gesamtkraft.

> **Wirken Kräfte in die gleiche Richtung, so addieren sich ihre Beträge.**

Wovon hängt die Wirkung einer Kraft noch ab?

▽ 1: Befestigen Sie an einem Ende einer Blattfeder (z. B. Metallverschluss aus einem Schnellhefter) oder eines Lineals einen Bindfaden! Das andere Ende wird fest eingespannt (Bild 2). Ziehen Sie zunächst nach unten, dann in seitliche Richtung und messen Sie die Kräfte bei gleicher Durchbiegung! Befestigen Sie danach den Bindfaden in der Mitte der Blattfeder/ des Lineals, ziehen Sie wieder und messen Sie die entsprechende Kraft zum Biegen!

☐ 2: Vergleichen Sie die Ergebnisse! Beschreiben Sie, wie mit möglichst kleiner Kraft eine große Durchbiegung erreicht wird!

Aus diesem Versuch wird deutlich: Die Wirkung der Kraft hängt nicht nur von der Größe, also ihrem **Betrag** ab. Wichtig ist auch die **Richtung**, in der die Kraft wirkt, sowie der **Angriffspunkt** der Kraft, an dem sie angreift. Je schräger man zieht und je näher der Angriffspunkt der Kraft am eingespannten Ende der Feder liegt, desto geringer ist die Durchbiegung bei gleicher Kraft.

Entsprechende Merkmale müssen auch die **Kraftpfeile** haben (Bild 3).

Kräfte werden dargestellt

Wenn Kräfte zeichnerisch dargestellt werden sollen, kann man den Kraftmesser wie in Bild 2 zeichnen. Vorteilhafter sind aber Pfeile (Kraftpfeile).

- Die **Pfeillänge** ist ein Maß für den Betrag der Kraft. Dabei wird ein sinnvoller Maßstab vereinbart. Hier entspricht 1 cm der Kraft 2 N.
- Die **Richtung des Pfeils** kennzeichnet die Kraftrichtung.
- Der **Anfangspunkt** entspricht dem Angriffspunkt der Kraft.

Beispiel

Ein Zweierbob wird durch die beiden Sportler angeschoben. Ihre Muskelkräfte addieren sich. Mit Kraftpfeilen lässt sich diese Situation leicht darstellen. Der erste Kraftpfeil wird gezeichnet (Bild 4). Der Anfang des zweiten Kraftpfeils wird an die Spitze des ersten Kraftpfeils gelegt. Als Summe erhält man einen Pfeil vom Anfang des ersten bis zur Spitze des zweiten Pfeiles.

Das gilt auch, wenn die beiden Gruppen beim Tauziehen mit gleich großer Kraft in entgegengesetzte Richtungen ziehen. Das Seil bleibt in Ruhelage. Die Summe der Kräfte ist null.

☐ 3: Zeichnen Sie die Kraftpfeile für das Tauziehen!

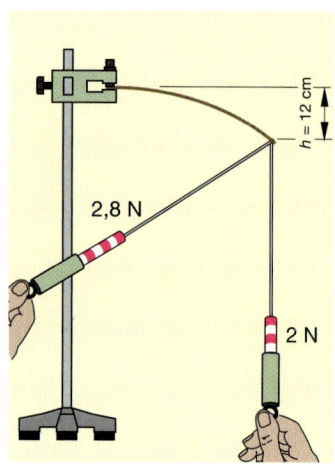

2 Auch die Richtung ist wichtig

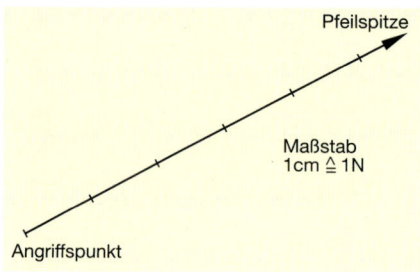

3 Kraftpfeil

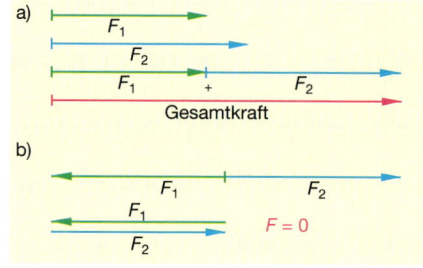

4 Kräfteaddition

Kräfte

5 Kräfte wirken schräg zueinander

7 Aufgeteilte Gewichtskraft

Kräfte bilden einen Winkel

☐ 4: Anne führt ihre beiden Hunde Hasso und Bello aus. Hasso zerrt mit der Kraft $F_1 = 200$ N nach rechts und Bello mit der Kraft $F_2 = 150$ N nach links (Bild 5). Ihre Leinen bilden einen Winkel von 50°. Mit welcher Kraft und in welche Richtung wird Anne gezogen?

Auch auf diese Situation wenden wir die Additionsvorschriften für Kraftpfeile an:

Zeichnen Sie den Kraftpfeil F_1 für Hassos Kraft (Bild 6a)! Durch Parallelverschiebung wird der zweite Kraftpfeil an die Spitze des ersten Kraftpfeils gezeichnet. Die wirkende Kraft F_W ergibt sich vom Anfangspunkt des ersten bis zur Spitze des zweiten Pfeiles. Um die Hunde zu halten, muss Anne mit gleich großer Kraft in die entgegengesetzte Richtung ziehen.

Sie können auch wie in Bild 6b mit dem Kraftpfeil F_2 beginnen oder die beiden Kraftpfeile zu einem Parallelogramm ergänzen (Bild 6c). Die Diagonale durch den Anfangspunkt der beiden Kraftpfeile ist dann der Kraftpfeil der wirkenden Ersatzkraft F_W, die Resultierende.

Die Kräfte der beiden Hunde zusammen haben offensichtlich die gleiche Wirkung wie eine einzelne Kraft, die entgegengesetzt zu Annes Muskelkraft wirkt. Diese Überlegungen sollen in einem Versuch überprüft werden.

▽ 5: Befestigen Sie wie in Bild 6d drei Kraftmesser aneinander! Lesen Sie die Werte ab!

Das Versuchsergebnis stimmt mit der zeichnerischen Lösung überein. Die wirkende Ersatzkraft F_W ersetzt die Kräfte F_1 und F_2.

Beispiel: Mit welcher Kraft bergab?

Inga rollt mit ihrem Fahrrad den Berg hinunter (Bild 7). Dabei nutzt sie die Aufteilung ihrer Gewichtskraft (F_G = 600 N) aus. Die Kraft, die ihre Fahrt in Richtung des Hanges bewirkt, nennen wir **Hangabtriebskraft.** Der andere Anteil der Gewichtskraft, man nennt sie **Normalkraft,** wird so gewählt, dass er senkrecht zur Oberfläche der geneigten Fahrbahn wirkt.

▽ 6: Bauen Sie den Versuch nach Bild 8 auf und messen Sie die Hangabtriebskraft! Stellen Sie durch Messungen fest, wie sich die Hangabtriebskraft ändert, wenn das Fahrzeug durch Gewichtsstücke belastet wird!

Je steiler die Fahrbahn geneigt ist, desto größer wird der Anteil für die Hangabtriebskraft.

Die Verteilung der Kraft wird durch Kraftpfeile ermittelt. Dazu zeichnen wir den Kraftpfeil der Gewichtskraft wie in Bild 8. Wir fassen ihn als Diagonale des Kräfteparallelogramms auf. Die Richtung der Hangabtriebskraft, die durch die Neigung der Fahrbahn vorgegeben ist, und die Richtung der Normalkraft bestimmen die Seiten des Parallelogramms. Die Längen der Kraftpfeile ergeben die Beträge der Teilkräfte.

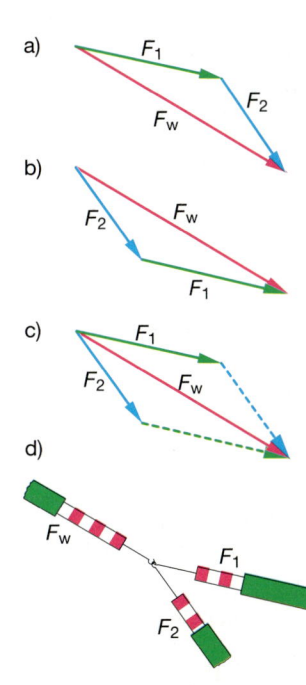

6 Lösung durch Kraftpfeile oder durch ein Experiment

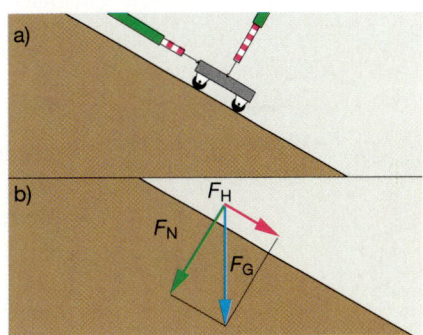

8 Zerlegung der Gewichtskraft

Mechanik

1 Unterschiedliche Einsinktiefe

3 Die gleiche Kraft wirkt auf unterschiedlicher Fläche

Auflagedruck

Eine Kraft wirkt auf eine Fläche
Den Zusammenhang zwischen Kraft und Fläche erfährt ein Skifahrer, der im weichen Schnee seine Skier abschnallt. Seine Gewichtskraft wirkt dann auf eine kleinere Fläche. Er sinkt ein.

V 1: Legen Sie drei gleich schwere Ziegelsteine wie in Bild 3 auf eine dicke Schaumstoffunterlage! Beschreiben Sie Ihre Beobachtung!

Sie sehen, dass bei gleicher Gewichtskraft die Einsinktiefen unterschiedlich sind. Je kleiner die **Auflagefläche** ist, desto tiefer sinkt der Stein in den Schaumstoff ein. Für die Einsinktiefe kommt es neben der Kraft auch auf die Fläche an. Dieser Zusammenhang zwischen Kraft und Fläche wird als **Druck** (**Auflagedruck**) bezeichnet.

Die Eintauchtiefe und somit auch der Druck nehmen zu, wenn bei gleicher Auflagefläche die Gewichtskraft vergrößert wird.

V 2: Legen Sie einen Ziegelstein auf die Schaumstoffunterlage! Verdoppeln, verdreifachen Sie die Gewichtskraft durch Auflegen eines zweiten, dritten Ziegelsteins!

Der Versuch bestätigt unsere Erfahrung. Diese Abhängigkeiten können zusammengefasst werden:

> **Der Druck ist der Quotient aus der Kraft F und der Fläche A, auf die die Kraft senkrecht wirkt:**
>
> $$\text{Druck} = \frac{\text{Kraft}}{\text{Fläche}}, \qquad p = \frac{F}{A}.$$

Der Druck erhält das Formelzeichen p (engl. = pressure). Die Einheit des Drucks ist $1\ N/m^2$.

Beispiel: Skifahrerin
Sabine (Gewichtskraft F_G = 450 N) steht auf ihren Skiern (Auflagefläche A = 1500 cm²). Ihre Skistiefel haben eine Sohlenfläche von je 180 cm². Wie groß ist jeweils der Druck auf die Unterlage?

Wir setzen die Werte in die Formel $p = \frac{F}{A}$ ein.

Druck p mit Skiern:
$$p = \frac{450\ N}{1500\ cm^2} = 0{,}3\ \frac{N}{cm^2}$$

Druck p mit Stiefeln:
$$p = \frac{450\ N}{360\ cm^2} = 1{,}25\ \frac{N}{cm^2}$$

☐ 3: Beschreiben Sie, wie sich in den folgenden Beispielen der Auflagedruck ändert!
a) Unter die Räder des Musikflügels werden Holzteller gelegt.
b) Frisch gesäter Rasen wird mit Holzbrettern festgetreten.
c) Ein Kind ist im Eis eingebrochen. Warum bricht der Retter, der sich auf dem Bauch rutschend nähert, nicht auch ein, zumal er schwerer als das Kind ist?

Der Auflagedruck wird häufig dadurch verringert, dass man bei gleicher Kraft die Auflagefläche vergrößert.

Die Auswirkungen einer kleineren Fläche bei gleicher Kraft können Sie im nächsten Versuch spüren.

V 4: Klemmen Sie einen Reißnagel wie in Bild 2 zwischen Daumen und Zeigefinger! Erklären Sie Ihre Beobachtung!

☐ 5: Berechnen Sie den Druck am Reißnagelkopf, an der Spitze (Bild 2)!

☐ 6: Nennen Sie drei Beispiele, bei denen eine Kraft a) auf eine möglichst kleine, b) auf eine große Fläche wirkt!

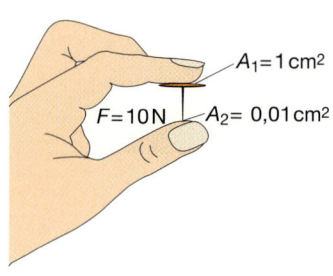

2 Kleinere Fläche – größerer Druck

Kräfte

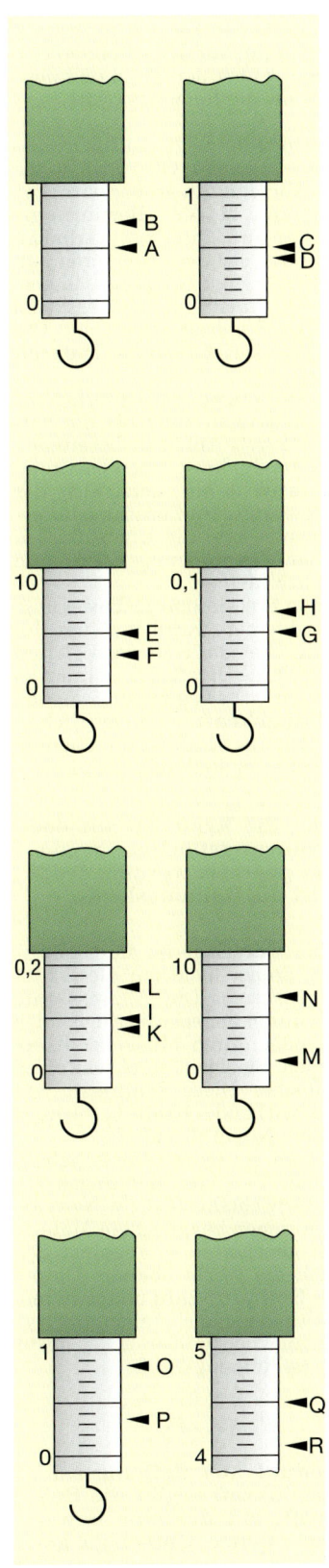

4 Kraftmesser ablesen

Aufgaben

1. Woran erkennt man physikalische Kräfte?
2. Nennen Sie je zwei Beispiele, bei denen Muskelkraft, Gewichtskraft, Magnetkraft, Federkraft oder Motorkraft eingesetzt wird! Beantworten Sie jeweils folgende Fragen:
   a) Wer übt die Kraft aus?
   b) Auf wen wirkt sie?
   c) Welche Wirkung erkennt man?
   d) Wie heißt die Kraft?
3. Welche Werte zeigen die Kraftmesser in Bild 4 an?
4. Nennen Sie Beispiele für erwünschte und unerwünschte Wirkungen von Wind- und Wasserkräften!
5. Beschreiben Sie, wie man die Wind- und Wasserkraft als Antriebskraft nutzt!
6. Warum sind Sehkraft, Willenskraft, Waschkraft und Überzeugungskraft keine Kräfte im Sinne der Physik?
7. Untersuchen Sie die Antriebskräfte von Spielzeugautos! Welche unterschiedlichen Antriebskräfte stellen Sie fest?
8. Reiben Sie eine Folie mit einem trockenen Tuch! Sie wird dadurch elektrisch aufgeladen. Nähern Sie diese Folie von oben Ihren Haaren (Bild 5)! Können Sie eine Kraftwirkung wie in Bild 5 beobachten?
9. Beschreiben Sie Bewegungsänderungen bei der Autofahrt! Durch welche Kräfte werden sie hervorgerufen?
10. Bestimmen Sie die Magnetkraft, mit der eine Platte wie in Bild 6 gehalten wird!
11. In Baugeschäften gibt es Taschenwaagen, mit denen man auch Kräfte messen kann. Sie enthalten eine Feder und eine „Kilo-Skala" (Bild 7).
    a) Wie erhält man eine Newton-Skala?
    b) Benutzen Sie diesen Kraftmesser zur Kraftmessung!
12. Petra trägt ihre Schultasche mit einer Kraft $F = 50$ N. Klaus hilft ihr. Wann halbiert sich die Kraft?
13. Zeichnen Sie Kräfte vom Betrag 400 N, 250 N, 380 N! (1 cm ≙ 100 N)
14. Beim Tauziehen ziehen die Schüler der linken Seite mit den Kräften 300 N, 290 N, 320 N, 320 N.
    Die Schülerinnen der rechten Seite ziehen mit 280 N, 270 N, 140 N, 320 N, 220 N!
    a) Wer gewinnt?
    b) Zeichnen Sie die Kraftpfeile!
15. Jörn und Sven wollen gemeinsam Kisten wegziehen (Bild 8).
    a) Übertragen Sie die Zeichnung ins Heft und zeichnen Sie jeweils die Ersatzkraft ein!
    b) Bestimmen Sie jeweils den Betrag der Ersatzkraft!
16. Schuhe mit pfenniggroßen Absätzen ($A = 1$ cm²) hinterlassen auf Parkettböden tiefe Eindrücke. Wie groß ist der Druck, den Petra ($F_G = 480$ N) ausübt, wenn sie auf zwei Absätzen und danach auf einem Absatz steht?
17. Warum sind Raupenschlepper für moorige Böden geeignet, nicht aber für Straßenfahrten?

5 Kraftwirkung

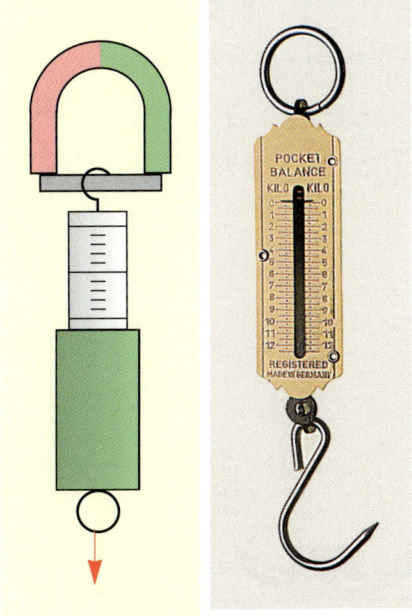

6 Magnetkraft   7 Taschenwaage

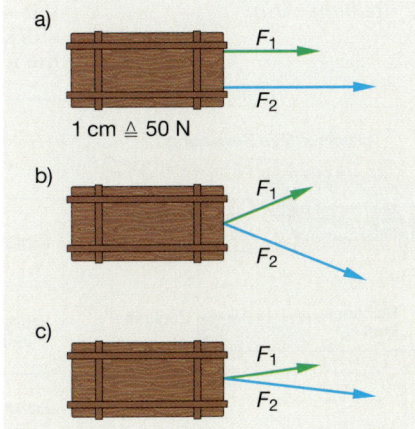

8 Gemeinsam ziehen

Mechanik

1 Vorsicht – keine Haftung

Reibung

Ausrutschunfälle haben häufig schwere Verletzungen zur Folge. Ursache dieser Unfälle ist die zu geringe Reibungskraft (Bild 1). In einer Versuchsreihe lässt sich herausfinden, wovon die Reibungskraft abhängt.

Ⅴ 1: Untersuchen Sie die Reibungskräfte mit einem Stück Fahrradmantel (Bild 2).

Ⅴ 2: Ziehen Sie einen Holzklotz gleichmäßig über die glatte Tischplatte! Messen Sie die Kraft, bei der der Holzklotz in Bewegung gerät, und die Kraft, die ihn in Bewegung hält!

Ⅴ 3: Ziehen Sie den Holzklotz nacheinander über einen Streifen Teppichboden, über nasse Kacheln und über ein Holzbrett! Messen Sie die Zugkräfte!

Ⅴ 4: Ziehen Sie den Klotz nacheinander mit einem, zwei oder drei Gewichtsstücken und messen Sie der Reihe nach die Reibungskraft!

Ⅴ 5: Ziehen Sie den Klotz zunächst auf der breiten, dann auf der schmalen Seite gleichmäßig über den Tisch und messen Sie jeweils die Reibungskraft!

Die Versuchsreihe zeigt deutlich, dass auf unebenen, rauen Oberflächen die Kraft zum Verschieben größer wird. Die Unebenheiten beider Berührungsflächen (Klotz und Unterlage) verhaken oder verzahnen sich wie zwei aufeinander gelegte Bürsten; bei rauen, unebenen Flächen mehr als bei glatten Flächen. Zur Zugkraft wirkt eine Gegenkraft. Man spricht von der **Haftreibungskraft**.
Um nun den Klotz auf der Unterlage zu bewegen, muss man zunächst die Verzahnungen durch Anheben beseitigen. Erst wenn die Zugkraft einen bestimmten Wert erreicht hat, setzt sich der Klotz in Bewegung. Auf nassen oder polierten Flächen sind die Unebenheiten ausgeglichen. Die Reibungskräfte sind hier erheblich kleiner.
Ist der Klotz erst einmal in Bewegung, reicht eine kleinere Kraft aus, um ihn gleichmäßig über die Unterlage gleiten zu lassen. Diese Kraft ist gerade so groß, dass die bewegungshemmende **Gleitreibungskraft** ausgeglichen wird. Die Reibungskraft ist unabhängig von der Größe der Reibungsfläche.

> **Je größer die Kraft ist, mit der die Berührungsflächen gegeneinander gepresst werden, desto größer ist die Reibungskraft.**

Auf gleicher Unterlage ist die Gleitreibungskraft proportional zur Gewichts- bzw. Anpresskraft. Die Anpresskraft kann auch durch Federkraft wie bei der Kupplung oder durch Muskelkraft erzeugt werden. Sie wirkt stets senkrecht zur Reibfläche. Diese senkrecht zur Reibfläche wirkende Kraft bezeichnet man auch als **Normalkraft** F_N.
Dividiert man bei jedem Messergebnis von Versuch 2–4 die Reibungskraft durch die Gewichtskraft (bzw. Normalkraft), so stimmen bei gleichem Material und bei gleicher Beschaffenheit der Oberflächen die Werte überein. Dieser Wert heißt **Reibungszahl** und wird mit dem griechischen Buchstaben μ (my) gekennzeichnet. Je größer μ ist, desto größer ist die Reibungskraft.

> $$F_R = \mu \cdot F_N$$
>
> **Das Produkt aus Reibungszahl und Normalkraft ergibt die Reibungskraft, mit der eine Bewegung auf ebener Unterlage gehemmt wird.**

2 Reibungskraft

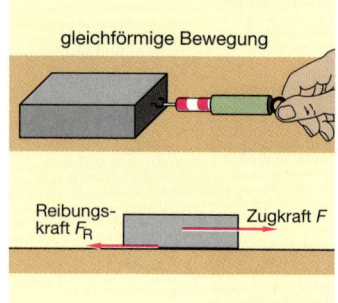

3 Reibungskräfte werden gemessen

	F_G in N	Gleitreibungskraft F_R in N	$\dfrac{F_R}{F_G}$
Holzklotz	1	0,15	$\dfrac{0,15}{1} = 0,15$
Holzstück mit 1 Gewichtsstück	1,5	0,23	$\dfrac{0,23}{1,5} = 0,15$
Holzklotz mit 2 Gewichtsstücken	2	0,30	$\dfrac{0,3}{2} = 0,15$

4 Messbeispiel

Kräfte

6 Aquaplaning

Aquaplaning
„... ab 80 fahren Sie Wasserski", warnt eine Hinweistafel an den Autobahnen vor überhöhter Geschwindigkeit bei regennasser Fahrbahn. Gemeint ist damit Folgendes:

Bei Nässe bildet sich vor den Reifen ein Wasserkeil, der durch die Profilrillen abgeleitet und zur Seite gedrückt werden muss. Bei hoher Geschwindigkeit und starken Regenfällen gelingt dies nicht mehr, der Reifen wird angehoben und verliert den Kontakt zum Boden. Er gleitet auf der Wasserfläche, das Auto lässt sich weder lenken noch abbremsen. Aquaplaning tritt besonders dann auf, wenn die Reifen abgefahren sind und kein ausreichend tiefes Profil haben, bei höherer Geschwindigkeit und bei starkem Regen.

☐ 7: Beschreiben Sie, wie Aquaplaning entsteht!

☐ 8: Wie ändert sich die Haftreibungskraft eines Pkws, der in einen plötzlichen Regenschauer gerät?

☐ 9: Wie lässt sich Aquaplaning vermeiden?

Reibungskräfte unerwünscht
Leichter geht's mit Rollen! Das wussten schon unsere Vorfahren vor mehreren tausend Jahren. Sie benutzten Rollen, um große Felsbrocken zu transportieren.

In vielen Maschinen oder Geräten stört die Reibungskraft. Sie hemmt die Bewegung und führt zur Erwärmung. Durch **Rollen- oder Kugellager** und durch **Schmiermittel** werden die Reibungskräfte verringert (Bild 8). Beim Schmieren mit Öl oder Fett entsteht ein dünner Flüssigkeitsfilm zwischen den Reibflächen, der die Reibungskraft besonders stark herabsetzt. Praktisch keine Gleitreibungskräfte gibt es, wenn die sich bewegenden Flächen wie bei einer **Magnetschwebebahn** auf Abstand gehalten werden.

Skispringen auch im Sommer!
Damit die Sportler im Sommer üben können, werden Übungshänge und Sprungschanzen mit Plastikmatten belegt (Bild 7).

Beispiele für Gleitreibungszahlen
Reifen – trockene Straße	0,8
Reifen – nasse Straße	0,5
Reifen – Eis	0,05
Stahl – Stahl	0,06
Stahl – Eis	0,01

Haftreibungszahlen
Reifen – trockene Straße	0,9
Stahl – Stahl	0,15
Stahl – Eis	0,027

5 besserer Halt – mehrfach herumlegen

7 Sommerski

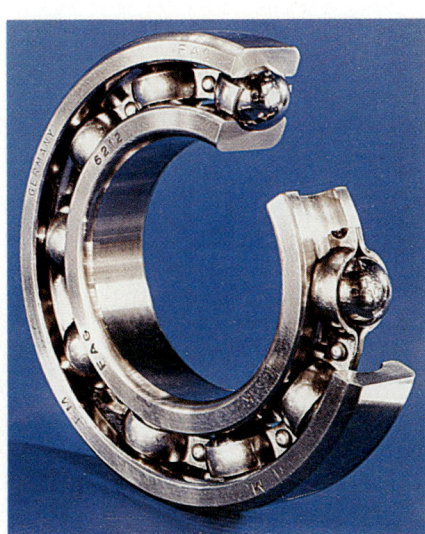

8 Rollenlager

Aufgaben
1. Welcher Zusammenhang zur Reibungskraft besteht bei folgenden Tätigkeiten:
   a) einen Teig rühren,
   b) Schnürbänder knoten,
   c) Scharniere ölen,
   d) Sand auf Eis streuen,
   e) Skier einwachsen?
2. Nennen Sie je drei Beispiele für Gleitreibungs- und Rollreibungskräfte!
3. Welche Aufgabe haben Teppichunterlagen?
4. Vergleichen Sie die Sommersprungschanze mit einer Rutsche auf dem Spielplatz oder im Schwimmbad. Beschreiben Sie, wie bei den Rutschen die Reibung gering gehalten wird!
5. Kerstin ist mit ihrem Fahrrad unterwegs. Wo wirken bei der Fahrt Reibungskräfte? Wie ändern sich die Reibungskräfte, wenn sie von einer trockenen auf eine nasse Fahrbahn kommt?
6. a) Bei welchem Wetter müssen Verkehrsteilnehmer die Reibung besonders beachten?
   b) Welche Maßnahmen können die Unfallgefahren reduzieren?
7. Warum führen abgefahrene Reifen beim Bremsen besonders auf nassen Straßen zum Rutschen oder Schleudern?
8. Zu geringe Reibungskräfte durch Nässe oder glatte Oberflächen führen oft zu Unfällen. Beschreiben Sie zwei Beispiele und zeigen Sie, wie diese Unfälle durch vorbeugende Maßnahmen oder Verhaltensweisen vermieden werden können!
9. Bestimmen Sie die Gleitreibungskraft, wenn eine Federtasche über unterschiedliche Unterlagen gezogen wird!

Kraftumformung

1 Kraftwandler

Kraftwandler

Kräfte stehen in den seltensten Fällen dort ausreichend zur Verfügung, wo sie gebraucht werden. Schon sehr früh haben die Menschen **Werkzeuge** und **einfache Maschinen** benutzt, um Muskelkräfte zu verstärken.

Sehen Sie sich Bild 1 an! Mit Seilen, Stangen, Rollen und Hebeln werden Kräfte übertragen. **Kraftwandler** gibt es aber nicht nur dort, wo große Kräfte benötigt werden. Sie werden im Alltag häufig verwendet. Man benutzt sie, um eine Kraft von einem Ort zum anderen zu übertragen. Dabei kann die Kraft verringert oder verstärkt werden.

> **Alle einfachen Maschinen formen Kräfte um oder verlagern ihre Angriffspunkte.**

Wie sich die Kräfte verändern, können Sie in Modellversuchen beobachten.

Ⅴ 1: Bauen Sie die in den Bildern 2 bis 5 dargestellten Modelle nach! Hängen Sie verschiedene Lasten an das Seil und messen Sie die jeweils zum Halten erforderliche Kraft!

Ⅴ 2: Vergleichen Sie jeweils die Haltekraft mit der Gewichtskraft der Last! Beachten Sie hierbei auch die Gewichtskraft der Rolle!

☐ 3: Fassen Sie die Ergebnisse aus Versuch 1 und 2 in einer Tabelle zusammen! Übertragen Sie die Tabelle in Ihr Heft, tragen Sie die Werte aus Bild 2 bis 5 ein!

Kraftwandler				
Gewichtskraft der Last				
Zugkraft				
Kraftveränderung				

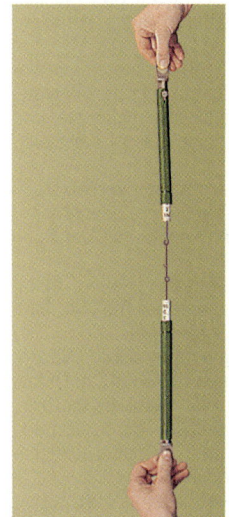

2 Seil

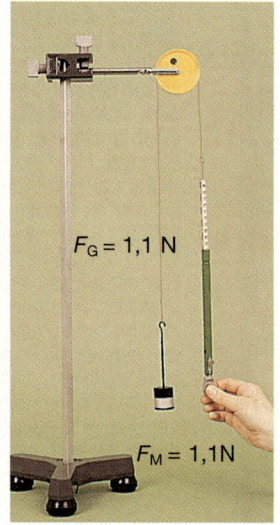

3 Feste Rolle

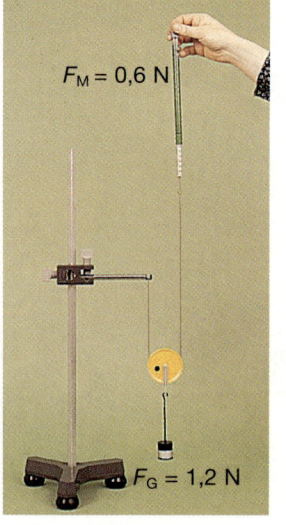

4 Lose Rolle

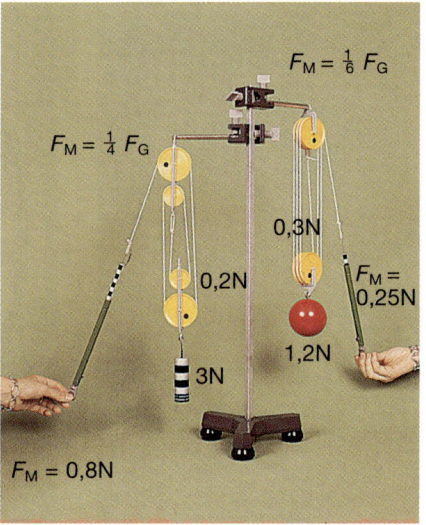

5 Flaschenzug

Kraftumformung

6 Stange

Kraftwandler
Zusammenhang zwischen dem Weg der Kraft s_F und dem Weg der Last s_L:
feste Rolle $\quad s_F = s_L$
lose Rolle $\quad s_F = 2 s_L$
Flaschenzug $s_F = n s_L$

Seil und Stange
Mit einem Seil oder einer Stange wird die Kraft übertragen. Ein dazwischengeschalteter Kraftmesser zeigt in einem entsprechenden Versuch an allen Stellen des Seiles denselben Betrag an. Lediglich der Angriffspunkt der Kraft ist verlagert (Bild 6).

> **Seil und Stab verlagern den Angriffspunkt der Kraft.**

Feste Rolle
Beim Kranwagen führt das Seil über eine Rolle am Ausleger. Obwohl sich die Rolle beim Auf- und Abwickeln des Seiles dreht, spricht man hier von einer festen Rolle. Sie ist bei der Kraftübertragung stets an derselben Stelle (Bild 7).

> **Eine feste Rolle ändert die Richtung und den Angriffspunkt der Kraft. Der Betrag der Kraft bleibt gleich.**

Lose Rolle
An diesem Kran sieht man neben der festen Rolle noch eine weitere Rolle, die sich hebt und senkt (lose Rolle). Durch diese Rolle wird die Zugkraft halbiert. Die andere Hälfte wird durch das zweite Seil und durch den Haken gehalten. Mit Hilfe der losen Rolle kann man also „Kraft sparen". Allerdings muss man das Seil 2 m aufwickeln, wenn man den Korb um 1 m heben will (Bild 8).

> **Mit der losen Rolle wird der Betrag der Kraft halbiert.**

Flaschenzug
Eine Kombination von losen und festen Rollen ist der Flaschenzug. Um die zum Heben notwendige Kraft zu verringern, kombiniert man mehrere lose und feste Rollen miteinander. Geschickterweise legt man die Rollen nicht hintereinander, sondern auf einer Achse nebeneinander. Am Flaschenzug wird die Gewichtskraft F_G auf mehrere Seilstücke verteilt. Bei $n = 4$ Seilstücken wird nur der vierte Teil der Gewichtskraft zum Ziehen benötigt (Bild 5).

$$\text{Zugkraft} = \frac{\text{Gewichtskraft}}{\text{Anzahl der tragenden Seilstücke}}$$

$$F_Z = \frac{F_G}{n}$$

Die Anzahl der Rollen lässt sich jedoch nicht beliebig vergrößern, weil dadurch auch die Gewichtskraft der Rollen und die Reibungskraft zunehmen.

> **Mit einem Flaschenzug werden Angriffspunkt, Richtung und Betrag der Kraft geändert.**

☐ 1: Vergleichen Sie bei den Kraftwandlern die Wege der Kraft (s_F) mit den Wegen der Last (s_L)! Bestätigen Sie die in der Tabelle (linke Spalte) angegebenen Gleichungen!
☐ 2: Zeichnen Sie die Seilführung eines Flaschenzuges mit vier (sechs) Rollen!
☐ 3: Verschnürungen an Schuhen sind ebenfalls Flaschenzüge, aber ohne Rollen. Erklären Sie dies!

7 Feste Rolle

8 Lose Rolle

9 Flaschenzug

Mechanik

1 Schräg aufwärts (Rampe)

Die schiefe Ebene

Schräg aufwärts geht es auf einer Rampe (Bild 1). Zum Transport von schweren Lasten wird diese schiefe Ebene vielfach angewandt.

☐ 1: Wo finden Sie weitere Beispiele für die schiefe Ebene?

Auf der **schiefen Ebene** ist die zum Halten erforderliche Kraft stets kleiner als die Gewichtskraft. Diese Änderung der Kraft kann in einem Versuch untersucht werden.

Ⅴ 2: Bauen Sie eine schiefe Ebene gemäß Bild 2 auf! Messen Sie bei unterschiedlich geneigter Fahrbahn die zum Halten erforderliche Kraft! Sie hat den gleichen Betrag wie die entsprechende **Hangabtriebskraft**.

Ergebnis: Je kleiner der Neigungswinkel, desto kleiner ist die Haltekraft.

Die Neigung der schiefen Ebene kann nicht nur durch den **Neigungswinkel**, sondern auch durch das Verhältnis von Höhe h zur Länge der schiefen Ebene l angegeben werden.

Der Quotient h/l gibt an, wie steil oder flach eine schiefe Ebene verläuft.

$$\text{Haltekraft} = \text{Gewichtskraft} \cdot \frac{\text{Höhe}}{\text{Länge}}$$

Jede geneigte Straße ist eine schiefe Ebene. Eine einfache Anwendung der schiefen Ebene ist der **Keil** zum Spalten von Holz oder zum Anheben von Türen.

Schneidegeräte wie Beil, Messer oder Meißel bestehen aus zwei aneinander gefügten schiefen Ebenen. Auch die **Schraube** kann als schiefe Ebene aufgefasst werden.

Ⅴ 3: Schneiden Sie aus Papier ein rechtwinkliges Dreieck aus! Wickeln Sie es wie in Bild 3 um einen runden Stab (z. B. Bleistift)! Der obere Rand des Papiers bildet eine Schraubenlinie (Bild 3).

☐ 4: Vergleichen Sie die Schraubenlinie des Papierstreifens mit den **Gewinden** verschiedener Schrauben!

☐ 5: Wie erhält man eine Schraubenlinie mit weitem Abstand?

Aufgaben
1. Welche gemeinsame Eigenschaft haben Kraftwandler?
2. Wie groß muss die Zugkraft eines Motors mindestens sein, der eine Last mit der Gewichtskraft von 6000 N heben soll,
   a) mit einer festen Rolle,
   b) mit einer losen Rolle,
   c) mit einem Flaschenzug mit vier Rollen?
3. Senta kann mit einer Kraft $F = 320$ N ziehen. Welche Gewichtskraft kann sie höchstens heben
   a) mit einer festen Rolle,
   b) mit einer losen Rolle,
   c) mit einem Flaschenzug mit vier Rollen?
4. Reicht die Kraft $F = 2000$ N aus, um einen Pkw ($F_G = 100000$ N) auf einer schiefen Ebene ($h = 1$ m, $l = 4$ m) festzuhalten?

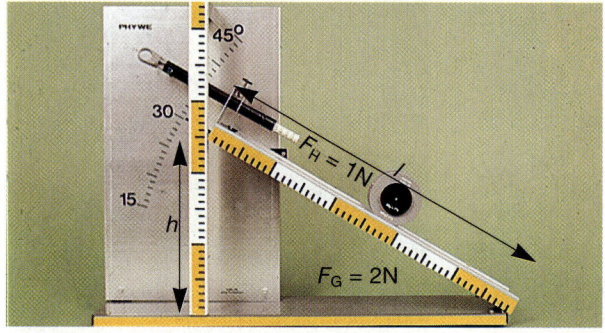

2 Haltekraft an der schiefen Ebene

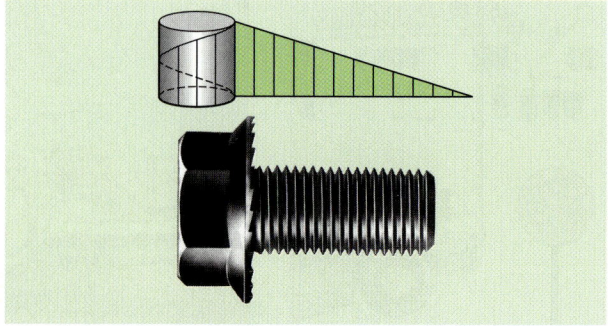

3 Schraube und Schraubenlinie

Kraftumformung

4 Nicht genug Kraft?

Hebel und Hebelgesetz

Kleine Kraft, große Wirkung
Nicht jeder verfügt über so gewaltige Muskelkräfte, um die Truhe in Bild 4 anzuheben. Kristina ist so clever, dass sie diese schwere Truhe auch mit geringerer Kraft heben kann.

☐ 1: Erklären Sie, wie das möglich ist!

Kristina benutzt die Holzlatte als **Hebel**. Der Hebel ist der einfachste, aber auch der vielseitigste Kraftwandler. Meistens besteht er aus einer **starren Stange**, die drehbar gelagert ist. Er wird immer dort eingesetzt, wo mit einer kleinen Kraft eine große Wirkung erzielt werden soll. Hierbei gibt es zwei Möglichkeiten:

• Beim **zweiseitigen Hebel** greifen die Kräfte auf beiden Seiten der Drehachse an.
• Beim **einseitigen Hebel** wirken die Kräfte auf derselben Seite der Drehachse.

Wie der Balken als zweiseitiger Hebel (a) und als einseitiger Hebel (b) benutzt werden kann, um die Truhe anzuheben, ist in Bild 5 dargestellt.

> **Jeder Hebel hat eine Drehachse und Hebelarme.**

Ⅴ 2: Untersuchen Sie die an dem Hebel wirkenden Kräfte (Bild 6)!

Ⅴ 3: Hängen Sie an die rechte Seite des Hebels in einem bestimmten Abstand von der Drehachse ein Gewichtsstück! Befestigen Sie an der linken Seite der Reihe nach an verschiedenen Stellen einen Kraftmesser! Messen Sie jeweils die Kraft, die den Hebel waagerecht hält, und den dazugehörenden Abstand von der Drehachse!
Tragen Sie die Messergebnisse in eine Tabelle ein!
Mögliche Ergebnisse:
Gewichtskraft $F_2 = 2$ N,
Abstand von der Drehachse $a_2 = 10$ cm.

Abstand von der Drehachse a_1 in cm	Kraft F_1 in N
2,5	8
5	4
7,5	2,7
10	2
12,5	1,6
15	1,3

Die Messergebnisse zeigen, dass bei doppeltem Abstand von der Drehachse (Hebelarm) die benötigte Kraft nur halb so groß ist. Bei dreifachem Hebelarm beträgt die Haltekraft nur noch den dritten Teil der Gewichtskraft. Es besteht eine umgekehrt proportionale Zuordnung.

> **Das Produkt aus Kraft F und zugehörigem Hebelarm a hat immer den gleichen Wert.**

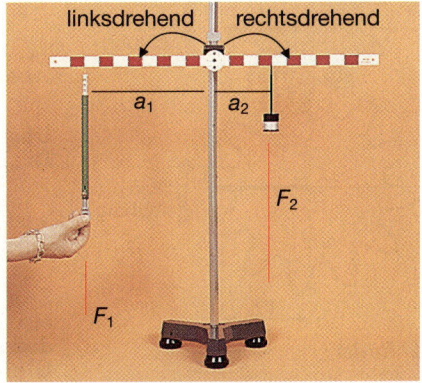

5 a) zweiseitiger Hebel, b) einseitiger Hebel

6 Modellversuch zum Hebel

Mechanik

1 Auf der Wippe

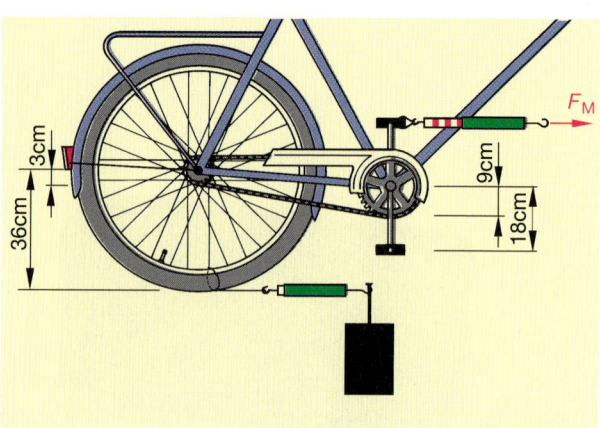

3 Kraftwandlung beim Fahrrad

Gleichgewicht am Hebel

Wie können Tina und Lisa auf der Wippe das Gleichgewicht halten? Sicher wissen beide aus Erfahrung, dass das schwerere der beiden Mädchen sich näher an die Drehachse setzen muss. Durch Probieren finden sie dann den richtigen Abstand, um im **Gleichgewicht** zu sein (Bild 1). Die Wippe ist in Ruhe, sie bewegt sich nicht. Diese Gleichgewichtslage der Wippe oder des Hebels kann man auch rechnerisch finden. Dazu benutzen wir die Ergebnisse von Aufgabe 3 (S. 33).

☐ 1: Bilden Sie jeweils das Produkt aus Kraft F und Hebelarm a der linken bzw. rechten Seite des Hebels!

linke Seite   rechte Seite
Kraft · Hebelarm = Kraft · Hebelarm
$$F_1 \cdot a_1 = F_2 \cdot a_2$$
$$5\,N \cdot 4\,cm = 2\,N \cdot 10\,cm$$
$$20\,Ncm = 20\,Ncm$$

> **Der Hebel bleibt im Gleichgewicht, solange das Produkt $F \cdot a$ auf beiden Seiten gleich ist (Hebelgesetz).**

Ⓥ 2: Untersuchen Sie, ob das Hebelgesetz auch am einseitigen Hebel gilt!

> **Das Produkt $F \cdot a$ heißt auch Drehmoment M: $M = F \cdot a$.**

Es ist ein Maß für die Drehwirkung, die Maßeinheit ist Newtonmeter (Nm).

> **Zur Drehung kommt es, wenn ein Drehmoment größer ist als das andere.
> Gleichgewicht herrscht, wenn die Drehmomente gleich sind.**

Der Grieche **Archimedes** (um 250 v. Chr.) hat das **Hebelgesetz** erstmals formuliert. Doch lange zuvor wurden die Hebelwirkungen technisch genutzt. Auch heute benutzen wir viele Geräte und Werkzeuge, ohne die Hebelwirkungen genau zu kennen (Bild 4).

Räder

Auch dort, wo man keine Hebel sieht, gilt das Hebelgesetz. **Räder, Kurbelwelle** und **Wellrad** wirken ebenso wie Hebel und verändern die Kraft.

Ⓥ 3: Untersuchen Sie die Kraftübertragung beim Fahrrad!

Über zwei Zahnräder und eine Kette wird die Kraft von der Pedale auf das Hinterrad übertragen. Die Tretkurbel mit dem Antriebszahnrad bildet ebenso ein Wellrad wie das hintere Zahnrad mit dem Hinterrad (Bild 3).

Das Pedal eines Fahrrades hat einen Abstand von 18 cm von der Drehachse. Der Radius des Zahnkranzes beträgt 9 cm. Wenn der Fahrer mit einer Kraft von 60 N senkrecht zum Kurbelarm auf die Pedale tritt, ist die Kraft, mit der die Kette gezogen wird, doppelt so groß: 120 N.

Die Kette überträgt wie ein Seil diese Kraft auf das hintere Zahnrad (Radius = 3 cm). Auf das kleine Zahnrad am Hinterrad wirkt die Kraft von 120 N.
Das kleine Zahnrad treibt das Hinterrad (Radius = 36 cm) an. Zwischen Reifen und Straße wirkt dann eine Kraft von 10 N (zehnfacher Abstand von der Drehachse).

☐ 4: Untersuchen Sie die Kräfte und Hebelarme an den Werkzeugen und Geräten in Bild 4! Beschreiben Sie die Kraftwirkung!

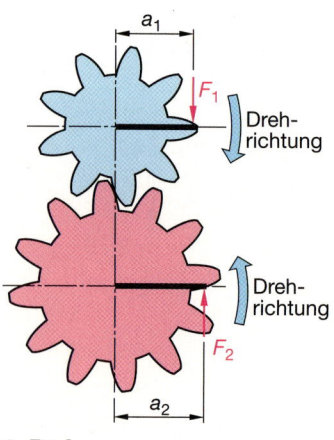

2 Räder

Kraftumformung

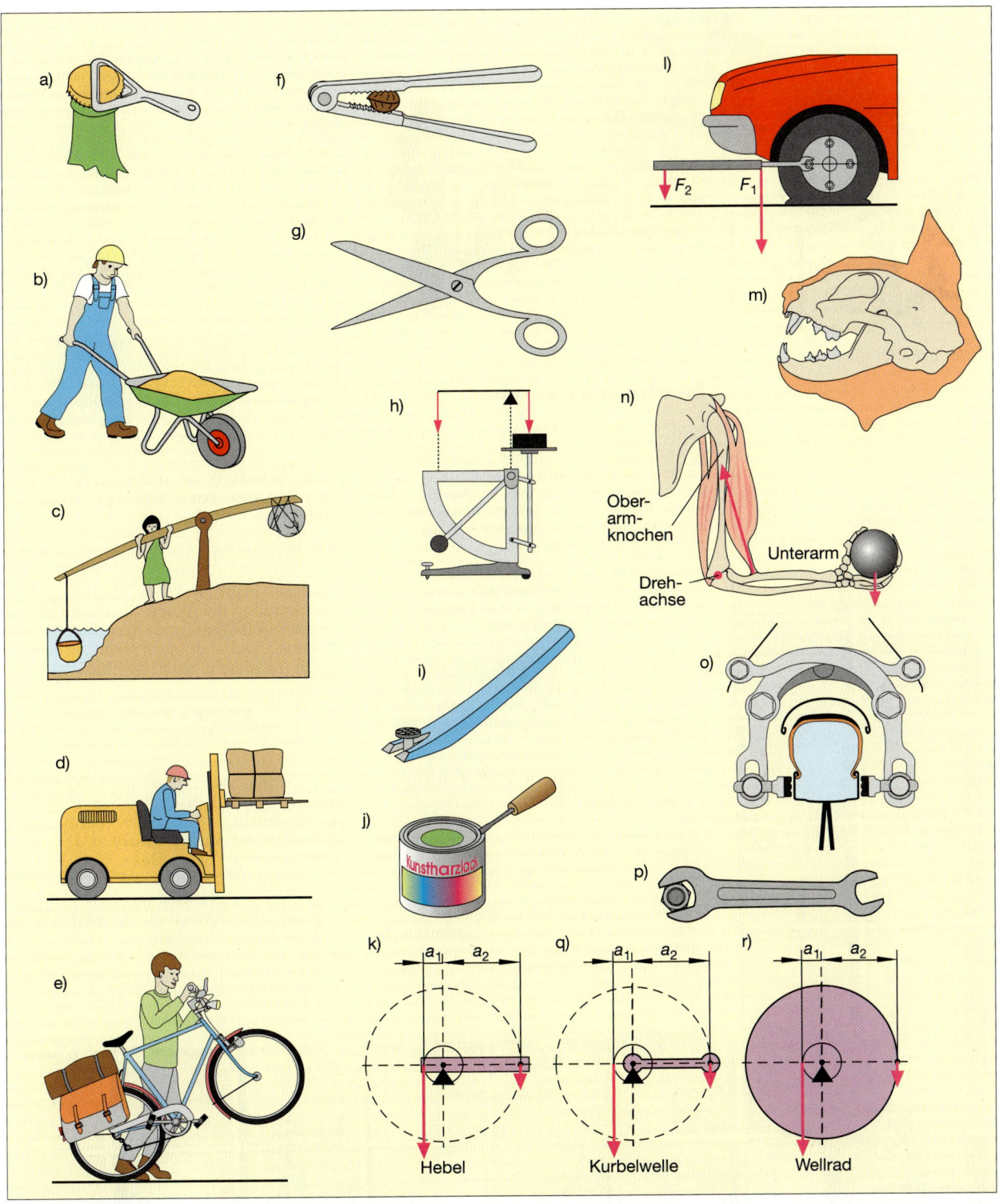

4 Überall Hebel

☐ 5: Zeichnen Sie drei Geräte ab! Kennzeichnen Sie jeweils die Drehachse, die Kraftarme sowie die Angriffspunkte der Kräfte!

☐ 6: Erklären Sie die Redensart: Er sitzt am längeren Hebel!

Mechanik

1 Wer arbeitet hier?

Mechanische Arbeit

Bild 1 zeigt mehrere Personen bei der Arbeit: Sie heben Pakete hoch, schieben Kisten oder Wagen, denken, rechnen, lesen, lösen schwierige Probleme. Das alles kann ganz schön anstrengend sein. Dabei kann dieselbe Arbeit von den einzelnen Menschen unterschiedlich schwer empfunden werden. Besonders wenn wir etwas zum Vergnügen oder freiwillig tun, z. B. Bergsteigen, Gewichtheben oder Denksportaufgaben lösen, denken wir dann kaum an Arbeit. Um den Begriff der mechanischen Arbeit W (work, engl. Arbeit) festzulegen, greifen wir auf zwei messbare Eigenschaften zurück: auf die **Kraft** F und die **Weglänge** s.

☐ 1: Wer arbeitet in Bild 1 nicht im physikalischen Sinne?

☐ 2: In Bild 2 werden gleich schwere Kisten gestapelt. Überlegen Sie, in welchem Fall die Arbeit am größten ist!

Wie lässt sich Arbeit messen?

☐ 3: Vergleichen Sie die Arbeiten in Bild 2! Welche Arbeiten sind gleich?

Wird in Bild 2 die Kiste in das erste Regalfach gehoben, wird an der Kiste Arbeit verrichtet. Dazu ist eine Kraft erforderlich.

Ob ein Mensch, ein Tier oder eine Maschine diese **Hubarbeit** verrichtet, ist unerheblich. Es bleibt dieselbe Arbeit. Doppelte Arbeit wird verrichtet, wenn zwei Kisten in das Fach gebracht werden. Bei drei Kisten spricht man von dreifacher Arbeit. Eine doppelte Arbeit würde auch dann verrichtet werden, wenn eine andere Kiste eine doppelte Gewichtskraft hätte.

> Die Arbeit W ist umso größer, je größer die erforderliche Kraft F ist.

Aber es kommt auch darauf an, wie hoch die Kiste gebracht wird. Wird die Kiste statt in das erste Fach bis ins zweite oder dritte Fach gehoben, so ist es sinnvoll, von zweifacher, dreifacher Arbeit zu sprechen.

> Die Arbeit W ist umso größer, je größer der zurückgelegte Weg s ist.

Zur Berechnung der Arbeit müssen die beiden Größen Kraft F und Weglänge s berücksichtigt werden. Es ist daher zweckmäßig, die Arbeit als Produkt aus Kraft F und Weglänge s festzulegen (definieren). Dabei müssen Kraft und Weglänge die gleiche Richtung haben.

> Arbeit = Kraft · Weg
> $W = F \cdot s$

Die Einheit der Arbeit ist **1 Newtonmeter**. Nach dem englischen Physiker **J. P. Joule** (1818–1889) nennt man diese Einheit auch **1 Joule** (1 J).
1000 J = 1 kJ (Kilojoule)
Die Arbeit 1 Nm kann auf unterschiedliche Weise verrichtet werden:
- eine Tafel Schokolade (Gewichtskraft 1 N) 1 m hochheben,
- mit der Zugkraft 10 N einen Gegenstand 0,10 m über den Boden ziehen,
- ein Paket (20 N) um 0,05 m heben.

2 Die Arbeit hängt von der Gewichtskraft und von der Hubhöhe ab

Arbeit - Energie - Leistung

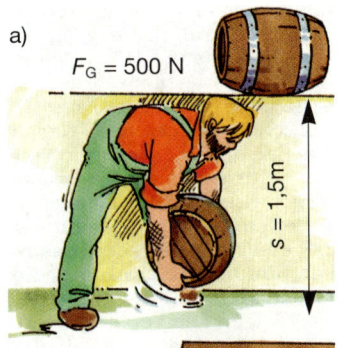
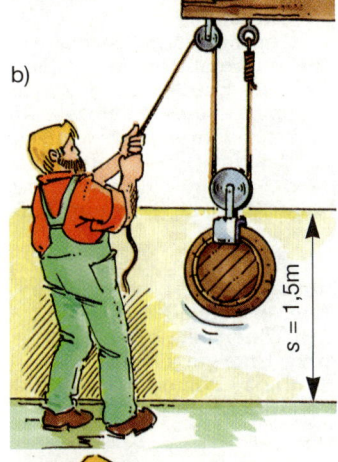

3 Hubarbeit mit Kraftwandlern

Hubarbeit mit Kraftwandlern

Mit Kraftwandlern können Kräfte verändert werden. Besonders günstig ist es, wenn der Betrag der Kraft so umgeformt wird, dass die eingesetzte Kraft verringert wird.

Lässt sich mit Kraftwandlern auch die Arbeit verringern?
Um diese Frage zu beantworten, untersuchen wir das Produkt $F \cdot s$. Mit einem Kraftwandler müsste sich dann ein kleinerer Wert für die Arbeit W ergeben als beim senkrechten Hochheben des Fasses wie im Bild 3a.

V 1: Überprüfen Sie diese Vermutung in einer Versuchsreihe! Heben Sie ein Gewichtsstück mit unterschiedlichen Kraftwandlern hoch! Messen Sie die jeweilige Kraft F und die Wegstrecke s! Bilden Sie anschließend das Produkt $F \cdot s$! Vergleichen Sie die Ergebnisse mit der Hubarbeit ohne Kraftwandler!

Beispiel 1
Das Fass in Bild 3a wird **ohne Kraftwandler** senkrecht hochgehoben! Die Hubarbeit beträgt: $W = F \cdot s$,
$W = 500\ \text{N} \cdot 1{,}5\ \text{m} = 750\ \text{Nm}$.
Wird die Arbeit hingegen wie bei der **losen Rolle** mit geringerer Kraft ausgeführt, muss die Zugkraft längs einer größeren Wegstrecke wirken. Das Seil muss dann doppelt so weit gezogen werden.
Die Hubarbeit beträgt dann:
$W = 250\ \text{N} \cdot 3\ \text{m} = 750\ \text{Nm}$.

Auch an der **schiefen Ebene** bzw. beim **Flaschenzug** (Bild 3d) spart man Kraft, dafür ist aber der Weg länger. Auch hier ergibt sich jeweils die Arbeit $W = 750\ \text{Nm}$.

Diese Beispiele zeigen, dass mit einfachen Maschinen die Kräfte zwar verringert werden können, die Wegstrecken aber größer werden.
Die Arbeit bleibt jedoch gleich.

Dieser Zusammenhang, den schon **Heron von Alexandria** im 1. Jahrhundert erkannte, wird als **goldene Regel der Mechanik** bezeichnet.

> Mit Kraftwandlern können Kraft und Weglänge verändert werden, die Arbeit bleibt gleich.

Beispiel 2
Brit muss ihren Klassenraum im dritten Obergeschoss (Höhenunterschied 9 m) aufsuchen (Bild 5). Wie groß ist ihre Hubarbeit bei einer Gewichtskraft von 520 N?

Mit Hilfe der goldenen Regel der Mechanik kann man auch die **Hubarbeit beim Treppensteigen** einfach bestimmen. Man kann so tun, als ob man auf direktem Weg senkrecht nach oben klettert oder einen Fahrstuhl benutzt. Die Arbeit wird berechnet:
$W = 520\ \text{N} \cdot 9\ \text{m} = 4680\ \text{Nm} = 4{,}68\ \text{kJ}$.

Auch hier wird gearbeitet:
Auf die Rennwagen in Bild 4 wirken die Antriebskräfte der Motoren. Wenn sie auf eine höhere Geschwindigkeit gebracht werden, nennt man diese Arbeit **Beschleunigungsarbeit**. Werden sie abgebremst, wird Reibungsarbeit verrichtet. Dabei entsteht Wärme. Die

4 Beschleunigungsarbeit

Reibungsarbeit ist besonders klein, wenn die Reibungskräfte durch Rollreibung klein gehalten werden.

Das Spannen einer Feder oder das Teigkneten erfordert **Verformungsarbeit**. Auch in diesen Beispielen hängt die Arbeit von der Kraft ab.
Wichtig bei allen Berechnungen ist, dass Kraft und Weg die gleiche Richtung haben.

5 Treppensteigen ist Hubarbeit

Mechanik

1 Die Seilbahn als Energiewandler

Energie

Um mit der Seilbahn in Gang zu kommen, muss zunächst der Berg erklommen werden. Und dann geht es „wie von selbst" schnell abwärts (**Beschleunigungsarbeit**), am Gegenhang wieder nach oben (**Hubarbeit**) und gegen eine Feder. Diese wird zusammengedrückt (**Verformungsarbeit**), federt zurück und beschleunigt so stark, dass man mit dem Sitz auf der anderen Seite fast wieder bis nach oben kommt. Doch von selbst geht es nicht. Arbeit gibt es nicht umsonst. Das können Sie in folgenden Experimenten untersuchen.

V 1: Lassen Sie einen Wagen auf einer schiefen Ebene hinabrollen und gegen eine Stahlfeder prallen (Bild 2)! Beschreiben Sie die Bewegung des Wagens!

V 2: Schieben Sie einen Wagen von der tiefsten Stelle einer gekrümmten Fahrbahn (Bild 3) bis ans Ende der Fahrbahn nach oben und lassen Sie ihn hinabrollen! Beschreiben Sie die Bewegung des Wagens! Beide Fahrzeuge müssen zunächst angehoben werden.

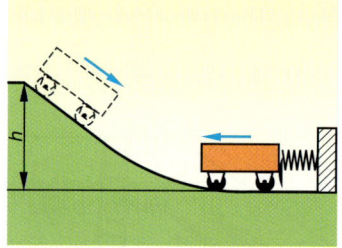

2 Der Wagen prallt gegen eine Stahlfeder

An den Wagen wird eine Arbeit verrichtet, die nach der Gleichung $W = F_G \cdot h$ berechnet werden kann. Durch diese Arbeit erhalten die Wagen ihre Energie: **Lageenergie** oder potenzielle Energie. Beim Herabrollen werden die Wagen immer schneller. Ihre Lageenergie verringert sich, dafür gewinnen sie **Bewegungsenergie (kinetische Energie)**. Mit dieser Bewegungsenergie kann der Wagen aus Versuch 1 die Feder zusammendrücken, die dann **Spannenergie** hat. Auf Grund seiner Bewegungsenergie kann der Wagen aus Versuch 2 wieder Hubarbeit verrichten und auf der Gegenseite hochrollen. Dabei kann diese Hubarbeit höchstens gleich der Arbeit sein, die am Anfang an dem Wagen verrichtet wurde. Ein Teil der Energie wird dazu benutzt, die Reibungskraft zu überwinden. Während der ganzen Fahrt wird Reibungsarbeit verrichtet. Sie führt stets zu einer **Erwärmung** und sorgt dafür, dass die Bewegung aufhört.

> Die Fähigkeit, Arbeit verrichten zu können, beschreibt man mit dem Begriff Energie.
> Arbeit und Energie erhalten die gleiche Einheit 1 Nm oder 1 Joule.
> Energie bleibt erhalten.

Energie kann in verschiedenen Formen auftreten, in der Mechanik als Lageenergie oder potenzielle Energie, Bewegungsenergie und Spannenergie. Weitere Formen sind elektrische Energie, Schallenergie, Lichtenergie, Wärme und chemische Energie. Energie kann von einer Form in die andere umgewandelt werden. Sie bleibt erhalten (Energieerhaltungssatz). In einem **Energieflussdiagramm** (Bild 3) wird das deutlich.

Es gibt keine Maschine, die ständig mehr Arbeit verrichtet, als ihr zugeführt wird, trotzdem versuchen immer noch viele Menschen so eine Maschine, ein **Perpetuum mobile**, zu konstruieren.

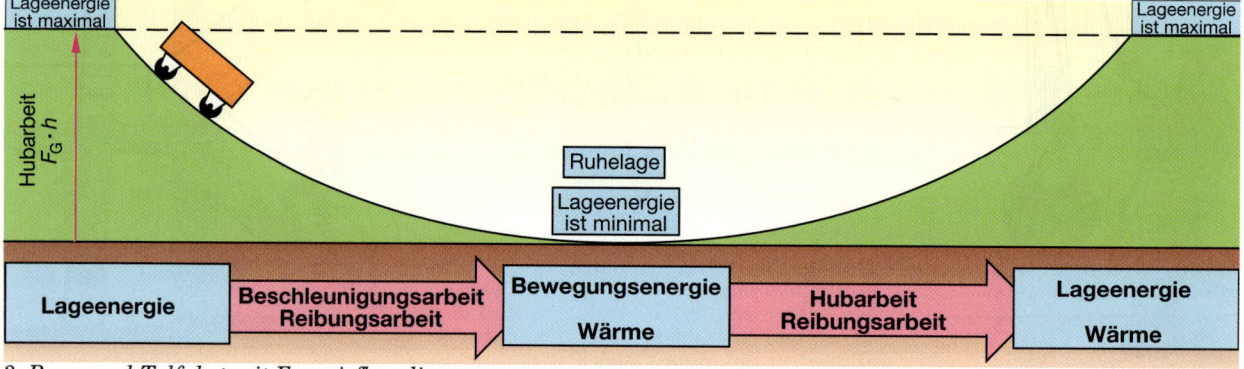

3 Berg- und Talfahrt mit Energieflussdiagramm

Arbeit – Energie – Leistung

4 Leistung ist „Arbeit durch Zeit"

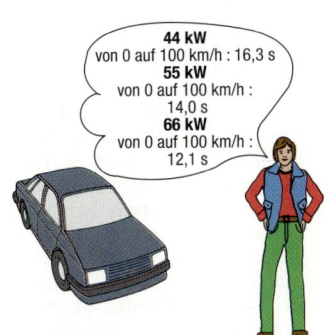

5 Unterschiedliche Leistung

Beispiele für Leistungen	
Glühlampe	100 W
Mensch	
– Körperfunktionen	100 W
– Dauerleistung	75 W
– kurzfristig	1100 W
Pferd (Dauerleistung)	500 W
Mofa	1000 W
Windmühle	5 kW
Personenauto	55 kW
Lastauto (15 t)	250 kW
Flugzeug	35 000 kW
Wasserkraftwerk	230 000 kW
Rakete	75 000 000 kW

Leistung

Leistungsstarke Motoren bringen Autos schneller auf hohe Geschwindigkeiten, Förderbänder laufen schneller, wenn in gleicher Zeit (z. B. in einer Stunde) mehr Material nach oben befördert werden soll. Mit Rolltreppen werden Personen nach oben befördert, es wird Hubarbeit verrichtet.

☐ 3: Wie könnte man die Leistung der Rolltreppen vergrößern?
Bei gleicher Geschwindigkeit der Rolltreppe könnten mehr Personen nach oben transportiert werden, wenn alle näher zusammenrücken würden. Man könnte aber auch die Rolltreppe schneller laufen lassen, um die Leistung zu vergrößern. Die gleiche Arbeit wird dann in kürzerer Zeit verrichtet.

Leistung beim Seilklettern

Auch im Sportunterricht werden oftmals Leistungen verglichen. Die Zwillinge Lena und Anna sowie Tina klettern um die Wette ein 3 m langes Seil hoch. Zunächst klettern die beiden Zwillinge: Lena benötigt 10 Sekunden, aber Anna schafft es bereits in 9 Sekunden. Da beide gleich schwer sind (Gewichtskraft 360 N), verrichten beide die gleiche Hubarbeit:
360 N · 3 m = 1080 Nm.
Anna ist schneller, sie leistet mehr – die gleiche Arbeit wird in kürzerer Zeit vollbracht.

Zum Schluss vergleicht sich Anna mit Tina. Anna freut sich, sie ist mit 9 s wieder Erste, da Tina 10 s braucht. Doch Tina ist schwerer (Gewichtskraft 440 N), sie muss deshalb auch mehr arbeiten. Ihre Hubarbeit beträgt:
440 N · 3 m = 1320 Nm.

Nicht immer vollbringt der Schnellste auch die größte physikalische Leistung. Bei der Leistung kommt es auf die **Arbeit** und die **Zeit** an, in der die Arbeit verrichtet wird. Der Vergleich ist leichter, wenn wir die **Arbeit pro Sekunde** ausrechnen und den Quotienten aus Arbeit und Zeit bilden:

Anna: $\dfrac{1080 \text{ Nm}}{9 \text{ s}} = 120 \dfrac{\text{Nm}}{\text{s}}$,

Lena: $\dfrac{1080 \text{ Nm}}{10 \text{ s}} = 108 \dfrac{\text{Nm}}{\text{s}}$,

Tina: $\dfrac{1320 \text{ Nm}}{10 \text{ s}} = 132 \dfrac{\text{Nm}}{\text{s}}$.

Tina leistet am meisten, da sie pro Sekunde mehr Arbeit verrichtet.

> **Die Leistung ist der Quotient aus Arbeit und Zeit:**
> $$\text{Leistung} = \frac{\text{Arbeit}}{\text{Zeit}}, \quad P = \frac{W}{t}.$$

Die Einheit der Leistung ist
1 Nm/s = 1 J/s.
Sie wird nach dem Engländer **James Watt** (1736 – 1819) auch mit 1 Watt benannt.

Beispiel für die Leistung 1 W:
Ein Gewichtsstück von 100 g (F_G = 1 N) in 1 Sekunde 1 Meter hochheben.

Für größere Leistungen benutzt man:
1 Kilowatt = 1000 Watt (W),
1 Megawatt = 1 000 000 W.

▽ 4: Bestimmen Sie die eigene Leistung beim Treppensteigen oder Seilklettern!

▽ 5: Bestimmen Sie die Leistung eines Elektromotors, der wie in Bild 6 eine Last nach oben zieht!

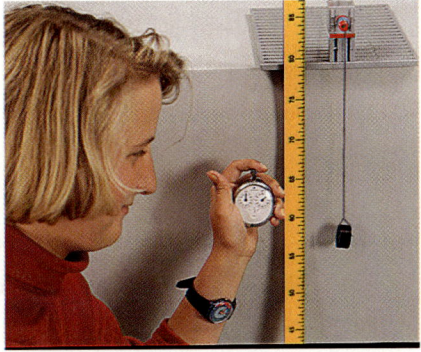

6 Die Leistung eines Motors

Mechanik

1 Ohne Energie keine Arbeit

2 Schleuderbrettakrobaten

Aus Technik und Sport

Eine Fahrt in der Achterbahn
Zunächst wird der Wagen mit den Fahrgästen durch einen Elektromotor nach oben gezogen (Bild 1). Gleich danach beginnt die Talfahrt, der Wagen wird schneller. In rasender Fahrt durcheilt er das Tal und saust den Gegenhang hinauf. Dort kommt er fast zum Stillstand. Doch er überwindet den niedrigeren Berg und saust wieder herunter über den nächsten Hügel. Ein kräftiger Ruck, der Wagen stoppt.

Trampolin und Schleuderbrett
Mit einem kraftvollen Sprung beginnt der Trampolinspringer seine Übung (Bild 3). Das Trampolin mit seinem elastischen Tuch und seinen Federn ist stark gespannt. Der Springer kommt für einen kurzen Augenblick zum Stillstand, dann schnellt das Tuch zurück und beschleunigt den Springer, so dass er hochfliegt. Die Spannenergie des Trampolintuches wird dabei in Bewegungsenergie des Springers umgewandelt. Er fliegt hoch und erhält Lageenergie. Für einen kurzen Moment kommt er zum Stillstand, seine Bewegungsenergie ist null, dafür hat er aber die maximale Lageenergie. Gleich darauf wird die Lageenergie wieder in Bewegungsenergie umgewandelt.
Manche Artisten benutzen zum Hochschleudern ihrer Partner ein Schleuderbrett (Bild 2).

Rammen
Zum Festrammen z. B. von Steinen werden im Straßenbau Rammgewichte eingesetzt (Bild 5). Durch eine explosionsartige Verbrennung in einem Zylinder wird die schwere Ramme in die Höhe geschleudert. Beim Aufschlag drückt die Ramme den Boden fest.
Bei einer anderen Ramme wird ein großes Gewichtsstück durch einen Elektromotor in die Höhe gezogen und dort losgelassen.

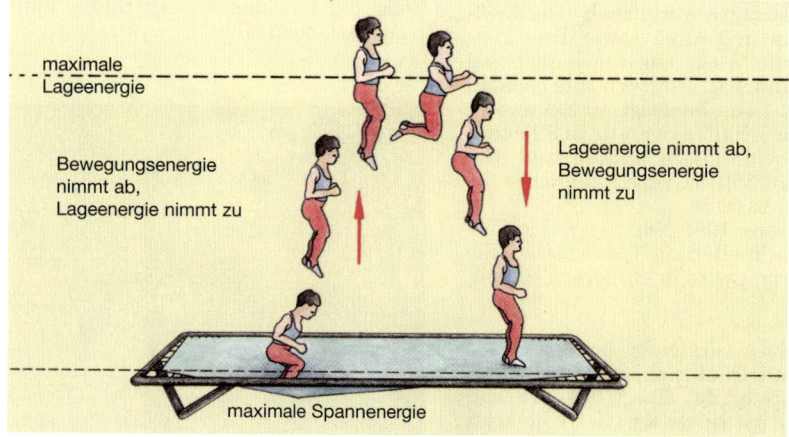
3 Trampolinspringer

Arbeit - Energie - Leistung

4 Pumpspeicherwerk Geesthacht

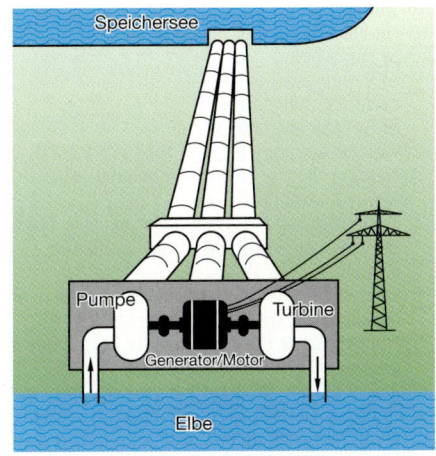

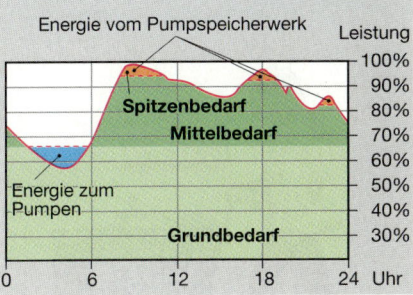

Pumpspeicherwerk

Elektrische Energie wird im Laufe eines Tages sehr unterschiedlich benötigt. Damit die Elektrizitätswerke aber gleichmäßig ausgelastet sind, wird in Pumpspeicherwerken nachts, wenn wenig elektrische Energie gebraucht wird, Wasser aus dem Talsee in den Bergsee gepumpt. Elektrische Energie wird so in Lageenergie umgewandelt. Im Pumpspeicherwerk Geesthacht bei Hamburg (Bild 4) wird das Elbwasser nachts in ein etwa 80 m höher gelegenes Speicherbecken gepumpt. Dieses Becken kann ca. 3,8 Millionen Kubikmeter Wasser aufnehmen. Die drei Pumpen zusammen können in neun Stunden 3 300 000 m³ Wasser in das Becken hochpumpen.

Zu Spitzenzeiten, wenn also besonders viel elektrische Energie benötigt wird, strömt das Wasser über eine Turbine in den Talsee zurück. Die Turbine treibt einen Generator an, der dann elektrische Energie abgibt.

5 Ramme

Aufgaben
1. Wählen Sie zwei Beispiele aus:
   a) Welche Energieformen treten auf?
   b) Beschreiben Sie die Energieumwandlungen!
   c) Zeichnen Sie das Energieflussdiagramm!
2. Geben Sie die Stellen an, bei denen der Trampolinspringer zur Ruhe kommt!
3. Wie groß ist ungefähr die gespeicherte Lageenergie, wenn das Becken vollständig gefüllt ist?
4. Berechnen Sie die Leistung der Pumpen des Pumpspeicherwerkes!
5. Berechnen Sie die Hubarbeit für einen Wagen der Achterbahn, der mit sechs Personen (Gewichtskraft jeder Person 700 N) besetzt ist (14 m Höhenunterschied)!
6. Wie groß kann die Verformungsarbeit der Ramme höchstens sein?
7. Welche Möglichkeit gibt es, den Partner auf dem Schleuderbrett höher fliegen zu lassen?

Mechanik

Aufgaben

1. Nennen Sie je drei Beispiele für
   a) Hubarbeit,
   b) Reibungsarbeit,
   c) Verformungsarbeit,
   d) Beschleunigungsarbeit!
2. Welche Angaben braucht man zur Berechnung der Arbeit?
3. Nennen Sie vier Möglichkeiten, die Arbeit 100 Nm (50 Nm, 10 Nm) zu verrichten!
4. Ziehen Sie einen Gegenstand über die Tischplatte! Messen Sie die Reibungskraft F und die Weglänge s! Berechnen Sie die Reibungsarbeit W!
5. Bestimmen Sie die Hubarbeit W, wenn ein Stuhl oder eine Schultasche auf den Tisch gestellt wird!
6. Nennen Sie je drei Beispiele für Lage-, Bewegungs- und Spannenergie!
7. Zeichnen Sie das Energieflussdiagramm bei der Seilbahn!
8. Erklären Sie Bild 1!
   a) Wer arbeitet mehr?
   b) Wer leistet mehr?
9. Beschreiben Sie die Energieumwandlungen bei der Fahrradtour (Bild 2)!
10. Welche Angaben braucht man zur Berechnung der Leistung?
11. Nennen Sie drei Möglichkeiten, die Leistung 20 W zu erreichen!
12. Eine Küchenmaschine mit drei Leistungsstufen zieht einen Eimer mit Gewichtsstücken (F_G = 250 N) 2 m hoch (Bild 3). Auf der langsamsten Stufe braucht sie dazu 10 Sekunden, auf Stufe II 7s, auf Stufe III sogar nur 5 s!
    a) Berechnen Sie die Leistung für jede einzelne Stufe!
    b) Warum ist die größte Leistung immer noch kleiner als der auf der Maschine angegebene Wert von 140 W?
13. Klaus pumpt mit seiner Aquarienpumpe Wasser aus einem Eimer in sein Aquarium (Bild 4). Er möchte die Leistung der Pumpe ermitteln. Welche Größen muss er messen?
14. Eine Pumpe befördert in einer Minute 6000 kg Wasser 5 m hoch. Berechnen Sie die Arbeit und die Leistung!
15. Notieren Sie fünf Leistungsangaben von technischen Geräten aus dem Haushalt!
16. Stellen Sie die Leistungsangaben von Aufgabe 15 in einem Diagramm dar. Ergänzen Sie das Diagramm durch weitere Werte!

1 Arbeit und Leistung

3 Leistungsstufen eines Motors

2 Eine Fahrradtour

4 Aquarienpumpe

Basiswissen Mechanik (I)

Kräfte
Jede **Verformung** oder **Bewegungsänderung** wird durch eine Kraft verursacht. ↑ S. 19

Zu den physikalischen Kräften zählen:
Muskelkraft, Gewichtskraft, Magnetkraft, Motorkraft, Windkraft, Wasserkraft, Reibungskraft.

Die Einheit der Kraft ist 1 Newton (1 N). ↑ S. 20
Auf der Erde übt ein Körper mit der Masse 102 g die Gewichtskraft 1 N aus.

Kräfte können als **Kraftpfeile** dargestellt werden. ↑ S. 24

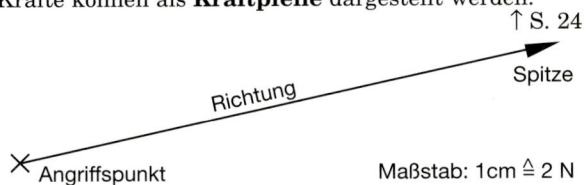

Hookesches Gesetz
Eine Schraubenfeder dehnt sich proportional zur Kraft:
$s \sim F$. ↑ S. 22

Federkonstante
Die Federkonstante D gibt an, welche Kraft aufgewandt werden muss, um eine Feder z. B. um 1 cm zu verlängern:
$$\text{Federkonstante} = \frac{\text{Kraft}}{\text{Verlängerung}}, \quad D = \frac{F}{s}$$ ↑ S. 23

Druck
$$\text{Druck} = \frac{\text{Kraft}}{\text{Fläche}} \quad p = \frac{F}{A} \quad \text{Einheit: } 1\,\frac{N}{m^2} = 1\,P$$ ↑ S. 26

Reibungskräfte
Reibungskräfte entstehen an den Berührungsflächen zweier Körper. Man unterscheidet die **Haftreibungskraft** von der **Gleitreibungskraft**.

Die Reibungskräfte sind abhängig von der Art der Berührungsflächen und von der Anpresskraft. Sie sind unabhängig von der Größe der Berührungsflächen. ↑ S. 28

Kraftumformung
Alle einfachen Maschinen formen Kräfte um oder verlagern deren Angriffspunkte.

a) **Seil** und **Stab** verlagern den Angriffspunkt der Kraft.
b) Eine **feste Rolle** ändert die Richtung und den Angriffspunkt der Kraft. Der Betrag der Kraft bleibt gleich.
c) Mit der **losen Rolle** wird der Betrag der Kraft halbiert.
d) Mit einem **Flaschenzug** werden Angriffspunkt, Richtung und Betrag geändert.

$$\text{Zugkraft} = \frac{\text{Gewichtskraft}}{\text{Anzahl der tragenden Seilstücke}}$$ ↑ S. 30

e) An der **schiefen Ebene** hängt die Hangabtriebskraft vom Neigungswinkel ab. ↑ S. 32

$$\text{Haltekraft} = \text{Gewichtskraft} \cdot \frac{\text{Höhe}}{\text{Länge}}$$

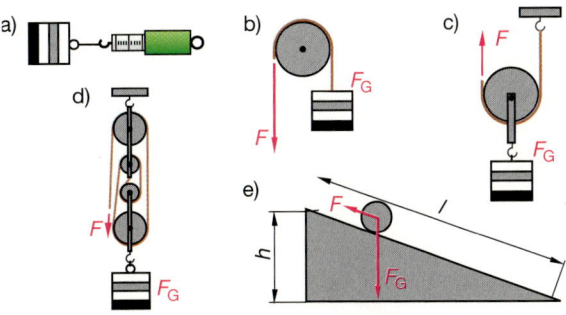

Hebel
Jeder Hebel hat eine Drehachse und Hebelarme.

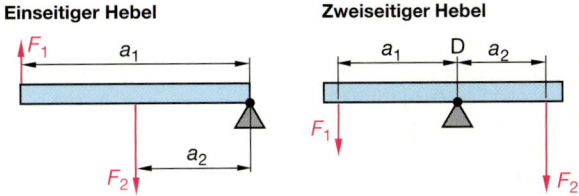

Gleichgewicht am Hebel:
$F_1 \cdot a_1 = F_2 \cdot a_2$ ↑ S. 34

Mechanische Arbeit
Die mechanische Arbeit W ist das Produkt aus Kraft F und Weglänge s. Hierbei müssen Kraft F und Weglänge s die gleiche Richtung haben: $W = F \cdot s$
Die Einheit der Arbeit ist 1 Newtonmeter (1 Nm) = 1 Joule (J). ↑ S. 36

Goldene Regel der Mechanik
Mit Kraftwandlern können Kräfte und Weglängen verändert werden: Die Arbeit bleibt gleich. ↑ S. 37

Leistung
Die Leistung ist der Quotient aus Arbeit und Zeit.
$$\text{Leistung} = \frac{\text{Arbeit}}{\text{Zeit}} \quad P = \frac{W}{t}$$
Die Einheit der Leistung ist 1 Nm/s = 1 J/s = 1 Watt. ↑ S. 39

Energie
Die Fähigkeit, Arbeit verrichten zu können, beschreibt man mit dem Begriff Energie.
Arbeit und Energie haben die gleiche Einheit 1 Nm oder 1 Joule. ↑ S. 38

Formen der Energie
Lageenergie, Bewegungsenergie, Spannenergie.
Energie kann von einer Form in die andere umgewandelt werden. In einem **Energieflussdiagramm** lässt sich diese Umwandlung vereinfacht darstellen. ↑ S. 38

Mechanik

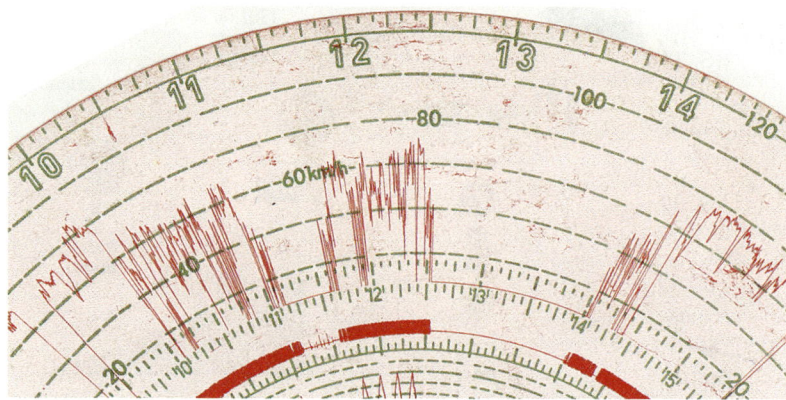

1 Fahrtenschreiber zeichnen Geschwindigkeiten auf

Beispiele für Geschwindigkeiten in m/s	
Wachsen eines Haares	ca. 0,000000001
Kriechen eines Regenwurms	ca. 0,001
Fußgänger	ca. 1
Rennpferd	ca. 15
Rennwagen	ca. 100
Flugzeug (Airbus)	ca. 240
Schall in Luft (15°C)	340
Erde um die Sonne	30 000
Licht	300 000 000

$$\frac{1 \text{ km}}{\text{h}} = \frac{1 \text{ m}}{3{,}6 \text{ s}}$$
$$1 \frac{\text{m}}{\text{s}} = 3{,}6 \frac{\text{km}}{\text{h}}$$

Geschwindigkeit

Wenn wir mit dem Auto, der Bahn oder anderen Verkehrsmitteln fahren, benutzen wir zur Beschreibung des Bewegungsablaufs oft den Begriff der Geschwindigkeit. Wir drücken damit aus, welche Strecke in einer bestimmten Zeit von uns zurückgelegt wurde.

Aber nicht nur in diesem Bereich sind Geschwindigkeiten sinnvoll. So lässt sich z. B. auch das Wachsen der Haare oder die Bewegung der Erde um die Sonne jeweils durch eine Geschwindigkeit kennzeichnen (s. linke Spalte). Die Zahlenwerte unterscheiden sich erheblich voneinander.

Die Geschwindigkeit gibt an, welche Strecke in einer bestimmten Zeit zurückgelegt wird.

Geschwindigkeiten werden oft in Meter durch (pro) Sekunde oder in Kilometer durch (pro) Stunde angegeben. Für die Umrechnung benutzen wir:
1 km = 1000 m; 1 h = 3600 s.

Wenn wir am Ende des Bewegungsvorganges eine Geschwindigkeit für den gesamten Weg ermitteln wollen, brauchen wir nicht zu wissen, wie schnell wir in einzelnen Abschnitten gefahren sind. In diesen Fällen handelt es sich um eine durchschnittliche Geschwindigkeit (**Durchschnittsgeschwindigkeit**). Man kann sie berechnen, indem man den insgesamt zurückgelegten Weg durch die dafür benötigte Zeit dividiert. Auch Ampeln auf Rot, Pausen, usw. müssen berücksichtigt werden.

$$\text{Durchschnittsgeschwindigkeit} = \frac{\text{zurückgel. Weg}}{\text{benötigte Zeit}}$$
$$v_D = \frac{s}{t}$$

Beispiel:

Für eine Strecke von 2,5 km werden insgesamt 30 Minuten benötigt. Berechnen Sie die Durchschnittsgeschwindigkeit in m/s und km/h!

$v_D = \frac{s}{t}$ 1 km = 1000 m
          1 h = 60 min = 3600 s

$v_D = \frac{2500 \text{ m}}{3600 \text{ s}}$ $v_D = 1{,}4 \frac{\text{m}}{\text{s}}$

$v_D = \frac{2{,}5 \text{ km}}{0{,}5 \text{ h}}$ $v_D = 5 \frac{\text{km}}{\text{h}}$

☐ 1: Berechnen Sie die Durchschnittsgeschwindigkeit eines Sprinters in km/h, der 100 m in 10 s zurücklegt!

Für das Verhalten im Straßenverkehr ist auch wichtig, welche Geschwindigkeiten in den jeweiligen Augenblicken (Momenten) gefahren werden. Man nennt sie **Momentan-** oder **Augenblicksgeschwindigkeiten**. Der Autofahrer kann sie auf dem Tacho (Bild 2) ablesen. Die Anzeige ist analog, weil zu jeder Geschwindigkeit eine bestimmte Zeigerstellung gehört.

In Lastkraftwagen und Bussen wird die Momentangeschwindigkeit in **Fahrtenschreibern** aufgezeichnet. Dabei entsteht ein auf einer Scheibe festgehaltenes Geschwindigkeit-Zeit-Diagramm (Ausschnitt in Bild 1).

☐ 2: Zu welcher Zeit wird in Bild 1 die höchstzulässige Geschwindigkeit von 80 km/h überschritten?

Am oberen Rand der Scheibe ist die Uhrzeit durch grüne Ziffern aufgetragen. Es ist lediglich der Ausschnitt von etwa 10:00 Uhr bis 14:00 Uhr sichtbar. Darunter sind auf gestrichelten Kreisbögen die Geschwindigkeiten von 100 km/h bis 20 km/h angegeben. Die „unruhige" rote Linie kennzeichnet die jeweilige Momentangeschwindigkeit. Wenn man sie verfolgt, sieht man, dass kurz vor 10:00 Uhr die Geschwindigkeit von 80 km/h überschritten wurde.

2 Momentangeschwindigkeit am Tacho

Bewegungen

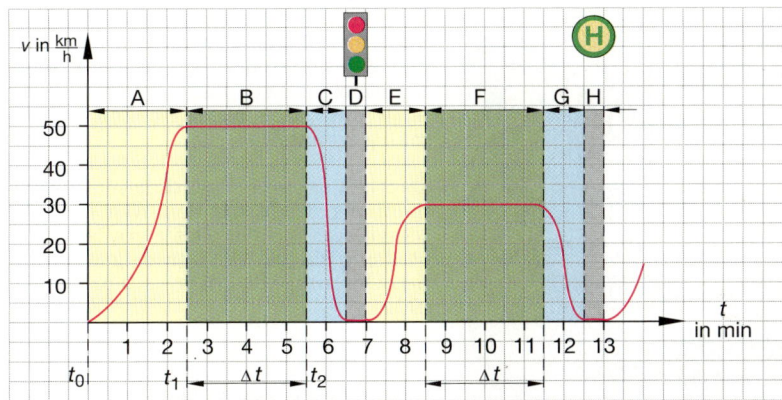

3 Geschwindigkeit-Zeit-Diagramm

Da die Geschwindigkeit innerhalb von 24 Stunden auf einer einzelnen Scheibe des Fahrtenschreibers festgehalten werden soll, ist die Zeitachse stark zusammengedrückt. Ein genaues Ablesen von Einzelwerten wird dadurch erschwert. Wir gehen deshalb für die nachfolgenden Betrachtungen von dem vereinfachten, auf wenige Minuten begrenzten Geschwindigkeit-Zeit-Diagramm in Bild 3 aus. Es kennzeichnet die **Geradeausfahrt** eines Schulbusses.

☐ 3: Der Bus fährt im Zeitpunkt $t_0 = 0$ min an. Beschreiben Sie den Bewegungsvorgang bis zum Zeitpunkt $t_1 = 2,5$ min (Abschnitt A)!

Anfahren bedeutet immer, dass sich die Geschwindigkeit von 0 km/h beginnend allmählich vergrößert. Wir sprechen von einer **beschleunigten Bewegung**.

> **Wenn sich innerhalb eines Zeitabschnitts die Geschwindigkeit ändert, bezeichnet man diese Bewegung als beschleunigte Bewegung.**

Der Anfahrvorgang ist im Bereich A etwa nach zweieinhalb Minuten beendet. Die Linie im Diagramm verläuft danach waagerecht, d. h. die Geschwindigkeit ändert sich nicht mehr.

☐ 4: Stellen Sie für den Abschnitt B fest, wie groß die zurückgelegte Wegstrecke ist!

Im Abschnitt B bleibt die Geschwindigkeit der geradlinigen Bewegung bei 50 km/h. Man nennt diese Bewegung deshalb **gleichförmige Bewegung**.

> **Bei der gleichförmigen Bewegung ist die Bewegung geradlinig und die Geschwindigkeit konstant.**

Wir vermuten, dass für die zurückgelegte Wegstrecke die Formel $v = s/t$ verwendet werden kann. Sie müsste nach dem Weg s umgestellt werden. Da wir uns im Bereich B aber nicht am Anfang, sondern innerhalb des Bewegungsablaufs befinden, darf zur Berechnung nicht die gesamte Zeit von 5,5 min verwendet werden. Der Bus fährt lediglich von 2,5 min bis 5,5 min mit konstanter Geschwindigkeit. Es muss die Zeitdifferenz $t_2 - t_1$ (5,5 min − 2,5 min = 3 min) eingesetzt werden.

Differenzen werden in der Physik durch den griechischen Buchstaben Δ (sprich „Delta") gekennzeichnet. Da der zurückgelegte Weg im Abschnitt B auch nicht bei null beginnt (es wurde bereits beim Anfahren ein bestimmter Weg zurückgelegt), muss die Wegstrecke ebenfalls durch ein Delta (Δ) gekennzeichnet werden. Als Formel gilt deshalb allgemein:

> **Geschwindigkeit** $\quad v = \dfrac{\Delta s}{\Delta t}$

Diese allgemeine Formel lässt sich jetzt für die im Zeitabschnitt t_1 bis t_2 zurückgelegte Wegstrecke verwenden:

$\Delta s = v \cdot \Delta t$

$\Delta t = 5,5 \text{ min} - 2,5 \text{ min} \qquad \Delta t = 3 \text{ min}$

$\Delta s = \dfrac{50 \text{ km} \cdot 3 \cdot 60 \text{ s}}{\text{h}} \qquad 1 \text{ km} = 1000 \text{ m}$

$\qquad\qquad\qquad\qquad\qquad 1 \text{ h} = 3600 \text{ s}$

$\Delta s = \dfrac{50 \cdot 1000 \text{ m} \cdot 180 \text{ s}}{3600 \text{ s}} \qquad \Delta s = 2500 \text{ m}$

Die zurückgelegte Wegstrecke hat im Abschnitt B um 2500 m zugenommen.

Wir wollen jetzt den Bewegungsablauf im Diagramm von Bild 3 weiter verfolgen. Im Bereich C verringert sich die Geschwindigkeit von 50 km/h bis 0 km/h. Wir sprechen vom Abbremsen oder von einer verzögerten Bewegung. Sie ist die Umkehrung des Anfahrens und wird ebenfalls als beschleunigte Bewegung bezeichnet. Allerdings müssen wir zwischen Anfahren und Abbremsen unterscheiden und nennen diese Bewegungen positiv bzw. negativ beschleunigte Bewegungen.

Aufgaben
1. Ermitteln Sie für den Abschnitt F in Bild 3 die zurückgelegte Wegstrecke!
2. Beschreiben Sie die Bewegungsvorgänge in den Abschnitten E und F!
3. Wie hat sich das Fahrzeug in den Abschnitten D und H bewegt?
4. Begründen Sie, warum die Durchschnittsgeschwindigkeit niemals größer als die größte Momentangeschwindigkeit sein kann!

Mechanik

1 Messungen an der Spielzeugeisenbahn

Gleichförmige Bewegung

Im Straßenverkehr kommt es selten vor, dass wir uns gleichförmig, also geradlinig und mit gleich bleibender Geschwindigkeit bewegen. Wir müssen anfahren, abbremsen, durch Kurven fahren usw., so dass ein Geschwindigkeit-Zeit-Diagramm oft sehr unregelmäßig (Bild 3, S. 45) aussieht.

In Bild 1 ist eine Spielzeugeisenbahn zu sehen. Auch sie bewegt sich teilweise auf einer kurvenreichen Strecke. Zur Untersuchung der gleichförmigen Bewegung wollen wir jedoch die in Bild 1 gekennzeichnete Geradeausfahrt betrachten.

☐ 1: Für die in Bild 1 dargestellte oder eine ähnliche Anlage soll für die Eisenbahn das Weg-Zeit-Diagramm für eine geradlinige Strecke ermittelt werden. Wie geht man vor?

Für die zurückgelegten Wegstrecken muss die dafür benötigte Zeit gemessen werden. Dazu können z. B. in gleich bleibenden Abständen Marken angebracht werden. Durchfährt der Zug jetzt die einzelnen Strecken, sind die dafür benötigten Zeiten z. B. mit einer Stoppuhr zu messen.

Weg s in cm	Zeit t in s	$\frac{s}{t}$ in $\frac{cm}{s}$
20	1,84	10,87
40	3,66	10,92
60	5,51	10,89
80	7,31	10,94
100	9,17	10,91

Ein mögliches Ergebnis in Tabellenform ist in der linken Spalte zu sehen. Aus den Werten können Sie erkennen, dass bei gleichmäßiger Zunahme des Weges auch die dafür benötigte Zeit gleichmäßig zunimmt.

Deutlich erkennbar wird dieser Zusammenhang, wenn wir den Weg s in Abhängigkeit von der Zeit t grafisch darstellen (Bild 2a). Die Gerade geht durch den Ursprung. Es gilt: $s \sim t$ (s proportional t).

> **Bei der gleichförmigen Bewegung sind Weg s und Zeit t proportional.** $v = \frac{s}{t}$

☐ 2: Bilden Sie für jede Messung das Verhältnis s/t! Was erkennt man?

Auf Grund der Messfehler schwanken die Werte geringfügig (s. linke Spalte). Als Mittelwert ergibt sich eine Geschwindigkeit von 10,9 cm/s. In jedem Zeitpunkt der Messung war die Geschwindigkeit konstant, so dass in der grafischen Darstellung von Bild 2b eine Gerade parallel zur Zeit-Achse gezeichnet werden musste.

Die für die gleichförmige Bewegung verwendete Formel $v = s/t$ kann verwendet werden, um eine der drei Größen zu berechnen. Sie kann z. B. benutzt werden, um Werte zu berechnen, die zwischen zwei Messpunkten liegen.

Beispiel:
Wieviel Zeit benötigt die Eisenbahn in Bild 1 (Messwerte in der linken Spalte), um eine Strecke von 65 cm zurückzulegen?

Grundformel: $v = \frac{s}{t}$

Gegeben: $s = 65$ cm; $v = 10,9$ cm/s

$t = \frac{s}{v}$ $t = \frac{65 \text{ cm}}{10,9 \frac{\text{cm}}{\text{s}}}$ $t = 5,96$ s

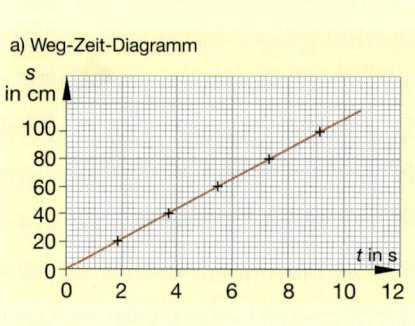
a) Weg-Zeit-Diagramm

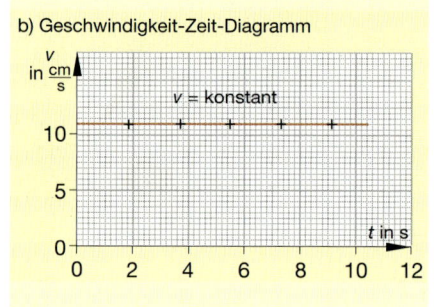
b) Geschwindigkeit-Zeit-Diagramm

2 Gleichförmige Bewegung

Bewegungen

3 Wettfahrt auf dem Schulhof

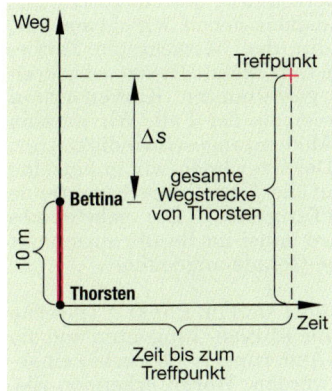

4 Anfangssituation zur Wettfahrt (Bild 3)

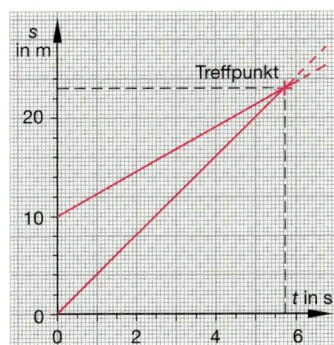

5 Weg-Zeit-Diagramm zur Wettfahrt (Durchschnittsgeschwindigkeiten)

Physik auf dem Schulhof

„Um die Wette fahren" ist ein beliebtes Spiel. Dabei reicht es mitunter aus, wenn jemand eingeholt oder überholt wird. Dazu ein Beispiel: Thorsten behauptet, er könne mit seinem neuen Mountainbike alle „abhängen". Er könne sogar Bettina trotz eines Vorsprungs von 10 m auf einer geraden Strecke in 10 s einholen. Die Mitschülerinnen und Mitschüler bezweifeln dieses und fordern eine Wettfahrt.

In Bild 3 ist die Situation dargestellt. Das Experiment könnte beginnen. Zunächst wird aber noch vorgeschlagen, die Situation in Form eines Weg-Zeit-Diagramms festzuhalten. Dazu wird in Schritten vorgegangen und die Anfangssituation skizziert.

☐ 3: Beschreiben Sie die Anfangssituation der „Wettfahrt" mit Hilfe von Bild 4!

Bettina hat einen Vorsprung von 10 m. Sie befindet sich auf der Weg-Achse 10 m „über" Thorsten, der bei 0 m starten muss. Nach dem Start wird Thorsten in einer bestimmten Zeit Bettina möglicherweise eingeholt haben. Die Zeiten für das Erreichen dieses Punktes sind für beide gleich, die Wege jedoch unterschiedlich. Thorsten muss insgesamt 10 m mehr zurücklegen.

Nachdem diese Vorüberlegungen abgeschlossen sind, wird das Experiment gestartet. Folgendes Ergebnis wird festgehalten: Thorsten muss insgesamt 23 m fahren, um Bettina einzuholen. Dafür benötigt er 5,7 s und hat damit die Wettfahrt gewonnen.

Beide Schüler haben sich bemüht, möglichst schnell zu sein. Sie mussten tüchtig in die Pedale treten, um von 0 m/s auf eine hohe Endgeschwindigkeit zu kommen. Die Geschwindigkeiten haben sich also verändert, die Bewegungen waren also beschleunigt. Daher können für beide streng genommen nur Durchschnittsgeschwindigkeiten ermittelt werden.

☐ 4: Berechnen Sie für Bettina und Thorsten die Durchschnittsgeschwindigkeiten, bis sie den Treffpunkt erreicht haben!

Für Thorsten kann die Durchschnittsgeschwindigkeit leicht ermittelt werden. Da er im Ursprung des Diagramms „gestartet" ist, legte er insgesamt 23 m in 5,7 s zurück. Es ergibt sich die folgende Durchschnittsgeschwindigkeit:

$$v_D = \frac{s}{t}, \quad v_D = \frac{23 \text{ m}}{5,7 \text{ s}}, \quad v_D = 4,0 \frac{\text{m}}{\text{s}}$$

Bettina startet nicht bei 0 m. Ihr insgesamt zurückgelegter Weg lässt sich als Differenz schreiben: $\Delta s = 23 \text{ m} - 10 \text{ m}$; $\Delta s = 13 \text{ m}$ (Bild 4).

Mit der allgemeinen Geschwindigkeitsformel (s. S. 45) ergibt sich folgende Durchschnittsgeschwindigkeit:

$$v_D = \frac{\Delta s}{\Delta t}, \quad v_D = \frac{13 \text{ m}}{5,7 \text{ s}}, \quad v_D = 2,3 \frac{\text{m}}{\text{s}}$$

Wenn wir die beiden Bewegungen näherungsweise als gleichförmig betrachten, können wir in ein Weg-Zeit-Diagramm Geraden einzeichnen (Bild 5). Der Schnittpunkt kennzeichnet den Treffpunkt.

Aufgaben

1. Berechnen Sie die von Bettina zurückgelegte Wegstrecke nach 15 Sekunden, wenn sie die Durchschnittsgeschwindigkeit von 2,3 m/s beibehält (s. Bild 5)!
2. Welche Zeit ist vergangen, wenn Thorsten eine Strecke von 30 m zurückgelegt hat und mit einer Durchschnittsgeschwindigkeit von 4 m/s gefahren ist?
3. Ermitteln Sie zeichnerisch mit den Werten aus Bild 5 den Treffpunkt (Weg und Zeit), wenn Thorsten 2 Sekunden verspätet startet und beide ihre Durchschnittsgeschwindigkeiten beibehalten!
4. Zeichnen Sie ein Weg-Zeit-Diagramm wie in Bild 5 mit Thorstens Durchschnittsgeschwindigkeit und einem zweiten Schüler, der bei 30 m mit 3 m/s Durchschnittsgeschwindigkeit startet. Er kommt ihm allerdings entgegen! Nach welcher Zeit und welcher Strecke treffen sie sich, wenn beide gleichzeitig starten?
5. Der Flug von Düsseldorf nach New York (6000 km) dauert in der Regel 8 Stunden. Für den Rückflug benötigt dieselbe Maschine nur 7 Stunden. Woran liegt das? Berechne für beide Fälle die Durchschnittsgeschwindigkeiten!

Mechanik

Beschleunigung

Zum Vergleich von Fahrzeugen verwenden wir häufig z. B. folgende Angabe: „In 12,5 Sekunden von 0 auf 100" und meinen dabei natürlich, die Geschwindigkeit ändert sich von 0 km/h auf 100 km/h in 12,5 Sekunden. Dieses ist die Angabe einer Beschleunigung.

☐ 1: Beschleunigt ein anderes Auto besser, wenn es in 10 Sekunden 90 km/h erreicht?
Das Problem können Sie lösen, indem Sie die jeweilige Geschwindigkeit durch die zugehörige Zeit dividieren. Im ersten Fall erhält man
- 100 km/h : 12,5 s = 8 km/h in einer Sekunde und im zweiten Fall
- 90 km/h : 10 s = 9 km/h in einer Sekunde.

Das zweite Auto beschleunigt also besser. Für die Beschleunigung gilt demnach folgende allgemeine Definition:

$$\text{Beschleunigung} = \frac{\text{Geschwindigkeitsänderung}}{\text{Zeitänderung}}$$

$$a = \frac{\Delta v}{\Delta t} \qquad \text{Einheit } \frac{\text{m}}{\text{s}^2}$$

Auch Bettina und Thorsten haben sich bei ihrer Wettfahrt auf S. 47 mit ihren Fahrrädern beim Starten beschleunigt vorwärts bewegt. Jetzt soll bei einer zweiten „Wettfahrt" die Beschleunigung untersucht werden.

☐ 2: Zwei Schüler wollen mit ihren Fahrrädern die Beschleunigung beim Anfahren untersuchen. Welche Messungen müssten durchgeführt werden?

Denkbar wäre, die erreichte Geschwindigkeit nach einer bestimmten Zeit, z. B. nach 10 Sekunden, am Tacho abzulesen und die Beschleunigung auszurechnen. Wir erhielten aber daraus keine Informationen über den Beginn und den weiteren Verlauf der Bewegung.

Damit eine genaue Aussage über das Gesamtfahrverhalten gemacht werden kann, müssten an mehreren Stellen die Zeiten gemessen werden. Die Messwerte von Bernd und Tanja sind in der linken Spalte zu sehen.

Eine erste Aussage über die Beschleunigung lässt sich mit Hilfe der Durchschnittsgeschwindigkeit machen.

☐ 3: Berechnen Sie die Durchschnittsgeschwindigkeiten mit $v_D = s/t$ für einzelne Messpunkte und vergleichen Sie!

Für jeden Messpunkt erhalten Sie einen anderen Wert. Die Werte von Bernd sind stets größer.

Bei der Berechnung der Durchschnittsgeschwindigkeit gehen wir davon aus, dass sie für den betrachteten Zeitbereich konstant bleibt. Dieses ist jedoch bei dem gekrümmten Kurvenverlauf (Bild 1) niemals der Fall. Wir müssen also die Momentangeschwindigkeit ermitteln. Dazu zeichnen wir in einzelne Punkte an die Kurve eine berührende Gerade (**Tangente**). Die gekrümmte Kurve wird dabei im Berührungspunkt durch eine Gerade angenähert.

☐ 4: In Bild 1 sind im Punkt ① (Strecke 10 m) an die Kurven Tangenten und die Weg-Zeit-Änderungen (Dreiecke) eingezeichnet worden. Woran erkennen Sie, dass Bernd eine größere Momentangeschwindigkeit besitzt?

Für beide Kurven sind die Abstände Δt gleich groß gewählt worden. An Δs kann man somit sofort erkennen, dass Bernd die größere Momentangeschwindigkeit besaß. Dieses ist aber auch an der **Steilheit** der Tangente erkennbar. Je steiler die Tangente ist, desto größer die Momentangeschwindigkeit.

Unter der Momentangeschwindigkeit einer beschleunigten Bewegung in einem bestimmten Zeitpunkt verstehen wir die Steigung der Tangente an die Weg-Zeit-Kurve in diesem Punkt.

Auf die Ergebnisse der „Wettfahrt" haben verschiedenartige Einflüsse eingewirkt. So hat z. B. der sich ändernde Kraftaufwand das Fahrverhalten ständig verändert. Wenn wir genaue physikalische Aussagen finden wollen, müssen wir diese Einflüsse ausschalten, z. B. mit einer Luftkissenfahrbahn (Bild 2).

Messergebnisse beim Anfahren

s in m	t in s	
	Bernd	Tanja
1	0,6	1,0
2	1,3	1,8
4	2,3	3,0
6	3,0	3,8
10	3,9	5,1
15	4,8	6,3
20	5,5	7,5

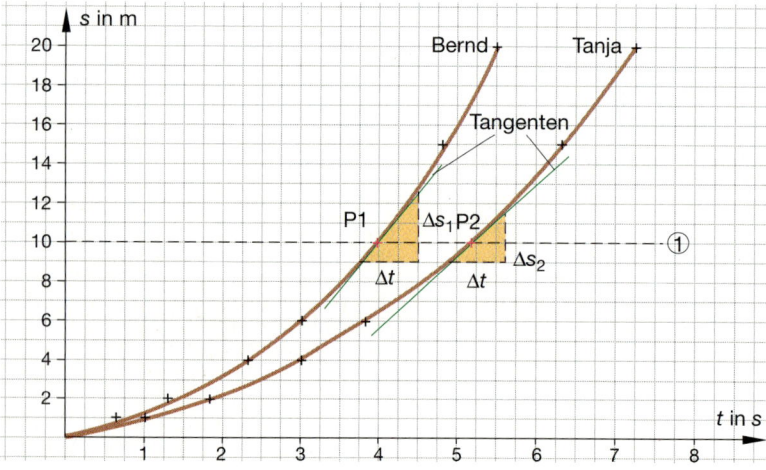

1 Weg-Zeit-Kurve beim Anfahren

Bewegungen

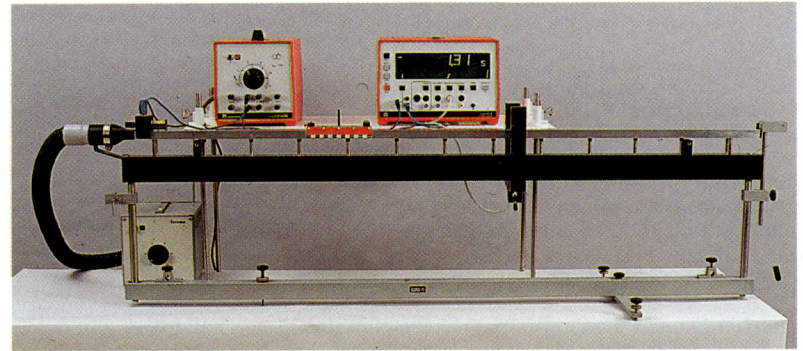

2 Messungen mit der Luftkissenfahrbahn

Messwerte zur gleichmäßig beschleunigten Bewegung

s in cm	t in s	t^2 in s²	s/t^2 in cm/s²
0	0	0	
10	0,82	0,67	12,9
20	1,25	1,56	12,8
40	1,78	3,17	12,6
60	2,19	4,80	12,5
80	2,52	6,35	12,6
100	2,82	7,95	12,6

Gleichmäßig beschleunigte Bewegung

Die Luftkissenfahrbahn besteht aus einer hohlen Metallschiene, in der sich viele kleine Löcher befinden. Über einen Schlauch wird Luft in das Innere geblasen. Sie tritt an den Löchern aus und trägt den Wagen, so dass er zu schweben scheint. Reibung kann vernachlässigt werden.

Damit eine beschleunigte Bewegung stattfindet, muss eine Kraft auf den Wagen wirken. Dazu „zieht" ein kleines Gewichtsstück an dem Wagen über einen Faden und eine Rolle. Die Kraft ist im Gegensatz zur „Wettfahrt" stets konstant. Mit Hilfe einer Lichtschranke werden für bestimmte Wegstrecken die Zeiten gemessen. Die Ergebnisse sind in der Tabelle festgehalten. Das dazugehörige Diagramm ist in Bild 3a zu sehen.

☐ 5: In Bild 3a sind in einzelnen Punkten Tangenten an die Kurve gezeichnet und Dreiecke mit Δs und Δt gebildet worden. Welche Aussage können Sie über die Momentangeschwindigkeit machen?

Da mit zunehmender Zeit die Kurve steiler wird, steigt auch die Momentangeschwindigkeit.

☐ 6: Die Momentangeschwindigkeiten sind in Bild 3b in ein Diagramm eingezeichnet worden. Welcher Zusammenhang besteht zwischen der Geschwindigkeit und der Zeit?

Die Geschwindigkeit nimmt gleichmäßig mit der Zeit zu. Beide Größen sind proportional ($v \sim t$). Die Beschleunigung kann aus dieser Darstellung ermittelt werden.

☐ 7: Ermitteln Sie die Beschleunigung mit der allgemeinen Formel
$a = \Delta v / \Delta t$!

Für jeden Punkt ergibt sich der konstante Wert $a = 25$ cm/s², so dass für die gleichmäßig beschleunigte Bewegung die Formel $a = v/t$ verwendet werden kann.

> **Bei der gleichmäßig beschleunigten Bewegung ist die Beschleunigung konstant. Die Geschwindigkeit steigt linear mit der Zeit an.**

Auch für die Weg-Zeit-Kurve (Bild 3a) soll noch eine Formel gefunden werden. Auf Grund des ansteigenden Verlaufs vermuten wir, dass es sich um eine Parabel (quadratischer Zusammenhang) handelt.

☐ 8: Bilden Sie für jeden Messpunkt das Verhältnis s/t^2!
Vergleichen Sie die Zahlenwerte und ermitteln Sie die Einheit!

Das Ergebnis ist eine Konstante (linke Spalte) mit dem Mittelwert von 12,7 cm/s². Sie ist der Einheit nach eine Beschleunigung und ihr Zahlenwert ist halb so groß wie der aus dem Geschwindigkeit-Zeit-Diagramm ermittelte Beschleunigungswert. Es lassen sich also folgende Formeln für die **gleichmäßig beschleunigte Bewegung** aufstellen:

$$s = \frac{a \cdot t^2}{2} \qquad a = \frac{v}{t}$$

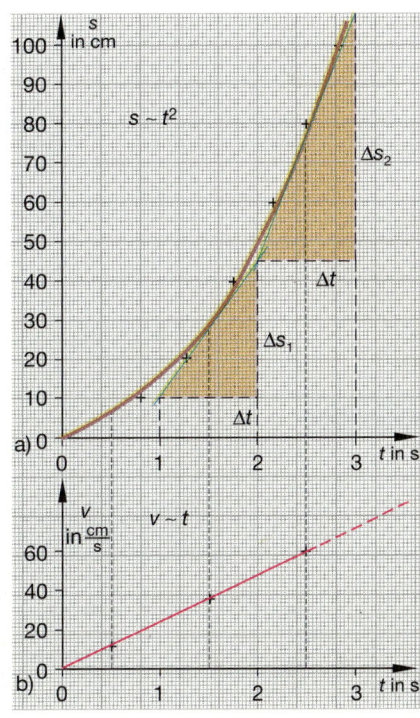

3 Gleichmäßig beschleunigte Bewegung

Mechanik

1 Achtung! Bremsen!

Beispiele für Verzögerungen
(ungefähre Angaben)

Fahrbahn	trocken	nass
Beton	9 m/s²	5 m/s²
Asphalt	7 m/s²	3 m/s²
Kopfsteinpflaster	6 m/s²	3 m/s²
Befestigter Feldweg	5 m/s²	2 m/s²
Bei Vereisung: 0,5 bis 1 m/s²!		

Anhalteweg

Obwohl in geschlossenen Ortschaften nur die Höchstgeschwindigkeiten 50 km/h bzw. 30 km/h erlaubt sind, kommt es dennoch oft zu Unfällen, an denen besonders Kinder beteiligt sind (über 80 %!). Wie in Bild 1 werden Autofahrer mitunter von spielenden Kindern überrascht. Jetzt muss schnell reagiert und angehalten werden! Doch wie lang ist der **Anhalteweg**?

Mit den nachfolgenden Darstellungen wollen wir dieses Problem in Schritten lösen.

Wenn vom Autofahrer in Bild 1 die Gefahr erkannt wird, vergeht noch die sogenannte „**Schrecksekunde**", bis er reagiert. In der „Schrecksekunde" wirkt der Fahrer zunächst wie gelähmt. Dann reagiert er und setzt seinen Fuß auf das Bremspedal. Der Weg, der in dieser Zeit zurückgelegt wird, wird als **Reaktionsweg** bezeichnet.

> **Durch Alkohol, Müdigkeit, Tabletten usw. vergrößert sich der Reaktionsweg erheblich!**

☐ 1: In der „Schrecksekunde" bewegt sich das Fahrzeug mit konstanter Geschwindigkeit weiter. Berechnen Sie den zurückgelegten Weg in 1 s bei einer Geschwindigkeit von 50 km/h!

Da es sich um eine gleichförmige Bewegung handelt, wenden wir die Formel $s = v \cdot t$ an. Es ergibt sich: $s = 14$ m!

Durch den nach der Schrecksekunde einsetzenden Bremsvorgang verringert sich die Geschwindigkeit von 50 km/h bis zum Stillstand. Die Beschleunigung ist negativ. Auch dafür gelten die auf S. 49 ermittelten Formeln:

$$s = \frac{a \cdot t^2}{2} \quad \text{und} \quad a = \frac{v}{t}$$

Zur Abschätzung des Anhalteweges ist eine Aussage über den Bremsweg in Abhängigkeit von der Anfangsgeschwindigkeit und der jeweiligen Verzögerung wichtig. Um diesen Zusammenhang zu erhalten, setzen wir die zweite Formel in die erste ein und erhalten für den Bremsweg:

$$s_B = \frac{v^2}{2 \cdot a}$$

Da die Werte für Verzögerungen (negative Beschleunigungen) stark von der Beschaffenheit der Fahrbahn abhängen (vgl. linke Spalte u. Bild 3), ist eine genaue Berechnung des Anhalteweges schwierig.

☐ 2: Schätzen Sie ab, wie lang der Bremsweg bei einer Anfangsgeschwindigkeit von 50 km/h auf einer trockenen Asphaltstraße ist!

Die Schätzung lässt sich durch folgende Berechnung überprüfen:

$$s_B = \frac{13{,}9^2 \cdot \text{m}^2}{2 \cdot 7 \cdot \frac{\text{m}}{\text{s}} \cdot \text{s}} \qquad s_B = 14 \text{ m}$$

Mit der letzten Berechnung wird deutlich, dass sich bei einer Verdopplung der Geschwindigkeit der Bremsweg vervierfacht ($s_B \sim v^2$)!

Die Zusammenhänge zwischen den einzelnen Bereichen des Anhalteweges sind in Bild 2 verdeutlicht. Es gilt:

> **Anhalteweg = Reaktionsweg + Bremsweg**

In unserem Anfangsbeispiel ergibt sich also insgesamt ein Anhalteweg von etwa 28 m! Hätten Sie das vermutet?

☐ 3: Berechnen Sie den Bremsweg, wenn ein Autofahrer verbotswidrig mit 70 km/h durch eine Ortschaft fährt!

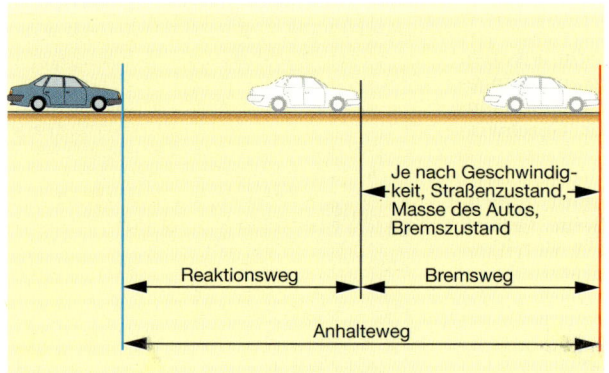

2 Anhalteweg

3 Anhalteweg eines Autos auf feuchter Straße

Bewegungen

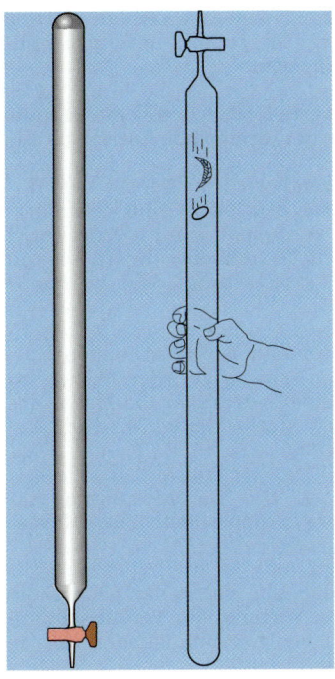

4 Versuch mit der Fallröhre

Messwerte zum freien Fall

Weg s in cm	Zeit t in s
10	0,16
20	0,21
30	0,25
40	0,28
50	0,31
60	0,35
70	0,38
80	0,40
90	0,43
100	0,45

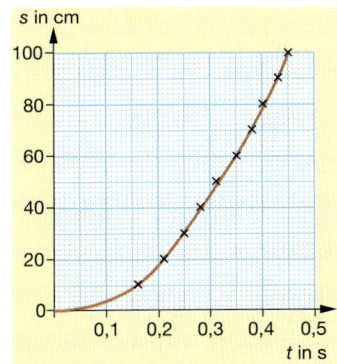

5 Weg-Zeit-Diagramm zum freien Fall

Freier Fall

Sie haben sicher schon beobachtet, dass Laub, ein Bogen Papier oder eine Feder im Vergleich zu einem fallenden Stein geradezu „herunterschweben". Die Luft behindert deutlich den Fall der leichten und großflächigen Gegenstände, während der Stein nahezu unbehindert nach unten saust.

Wie würden die Gegenstände aber herunterfallen, wenn die umgebende Luft nicht vorhanden wäre? Wir wollen dazu den folgenden Versuch durchführen:

V 4: Aus einer etwa 1 m langen Glasröhre (Fallröhre, Bild 4) wird Luft herausgepumpt. In ihr befindet sich ein Metallstückchen und eine Feder. Sie sollen zu Beginn nebeneinander liegen. Dann ist das Rohr rasch zu kippen, so dass beide frei nach unten fallen können. Was können Sie beobachten?

Ergebnis: Beide Körper kommen zur gleichen Zeit unten an.

In unserem Versuch herrschte in der Glasröhre kein völliges Vakuum. Wir können aber davon ausgehen, dass die Behinderung des Falles durch die Luft vernachlässigbar gering war. Einen Fall im Vakuum bezeichnen wir daher als **freien Fall**. Da die Zeit für beide Körper dieselbe war, liegt auch dasselbe Bewegungsgesetz vor. Auf beide Körper wirkte dieselbe Beschleunigung.

> **Alle Körper erfahren beim freien Fall dieselbe Beschleunigung. Der freie Fall eines Körpers hängt nicht von der Masse oder seiner Form ab.**

Fallgesetz

Versuche im Freien führen nicht zu exakten Aussagen, denn verschiedene Einflüsse wie z. B. Wind, Erschütterungen usw. stören das Ergebnis. Es ist deshalb sinnvoll, Versuche unter genauen und stets gleichen Bedingungen ablaufen zu lassen. In Bild 6 ist ein entsprechender Aufbau zu sehen, an dem wir die Gesetzmäßigkeiten des freien Falles untersuchen können. Durch die kurze Fallstrecke von etwa 1 m und Stahlkugeln können wir davon ausgehen, dass die Behinderung durch die umgebende Luft vernachlässigbar gering ist.

V 5: Hängen Sie eine Stahlkugel an den Elektromagneten, der sich am oberen Ende der Fallstrecke (Bild 6) befindet. Wenn man jetzt den Versuch an der elektrischen Uhr startet, löst sich die Kugel und die Zeitmessung beginnt. Am

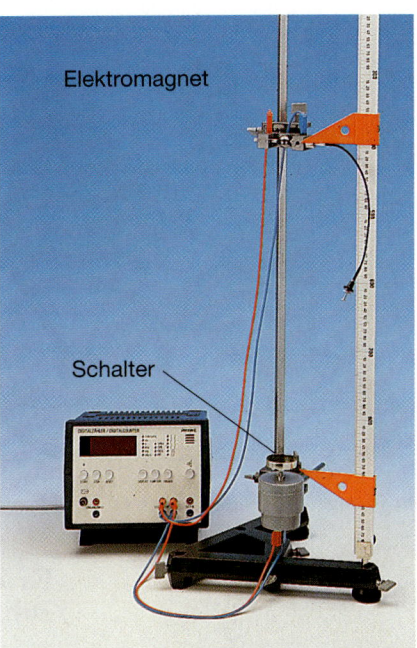

6 Versuchsaufbau zum freien Fall

Ende der Fallstrecke wird durch die auftreffende Kugel über einen Schalter die Uhr wieder abgeschaltet. Der Weg kann gemessen und die dazugehörige Fallzeit abgelesen werden.

6: Die Messwerte befinden sich in der linken Spalte und der Graph in Bild 5. Vergleichen Sie den Graphen mit der gleichmäßig beschleunigten Bewegung auf S. 49!

Der Graph sieht genauso aus. Es handelt sich beim freien Fall also um eine gleichmäßig beschleunigte Bewegung. Die konstante Beschleunigung wird als **Fallbeschleunigung** bezeichnet und mit g abgekürzt (von Galilei). Sie beträgt in unseren Breitengraden 9,81 m/s². Ersetzt man in den Formeln auf S. 49 die allgemeine Beschleunigung a durch g, dann erhält man:

$$\text{Freier Fall:} \quad s = \frac{g \cdot t^2}{2} \qquad v = g \cdot t$$

Aufgaben

1. Ein Stein wird von einer 20 m hohen Brücke fallen gelassen. Wann fällt er in das Wasser? Wie groß ist seine Geschwindigkeit beim Eintauchen?
2. Versuch mit einer Fallschnur: An eine einige Meter lange Schnur werden in Abständen von 10 cm, 30 cm, 50 cm, 70 cm, 90 cm,... Metallteile (z. B. Muttern, Schrauben) angeknotet und dann fallen gelassen.
In welchen zeitlichen Abständen fallen die Metallteile auf den Boden?

1 Zusätzliche Kraft – größere Beschleunigung

Kraft, Masse und Beschleunigung

Mit dem vielen Gepäck auf dem Fahrrad muss Tine schon kräftig in die Pedale treten, um in Gang zu kommen. Mit einer zusätzlichen Kraft zum Anschieben hätte sie wesentlich weniger Zeit gebraucht, um ihr Fahrrad richtig in Fahrt zu bringen (Bild 1). Um auf ebener Straße mit gleichmäßiger Geschwindigkeit zu fahren, ist auch eine Kraft erforderlich, weil die Reibungskraft überwunden werden muss. Zum Abbremsen muss sie wieder Kraft aufwenden, und zwar erheblich mehr, als ohne Gepäck notwendig wäre.

Welcher Zusammenhang zwischen der Kraft, der Beschleunigung und der Masse eines Körpers besteht, soll in einer Versuchsreihe untersucht werden:

V 1: Befestigen Sie wie in Bild 3 an einem Wagen, der auf der glatten Fahrbahn leicht rollen kann, einen Kraftmesser, der durch einen Faden mit dem herabhängenden Gewichtsstück verbunden ist!
Was wird geschehen, wenn Sie den Wagen loslassen?

Das Gewichtsstück beschleunigt sich und den Wagen mit gleich bleibender Kraft, z. B. 0,1 N.

Um den gleichen Wagen stärker zu beschleunigen, ist eine größere Kraft erforderlich. Man könnte vermuten, dass der Wagen eine doppelte, dreifache Beschleunigung erfährt, wenn durch das herabhängende Gewichtsstück die doppelte, dreifache Antriebskraft wirkt.
Vermutung: Die Beschleunigung ist proportional zur wirkenden Kraft: $a \sim F$. Die Überprüfung erfolgt im folgenden Experiment:

V 2: Wiederholen Sie den Versuch 1 mit doppelter und dreifacher Antriebskraft!

Anschließend wird die Masse des Wagens durch Auflegen von Gewichtsstücken verdoppelt und verdreifacht und jeweils durch eine Kraft wie im Versuch 1 beschleunigt! Was ist zu erwarten?

Es wird für den herabhängenden Körper immer schwieriger, den Wagen zu beschleunigen. Je größer die Masse des Wagens ist, desto kleiner wird die Beschleunigung.

Vermutung: Die Beschleunigung ist umgekehrt proportional zur Masse: $a \sim 1/m$.

V 3: Verdoppeln, verdreifachen Sie die Masse des Wagens von Versuch 1 und lassen Sie den herabhängenden Körper unverändert!

Die Experimente bestätigen die Vermutungen (Bild 2):
$a \sim F$, $a \sim 1/m$, daraus folgt $a \sim F/m$.
Auf Grund dieser Beziehungen kann die Kraft neu definiert werden.

Man schreibt: $F = m \cdot a$.

> **Die Kraft ist gleich dem Produkt aus Masse und Beschleunigung:**
> $F = m \cdot a.$

Erfährt der Wagen ($m = 1$ kg) durch den herabhängenden Körper die Beschleunigung 1 m/s², so wirkt die Kraft 1 N. Diesen Betrag müsste der Kraftmesser dann anzeigen.

> **Die Kraft 1 N erteilt einem Körper der Masse 1 kg eine Beschleunigung von 1 m/s².**

Durch diese Gleichung ist auch die Einheit festgelegt:

$1 \text{ N} = 1 \text{ kg} \cdot 1 \dfrac{\text{m}}{\text{s}^2} = 1 \text{ kg} \dfrac{\text{m}}{\text{s}^2}$

Bisher haben wir Kräfte mit dem Kraftmesser gemessen, also durch die Verformung einer Feder.

Mit der Gleichung $F = m \cdot a$ ist jetzt auch die Möglichkeit gegeben, die Größe einer Kraft über die Bewegungsänderung eines Körpers, also durch dessen Beschleunigung, zu bestimmen.

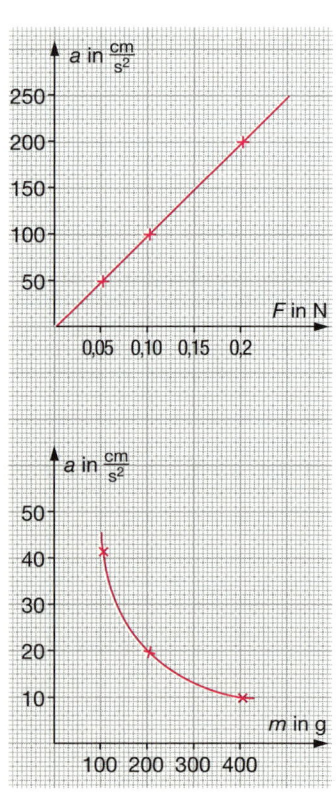

2 Messergebnisse

Kraft und Bewegung

3 Zusammenhang zwischen Kraft, Masse und Beschleunigung

Kraft und Gegenkraft

Ein Auto soll abgeschleppt werden. Ein Stahlseil wird an beiden Stoßstangen befestigt. Beim Anfahren übt der ziehende Pkw auf den abzuschleppenden Wagen sicher eine Kraft aus. Aber auch das defekte Auto zieht mit der gleichen Kraft am Abschlepper, wie dessen verbeulte Stoßstange zeigt.

V 4: Befestigen Sie auf zwei Wagen wie in Bild 4a einen Magneten und ein Eisenstück! Halten Sie zunächst den Wagen mit dem Magneten fest und nähern Sie den anderen Wagen! Halten Sie anschließend den Wagen mit dem Eisenstück fest und nähern Sie den Wagen mit dem Magneten! Lassen Sie beide Wagen gleichzeitig los! Beschreiben Sie Ihre Beobachtungen!

V 5: Ersetzen Sie das Eisenstück durch einen zweiten Magneten und wiederholen Sie den Versuch 4! Beschreiben Sie die Beobachtungen!

V 6: Halten Sie beide Wagen jeweils mit einem Kraftmesser fest! Vergleichen Sie beide Kraftwerte!

Beide Wagen wirken aufeinander ein. Die Kraftmesser zeigen gleich große Kraftwerte an. Diese Wechselwirkung äußert sich als eine Kraft und eine gleich große Gegenkraft. Sie wirken gleichzeitig und sind in der Richtung entgegengesetzt.

> **Kräfte treten nie allein, sondern stets paarweise auf.**
> **Kraft und Gegenkraft sind gleich groß (actio = reactio).**

Im täglichen Sprachgebrauch sagen wir: „Der Apfel fällt hinunter". Damit meinen wir, dass der Apfel von der Erde angezogen wird. Übertragen wir die Erkenntnisse über die Wechselwirkung der Kräfte auf dieses Beispiel, dann muss auch der Apfel die Erde anziehen, und zwar mit der gleichen Kraft. Nur merkt man auf Grund der großen Erdmasse diese Kraftwirkung nicht. Auch Erde und Mond ziehen sich gegenseitig an. Durch die Rückwirkung auf die Erde kommt es zu Ebbe und Flut. Das Wechselwirkungsprinzip gilt auch bei anderen Kräften.

Wenn Sie an einem Seil ziehen, das an eine feste Wand geknotet ist, zieht die Wand gleichzeitig über das Seil mit der gleichen Kraft an Ihnen. Sie wirkt zurück.

□ 7: Beschreiben Sie drei Situationen, in denen die Wechselwirkung von Kraft und Gegenkraft sichtbar wird!

Beispiel: Motorkraft

In einem Autoprospekt finden wir folgende Angaben: Der Pkw ($m = 1250$ kg) beschleunigt von 0 km/h auf 100 km/h in 11,3 Sekunden. Wie groß ist die wirkende Kraft?

Lösung: Um die Beschleunigung in der Einheit m/s^2 angeben zu können, müssen wir die Geschwindigkeitsangabe in die Einheit m/s umrechnen:
100 km/h ≈ 27,8 m/s.

Legen wir eine gleichmäßige Beschleunigung zu Grunde, so ergibt sich nach der Gleichung

$$\text{Beschleunigung} = \frac{\text{Geschwindigkeitsänderung}}{\text{Zeit}}$$

$$a = \frac{27{,}8 \text{ m/s}}{11{,}3 \text{ s}} \approx 2{,}46 \frac{\text{m}}{\text{s}^2}.$$

Wir setzen die Werte in die Gleichung $F = m \cdot a$ ein und erhalten:
$F = 1250$ kg $\cdot$ 2,46 m/s^2 ≈ 3075 N.
Es wirkt die Kraft $F = 3075$ N.

Aufgaben

1. Beschreiben Sie zwei Beispiele aus der Umwelt, die zeigen, dass die Beschleunigung von der Antriebskraft und der Masse abhängt!
2. Warum sind Rennräder besonders leicht gebaut?
3. Wie groß ist die wirkende Kraft, wenn ein Pkw ($m = 1000$ kg) durch die Motorkraft so beschleunigt, dass seine Geschwindigkeit in jeder Sekunde um 2 m/s zunimmt?
4. Gudrun fährt mit ihrem Fahrrad (Masse insgesamt 70 kg) mit einer Geschwindigkeit von 18 km/h. Sie soll in 2 s zum Stillstand kommen. Berechnen Sie die erforderliche Bremskraft!

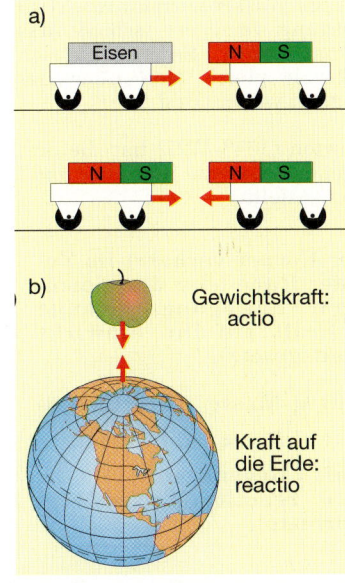

4 Kraft und Gegenkraft

Mechanik

1 Körper sind träge

Trägheit

„Von allein" ist noch nie eine Kugel auf völlig ebener Unterlage losgerollt; jedenfalls hat das bis heute noch nie jemand beobachtet. Nach der Gleichung $F = m \cdot a$ ist das auch unmöglich. Solange die Kraft F gleich null ist, ist auch die Beschleunigung null.

> **Ein ruhender Körper bleibt so lange in Ruhe, wie keine Kraft von außen auf ihn einwirkt.**

Dieses „Verharren-Wollen", seinen „Zustand der Ruhe nicht aufgeben wollen", nennt man **Trägheit**. Die Trägheit eines Körpers zeigen die folgenden Experimente:

V 1: Legen Sie auf ein Glas ein Stück Pappe mit einer Münze (Bild 1a)! Ziehen Sie die Pappe mit einem kräftigen Ruck unter der Münze weg!
Die Münze folgt auf Grund der Trägheit nicht der schnellen Bewegung. Sie plumpst in das Glas.

V 2: Setzen Sie eine Spielzeugfigur auf einen Wagen und ziehen Sie den Wagen zunächst langsam, danach schnell weg (Bild 1b)!

Im ersten Fall wird die Figur mitbewegt, im zweiten Fall kippt sie nach hinten um.
Die hohe Beschleunigung bewirkt eine Kraft, die größer als die Haftreibungskraft ist.

V 3: Bewegen Sie den Wagen mit der Figur gleichmäßig über den Tisch und bremsen Sie den Wagen schnell ab!

Die Figur wird nach „vorn geschleudert". Sie „möchte" den Zustand der Bewegung nicht aufgeben.

V 4: Zeigen Sie in einem Versuch, wie sich die Figur bei einer zügigen Kurvenfahrt verhält!

Biegt der Wagen zügig in die Kurve ein, bewegt sich die Figur geradeaus weiter.

> **Ist ein Körper in gleichförmiger Bewegung, so bewegt er sich geradeaus weiter, solange keine Kraft auf ihn einwirkt.**

Die Trägheit von Flüssigkeiten können Sie in folgendem Versuch untersuchen:

V 5: Füllen Sie einen Glastrog zur Hälfte mit Wasser und transportieren Sie ihn an einen anderen Ort! Fertigen Sie eine Skizze an mit dem Stand der jeweiligen Wasseroberfläche beim Starten, beim gleichmäßigen Bewegen und beim Abbremsen!

Infolge seiner Trägheit behält das Wasser immer seinen augenblicklichen Zustand bei. Beim Beschleunigen schwappt das Wasser nach hinten. Wird die Bewegung verzögert, schießt das Wasser nach vorn. Es bewegt sich zunächst mit gleich bleibender Geschwindigkeit weiter (Bild 2).

Isaac Newton (1643-1727) hat die drei grundlegenden Gesetze im Jahre 1687 zusammengestellt:

> **I. Jeder Körper verharrt im Zustand der Ruhe oder der gleichförmigen Bewegung, solange keine Kraft auf ihn einwirkt (Trägheitsgesetz).**
>
> **II. Kraft = Masse · Beschleunigung:** $F = m \cdot a$.
>
> **III. Kraft = Gegenkraft (actio = reactio, Wechselwirkungsprinzip).**

2 So lässt sich ein gekenterter Einbaum bequem ausschöpfen

Kraft und Bewegung

3 Die nicht angeschnallte Puppe bewegt sich weiter

Trägheit im Straßenverkehr
Die Trägheit macht uns im Alltag schwer zu schaffen, insbesondere wenn Körper mit großen Massen bei hoher Geschwindigkeit in kürzester Zeit zu stoppen sind. Bei manchem Verkehrsunfall wirkt sich dies gefährlich aus. Auch die Fahrzeuginsassen unterliegen nämlich der Trägheit. Wenn plötzlich gebremst wird, bewegen sie sich weiter, während das Auto zum Stillstand kommt (Bild 3).

Nur angeschnallt haben sie Verbindung zum Auto und werden im selben Maße abgebremst. Viele Autofahrer glauben, sie könnten bei geringen Geschwindigkeiten im Stadtverkehr ohne Sicherheitsgurte auskommen. Sie meinen, sie könnten sich bei einem Unfall mit den Händen am Lenkrad abstützen. Das kann ein folgenschwerer Irrtum sein.

Beispiel: Gurtmuffel
Ein Pkw fährt mit einer Geschwindigkeit von 50 km/h, das sind ≈ 14 m/s, frontal auf ein festes Hindernis. Das Fahrzeug kommt nach ungefähr 0,15 s zum Stehen. Seine Geschwindigkeitsänderung beträgt dann 14 m/s in 0,15 s. Das ist eine durchschnittliche Bremsverzögerung (negative Beschleunigung) von ca. 93 m/s². Das ist etwa der zehnfache Betrag der Fallbeschleunigung.

Auf den Fahrer wirkt die Kraft $F = m \cdot a$. Nehmen wir für den Oberkörper des Fahrers die Masse $m = 50$ kg an, so ergibt sich die Kraft $F = 50$ kg $\cdot$ 93 m/s² $= 4650$ N.
Er kann sich unmöglich abfangen!

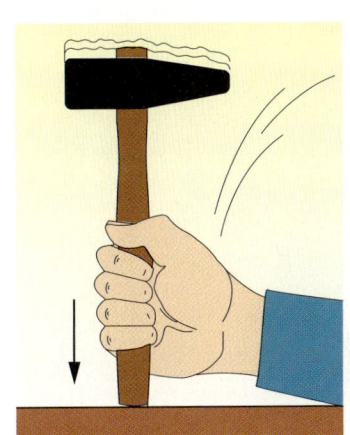

4 Trägheit hilft

Untersuchungen haben ergeben, dass die Verzögerungen für den Kopf und den Oberkörper bei einem Frontalzusammenstoß mit 50 km/h durchaus kurzzeitig den hundertfachen Betrag der Fallbeschleunigung erreichen können.

☐ 3: Berechnen Sie die Kraft, die auf den Kopf ($m = 5$ kg) wirkt, wenn bei einem Zusammenstoß die neunzigfache Fallbeschleunigung auftritt!

Die Trägheit macht sich auch beim schnellen Anfahren bemerkbar, die Insassen werden in die Sitze gedrückt.

☐ 4: Erklären Sie, warum den Insassen eines Autos bei einem plötzlichen Auffahrunfall besondere Gefahr droht, wenn die Sitze keine Kopfstützen haben!

Trägheit und Alltagserfahrungen
Gibt es nicht Erfahrungen, die auf den ersten Blick dem Trägheitsgesetz zu widersprechen scheinen?

Ein Auto wird durch die Motorkraft in Bewegung gebracht. Solange die Motorkraft wirkt, wird es auf ebener Strecke in gleichförmiger Bewegung gehalten. Ohne Antriebskraft wird es langsamer und bleibt schließlich stehen. Nach dem Trägheitsgesetz müsste es sich aber ohne Antrieb weiterbewegen. Welche wirkenden Kräfte haben wir nicht beachtet?

Durch Reibungskräfte wird das Auto in seiner gleichförmigen Bewegung beeinträchtigt. Es wirken Kräfte von außen (Luftwiderstand, Reibung zwischen Rad und Boden), aber auch innere Kräfte (Lagerreibung).

Aufgaben
1. Wenn ein Hammerstiel befestigt werden soll, stößt man kräftig mit dem Stiel auf den Boden (Bild 4). Erklären Sie dies!
2. Heidrun steigt mit einem gasgefüllten Luftballon in einen Bus. Beschreiben Sie, wie sich der Ballon beim Anfahren, Abbremsen, bei der Kurvenfahrt und bei gleichmäßiger Geradeausfahrt verhält!
3. Vergleichen Sie einen unbeladenen mit einem stark beladenen Pkw
   a) beim Anfahren an der Ampel,
   b) beim Überholvorgang,
   c) beim Abbremsen!
4. Denken Sie sich einen Versuch aus, der zeigt, dass ein schwerer Körper auch träger ist als ein leichterer Körper!
5. Lkws haben stärkere Motoren als Mofas. Warum beschleunigt das Mofa besser?
6. Erklären Sie, warum bei Schiffszusammenstößen auch bei geringen Geschwindigkeiten große Verformungen auftreten!

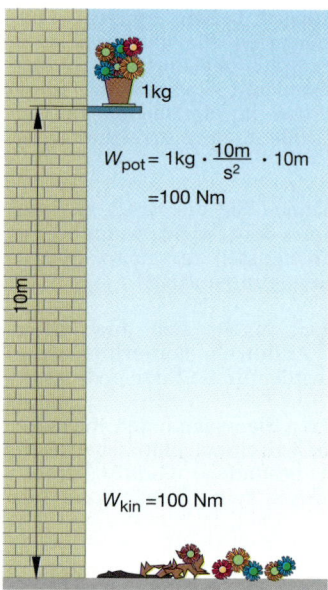

1 Energie beim Fall

Kinetische Energie

Bei Auffahrunfällen wird die kinetische Energie des Autos in Verformungsarbeit umgewandelt. Je höher die Geschwindigkeit, umso größer ist die Wucht des Aufpralls und umso größer ist auch der Schaden. Auch beim Bremsen muss die kinetische Energie aufgezehrt werden.

☐ 1: Beschreiben Sie die Wirkungsweise von a) Fahrradbremsen, b) Bremsen bei Kraftfahrzeugen! c) In welche Energieformen wird jeweils die kinetische Energie des Fahrzeugs umgewandelt?

Welcher Zusammenhang besteht zwischen Energie und Geschwindigkeit? Dazu der folgende Versuch:

▽ 2: Lassen Sie ein Spielzeugauto nach Bild 2 aus verschiedenen Höhen einer schiefen Ebene (Rampe) herunterfahren! Vergleichen Sie die erreichten Geschwindigkeiten!

Die Geschwindigkeiten können Sie auf der horizontalen Strecke (Länge 0,5 m) bequem mit einer Stoppuhr ermitteln.

Ergebnis: Erst bei der vierfachen Höhe, das entspricht wegen $W_{pot} = m \cdot g \cdot h$ auch der vierfachen Energie, erreicht das Auto die doppelte Geschwindigkeit.

Wir vermuten: Bei doppelter Geschwindigkeit hat das Auto die vierfache Bewegungsenergie, bei dreifacher Geschwindigkeit die neunfache usw. Mit anderen Worten:

Die Bewegungsenergie ist dem Quadrat der Geschwindigkeit proportional.

Dieser Zusammenhang ist für den Straßenverkehr von ungeheurer Bedeutung. Er beinhaltet, dass sich die kinetische Energie bei dreifacher Geschwindigkeit z. B. verneunfacht.

Zur Berechnung der kinetischen Energie betrachten wir den Sonderfall des freien Falls (Bild 1).

Für die erreichte Endgeschwindigkeit v gilt die Gleichung: $v^2 = 2 \cdot g \cdot h$.
Multiplikation der Gleichung $2gh = v^2$ mit m liefert:

oder $\quad 2 \cdot m \cdot g \cdot h = m \cdot v^2$
$\quad\quad\quad m \cdot g \cdot h = \frac{1}{2} \cdot m \cdot v^2$.

Links steht die potenzielle Energie mgh des Körpers; der rechte Term ist ebenfalls eine Energie, nämlich die kinetische Energie, die dem Körper nach Durchfallen der Höhe h zukommt. Die potenzielle Energie $m \cdot g \cdot h$ ist in die kinetische Energie $\frac{1}{2} \cdot m \cdot v^2$ umgewandelt worden. Die kinetische Energie wird durch das Symbol W_{kin} abgekürzt.

Die Formel $\frac{1}{2} \cdot m \cdot v^2$ gilt ganz allgemein, unabhängig davon, in welcher Weise der Körper beschleunigt wurde. Ein Radfahrer, der kräftig in die Pedale tritt, das anfahrende Auto, das Rennpferd haben nach dem Beschleunigen die kinetische Energie $\frac{1}{2} \cdot m \cdot v^2$. Auch dann, wenn ein Autofahrer auf der Autobahn die Geschwindigkeit von $v_1 = 100$ km/h auf $v_2 = 120$ km/h erhöht, ist die kinetische Energie anschließend gegeben durch $\frac{1}{2} \cdot m \cdot v_2^2$.

Ein Körper mit der Masse m und der Geschwindigkeit v hat die kinetische Energie

$$W_{kin} = \tfrac{1}{2}\, m \cdot v^2.$$

Aufgaben
1. Beschreiben Sie die Energieumwandlung, die ein Körper erfährt, der aus 10 m Höhe auf den Boden fällt! Wie groß ist die kinetische Energie beim Auftreffen auf dem Boden?
2. Ein Auto ($m = 1000$ kg) prallt bei einer Geschwindigkeit von 30 m/s (= 108 km/h) frontal gegen eine Mauer. Wie groß ist die kinetische Energie?

2 Geschwindigkeit und Energie

Basiswissen Mechanik (II)

Geradlinige Bewegungen
Bei geradlinigen Bewegungen ist die Bahn des Körpers eine Gerade.

Durchschnittsgeschwindigkeit = $\dfrac{\text{zurückgelegter Weg}}{\text{benötigte Zeit}}$ $\quad v_D = \dfrac{s}{t}$

Die Geschwindigkeit des Körpers in einem bestimmten Punkt der Bahn heißt **Momentangeschwindigkeit**. ↑S. 44

Gleichförmige Bewegung
Wenn bei einer geradlinigen Bewegung in gleichen Zeitabschnitten stets gleiche Wegstrecken zurückgelegt werden, dann ist die Geschwindigkeit konstant. Man nennt diese Bewegung gleichförmig. Das Weg-Zeit-Diagramm ist eine Gerade. ↑S. 45f.

Geschwindigkeit = $\dfrac{\text{Wegstrecke}}{\text{zugehörige Zeitspanne}}$

Allgemein gilt: Ist zum Zeitpunkt $t = 0$ auch der Weg $s = 0$, dann ist $s \sim t$.

$v = \dfrac{\Delta s}{\Delta t}$ oder $s = v \cdot t$ ↑S. 45f.

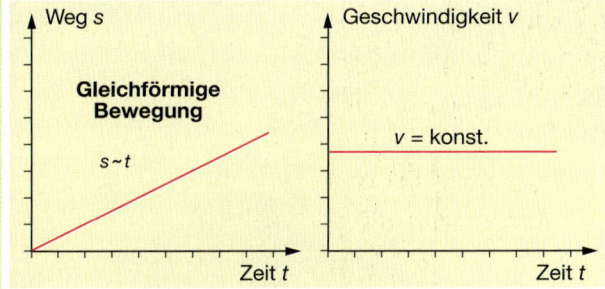

Einheit der Geschwindigkeit: 1 m/s
Andere Einheiten: 1 km/h, 1 sm/h

$1 \dfrac{\text{km}}{\text{h}} = \dfrac{1000 \text{ m}}{3600 \text{ s}} = \dfrac{1}{3{,}6} \dfrac{\text{m}}{\text{s}} \quad 1 \dfrac{\text{m}}{\text{s}} = 3{,}6 \dfrac{\text{km}}{\text{h}}$

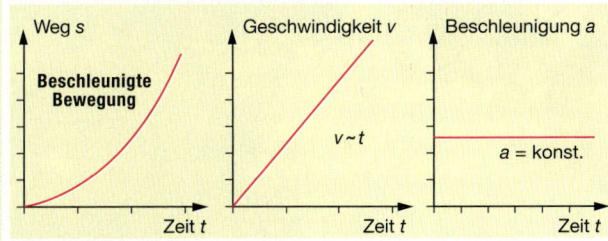

Beschleunigte Bewegung
Bei einer beschleunigten Bewegung ändert sich die Geschwindigkeit. Ein Maß für diese Änderung ist die **Beschleunigung**. ↑S. 48f.

Beschleunigung = $\dfrac{\text{Geschwindigkeitsänderung}}{\text{Zeitänderung}}$;

$a = \dfrac{\Delta v}{\Delta t}$

Einheit der Beschleunigung: $\dfrac{1 \text{ m/s}}{\text{s}} = 1 \dfrac{\text{m}}{\text{s}^2}$

Eine Bewegung mit konstanter Beschleunigung heißt **gleichmäßig beschleunigte Bewegung**. ↑S. 49

Weg-Zeit-Gesetz: $s = \dfrac{1}{2} a \cdot t^2$.

Geschwindigkeit-Zeit-Gesetz: $v = a \cdot t$.

Anhalteweg

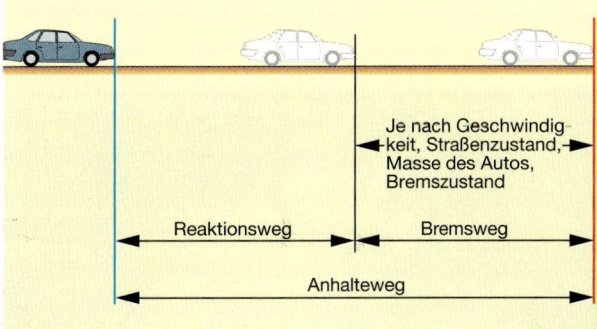

Anhalteweg = Reaktionsweg + Bremsweg ↑S. 50

Freier Fall
Der Fall im Vakuum heißt freier Fall. Im Vakuum erfahren alle Körper, unabhängig von ihrer Masse, die gleiche Fallbeschleunigung g. Sie hängt vom Ort ab und beträgt bei uns 9,81 m/s², auf dem Mond ca. 1,6 m/s². ↑S. 51

Weg-Zeit-Gesetz: $s = \dfrac{1}{2} \cdot g \cdot t^2$

Geschwindigkeit-Zeit-Gesetz: $v = g \cdot t$

Kraft, Trägheit, Energie
Ursache jeder Beschleunigung ist eine **Kraft**.

Die Kraft ist gleich dem Produkt aus Masse und Beschleunigung: $F = m \cdot a$. ↑S. 52

Die Einheit der Kraft ist 1 Newton:

$1 \text{ N} = 1 \text{ kg} \cdot 1 \text{ m/s}^2 = 1 \text{ kg·m/s}^2$.

Für die **Gewichtskraft** F_G gilt: $F_G = m \cdot g$. ↑S.13

Alle Körper sind träge. Sie zeigen ein Beharrungsvermögen. ↑S. 54f.

Ein Körper bleibt so lange in Ruhe oder in gleichförmiger Bewegung, solange keine Kraft von außen auf ihn einwirkt (**Trägheitsgesetz**). ↑S. 54

Kräfte treten immer paarweise auf. Kraft und Gegenkraft sind gleich groß (actio = reactio). ↑S. 55

Kinetische Energie

Ein Körper der Masse m und der Geschwindigkeit v hat die **kinetische Energie** $W_{kin} = 1/2 \, m \cdot v^2$. ↑S. 56

Mechanik der Flüssigkeiten und Gase

Druck und Druckmessung

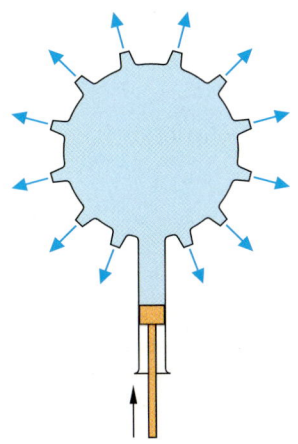

1 Das Wasser spritzt nach allen Seiten

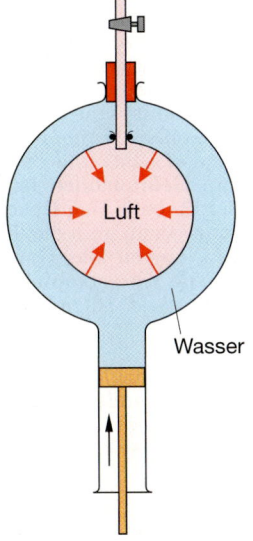

2 Die Gummiblase wird verkleinert

Unter Druck gesetzt

Das Wort **„Druck"** wird im Alltag in ganz unterschiedlichen Zusammenhängen benutzt. So spricht man vom Blutdruck, vom Druck in der Wasser- und Gasleitung oder im Fahrradreifen, aber auch vom Explosionsdruck oder Leistungsdruck. Um zu klären, was in der Physik mit dem Begriff Druck beschrieben wird, setzen wir zunächst Luft, dann Wasser unter Druck.

▽ 1: Pumpen Sie mit einer Fahrradluftpumpe Luft in einen Fahrradschlauch!

▽ 2: Schieben Sie einen gut schließenden Kolben in ein mit Wasser gefülltes Glasgefäß hinein (nach Bild 1)!

Im Versuch 1 bläht sich der Schlauch auf, und zwar nach allen Seiten. Die unter Druck gesetzte Luft wirkt nach allen Richtungen. Beim zweiten Versuch spritzt das Wasser aus allen Öffnungen des Rundkolbens gleich stark heraus, nicht nur in Bewegungsrichtung des Kolbens.

Ob sich der Druckzustand auch im Innern einer Flüssigkeit bemerkbar macht, soll der folgende Versuch zeigen.

▽ 3: Bringen Sie eine kleine luftgefüllte Gummiblase in einen Rundkolben! Füllen Sie ihn danach mit Wasser (Bild 2)! Beobachten Sie die Gummiblase beim Hineindrücken des Stempels!

Beim Hineindrücken des Stempels wird die Gummiblase kleiner, sie bleibt aber rund. Man erkennt daraus, dass auch im Innern der Flüssigkeit Kräfte gleichmäßig in alle Richtungen wirken.

> **Presst man Flüssigkeiten oder Gase zusammen, so werden sie in einen Druckzustand versetzt. Der erzeugte Druck breitet sich in alle Richtungen und nach innen gleichmäßig aus.**

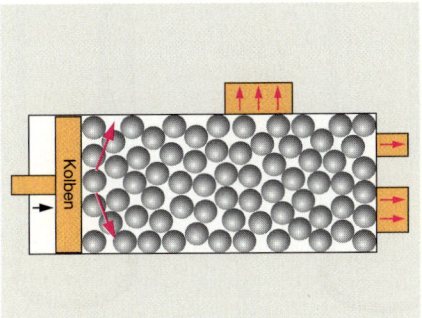

3 Modellversuch zum Wasserdruck

4 Modellversuch zum Gasdruck

Wir können unsere Beobachtungen mit Hilfe des Teilchenmodells erklären: Für den **Druck in Flüssigkeiten** verwenden wir ein Modell wie in Bild 3. Die Flüssigkeitsteilchen werden durch Stahlkugeln dargestellt, die innerhalb eines Holzrahmens dicht aneinander liegen. Sie sind aber trotzdem gegeneinander verschiebbar.

☐ 4: Beschreiben Sie die Wirkungen, wenn der Kolben in den Rahmen geschoben wird!

Schieben wir den Kolben hinein, so wirkt auf jede Kugel am Kolben ein Teil der Kolbenkraft. Dadurch rücken die Kugeln dichter zusammen und versuchen sich „wegzuschieben". So setzt sich die Kraftwirkung in alle Richtungen fort, auch auf die Gefäßwand und auf die Kolben, die nach außen bewegt werden.

Die Entstehung des **Drucks bei Gasen** können wir uns mit einem anderen Modellversuch verständlich machen. Die Gasteilchen sind leicht beweglich und verteilen sich gleichmäßig im Raum. Bei ihrer ständigen Bewegung in einem abgeschlossenen Behälter stoßen sie gegen alle Wände. Es gibt keine bevorzugte Richtung. Diese zahlreichen Stöße wirken sich wie eine Kraft aus. Das zeigt der Modellversuch nach Bild 4.

▽ 5: Lassen Sie auf die Waagschale der Briefwaage Stahlkugeln aufprallen!

Durch den regellosen Aufprall der Stahlkugeln wird die gleiche Wirkung erreicht wie durch das Auflegen eines Gewichtsstücks.

Mechanik der Flüssigkeiten und Gase

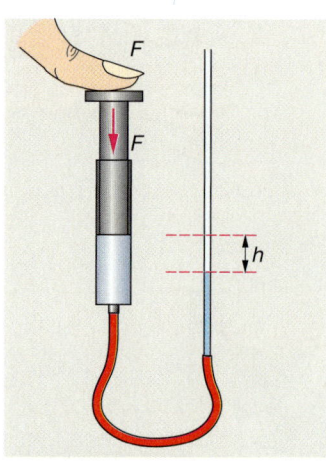

1 Große Kraft ergibt große Steighöhe

1 Pa	= 1 N/m²
1 hPa	= 100 N/m² = 100 Pa
1 kPa	= 1000 Pa
1 bar	= 10 N/cm²
	= 1000 hPa = 100 kPa

Beispiele für Druckwerte in kPa

Fernsehröhre	0,000001
Blutdruck	12
Gasdruck im Haus	150
Schnellkochtopf	120–160
Fahrradreifen	200
Reifen für Pkw	200–300
Wasserdruck im Haus	400–600
Spraydosen	2000
Kompressor	bis 100 000
Im Erdinnern	400 000 000

Wir messen den Druck

Ⅴ 1: Schließen Sie eine Glasspritze an ein Steigrohr (Bild 1) und bewegen Sie den Kolben unterschiedlich stark in Pfeilrichtung! Erklären Sie Ihre Beobachtung!

Es entsteht ein Druck im Kolben, der **Kolbendruck,** und die Flüssigkeit steigt höher. Je höher das Wasser steigen soll, desto größer muss die Kraft sein, die auf den Kolben wirkt. Um diese Aussage genauer zu untersuchen, werden wir die Muskelkraft in der folgenden Versuchsreihe durch leicht bestimmbare Gewichtskräfte ersetzen.

Ⅴ 2: Schließen Sie drei Glasspritzen jeweils an ein Steigrohr an (Bild 2) und kennzeichnen Sie den Wasserstand! Belasten Sie danach die Kolben mit Gewichtsstücken! Vergleichen Sie die Wasserstände in den Steigrohren!

Ein mögliches Ergebnis ist aus Bild 2 zu entnehmen:
a) 1 N wirkt auf die Kolbenfläche 4 cm².
b) 2 N wirken auf die Kolbenfläche 4 cm².
c) 1 N wirkt auf die Kolbenfläche 2 cm².

In den Beispielen b) und c) steigt das Wasser um die gleiche Strecke. Es zeigt sich, dass eine kleinere Kraft auf einer kleineren Kolbenfläche im Beispiel c) die gleiche Wirkung hervorruft wie die doppelte Kraft auf einer doppelt so großen Kolbenfläche (b).

Offenbar kommt es nicht auf die Kraft allein an, sondern auf das Verhältnis von der Kraft F und der Fläche A.

Wir bilden den Quotienten F/A und erhalten:

a) $\dfrac{1\text{ N}}{4\text{ cm}^2} = 0{,}25\ \dfrac{\text{N}}{\text{cm}^2}$,

b) $\dfrac{2\text{ N}}{4\text{ cm}^2} = 0{,}50\ \dfrac{\text{N}}{\text{cm}^2}$,

c) $\dfrac{1\text{ N}}{2\text{ cm}^2} = 0{,}50\ \dfrac{\text{N}}{\text{cm}^2}$.

In den beiden Beispielen b) und c) erhalten wir die gleiche Steighöhe h und den gleichen Wert 0,50. Diesen Wert verwenden wir zur Kennzeichnung des Druckzustands in diesem Versuch. Allgemein gilt:

$$\textbf{Druck} = \frac{\textbf{Kraft}}{\textbf{Fläche}}, \quad p = \frac{F}{A}.$$

Aus dieser Gleichung ergibt sich die Einheit für den Druck: 1 N/m². Diese Einheit für den Druck wird zu Ehren des französischen Physikers **Blaise Pascal** (1623–1662) als 1 **Pascal** (1 Pa) bezeichnet. 1 Pascal ist eine sehr kleine Druckeinheit. Größere Einheiten sind das Hektopascal (1 hPa) und das Kilopascal (1 kPa). Gebräuchlich ist noch die Einheit Bar (1 bar). Den Druck von 1 bar erhält man, wenn man die Fläche von 1 cm² mit einem 1-kg-Gewichtsstück belastet. Die Wassersäule in dem Steigrohr würde dann 10 m hoch stehen.

Die obige Definitionsgleichung lässt sich auch dann anwenden, wenn eine Kraft auf eine Fläche wirkt. Man erhält dann den **Auflagedruck**.

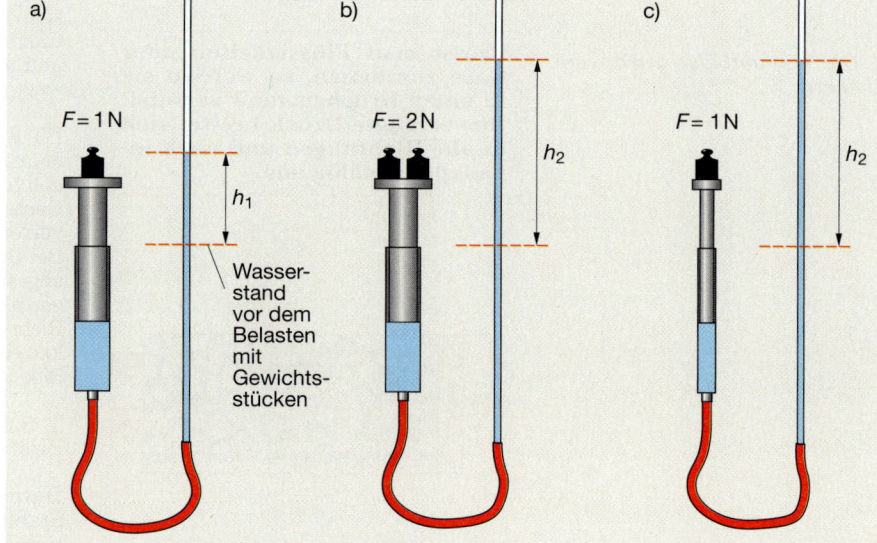

2 Druck = Kraft durch Fläche

Druck und Druckmessung

Mit Flüssigkeiten Kräfte übertragen und verstärken

Der gleichmäßige Druck in einer Flüssigkeit ist die physikalische Grundlage für hydraulische Geräte (hydro, gr. Wasser, Flüssigkeit). Die hydraulischen Bremsen, Pressen, Hebebühnen gehören zu den Kraftwandlern. Sie verstärken die Kräfte und lenken sie durch Rohrleitungen oder Schläuche um. Das Prinzip können wir in einem Versuch nach Bild 3 untersuchen.

V 3: Verbinden Sie 2 verschiedene Kolbenprober mit einem Schlauch! Füllen Sie sie mit Wasser und bringen Sie zunächst beide miteinander ins Gleichgewicht! Belasten Sie nun den kleineren Kolben mit einem Gewichtsstück!

Zunächst stellt sich in beiden Glaskolben der gleiche Druck ein. Die beiden Kolben stehen im Gleichgewicht. Wird der eine Kolben durch ein zusätzliches Gewichtsstück belastet, so verschieben sich beide Kolben.

V 4: Verhindern Sie das Verschieben durch Auflegen von Gewichtsstücken auf den zweiten Kolben! Wann stellt sich das Gleichgewicht ein?

Es zeigt sich, dass im Gleichgewichtszustand der Kolben mit der kleineren Querschnittsfläche mit dem kleineren Gewichtsstück belastet wird. In Bild 3 wird das Gleichgewicht folgendermaßen erreicht:

Auf die Kolbenfläche des kleinen Zylinders (A_2 = 1,6 cm²) wirkt eine verhältnismäßig kleine Kraft (F_2 = 2 N). Der Druck p_2 beträgt:

$$p_2 = \frac{2\,\text{N}}{1,6\,\text{cm}^2} = 1,25\,\frac{\text{N}}{\text{cm}^2}.$$

Auf die Kolbenfläche des großen Zylinders (A_1 = 8 cm²) wirkt eine größere Kraft (F_1 = 10 N). Der Druck p_1 beträgt hier:

$$p_1 = \frac{10\,\text{N}}{8\,\text{cm}^2} = 1,25\,\frac{\text{N}}{\text{cm}^2}.$$

p_1 und p_2 haben den gleichen Wert. Die Rechnung bestätigt, dass in beiden Kolbenprobern gleicher Druck herrscht.
Ist der Druck in einer Flüssigkeit bekannt, lässt sich für jede Begrenzungsfläche die Kraft berechnen, die senkrecht auf diese Fläche wirkt.

Beispiel: Wasserschlauch
In einem Gartenschlauch herrscht ein Druck p = 300 kPa. Mit welcher Kraft muss ein Loch (A = 0,5 cm²) zugehalten werden, damit kein Wasser ausströmt?

Die Gleichung $p = F/A$ liefert nach der Umstellung $F = p \cdot A$.

$$F = 300\,\frac{\text{N}}{\text{cm}^2} \cdot 0{,}5\,\text{cm}^2 = 150\,\text{N}$$

Die Kraft F beträgt 150 N.

Kraftverstärkung
Die beiden wirkenden Kräfte stehen in demselben Verhältnis zueinander wie die entsprechenden Flächen:

$\frac{F_1}{F_2} = \frac{A_1}{A}$. Daher gilt: $\frac{10\,\text{N}}{2\,\text{N}} = \frac{8\,\text{cm}^2}{1{,}6\,\text{cm}^2} = 5$.

Die Kraftverstärkung ist 5 fach.

Aufgaben
1. In der Wasserleitung herrscht ein Druck von 400 kPa. Mit welcher Kraft muss die 2 cm² große Öffnung des Wasserhahns mit dem Daumen zugehalten werden, damit kein Wasser ausfließt?
2. Welche Kraft muss auf ein Sicherheitsventil wirken, damit es sich bei einem Druck von 600 kPa öffnet? Durchmesser 1 cm (Bild 4).

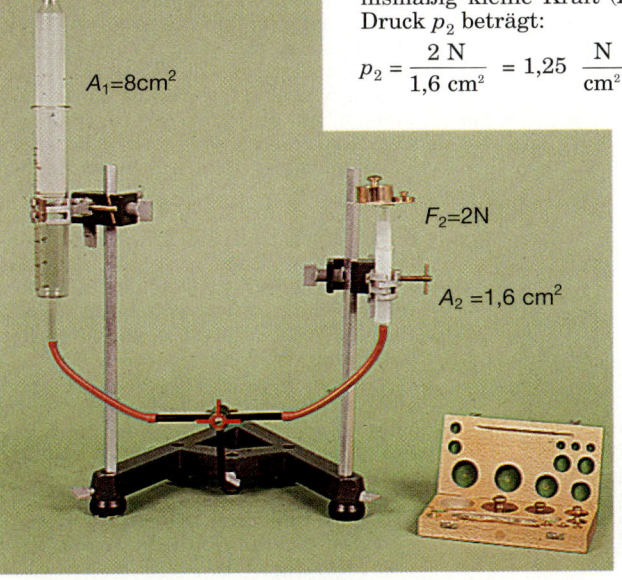

3 Gleicher Druck in der Flüssigkeit

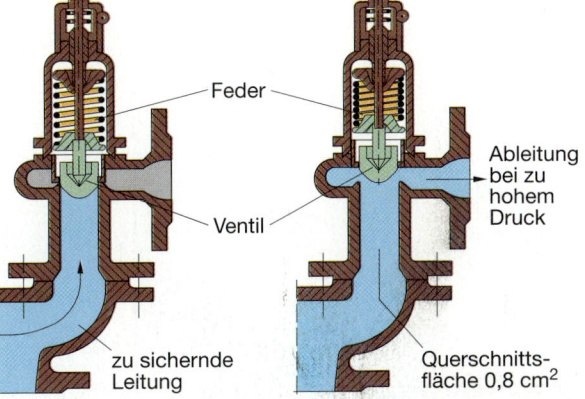

4 Sicherheitsventil der Wasserleitung

Mechanik der Flüssigkeiten und Gase

Wedel, den 15. September ...

Pkw versank in der Elbe
... stürzte mit seinem Pkw in den Jachthafen und versank im 4 m tiefen Elbwasser. Herr B. behielt die Nerven und wartete, bis das Wasser fast vollständig in den Innenraum gedrungen war, dann öffnete er die Tür und tauchte wieder auf. Völlig durchnässt ...

1 Schweredruck des Wassers

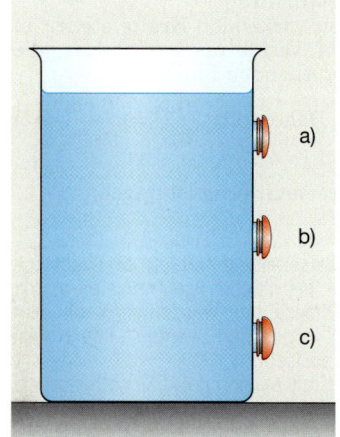

2 Der Schweredruck nimmt mit der Tiefe zu

Schweredruck und Wassertiefe

☐ 1: Warum wartete der Fahrer in Bild 1 so lange, bis das Wasser fast den gesamten Innenraum ausgefüllt hatte? Hätte er nicht sofort die Tür öffnen können?

Vielleicht helfen uns bei der Beantwortung dieser Fragen die Erfahrungen aus dem Schwimmbad weiter. Beim Tauchen macht sich nämlich der Druck auf die Ohren bemerkbar, der mit der Tiefe zunimmt. Wir können vermuten, dass die Gewichtskräfte der oberen Wasserschichten diesen Druck bewirken. Überprüfen Sie die Vermutung im folgenden Versuch:

▽ 2: Verschließen Sie die seitlichen Öffnungen eines Gefäßes wie in Bild 2 mit gleichartigen Gummimembranen! Füllen Sie danach das Gefäß mit Wasser! Beobachten Sie die Gummimembranen während des Füllens!

Während des Füllens wölben sich die Membranen nach außen, und zwar unten stärker als oben.

> **Der Schweredruck (hydrostatischer Druck) nimmt mit der Tiefe zu.**

☐ 3: Wäre es für den Fahrer möglicherweise günstiger gewesen, wenn der Pkw umgekippt wäre?

Um das zu entscheiden, planen wir einen Versuch, bei dem wir den **Druck in Abhängigkeit von der Richtung** untersuchen können. Dazu brauchen wir ein hohes mit Wasser gefülltes Gefäß und eine drehbare Druckdose, die wir an ein U-Rohr anschließen (Bild 3). Das U-Rohr ist zum Teil mit Wasser gefüllt. Drückt man mit dem Finger auf die Membran, steigt die Wassersäule im linken Schenkel des Rohres. Dieses Ansteigen ist ein Maß für den in der Druckdose herrschenden Druck. Dieser ist dann gleich dem außen wirkenden Druck.

▽ 4: Tauchen Sie die Druckdose in das Wasser ein! Drehen Sie sie anschließend bei gleicher Tiefe so, dass die Membran nach oben, unten und zur Seite zeigt! Wiederholen Sie den Versuch in einer anderen Tiefe!

Bei gleich bleibender Tiefe ist der Druck unabhängig von der Stellung der Membranfläche.

> **In gleicher Tiefe herrscht überall der gleiche Schweredruck. Er ist allseitig.**

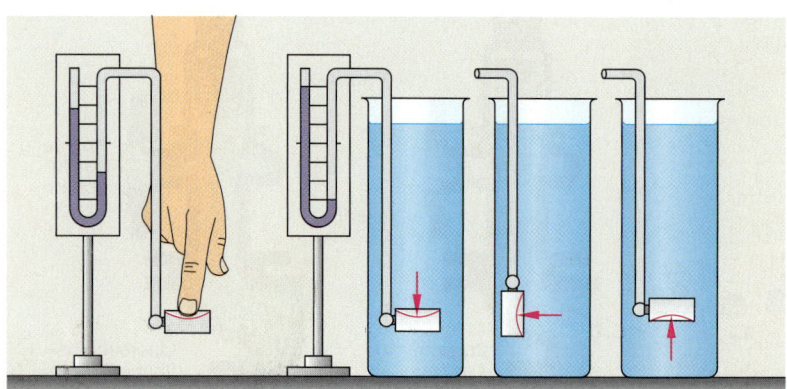

3 Der Schweredruck ist allseitig

Schweredruck in Flüssigkeiten

Berechnung des Schweredrucks

Den Zusammenhang zwischen dem Schweredruck und der Flüssigkeitssäule zeigen die folgenden Versuche.

V 5: Ziehen Sie mit einem Faden eine leichte Glasscheibe wie in Bild 4 gegen einen an beiden Seiten offenen Glaszylinder! Tauchen Sie den Zylinder in das Gefäß mit Wasser und lassen Sie den Faden los! Der Druck verhindert, dass die Glasplatte abfällt.
Wie hoch muss Wasser eingefüllt werden, damit die Glasscheibe abfällt?

V 6: Füllen Sie nun den Zylinder vorsichtig mit gefärbtem Wasser!

Sobald der Zylinder bis zur Wasseroberfläche gefüllt ist, fällt die Glasscheibe ab. Der Druck auf beiden Seiten ist dann gleich groß. Den Schweredruck der Flüssigkeitssäule können wir folgendermaßen ableiten:

Auf der Glasplatte lastet die Flüssigkeitssäule mit dem Volumen $V = A \cdot h$ und der Masse $m = \varrho \cdot V$ (vgl. S. 16). Daraus ergibt sich $m = \varrho \cdot A \cdot h$. Die Gewichtskraft F_G erhält man, wenn die Masse m mit dem Ortsfaktor g multipliziert wird (vgl. S. 13). Es ergibt sich $F_G = g \cdot \varrho \cdot A \cdot h$. In die Gleichung für den Druck eingesetzt, erhält man:

$$p = \frac{g \cdot \varrho \cdot A \cdot h}{A}, \text{ d. h. } p = g \cdot \varrho \cdot h.$$

Der Schweredruck in Flüssigkeiten ist proportional zur Höhe h der Flüssigkeitssäule und zur Dichte ϱ der Flüssigkeit.

Was geschieht eigentlich, wenn man im Versuch 6 statt des gefärbten Wassers Spiritus einfüllt? Könnte es sein, dass die Platte schon bei einer geringeren Einfüllhöhe abfällt oder muss sogar eine größere Menge eingefüllt werden?

V 7: Wiederholen Sie Versuch 6, indem Sie statt des gefärbten Wassers Spiritus einfüllen! Erklären Sie Ihre Beobachtung!

Da die Dichte von Spiritus kleiner ist als die von Wasser, muss der Zylinder höher gefüllt werden.

Schweredruck und Gefäßform

Ob auch die Gefäßform für die Größe des Drucks von Bedeutung ist, lässt sich mit einem Gerät nach Bild 5 bestimmen, dessen Membran am Boden des Gefäßes mit einem Zeiger verbunden ist.

V 8: Füllen Sie das Trichtergefäß bis zur Marke mit Wasser und bringen Sie den Zeiger durch Verschieben des Laufgewichtes in waagerechte Stellung! Tauschen Sie danach den Trichter gegen die anderen Gefäße mit gleicher Bodenfläche aus!

Bei gleicher Füllhöhe herrscht in den Gefäßen der gleiche Druck.

Der Schweredruck ist unabhängig von der Gefäßform.

Beispiel: Kraft auf die Pkw-Tür

Wir wenden die Gleichung für den Schweredruck auf das Beispiel mit dem versunkenen Pkw an:
Dichte von Wasser: $\varrho = 1{,}0$ kg/dm³,
Wassertiefe: $h = 3$ m $= 30$ dm,
Druck in 3 m Tiefe: $p = g \cdot \varrho \cdot h$,

$$p = 10 \frac{\text{N}}{\text{kg}} \cdot 1{,}0 \frac{\text{kg}}{\text{dm}^3} \cdot 30 \text{ dm} = 300 \frac{\text{N}}{\text{dm}^2}.$$

Kraft auf eine 1 m² große Tür:

$$F = p \cdot A = 300 \frac{\text{N}}{\text{dm}^2} \cdot 100 \text{ dm}^2 = 30\,000 \text{ N}.$$

Der Fahrer müsste sich mit der Kraft $F = 30\,000$ N gegen die Tür stemmen. Das ist unmöglich!

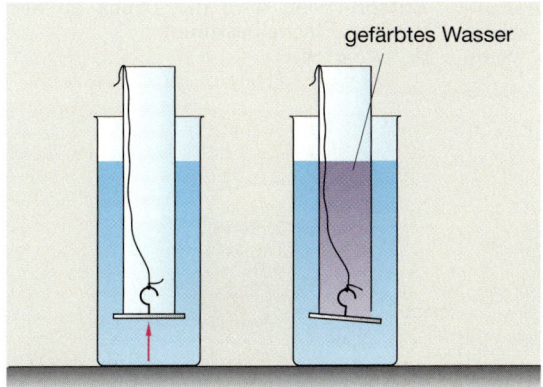

4 Der Druck hängt von der Flüssigkeitssäule ab

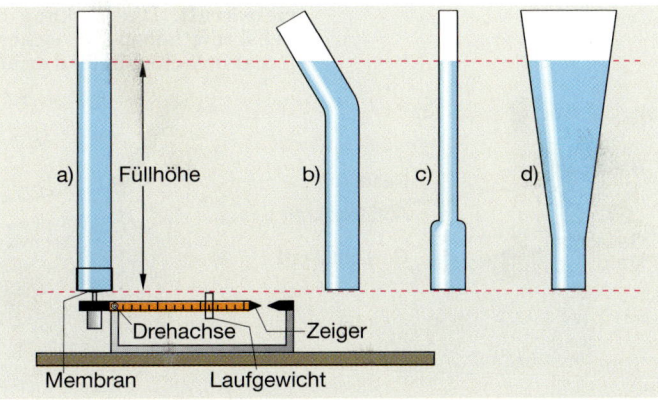

5 Der Schweredruck am Boden ist unabhängig von der Gefäßform

Mechanik der Flüssigkeiten und Gase

1 Im Wasser Gewichtskraft null?

Auftrieb in Flüssigkeiten

Vorbereitung für die neue Segelsaison. Die Boote werden an kräftigen Kunststoffseilen zu Wasser gelassen (Bild 1). Wie Expanderseile werden sie durch die Gewichtskraft des Bootes (10 000 N) stark gedehnt. Je weiter das Boot eintaucht, desto weniger stark dehnt sich das Seil. Anscheinend verringert sich die Gewichtskraft. Das Boot schwimmt, ein Kraftmesser würde keine Kraft anzeigen: null Newton!

V 1: Bestimmen Sie mit dem Kraftmesser die Gewichtskraft eines beliebig geformten Körpers, tauchen Sie ihn langsam wie in Bild 2 in ein Gefäß mit Wasser und beobachten Sie die Anzeige des Kraftmessers!

Die Anzeige wird zunächst immer geringer, je weiter der Körper eintaucht. Wenn er aber vollständig eingetaucht ist, ändert sie sich nicht mehr, auch wenn der Körper noch tiefer eintaucht. Auf das Gewichtsstück muss eine Kraft einwirken, die der Gewichtskraft entgegengesetzt ist. Diese Kraft heißt **Auftriebskraft**. Die Wirkung dieser Auftriebskraft haben Sie sicherlich schon einmal im Schwimmbad erfahren, wenn Sie einen mit Luft gefüllten Ball kaum unter Wasser drücken konnten.

> Jeder Körper wird im Wasser scheinbar leichter. Auf ihn wirkt eine Auftriebskraft. Sie ist der Gewichtskraft entgegengesetzt. Bei einem vollständig eingetauchten Körper ist die Auftriebskraft unabhängig von der Eintauchtiefe.

V 2: Wiederholen Sie Versuch 1 mit einer anderen Flüssigkeit, z. B. Spiritus oder Pflanzenöl!

In diesen Flüssigkeiten erfährt der Körper eine geringere Auftriebskraft.

V 3: Bestimmen Sie die Auftriebskraft eines schwimmenden Körpers wie in Bild 3 bei unterschiedlich großen Würfeln!

Die Größe der Auftriebskraft ist proportional zum Volumen des eingetauchten Körpers.

Das archimedische Gesetz

Wir wollen die Auftriebskraft berechnen. Dazu wählen wir uns als einfachen Körper einen Würfel und tauchen ihn vollständig ein wie in Bild 4. Als Folge des Schweredrucks wirken von allen Richtungen Kräfte auf den Würfel ein. Die Kräfte auf die Seitenflächen sind gleich groß und entgegengesetzt. Der Klotz weicht weder zur einen noch zur anderen Seite aus, denn es herrscht bei gleicher Wassertiefe der gleiche Druck. An der Unterseite herrscht aber ein größerer Druck als an der Oberseite, da der Schweredruck mit der Tiefe zunimmt. Aus der Gleichung für den Schweredruck wird der Druck an der oberen Fläche bestimmt:
$p_1 = g \cdot \varrho \cdot h_1$.
Daraus ergibt sich die Kraft auf die obere Fläche:
$F_1 = g \cdot \varrho \cdot h_1 \cdot A$.
Entsprechend wird der Druck an der unteren Fläche bestimmt:
$p_2 = g \cdot \varrho \cdot h_2$.

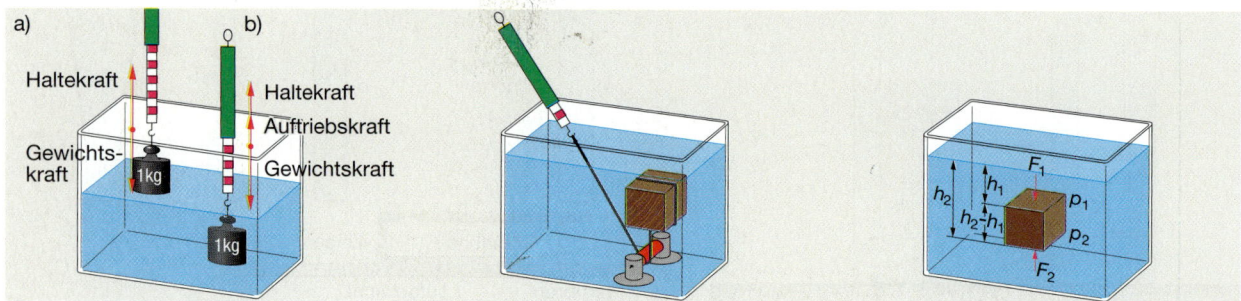

2 Die Auftriebskraft wirkt, ...   3 ... wird gemessen ...   4 ... und berechnet

Schweredruck in Flüssigkeiten

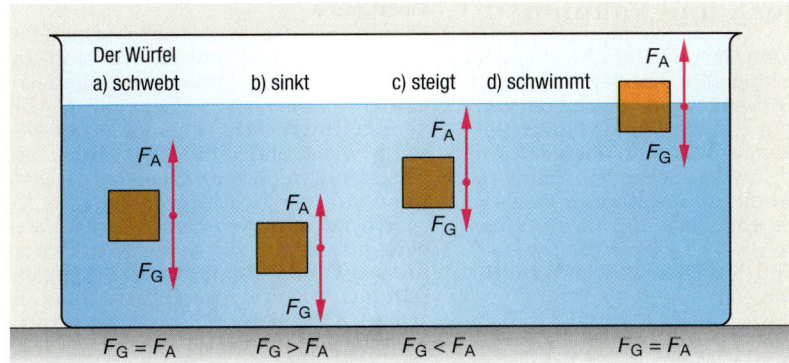

5 Schweben – sinken – schwimmen

Daraus wird die Kraft auf die untere Fläche ermittelt: $F_2 = g \cdot \varrho \cdot h_2 \cdot A$.

Die Differenz der beiden Kräfte F_1 und F_2 ergibt die Auftriebskraft F_A:
$F_A = F_2 - F_1$ oder $F_A = g \cdot \varrho \cdot A \cdot (h_2 - h_1)$.

Da $h_2 - h_1$ die Höhe h des eingetauchten Würfels ist, können wir auch kürzer schreiben:

$F_A = g \cdot \varrho \cdot A \cdot h$.

Das Produkt $A \cdot h$ ist aber das Volumen V des Würfels. Wir schreiben daher:

$$F_A = g \cdot \varrho \cdot V.$$

Das Produkt $g \cdot \varrho \cdot V$ gibt die Gewichtskraft der Flüssigkeitsmenge an, die das gleiche Volumen hat wie der eingetauchte Würfel.

Die Auftriebskraft eines eingetauchten Körpers ist so groß wie die Gewichtskraft der von ihm verdrängten Flüssigkeitsmenge.

Diese Erkenntnis wird nach seinem Entdecker **Archimedes** (um 285 v. Chr. – 212 v. Chr.) als **archimedisches Gesetz** bezeichnet. Es gilt für jeden beliebig geformten Körper.

6 Baden im Toten Meer

Auftriebskraft und Schwimmen

Mit dieser Erkenntnis können wir auch das Schwimmen genauer erklären.

☐ 4: Erklären Sie die in Bild 5 dargestellten vier Fälle!

Auf jeden eingetauchten Körper wirken zwei Kräfte, die Gewichtskraft und die Auftriebskraft.

a) Die Gewichtskraft und die Auftriebskraft sind entgegengesetzt gleich groß: Der Körper schwebt in jeder Tiefe.

b) Die Gewichtskraft ist größer als die Auftriebskraft: Der Körper sinkt ab.

c) Die Gewichtskraft ist kleiner als die Auftriebskraft: Der eingetauchte Körper steigt auf.

d) An der Oberfläche angelangt, schwimmt er. Dabei ragt er so weit aus dem Wasser, bis die Auftriebskraft so groß ist wie seine Gewichtskraft. Das verdrängte Wasser wiegt dann so viel wie er selbst.

Ein schwimmender Körper taucht so tief in eine Flüssigkeit ein, bis die Gewichtskraft der verdrängten Flüssigkeit gleich der Gewichtskraft des Körpers ist.

Beispiel: Auftriebskraft im Wasser

Birte möchte wissen, wie groß ihre Auftriebskraft im Wasser ist. Sie weiß, dass der menschliche Körper ausgeatmet eine Dichte von 1,02 kg/dm³ hat und ihre Masse $m = 55$ kg beträgt.

Lösung: Zunächst berechnen wir ihr Volumen mit der Gleichung $V = m/\varrho$

$V = \dfrac{55 \text{ kg dm}^3}{1,02 \text{ kg}} \approx 54 \text{ dm}^3$.

Die Auftriebskraft berechnen wir nach der Gleichung $F_A = \varrho \cdot g \cdot V$ (Dichte des Wassers = 1 kg/dm³):

$F_A = 1 \dfrac{\text{kg}}{\text{dm}^3} \cdot 9{,}81 \dfrac{\text{N}}{\text{kg}} \cdot 54 \text{ dm}^3 \approx 530 \text{ N}$.

Birtes Auftriebskraft im Wasser beträgt also 530 N. Sie ist kleiner als ihre Gewichtskraft von 540 N. Damit geht sie ohne Schwimmbewegungen oder Schwimmhilfen unter.

Würde sie im Toten Meer baden, das wegen seines hohen Salzgehaltes eine Dichte $\varrho = 1{,}20$ kg/dm³ aufweist, könnte sie bequem Zeitung lesen (Bild 6).

☐ 5: Bestätigen Sie diese Aussage durch eine Rechnung!

Mechanik der Flüssigkeiten und Gase

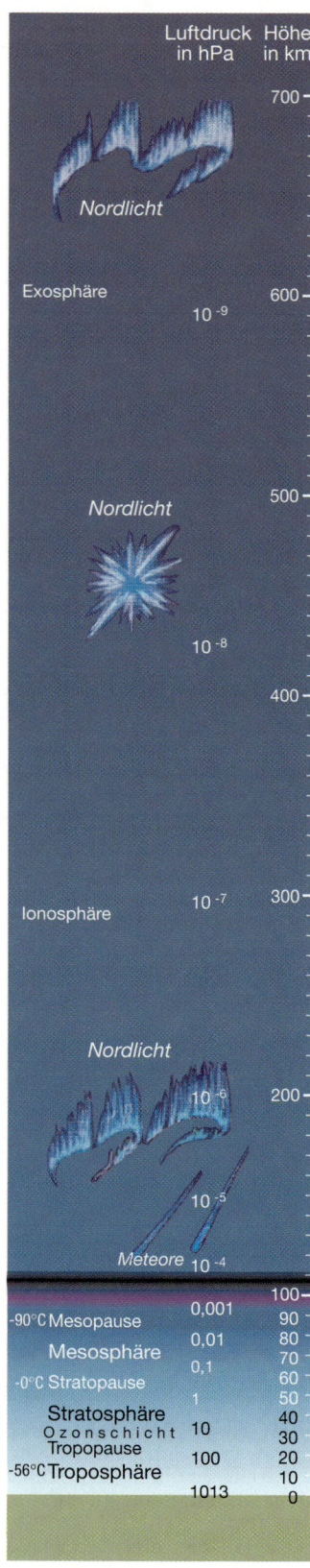

1 Die Atmosphäre der Erde

Luftdruck und Vakuum

Wir leben am Grunde eines Luftmeeres, das bis in ungefähr hundert Kilometer Höhe eine annähernd gleiche Zusammensetzung aufweist und danach allmählich in den Weltraum übergeht. Auf Grund der vorherrschenden Temperaturen wird die Atmosphäre in mehrere Abschnitte eingeteilt, die in der Höhe allerdings große Schwankungen aufweisen. Bild 1 zeigt mittlere Werte für Nordeuropa.

☐ 1: Beschreiben Sie anhand von Bild 1 den Aufbau der Atmosphäre!

Für das Leben auf der Erde sind besonders die beiden unteren Luftschichten, die **Troposphäre** und die **Stratosphäre**, wichtig. Die Vorgänge in der Troposphäre bestimmen das Wetter und das Klima an der Erdoberfläche.

Die Sonnenenergie erwärmt die Erdoberfläche, die gleichzeitig Wärme an die Luft abgibt, an die unteren Luftschichten mehr als an die oberen Schichten. Deshalb nimmt die Temperatur in der Troposphäre mit der Höhe ab, durchschnittlich alle 100 m um 0,65 °C. Temperaturen zwischen −50 °C und −90 °C herrschen in der Stratosphäre. Danach steigt die Temperatur in der **Ozonschicht** wieder an und erreicht nahezu 0 °C. In dieser Schicht werden energiereiche kurzwellige Anteile der **UV-Strahlung** (schädlich für Lebewesen) absorbiert. Durch die zugeführte Energie spalten sich einzelne Sauerstoffmoleküle in zwei Atome Sauerstoff, die jeweils mit einem anderen Sauerstoffmolekül ein Ozonmolekül bilden. Gleichzeitig wird aber der für die Fotosynthese der Pflanzen (Bildung von Stärke und Zucker) benötigte Anteil der UV-Strahlung durchgelassen. Eine Verminderung der Ozonkonzentration hätte weitreichende Folgen für Lebewesen (u. a. Bildung von Hautkrebs) und würde auch Schäden an der Vegetation verursachen.

Luftdruck

Durch ihre Gewichtskraft verursacht die Luft den **Luftdruck**. Wir sind an das Leben unter diesen Bedingungen gewöhnt. Normalerweise spüren wir den Luftdruck nicht, weil der Druck allseitig wirkt und durch den Druck im Körperinnern ausgeglichen wird. Erst wenn sich der Druck beim Bergsteigen oder beim schnellen Höhenwechsel ändert, äußert sich der veränderte Druck in den Ohren. In höheren Berglagen fällt das Atmen schwerer, beim Flug in großer Höhe muss der normale Druck im Flugzeug künstlich erhöht werden. Mit zunehmender Höhe wird der Luftdruck geringer. In 5,5 km Höhe ist er auf die Hälfte, in 11 km Höhe auf ein Viertel und in 100 km auf ein Millionstel des Wertes an der Erdoberfläche gesunken.

> **Der Luftdruck entsteht durch die Gewichtskraft der Luft.**

Eindrucksvoll hat der Magdeburger Bürgermeister **Otto von Guericke** 1654 die Wirkung des Luftdrucks nachgewiesen. Er ließ zwei kupferne Halbkugeln (Querschnitt 1400 cm^2) luftdicht zusammenfügen und mit einer von ihm selbst erfundenen Kolbenpumpe auspumpen. Obwohl sie nicht verschraubt oder verklebt waren, ließen sie sich nicht ohne weiteres trennen. Der äußere Luftdruck hielt sie so fest zusammen, dass erst zweimal acht Pferde die Halbkugeln auseinander reißen konnten. Sie mussten mit einer Kraft von etwa 14 000 N ziehen (Bild 2).

☐ 2: Warum halten Saughaken nur an glatten Wänden oder Fliesen?

An der Erdoberfläche schwankt der Luftdruck um den Wert 1013 hPa. Eine zehn Meter hohe Wassersäule erzeugt einen entsprechenden Wasserdruck. Der Luftdruck ist daher etwa gleich einem Wasserdruck in 10 m Wassertiefe.

2 Magdeburger Halbkugeln

Schweredruck in Gasen

3 Der äußere Luftdruck presst den Kanister zusammen – Druckgleichheit

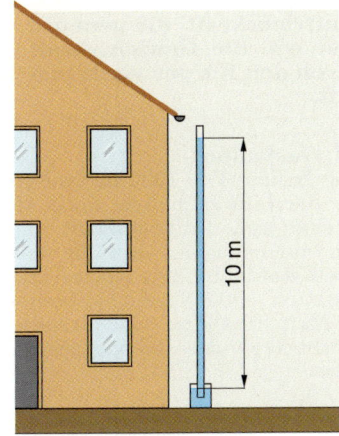

4 Druckgleichheit

Vakuum

🅥 3: Schließen Sie einen entleerten Kanister an eine Saugpumpe an und pumpen Sie die Luft ab!

Ergebnis: ein fast „luftleer" gepumpter Kanister (Bild 3)!

Vor einem ähnlichen Ergebnis wie in Bild 3 stand **Otto von Guericke**, als er durch ein Experiment nachweisen wollte, dass ein **Vakuum** (leerer Raum) existiere. Jahrhunderte lang war man nämlich der Ansicht, dass es in der Natur keinen solchen Raum gäbe. Man glaubte damals, dass die Natur einen Schrecken vor dem leeren Raum („horror vacui") habe. Dieser sei wie ein Geist, der mit aller Kraft die umgebende Materie in sich hineinziehe. So konnte zwar einleuchtend erklärt werden, wie mit Saugpumpen Wasser hochgepumpt werden konnte. Aber es gab keine Erklärung dafür, warum das Wasser nicht höher als 10 m stieg.

Torricelli, ein italienischer Physiker (1608-1647), brachte diese Beobachtung mit dem **Schweredruck der Luft** in Zusammenhang. Erst die Erkenntnis, dass auch Luft eine Gewichtskraft ausübt, führte zum Abrücken von der Theorie des „horror vacui". Torricelli war der Überzeugung, dass eine 10 m hohe Wassersäule mit dem Luftdruck im Druckgleichgewicht stehe und die Gewichtskraft der Luft die Ursache für das Hochsteigen des Wassers sei (Bild 4).

Guericke schaffte durch seine Experimente Klarheit. Er wollte zunächst aus einem mit Wasser gefüllten Weinfass mit einer umgebauten Feuerspritze von unten Wasser herausziehen. Er war überzeugt, das Wasser würde auf Grund seiner Schwere herabsinken und über sich einen leeren Raum hinterlassen (Bild 5a). Doch der Versuch misslang. Das Holzfass erwies sich als zu undicht.

Guericke gab nicht auf und ließ sich eine Kugel aus Kupfer bauen (Bild 5b). Aber noch während die beiden Männer mit dem Entleeren beschäftigt waren, wurde die Kugel mit lautem Knall zusammengedrückt, „wie man ein Tuch zwischen den Fingern zusammenrollt".

Die Bestätigung, dass der Luftdruck mit der Höhe abnimmt, lieferte **Blaise Pascal** (1623–1662). Er ließ seinen Schwager mit einem Barometer den Berg Puy de Dôme in Südfrankreich besteigen. Mit zunehmender Höhe zeigte das Barometer einen geringeren Luftdruck an.

> **Ein leerer Raum (ohne Materie) heißt Vakuum.**

5 Guerickes Versuche zur Herstellung eines Vakuums

Mechanik der Flüssigkeiten

1 Ballonfahrt – frei schweben

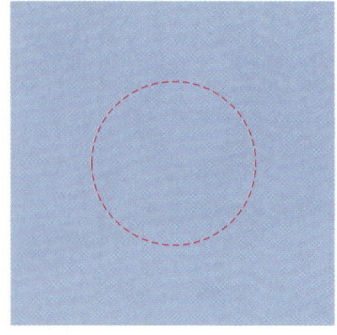

2 Schwebende Luft

Auftrieb im Luftmeer

Frei in der Luft schweben und sich vom Wind treiben lassen (Bild 1), dieser uralte Menschheitstraum ist zum beliebten Freizeitsport geworden. Doch warum schwebt der Ballon?

Da der Ballon in der Luft im gleichen Abstand über der Erdoberfläche bleibt, sich also nicht in Richtung Erde bewegt, muss auf ihn eine Kraft einwirken, die entgegengesetzt zu den Gewichtskräften der Gasfüllung, der Ballonhülle, der Gondel und der Fahrgäste wirkt. Man nennt diese Kraft Auftriebskraft. Auftriebskraft und Gewichtskraft sind im Gleichgewicht.

Um die Auftriebskraft zu bestimmen, machen wir zunächst ein Gedankenexperiment:

☐ 1: Wie verhält sich eine beliebige Luftmenge in der sie umgebenden Luft (Bild 2)?

Da diese Luftmenge nicht aufsteigt oder sinkt, sondern in der sie umgebenden Luft schwebt, ist die Auftriebskraft genauso groß wie die Gewichtskraft dieser Luftmenge.

Es gilt: $F_A = F_G = \varrho \cdot g \cdot V$.
(Dichte der Luft bei 20 °C $\varrho \approx 1{,}3$ g/l; $g \approx 10$ N/kg)

Nach dieser Gleichung ergibt sich für 1 m³ Luft die Gewichtskraft $F_G = 1{,}3$ N, demnach beträgt die Auftriebskraft F_A ebenfalls 1,3 N.

Ersetzen wir in dem Gedankenexperiment diese Luftmenge durch einen luftgefüllten Ballon mit gleichem Volumen, so sinkt der Ballon ($F_A < F_G$), bedingt durch die zusätzliche Gewichtskraft der Ballonhülle. Erst wenn wir die Ballonluft durch ein anderes Gas mit geringerer Dichte (z. B.: Helium oder Wasserstoff) ersetzen, steigt der Ballon auf ($F_A > F_G$).

> **Jeder Körper erfährt in der Luft eine Auftriebskraft, die genauso groß ist wie die Gewichtskraft der durch den Körper verdrängten Luft.**

Beispiel: Gasballon

Um einen Ballon ($V = 1000$ m³) wie in Bild 1 in der Luft zu halten, muss sicherlich eine große Auftriebskraft wirken. Um aufzusteigen, sind die Gewichtskraft der Hülle, des Netzes und der Geräte (ca. 3500 N), die Gewichtskraft der Mannschaft (ca. 2000 N) sowie die Gewichtskraft des Ballongases zu überwinden.

Bei einem Ballonvolumen von 1000 m³ ergibt sich nach $F_A = \varrho \cdot g \cdot V$:

die Auftriebskraft	$F_A = 13\,000$ N
– Hülle, Netz, Geräte	$F_G = 3\,500$ N
– Mannschaft	$F_G = 2\,000$ N
– Füllgas (Wasserstoff)	$F_G = 890$ N
Differenz	$= 6\,610$ N

Bis zu dieser Grenze kann Ballastsand mitgenommen werden, der abgeworfen wird, wenn der Ballon höher steigen soll. Und wenn der Ballon sinken soll, wird das Gas abgelassen.

Wie entsteht die Auftriebskraft beim Heißluftballon?

Betrachten Sie die Vorbereitungen für den Start eines Heißluftballons in Bild 3! Mit einem kräftigen Brenner wird heiße Luft (z. B. 20 000 m³) in die Ballonhülle geblasen, der Ballon bläht sich auf. Der folgende Versuch zeigt das Prinzip eines Heißluftballons:

⚂ 2: Verschließen Sie einen großen dünnen Mülleimerbeutel bis auf eine Öffnung in der Mitte von etwa 15 cm mit dünnem Klebeband! Blasen Sie mit einem Föhn heiße Luft in diese Hülle!

Schweredruck in Gasen

3 Heißluftballon: Zum Start kräftig erwärmen!

Auch bei diesem Ballon gilt, dass die Auftriebskraft genauso groß ist wie die Gewichtskraft der verdrängten Luft.

Die Luft im Innern des Ballons dehnt sich beim Erwärmen aus, ein Teil quillt unter der Öffnung hervor. Die **Dichte der Luft** im Ballon wird geringer, der Ballon steigt. Da sich die Luft in der Ballonhülle ständig abkühlt, wäre die Ballonfahrt schon nach wenigen Minuten beendet, wenn die Fahrer nicht regelmäßig den Brenner für kurze Zeit anstellen würden. Die **Fahrtrichtung** bestimmt allein der Wind. Und **Landen** ist oft Glückssache: Dazu muss man einen freien Platz suchen, den Brenner abstellen und die warme Luft entweichen lassen.

Die **Brüder Montgolfier** bauten die ersten Heißluftballons, nachdem sie festgestellt hatten, dass mit warmer Luft gefüllte Hüllen in die Luft stiegen. Als es ihnen gelang, am 5. Juni 1783 einen Ballon mit Hilfe von heißer Luft aufsteigen zu lassen, begann die Epoche der Ballonfahrer.

Die **ersten Passagiere** in ihrem Heißluftballon waren 1783 ein Huhn, ein Schaf und eine Ente. Der Start erfolgte in Anwesenheit des Königs und unter großer Anteilnahme der Bevölkerung. Unter einem riesigen Ballon aus Seide und Papier wurde ein Strohfeuer entzündet. Innerhalb von zehn Minuten füllte sich der Ballon mit der warmen Luft. Durch einen Kanonenschuss wurde das Abhacken der Haltetaue angekündigt. Begleitet von Jubelrufen stieg der Ballon ungefähr 650 m in die Höhe. Ein starker Wind ließ ihn hinter einem Waldstück den Blicken der Zuschauer entschwinden. Aber nach insgesamt acht Minuten landeten die Passagiere wohlbehalten.

Nach diesem erfolgreichen Flug wagten noch im selben Jahr die **ersten Menschen,** mit einer **Montgolfiere** – so nannte man diese Ballons – aufzusteigen (Bild 4). In 25 Minuten wurden sie etwa 8 km über Paris hinweggetragen.

Zur gleichen Zeit wurden aber auch Experimente mit **wasserstoffgefüllten Ballons** unternommen. Doch im Wettlauf um die erste Luftfahrt verloren sie. Der erste unbemannte mit Wasserstoff gefüllte Ballon startete nämlich erst am 27. August 1783 in der Nähe von Paris. Als die geplatzte Hülle in einem etwa 15 km entfernten Dorf niederging, glaubten die Bewohner, die Haut eines Ungeheuers vor sich zu haben. Mit Mistgabeln, Dreschflegeln und Steinen griffen sie dieses „Ungeheuer" an.

Der erste bemannte, mit Wasserstoff gefüllte Ballon stieg am 1. Dezember 1783 in Paris mit seinem Erfinder Jaques Charles auf. Fast zwei Stunden blieb er in der Luft.

4 Aufstieg einer Montgolfiere

Mechanik der Flüssigkeiten und Gase

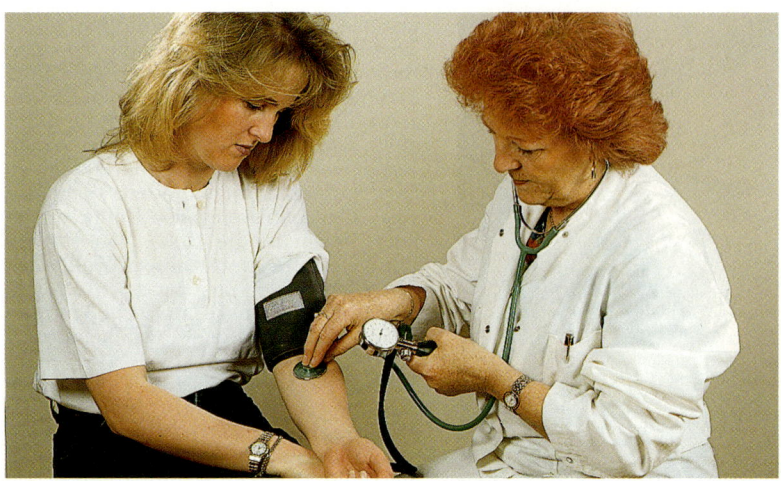

1 Blutdruckmessung

2 Hydraulik-Wagenheber

Beispiele für Blutdruck in kPa (mittlere Werte)		
	systolisch	diastolisch
Säugling	10,7	
bis 10 Jahre	12	8
10–30 Jahre	14,7	10
30–40 Jahre	16,7	11,3
40–60 Jahre	18,7	12
über 60 Jahre	20	12

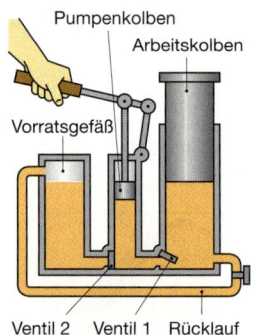

3 Modellzeichnung

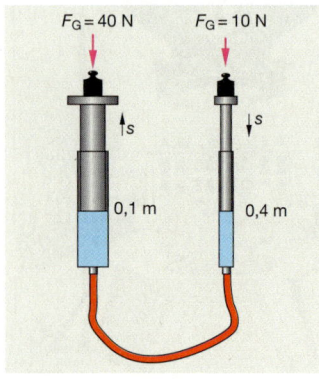

4 Arbeit an hydraulischen Geräten

Aus Medizin, Sport und Technik

Der Blutdruck
Unser Herz pumpt in einem bestimmten Rhythmus, etwa 60- bis 130-mal in einer Minute, sauerstoffreiches Blut durch die Adern. Insgesamt sind es etwa fünf Liter Blut, die ständig durch die sich immer weiter verästelnden Adern strömen. Beim Zusammenziehen des Herzmuskels entsteht ein Druck von ca. 16 kPa (**systolischer Druck**). Jeder Herzschlag ist als Pulsschlag an den Hauptschlagadern feststellbar. Besonders gut können Sie den Pulsschlag durch Abtasten am Hals und an der Handwurzel feststellen. Wenn der Herzmuskel erschlafft und sich dabei wieder ausdehnt, strömt das Blut mit einem Druck von ca. 10,7 kPa ins Herz (**diastolischer Druck**). Diese Werte gelten nur für gesunde Menschen.

Hydraulik-Wagenheber
Ein Pkw (F_G = 10 000 N) wird mit dem hydraulischen Wagenheber angehoben (Bild 2 und 3). Die beiden Zylinder, der Vorratsbehälter und die Verbindungsleitung sind mit Öl gefüllt. Öl ist besser geeignet als Wasser: kein Rosten der Metallteile!

Ein einmaliges Niederdrücken des Pumpenkolbens um 10 cm bewirkt in diesem Beispiel ein Heben des Arbeitszylinders um 2,5 cm. Damit dieser aber um 10 cm gehoben werden kann, müsste der Zylinder für den Pumpenkolben 40 cm lang sein. Die gleiche Wirkung wird aber auch erzielt, wenn der Kolben viermal niedergedrückt wird. Dafür braucht man einen Vorratsbehälter und zwei Ventile, die den Ölstrom steuern. Beim Niederdrücken des Pumpenkolbens wird der Druck auf den Arbeitszylinder übertragen. Ventil 2 wird dadurch geschlossen und Ventil 1 geöffnet. Beim Heben des Pumpenkolbens schließt sich Ventil 1, Ventil 2 öffnet sich, damit weiteres Öl nachströmen kann. Soll der Arbeitskolben gesenkt werden, wird die Rücklaufverbindung geöffnet. Das Öl strömt in den Vorratsbehälter zurück.

☐ 1: Berechnen Sie den Druck am Arbeitskolben (A_1 = 40 cm^2)!

☐ 2: Berechnen Sie die Kraft auf den Pumpenkolben (A_2 = 5 cm^2)!

Auf den Pumpenkolben muss eine Kraft von 1250 N wirken. Durch den langen Hebelarm lässt sich die erforderliche Muskelkraft weiter auf 250 N verringern. Eine Motorpumpe bzw. Druckluft übernimmt den Antrieb der Hebebühne in der Kfz-Werkstatt.

Arbeit bei hydraulischen Geräten
Beim Niederdrücken des kleineren Kolbens (Pumpenkolben) verrichten wir Arbeit. Dadurch steigt der größere Kolben (Arbeitskolben) aber um ein kürzeres Wegstück. Auch hier wird Arbeit verrichtet. Ist die Arbeit in beiden Zylindern gleich groß?

Beispiel: Berechnung der Arbeit
Mit den Werten aus Bild 4 werden die Arbeiten nach der Gleichung $W = F \cdot s$ bestimmt.

Arbeit am Pumpenkolben:
W = 10 N · 0,40 m = 4 Nm.

Arbeit am Arbeitskolben:
W = 40 N · 0,10 m = 4 Nm.

Die Arbeit ist in beiden Fällen gleich. Auch hier gilt der Satz von der Erhaltung der Arbeit.

Aus Medizin, Sport und Technik

5 Verschiedene Tauchgeräte

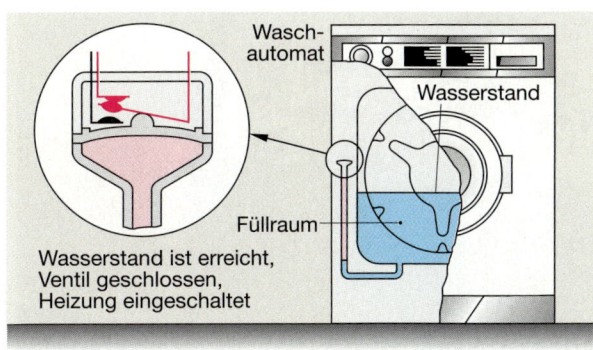

8 Die Druckdose als Schalter

Vom Tauchen

Tauchen macht Spaß, doch bereits in drei bis fünf Meter Tiefe ist der Druck auf die Ohren unangenehm. Manche Sporttaucher erreichen ohne Tauchgeräte durchaus 5 bis 20 m Tiefe, Perlen- oder Muscheltaucher in der Südsee kommen noch tiefer (ca. 25 m). Länger als zwei oder drei Minuten kann kaum ein Mensch ohne ein- und auszuatmen unter Wasser bleiben.

Auch mit einem **Schnorchel** kann man nicht beliebig tief tauchen. Bereits bei einer Schnorchellänge von etwa 30 cm wird die Atmungsmuskulatur durch die zusätzlich benötigte Kraft so stark belastet, dass sie schnell überfordert wird. Ab einer Wassertiefe von 1 m kann ohne Druckgeräte überhaupt nicht eingeatmet werden. Die Muskelkraft kann den Wasserdruck nicht überwinden.

Wer also tiefer tauchen will, muss sich seine Atemluft in Behältern mitnehmen und sich gegen den Druck schützen (Bild 5). In 10 m Tiefe beträgt der Druck bereits 10 N/m² = 1 000 hPa. Da der Schweredruck proportional zur Wassertiefe ansteigt, nimmt er jeweils mit 10 m Tiefe um 1 000 hPa zu.

Der schweizerische Meeresforscher Auguste Piccard konstruierte für seine Tiefseefahrten starkwandige Stahlkugeln mit dicken Glasfenstern. Sein Sohn erreichte damit 1960 eine Tiefe von 10 893 m im Pazifischen Ozean.

☐ 3: Berechnen Sie den Schweredruck auf den Helmtaucher und die Taucherglocke (Bild 5)!

☐ 4: Wie groß ist die Kraft, die auf 1 cm² der Fensteröffnung der Taucherkugel in Bild 5 wirkt?

☐ 5: Wie ändert sich der Schweredruck beim Tauchen?

☐ 6: Tiefseefische zerplatzen, wenn sie an die Wasseroberfläche gelangen. Begründen Sie diese Aussage!

Druckdosen regeln den Wasserstand

Auf Druck reagiert auch der Wasserstandsfühler in Waschmaschinen und Geschirrspülern (Bild 8) Es ist eine mit einer Membran verschlossene **Druckdose**, die über einen Schlauch mit dem Füllraum verbunden ist. Beim Einschalten der Maschine fließt zunächst Wasser ein. Steigt das Wasser an, so steigt auch der Druck in der Dose. Die Membran wölbt sich, bis der Schalter bei einem vorgesehenen Wasserstand geschlossen ist. Dadurch wird mit dem Schalter (**Membranschalter**) ein Magnetventil betätigt, das die Wasserzufuhr sperrt.

Verbundene Gefäße

Auf Baustellen oder im freien Gelände wird die gleiche Höhe mit einem wassergefüllten Schlauch (Schlauchwaage) festgelegt. Wie das möglich ist, zeigt der folgende Versuch:

▽ 7: Füllen Sie mit Hilfe eines Trichters Wasser wie in Bild 6 in einen längeren durchsichtigen Wasserschlauch! Beobachten Sie den Wasserstand!

Das Wasser steht in beiden Schlauchenden gleich hoch. Füllen wir in den Trichter zusätzlich Wasser ein, steigt es auch am anderen Schlauchende.

Weitere Beispiele für die Anwendung der verbundenen Gefäße zeigt Bild 7.

☐ 8: Beschreiben Sie ein Beispiel von Bild 7!

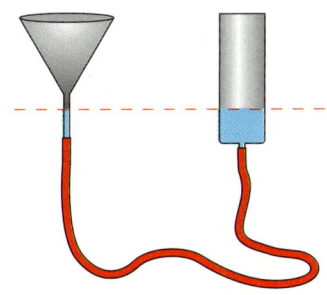

6 Schlauchwaage

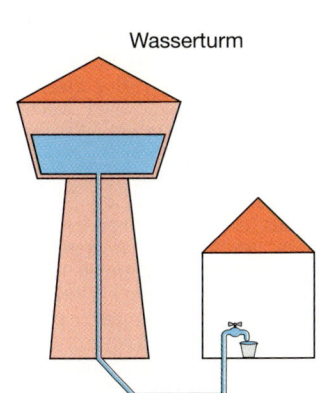

Wasserstandsglas

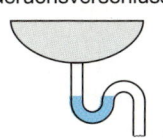

Geruchsverschluss

7 Verbundene Gefäße

Mechanik der Flüssigkeiten und Gase

1 Lademarken zur Sicherheit

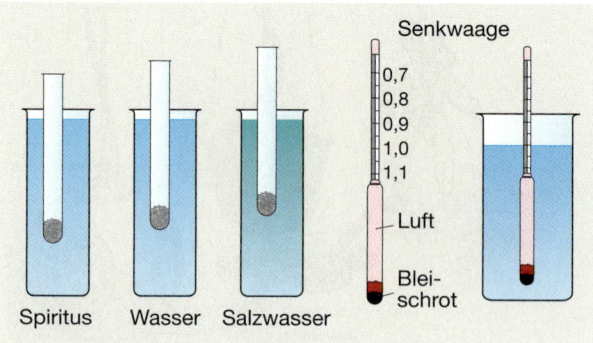

3 Geringere Dichte – größere Eintauchtiefe

2 Cartesischer Taucher

Salzwasser trägt besser als Süßwasser

Wir können es inzwischen genauer sagen: Die Auftriebskraft in Salzwasser ist größer als die in Süßwasser. Das hat auch Auswirkungen auf einen Tanker, der voll beladen vom Atlantik kommend den Hamburger Hafen anläuft.

Aus der Gleichung $F_A = \varrho \cdot g \cdot V$ entnehmen wir, dass die Auftriebskraft proportional zur Dichte ϱ der Flüssigkeit ist. Demnach taucht das Schiff im Elbwasser tiefer ein als im Salzwasser des Atlantiks. Lademarken geben an, wie weit das Schiff in Salzwasser oder Süßwasser bei voller Beladung höchstens eintauchen darf (Bild 1).

Bei **Senkwaagen** (Aräometer) wird auch das Prinzip ausgenutzt, dass die Auftriebskraft proportional zur Dichte der Flüssigkeit ist.

▽ 9: Füllen Sie ein Reagenzglas mit etwas Bleischrot oder Sand so, dass es in Wasser aufrecht schwimmt! Tauchen Sie es anschließend in Salzwasser und in Spiritus ein (Bild 3a)! Beschreiben Sie Ihre Beobachtungen!

Das Reagenzglas sinkt in Spiritus tiefer, in Salzwasser weniger tief ein als in Wasser. Durch die Eintauchtiefe kann somit die Dichte der Flüssigkeit bestimmt werden.

Mit den Senkwaagen bestimmt man beispielsweise den Fettgehalt von Milch, den Zuckergehalt des Mostes, den Säuregehalt der Autobatterie oder den Anteil an Frostschutzmitteln bei Kühlanlagen (Bild 3b).

Mit Schwimmdocks werden Schiffe aus dem Wasser gehoben (Bild 4). Dazu wird mit Druckluft das Wasser aus den Tanks herausgepresst.

☐ 10: Erklären Sie, warum sich das Dock hebt! Wie kann das Dock wieder abgesenkt werden?

Aufgaben

1. Wie bringt man ein Stück Knete zum Schwimmen?
2. U-Boote haben Seitentanks, die geflutet oder mit Druckluft wieder leer gepumpt werden. Beschreiben Sie, wie die U-Boote auftauchen, untertauchen oder im Wasser schweben können!
3. Viele Fische haben eine gasgefüllte Schwimmblase. Sie können die Füllung dieser Blase verändern. Welche Folge hat das für die Auftriebskraft?
4. Die Dichte eines Menschen beträgt ausgeatmet 1,02 kg/dm³ und eingeatmet 0,98 kg/dm³. Sven möchte beim Schwimmen „toter Mann" spielen. Was muss er tun? Soll er die Arme über oder unter Wasser halten?
5. Der cartesische Taucher (Bild 2) hat unten eine kleine Öffnung. Beim Druck auf den Korken sinkt er. Erklären Sie!
6. Auf einer Balkenwaage ist ein Stück Knete mit einem Wägestück aus 100 g Eisen im Gleichgewicht. Die Waagschalen werden gleichzeitig in Wasser getaucht. Was wird geschehen?
7. König Hieron von Syrakus soll einmal Archimedes beauftragt haben, die Echtheit einer Krone aus reinem Gold zu prüfen, ohne die Krone zu beschädigen. Während des Bades soll er plötzlich ausgerufen haben: „Heureka!" (Ich hab's gefunden.) Er ließ sich vom König die Krone und ein gleich schweres Stück Gold geben. Beides legte er auf eine Balkenwaage. Anschließend tauchte er die Waagschalen gleichzeitig in Wasser. Die Waagschale mit der Krone hob sich. Erklären Sie diese Beobachtung!

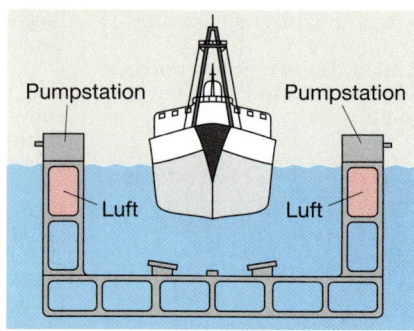

4 Tiefer eintauchen durch Ballast

Basiswissen Mechanik der Flüssigkeiten und Gase

Druck
Presst man Flüssigkeiten oder Gase zusammen, so werden sie in einen Druckzustand versetzt. Der erzeugte Druck breitet sich nach allen Richtungen, auch nach innen, gleichmäßig aus. ↑ S. 60

$$\text{Druck} = \frac{\text{Kraft}}{\text{Fläche}}$$

$$p = \frac{F}{A}$$

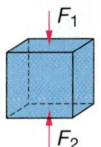

Einheit: 1 Pa = 1 N/m²,
1 hPa = 100 Pa,   1 kPa = 1000 Pa,
1 bar = 100 kPa = 1000 hPa = 10 N/cm².

Kraftverstärkung
Mit hydraulischen Geräten kann man große Kräfte erzeugen. Die beiden wirkenden Kräfte stehen in demselben Verhältnis zueinander wie die entsprechenden Flächen:

$$\frac{F_1}{F_2} = \frac{A_1}{A_2}.$$ ↑ S. 61

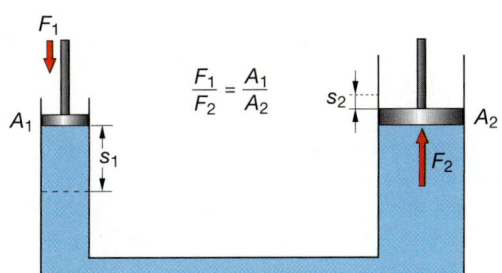

Arbeit bei hydraulischen Geräten
Mit hydraulischen Geräten spart man keine Arbeit:
Arbeit am Pumpenkolben = Arbeit am Arbeitskolben
$$W_1 = F_1 \cdot s_1 \qquad W_2 = F_2 \cdot s_2 \qquad ↑ \text{S. 70}$$

Schweredruck in Flüssigkeiten
Der Schweredruck (hydrostatischer Druck) hängt von der Gewichtskraft der Flüssigkeit ab. Er nimmt mit der Tiefe zu.
In gleicher Tiefe herrscht überall der gleiche Schweredruck. ↑ S. 62

Der Schweredruck in Flüssigkeiten ist proportional zur Höhe h der Flüssigkeitssäule und zur Dichte ϱ der Flüssigkeit:

$$p = g \cdot \varrho \cdot h.$$

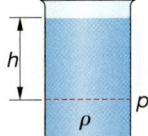

Der Schweredruck ist unabhängig von der Gefäßform. ↑ S. 63

Auftrieb in Flüssigkeiten
Jeder Körper wird im Wasser scheinbar leichter. Auf ihn wirkt eine Auftriebskraft. Sie ist der Gewichtskraft entgegengesetzt. Bei einem vollständig eingetauchten Körper ist die Auftriebskraft unabhängig von der Eintauchtiefe. ↑ S. 64

Die Differenz der Kräfte F_1 und F_2 ergibt die Auftriebskraft F_A: $F_A = F_2 - F_1$.

Archimedisches Gesetz
Die Auftriebskraft eines eingetauchten Körpers ist so groß wie die Gewichtskraft der von ihm verdrängten Flüssigkeitsmenge: $F_A = g \cdot \varrho \cdot h$. ↑ S. 65

Ein schwimmender Körper taucht so tief in eine Flüssigkeit ein, bis die Gewichtskraft der verdrängten Flüssigkeit gleich der Gewichtskraft des Körpers ist. ↑ S. 65

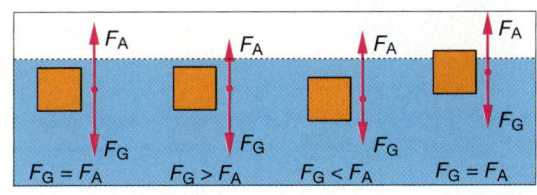

Luftdruck
Der Luftdruck entsteht durch die Gewichtskraft der Luft. An der Erdoberfläche schwankt er um den Wert 1013 hPa. Mit zunehmender Höhe wird der Luftdruck geringer. ↑ S. 66

Vakuum
Ein leerer Raum (ohne Materie) heißt Vakuum. In der Technik gilt ein Raum mit geringem Unterdruck bereits als Vakuum:

Grobvakuum: bis etwa 100 hPa,

Feinvakuum: bis etwa 1 hPa,

Hochvakuum: bis etwa 1/1 000 000 hPa. ↑ S. 67

Auftrieb in Luft
Jeder Körper erfährt in der Luft eine Auftriebskraft, die genauso groß ist wie die Gewichtskraft der durch den Körper verdrängten Luft:

$$F_A = g \cdot \varrho_{\text{Luft}} \cdot V.$$ ↑ S. 68

Wärmelehre

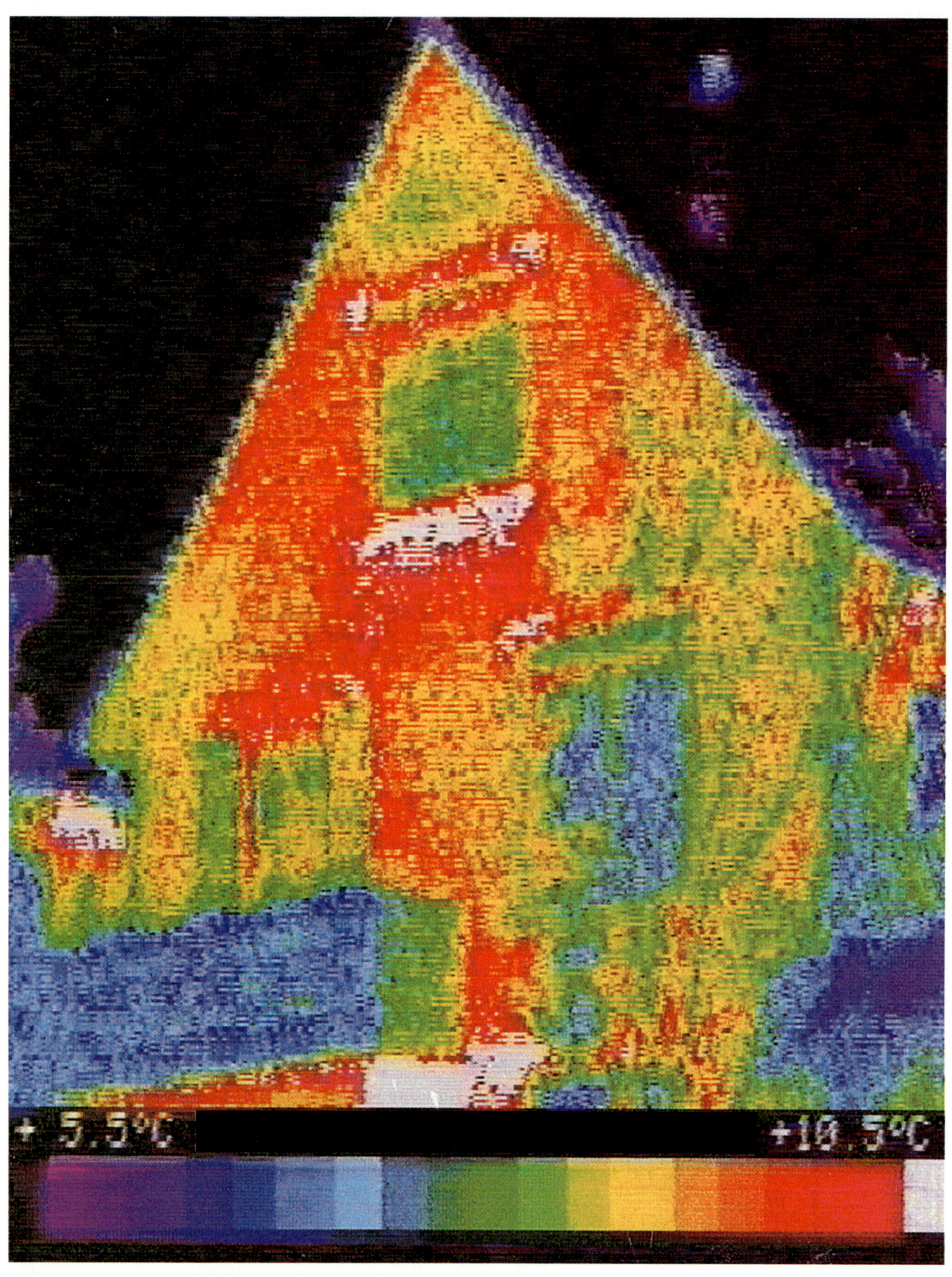

Temperatur und Körpereigenschaften

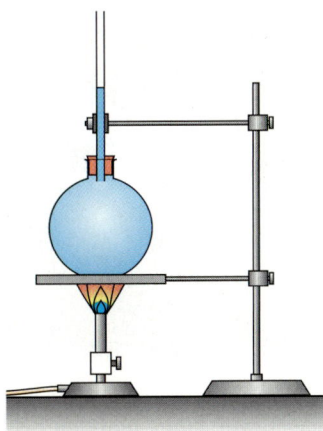

1 Ausdehnung von Wasser

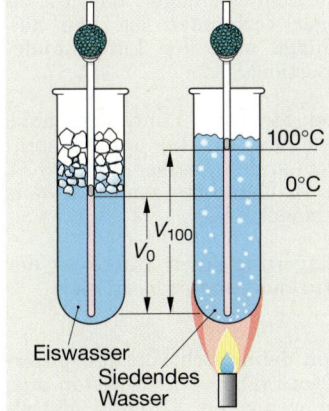

2 Gasthermometer

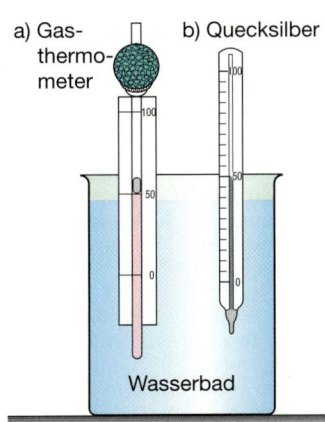

3 So erhält ein Flüssigkeitsthermometer eine Skala

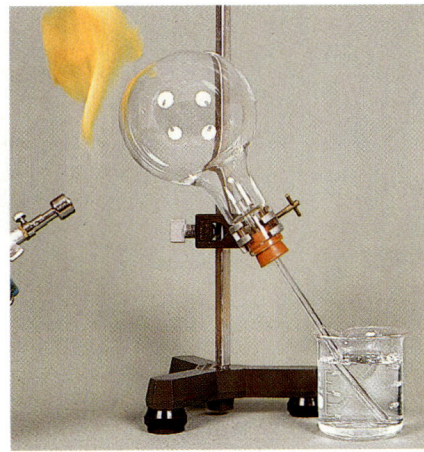

4 Ausdehnung von Luft

Temperaturmessung

Warm oder kalt?
Mit Wörtern wie „kalt", „lau", „warm" oder „heiß" kennzeichnen wir verschieden warme Körper. Dabei hilft uns unser Temperatursinn. Dieser ist aber nicht zuverlässig.

▽ 1: Füllen Sie in drei Gefäße kaltes, lauwarmes und heißes Wasser! Tauchen Sie die linke Hand in das kalte, die rechte in das heiße Wasser und nach einer gewissen Zeit beide Hände gleichzeitig in das lauwarme Wasser! Beschreiben Sie Ihre Temperaturempfindungen!

Die rechte Hand empfindet das lauwarme Wasser als „kalt", die linke Hand als „warm". Die Temperatur des lauwarmen Wassers wird also einmal zu hoch, einmal zu niedrig eingeschätzt. Wir müssen demnach nach einer zuverlässigeren Methode suchen.

Festlegung einer Temperaturskala
Wir benutzen hierzu die Ausdehnung der Körper beim Erwärmen.

▽ 2: Erwärmen Sie nach Bild 1 Wasser und Luft nach Bild 4!

Das Wasser dehnt sich aus und steigt in dem Steigrohr nach oben. Aufsteigende Luftbläschen im Wasser zeigen, dass sich auch die Luft ausdehnt. In beiden Fällen können wir die Ausdehnung als Maß für die Temperatur verwenden. Wir gehen von einem **Gas(Luft)-thermometer** aus. Der Aufbau eines Gasthermometers ist in Bild 2 zu sehen. In einer engen Glasröhre, einer Kapillare, wird ein Luftvolumen durch einen Quecksilbertropfen abgeschlossen. Da der Tropfen beweglich ist, kann sich das Volumen ändern.

▽ 3: Bringen Sie ein Gasthermometer in schmelzendes Eis (Eiswasser) und erwärmen Sie, bis das Eis geschmolzen ist! Erhitzen Sie anschließend bis zum Sieden! Beobachten Sie jeweils den Stand des Tropfens (Bild 2)!

Der Quecksilbertropfen sinkt zunächst und bleibt an einer bestimmten Stelle stehen. Dieser Stand ändert sich nicht, solange noch Eisstückchen vorhanden sind. Erst nachdem das Eis geschmolzen ist, dehnt sich die eingeschlossene Luft wieder aus. Die Ausdehnung kommt zum Stillstand, wenn das Wasser siedet. Sieden und Schmelzen von Wasser sind demnach durch bestimmte Temperaturwerte (**Fixpunkte**) gekennzeichnet, mit deren Hilfe wir eine **Temperaturskala** festlegen können.

> 1. Die Temperatur des schmelzenden Eises erhält den Wert 0 °C (null Grad Celsius), die Temperatur des siedenden Wassers den Wert 100 °C.
> 2. Der Abstand zwischen der 0 °C-Marke und der 100 °C-Marke, der so genannte Fundamentalabstand, wird in 100 gleiche Teile eingeteilt.

Die Skala wird mit gleicher Schrittweite nach oben und unten fortgesetzt. Temperaturen unter 0 °C kennzeichnet man mit negativen Zahlen. −6 °C bedeutet demnach: 6 °C unter null. Für die Celsiustemperatur verwenden wir das Formelzeichen ϑ (gr. Buchstabe „Theta").

Alle **Flüssigkeitsthermometer** haben den gleichen Aufbau (Bild 3b). Die beidseitig geschlossene Kapillare (enge Glasröhre) hat ein Vorratsgefäß, das mit Quecksilber oder blau bzw. rot gefärbtem Alkohol gefüllt ist. Um ein solches Thermometer mit einer Skala zu versehen, vergleicht man in einem Wasserbad seine Anzeige mit der eines Gasthermometers. An die Skala schreibt man den Wert an, den man am Gasthermometer abliest.

Aufgaben
1. Nennen Sie Beispiele, bei denen uns der Temperatursinn täuscht!
2. Bei allen Flüssigkeitsthermometern dehnt sich das Vorratsgefäß ebenfalls aus. Zeigt es deshalb falsch an?
3. Beschreiben Sie die Skalen eines Zimmer- und eines Fieberthermometers!
4. Führen Sie Versuch 1 zu Hause durch!
5. An einem kalten Wintertag herrscht draußen $\vartheta_1 = -16\,°C$, im Zimmer dagegen eine Temperatur von $\vartheta_2 = 22\,°C$. Berechnen Sie die Temperaturdifferenz $\vartheta_2 - \vartheta_1$!

Wärmelehre

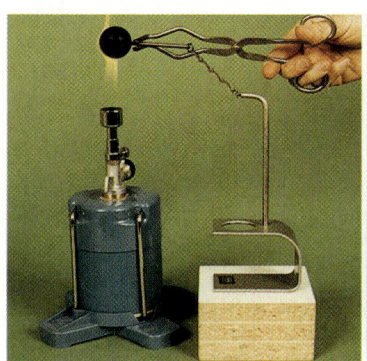 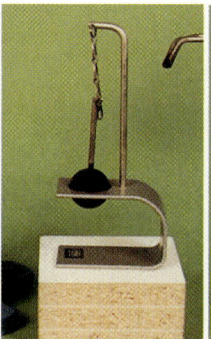 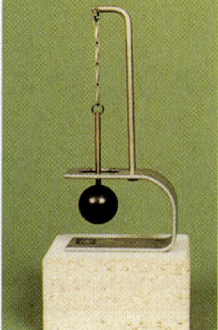

1 Die Eisenkugel dehnt sich nach allen Seiten aus

4 Dehnungsschleife

Ausdehnung fester und flüssiger Körper beim Erwärmen

Ausdehnung fester Körper

V 1: Erhitzen Sie eine Eisenkugel, die durch ein Loch geschoben werden kann!

Sie passt nach dem Erhitzen nicht mehr durch das Loch (Bild 1). Die Kugel zieht sich beim Abkühlen wieder zusammen und fällt durch das Loch. Dass sich feste Körper beim Erwärmen ausdehnen, ist in der Technik ungeheuer wichtig. Die große Schleife in Bild 4 ermöglicht, dass sich die langen Rohrleitungen, von denen nur ein Teil zu sehen ist, ausdehnen können. Bei Nichtbeachten dieser Ausdehnung können unangenehme Folgen eintreten.

V 2: Wir spannen ein Metallrohr zwischen einem gusseisernen Bolzen und einem Flachstück ein und erwärmen es (Bild 2).

Das Rohr dehnt sich aus und das Flachstück rutscht tiefer in den Schlitz. Erkaltet das Rohr, so zieht es sich zusammen und zerbricht den Bolzen.

Um technische Geräte und Anlagen genau planen zu können, muss man die Ausdehnung der verschiedenen Materialien zahlenmäßig erfassen.

Längenänderungen kann man mit einem Gerät nach Bild 3 ermitteln. Die Rohre sind an einem Ende fest eingespannt. Das andere Ende liegt jeweils auf einem Schneidenlager, das mit einem Zeiger verbunden ist. Die Zeigerausschläge sind der Längenänderung proportional.

V 3: Leiten Sie durch Rohre der Länge 0,5 m aus Eisen, Messing und Aluminium nacheinander Wasser von 25 °C, 50 °C und 75 °C und messen Sie jeweils die Ausschläge!

Die Verlängerung eines Stabes ist der Temperaturänderung proportional:
$\Delta l \sim \Delta \vartheta$.

Aluminium dehnt sich von den untersuchten Materialien am stärksten aus, Eisen am wenigsten. Längere Metallrohre dehnen sich mehr aus. So wäre z. B. bei 1 m Länge bei gleicher Temperatursteigerung die doppelte Verlängerung gemessen worden, bei 1,5 m Länge die dreifache, da die Verlängerungen der einzelnen Teilstücke sich addiert hätten. Daher ist: $\Delta l \sim l$. Der Zusammenhang zwischen allen Größen ist demnach gegeben durch: $\Delta l = \alpha \cdot l_0 \cdot \Delta \vartheta$.

> **Für die Verlängerung eines Stabes gilt die Gleichung:**
> $\Delta l = \alpha \cdot l_0 \cdot \Delta \vartheta$.

Die Ausgangslänge wird mit l_0 bezeichnet; der Faktor α heißt **Ausdehnungskoeffizient**. Er ist eine Materialkonstante und kann durch Messung bestimmt werden. Als Ausgangslänge dient die Länge bei 0 °C.

Beispiel: Beim Bau einer 100 m langen Stahlbetonbrücke müssen Temperaturschwankungen von $-30\,°C$ bis $+70\,°C$ berücksichtigt werden. Welche maximalen Längenänderungen treten auf?
($\alpha_{Fe} = 0,000012\,\frac{1}{K}$)
$\Delta l = 0,000012\,\frac{1}{K} \cdot 100\,K \cdot 100\,m = 0,12\,m = 12\,cm$

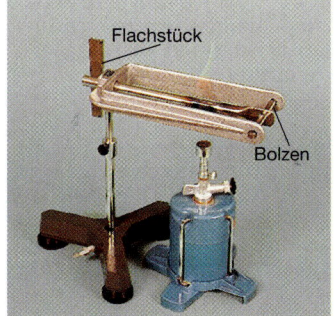

2 Der Bolzen wird zerbrochen

α-Werte in $\frac{1}{K}$	
Fe	0,000012
Beton	0,000012
Cu	0,000017
Messing	0,000018
Al	0,000024

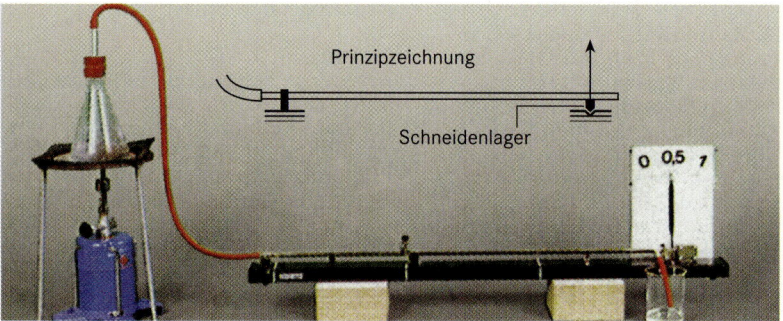

3 Messung von Längenänderungen

Temperatur und Körpereigenschaften

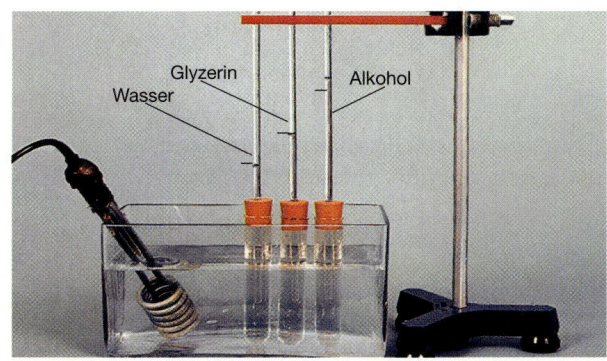

5 Ausdehnung verschiedener Flüssigkeiten

9 Temperaturverteilung in einem Teich

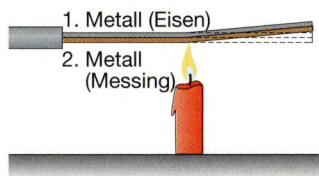

6 Bimetall

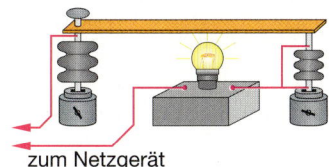

7 Bimetallschalter

Bimetallstreifen regeln und messen Temperaturen

Werden zwei Metallstreifen mit unterschiedlicher Längenausdehnung aneinander geschweißt, genietet oder gewalzt, so erhält man einen **Bimetallstreifen**.

V 4: Erhitzen Sie einen Bimetallstreifen mit einer Kerzenflamme (Bild 6)! Entfernen Sie die Kerze! Beschreiben Sie Ihre Beobachtungen!

Der Bimetallstreifen krümmt sich beim Erwärmen und nimmt seine alte Lage beim Abkühlen wieder ein. Bimetallstreifen findet man in Bügeleisen, Kaffeeautomaten, in Heißwasserbereitern usw. Die Bimetallstreifen krümmen sich je nach der erreichten Temperatur und betätigen elektrische Schalter. Diese schalten den elektrischen Strom aus, wenn die gewünschte Temperatur erreicht ist. Sie schalten ihn ein, wenn eine bestimmte Temperatur unterschritten wird. Mit Hilfe eines solchen Gerätes wird daher die Temperatur in Grenzen konstant gehalten. Es heißt deshalb **Thermostat**.

V 5: Bau eines Bimetallschalters nach Bild 7: Beschreiben und erklären Sie die Wirkungsweise!

Beim Metallthermometer ist das freie Ende eines Bimetallstreifens mit einem Zeiger verbunden, der sich über eine Skala bewegen kann. **Thermografen** (Temperaturschreiber) enthalten einen Bimetallstreifen mit Schreibstift.

Ausdehnung flüssiger Körper

Wir wissen bereits, dass sich Alkohol, Quecksilber und Wasser beim Erwärmen ausdehnen. Diese Eigenschaft ist auch bei anderen Flüssigkeiten nachweisbar.

V 6: Füllen Sie drei gleiche Glasgefäße mit gleichen Aufsatzröhrchen mit Wasser, Alkohol und Glyzerin und erwärmen Sie die Gefäße im Wasserbad nach Bild 5!

Beobachtung: Alkohol dehnt sich am stärksten aus.

> **Verschiedene Flüssigkeiten mit gleichem Volumen dehnen sich bei gleicher Temperaturzunahme verschieden stark aus.**

Anomalie des Wassers

V 7: Ein Quarzglaskolben wird mit Wasser gefüllt, das durch Erhitzen luftfrei gemacht worden ist, und in Eiswasser gestellt. Nun erwärmt man das Wasserbad vorsichtig und misst den Wasserstand bei verschiedenen Temperaturen (Bild 8). Im Bereich zwischen 0 °C und 4 °C zieht sich das Wasser bei Temperatursteigerung zusammen. Bei 4 °C stellt sich das kleinste Volumen ein. Wasser verhält sich somit anders als die anderen uns bekannten Flüssigkeiten. Man bezeichnet deshalb dieses Verhalten als die Anomalie des Wassers.

> **Wasser hat bei 4 °C die größte Dichte.**

Bedeutung der Anomalie in der Natur

In einem stehenden Gewässer, in dem außer Wasser von 4 °C auch noch wärmeres und kälteres Wasser vorhanden sind, befindet sich das Wasser von 4 °C immer unten. Diese Gewässer frieren deshalb im Winter stets von oben zu. Das Wasser mit der größten Dichte sammelt sich am Boden. Tiefere Seen behalten genügend Wasser von 4 °C für darin lebende Tiere (Bild 9).

Aufgaben

1. Warum werden die Enden von Brücken beweglich gelagert?
2. Wie groß ist die Längenänderung einer bei 0 °C 50 m langen Kupferfreileitung, wenn 40 °C erreicht werden!
3. Warum haben Warmwasserheizungen Ausdehnungsgefäße?
4. Welche Folgen hätte es in der Natur, wenn es die Anomalie des Wassers nicht gäbe?

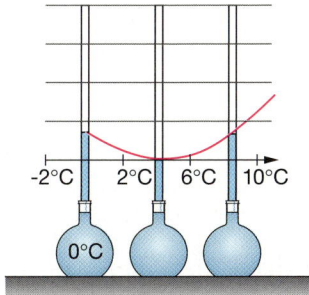

8 Anomalie des Wassers

Wärmelehre

Im Jahre 1827 machte der englische Botaniker Robert Brown (1773–1858) eine eigenartige Entdeckung. Er beobachtete nämlich beim Untersuchen von Pollenkörnern unter dem Mikroskop, dass sich diese in Wasser bewegten. Er deutete diese Bewegungen zunächst als Lebensäußerungen, bis er feststellte, dass die Bewegungen weiter bestanden, einerlei, ob er die Pflanzen erhitzte oder verkohlte oder gar zu versteinertem Holz, gemahlenem Granit oder Glas überging. Stets sah er bei ähnlich kleinen Teilchen das gleiche, für ihn unerklärliche Zittern.

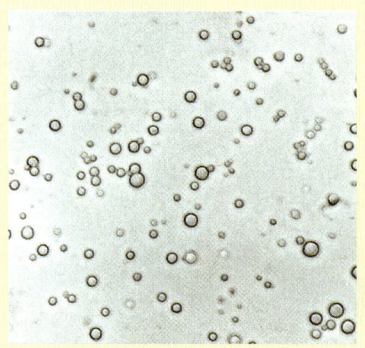

1 Fetttröpfchen unterm Mikroskop

Warm und kalt im Teilchenmodell – absolute Temperatur

Zittern bei jeder Temperatur

V 1: Verdünnen Sie frische Kuhmilch mit Wasser! Bringen Sie ein Tröpfchen unter ein Mikroskop (Bild 1)! Beschreiben Sie Ihre Beobachtungen!

Sie erkennen, dass die Fetttröpfchen in dauernder Bewegung sind, die kleinen stärker als die großen. Die Bewegung der Fetttröpfchen heißt nach ihrem Entdecker **brownsche Bewegung**. Erst etwa 80 Jahre nach Browns Entdeckung wurde die Bewegung der Pollenkörner als eine Folge der **Molekularbewegung** erkannt, nämlich 1904 von dem polnischen Physiker Marian von Smoluchowski (1872–1917) und 1905 von dem Deutschen Albert Einstein (1879–1955). Danach sind die Atome bzw. Moleküle aller Körper in ständiger Bewegung. Die mikroskopisch kleinen Fettteilchen der Milch werden daher unregelmäßig von den noch kleineren Molekülen angestoßen.

V 2: Modellversuch: Legen Sie 20 Kugeln in einen Holzkasten und versetzen Sie diesen in eine horizontale, kreisende Bewegung! Fügen Sie als „Staubteilchen" eine größere Styroporkugel hinzu!

Die regellose Bewegung der Holzkugeln entspricht der Bewegung der Gasteilchen. Die größere Styroporkugel wird als „Staubteilchen" von den kleineren Kugeln ständig hin und her geschubst. Die Teilchenbewegung hängt von der Temperatur ab.

> **Die Atome bzw. Moleküle aller Körper sind in ständiger Bewegung. Sie bewegen sich umso heftiger, je höher die Temperatur des Körpers ist.**

2 Modellversuch zur brownschen Bewegung

Tiefste Temperatur

Kühlt man einen Körper ab, dann bewegen sich die Teilchen, aus denen er besteht, immer weniger heftig. Heute weiß man, dass ein Zustand geringster Teilchenbewegung und damit minimaler Energie existiert. Die zugehörige Temperatur heißt **absoluter Nullpunkt**. Dieser liegt bei –273 °C (genauer Wert: –273,15 °C).

> **Am absoluten Nullpunkt ist die Bewegung der Atome und der Moleküle am geringsten. Die Teilchen kommen fast zur Ruhe.**

Nach einem Vorschlag des Engländers Lord Kelvin (1824–1907) wählte man diese Temperatur zum Nullpunkt einer neuen Skala, der **absoluten Temperaturskala**. Für die absolute Temperatur verwendet man das Formelzeichen T. Sie wird in Kelvin (Einheitenzeichen: K) gemessen.

Bekanntlich wird bei der **Celsiusskala** der Abstand zwischen der Temperatur des schmelzenden Eises (0 °C) und der Temperatur des siedenden Wassers (100 °C) in 100 gleiche Teile eingeteilt und über diese Temperaturen nach oben und unten fortgesetzt. Für die Celsiustemperatur wird das Formelzeichen ϑ (gr. = Theta) benutzt.

Bei der Kelvinskala verwendet man die gleiche Einteilung, so dass ein Celsiusgrad die gleiche Temperaturdifferenz beschreibt wie ein Kelvin. Daher werden Temperaturdifferenzen in Kelvin oder in Grad Celsius angegeben. Es gilt:

$$273 \text{ K} \triangleq 0\,°\text{C}; \quad 373 \text{ K} \triangleq 100\,°\text{C}.$$

Um die absolute Temperatur zu berechnen, muss man zur Celsiustemperatur 273 K addieren.

> **Zwischen Celsiustemperatur ϑ und absoluter Temperatur T gilt die Gleichung:**
>
> $$T = \vartheta + 273 \text{ K.}$$
>
> **Der absolute Nullpunkt liegt bei $\vartheta \approx$ –273 °C. Es ist die tiefste Temperatur.**

Aufgaben

1. Worin unterscheidet sich die brownsche Bewegung von der Molekularbewegung?
2. Welcher Zusammenhang besteht zwischen Temperatur und Teilchenbewegung?
3. In der Zeitung liest Leonie folgende Temperaturangaben: 784 K; 478 K; 63,5 K; 10 K. Rechnen Sie diese in Grad Celsius um!
4. Rechnen Sie in Kelvin um: 5 °C, –13 °C, –55 °C!

Temperatur und Körpereigenschaften

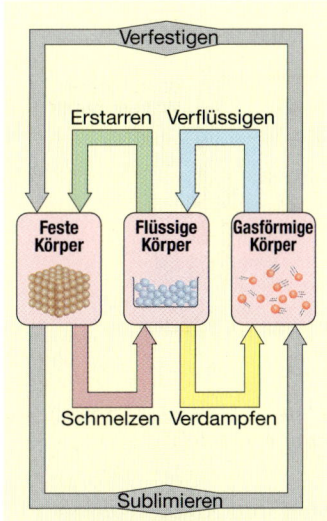

3 Aggregatzustände und ihre Änderungen

5 Flüssiges Eisen

Änderung der Aggregatzustände

Zustandsarten – Übergänge

Fast alle Stoffe können in jeden der drei Aggregatzustände fest, flüssig oder gasförmig versetzt werden. In Hochöfen wird Eisen aus den Eisenerzen gewonnen. Das flüssige Roheisen sammelt sich im unteren Teil des Hochofens, wird in Formen gegossen und weiterverarbeitet. Eisen kann bei genügend hohen Temperaturen aber auch in den gasförmigen Zustand übergeführt werden. Zu den wenigen Stoffen, die bei den Temperaturen unserer Umgebung in allen drei Aggregatzuständen existieren können, gehört das Wasser. Wasserdampf ist stets in der Luft enthalten; er ist unsichtbar. Wolken und Nebel bestehen dagegen aus feinsten Wassertröpfchen.

Was passiert nun beim Übergang von einem Aggregatzustand in den anderen? Beispiel Wasser: In einem Eiswürfel nehmen alle Wassermoleküle eine feste Lage ein. Jedes Molekül hat einen bestimmten Platz, um den es hin- und herschwingt. Je höher die Temperatur ist, umso heftiger werden die Schwingungen. Schon bei Temperaturen unter 0 °C gelingt es einigen Molekülen, sich von den übrigen zu lösen. Man nennt diesen Vorgang **Sublimation (Verflüchtigung)**. Es ist der Übergang direkt vom festen in den gasförmigen Zustand. So verschwinden z. B. Schneereste auch bei Temperaturen unter 0 °C allmählich. Beim Schmelzen wird der feste Zusammenhalt zerstört; die Moleküle sind jetzt gegeneinander leicht verschiebbar. Doch auch in einer Flüssigkeit sind einige Teilchen bereits so schnell, dass sie die Flüssigkeit verlassen können. Dieser Vorgang heißt **Verdunstung.** Mit steigender Temperatur erhalten immer mehr Teilchen eine so große Geschwindigkeit, dass sie die Flüssigkeit verlassen können. Sie bewegen sich anschließend frei und ungebunden. Beim Abkühlen verlaufen die Vorgänge in umgekehrter Richtung. Die Teilchen werden so langsam, dass sie sich gegenseitig wieder einfangen und zu einem flüssigen oder festen Körper zusammenfügen können. Der direkte Übergang vom gasförmigen Zustand in den festen heißt **Verfestigung.** *Reif* z. B. bildet sich durch Verfestigung des in der Luft enthaltenen Wasserdampfs bei Temperaturen unter 0 °C.

Schmelzen und Erstarren

Beim Gefrieren des Wassers sinkt die Temperatur nicht unter 0 °C ab, sondern bleibt konstant. Wie verhalten sich andere Stoffe?

▽ 3: Erwärmen Sie in einem Wasserbad ein mit Naphthalin gefülltes Reagenzglas! Lesen Sie die Temperatur in Abständen von einer Minute ab und tragen Sie die Messwerte in ein Schaubild ein (Bild 4)! Entfernen Sie das Wasserbad, nachdem das gesamte Naphthalin verflüssigt ist und lassen Sie die Schmelze in der Luft abkühlen!

Die Temperatur bleibt während des Schmelzens konstant. Diese Temperatur heißt **Schmelztemperatur**. Die Temperatur steigt erst dann weiter an, wenn kein festes Naphthalin mehr vorhanden ist. Beim Abkühlen verläuft der Vorgang in umgekehrter Richtung. Auch während des Erstarrens bleibt die Erstarrungstemperatur konstant. Sie ist gleich der Schmelztemperatur.

Alle Stoffe mit Kristallstruktur schmelzen bzw. erstarren bei einer bestimmten Temperatur. Glas z. B. besteht nicht aus Kristallen und hat deshalb keine feste Schmelztemperatur. Es wird beim Erhitzen zunehmend weicher und schließlich flüssig.

Beispiele für Schmelztemperaturen

Stoff	Schmelztemperatur
Quecksilber	−39 °C
Wasser	0 °C
Blei	327 °C
Aluminium	660 °C
Kupfer	1083 °C
Eisen	1535 °C

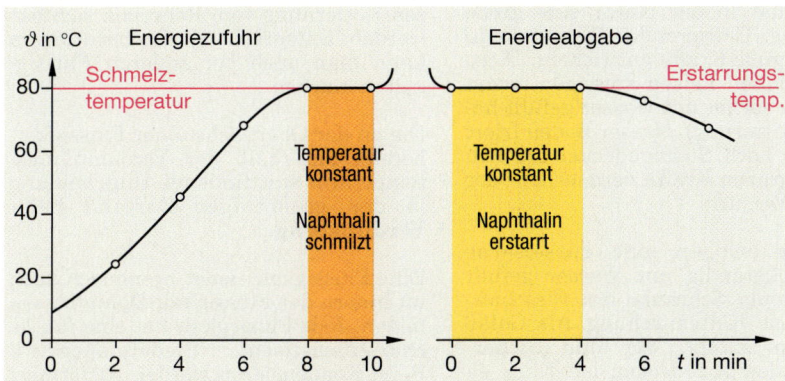

4 Schmelzen und Erstarren von Naphthalin

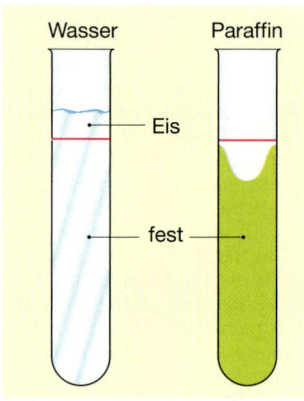

1 Volumenänderung von Wasser und Paraffin beim Erstarren

3 Der größte Teil des Eisblocks liegt unter Wasser

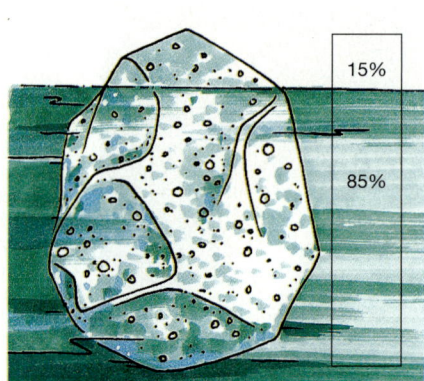

4 Wasser verdampft bei 100 °C zu Wasserdampf von 100 °C

Volumenänderung beim Schmelzen und Erstarren

V 1: Füllen Sie zwei gleiche Reagenzgläser mit Wasser bzw. mit flüssigem Paraffin! Markieren Sie die Flüssigkeitsspiegel mit einem Gummiring und lassen Sie die Flüssigkeiten erstarren!

Beim Erstarren des Paraffins bleibt ein kleiner Trichter zurück, d. h. das Volumen des Paraffins hat sich verkleinert. So wie das Paraffin verhalten sich nahezu alle Stoffe. Wasser dagegen dehnt sich beim Erstarren aus, weil der Eisspiegel nach dem Erstarren deutlich über der Markierung liegt (Bild 1). Die Ausmessung zeigt, dass aus 10 cm³ Wasser 10,9 cm³ Eis entstehen.

> Nahezu alle Stoffe dehnen sich beim Schmelzen aus und ziehen sich beim Erstarren zusammen. Anomales Verhalten zeigen Wasser, Quecksilber und Wismut.

Wegen der Volumenvergrößerung beim Erstarren schwimmt Eis auf Wasser (Bild 3). Das anomale Verhalten des Wassers hat in der Natur eine große Bedeutung. Gefrierendes Wasser kann nämlich große Kräfte entwickeln. Diese Kräfte können Felsen sprengen, wenn Risse sich vorher mit Wasser gefüllt haben (Verwitterung). Nasser Boden friert im Winter hoch. Straßendecken brechen auf. Die großen Kräfte verdeutlicht der folgende Versuch:

V 2: Wir bringen eine gusseiserne Kugel, vollständig mit Wasser gefüllt und mit einer Schraube fest verschlossen, in eine Kältemischung. Als Gefäß dient ein Eimer, der aus Sicherheitsgründen abzudecken ist. Nach einiger Zeit platzt die Kugel laut vernehmbar auseinander (Bild 2).

Verdampfen und Kondensieren

Der Übergang in den gasförmigen Zustand erfolgt am Siedepunkt und durch Verdunsten auch bei allen Temperaturen unterhalb des Siedepunktes. Worin besteht aber der Unterschied zwischen Verdampfen und Verdunsten?

V 3: Erhitzen Sie Wasser in einem Glaskolben! Messen Sie die Temperatur des Wassers und des entstehenden Wasserdampfes und beschreiben Sie Ihre Beobachtungen (Bild 4)!

Beim Erhitzen steigt zunächst die Temperatur des Wassers im Glaskolben bis etwa 100 °C gleichmäßig an. Bei dieser Temperatur bilden sich im Innern des Wassers Blasen. Diese Gasblasen versetzen das Wasser in einen brodelnden Zustand. Man sagt: Das Wasser siedet. Die Wassertemperatur ändert sich trotz ständiger Energiezufuhr nicht weiter. Auch der Wasserdampf hat dieselbe Temperatur. Wasserdampf entweicht aus dem Glasröhrchen und wird durch die kühlere Luft abgekühlt. Er kondensiert daher, und zwar ebenfalls bei 100 °C. Es bilden sich feine Tröpfchen, die als Nebel erst in einer gewissen Entfernung vom Röhrchen sichtbar werden. Entsprechende Beobachtungen kann man auch bei anderen Flüssigkeiten machen.

Die an der Oberfläche einer Flüssigkeit bereits unterhalb der Verdampfungstemperatur stattfindende Umwandlung in den gasförmigen Zustand heißt **Verdunstung**.

Eine Flüssigkeit siedet, wenn sich auch im Innern der Flüssigkeit Dampfblasen bilden. Jede Flüssigkeit hat eine für sie charakteristische Siedetemperatur. Beim Kondensieren werden gasförmige Körper flüssig. Kondensations- und Siedetemperatur sind gleich.

Beispiele für Siedetemperaturen

Stoff	Siedetemperatur
Frigen	24 °C
Alkohol	78 °C
Benzol	80 °C
Wasser	100 °C
Quecksilber	357 °C
Aluminium	2400 °C
Kupfer	2582 °C
Silizium	2600 °C
Eisen	2800 °C
Platin	4000 °C
Wolfram	5900 °C

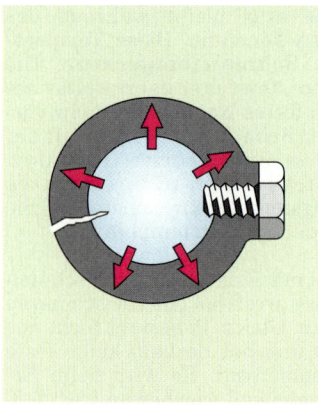

2 Eis sprengt Eisen

Temperatur und Körpereigenschaften

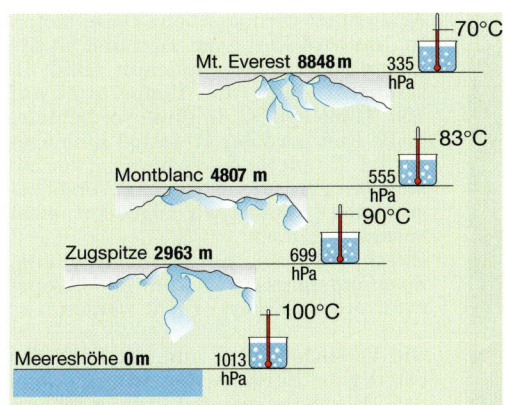

5 Die Siedetemperatur hängt von der Höhe ab

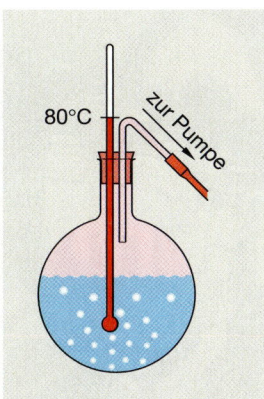

7 Sieden unter vermindertem Druck

Der Siedepunkt des Wassers steigt mit wachsendem Druck. Bei etwa 200 kPa liegt er bei 120 °C. Dies nutzt man beim **Schnellkochtopf** aus. Man erreicht auf diese Weise höhere Temperaturen und die Speisen werden schneller gar. Andere Flüssigkeiten verhalten sich ähnlich wie Wasser.

Bei erhöhtem Druck ist für den Siedevorgang eine höhere Temperatur nötig als bei Normaldruck; bei vermindertem Druck eine niedrigere Temperatur. Wenn eine Flüssigkeit siedet, bilden sich im Innern Dampfblasen gegen den von der Umgebung ausgeübten Druck. Der Druck im Innern der Dampfblasen, der **Dampfdruck**, muss dann genauso groß sein wie der äußere Druck.

Druckabhängigkeit der Siedetemperaturen

Auf dem Montblanc siedet Wasser bereits bei 83 °C. Auf dem Mt. Everest liegt die Siedetemperatur sogar schon bei 70 °C (Bild 5). Wir vermuten, dass dies mit dem niedrigeren Luftdruck in diesen großen Höhen zu tun hat. Einen niedrigeren Luftdruck können wir künstlich erzeugen, indem wir aus einem teilweise mit Wasser gefüllten Rundkolben die Luft und den entstehenden Wasserdampf abpumpen.

V 4: Wir erwärmen Wasser auf etwa 80 °C und schließen dann eine Wasserstrahlpumpe an (Bild 7). Nach kurzer Zeit beginnt das Wasser zu sieden. Es erhebt sich nun die Frage, ob man durch erhöhten Druck das Sieden verhindern kann.

V 5: In einem starkwandigen Metallgefäß, einem papinschen Dampftopf, benannt nach dem französischen Physiker Denis Papin (1647–1714), bringen wir Wasser zum Sieden (Bild 6). Der Topf ist mit einem Deckel dicht verschließbar und mit einem Sicherheitsventil versehen.

> **Eine Flüssigkeit siedet, wenn ihr Dampfdruck gleich dem Außendruck ist. Der Dampfdruck einer Flüssigkeit wächst mit steigender Temperatur, er sinkt bei fallender Temperatur.**

Aufgaben

1. Vergleichen Sie das Ausdehnungsverhalten von festen, flüssigen und gasförmigen Körpern! Was stellen Sie fest?
2. In Bild 8 ist ein Membranregler abgebildet, wie er z. B. in Kühlgeräten eingebaut ist. Beschreiben Sie seine Funktionsweise!
3. Warum verwendet man Eisen und nicht Messing zur Festigung von Beton?
4. Das Verdunsten hat in der Natur eine große Bedeutung. Erläutern Sie dies anhand einiger Beispiele!
5. Nehmen Sie aus dem Gefrierschrank einige Eiswürfel und geben Sie etwas Kochsalz hinzu! Stellen Sie in einem kleinen Trinkglas Wasser in diese Kältemischung! Beschreiben Sie Ihre Beobachtungen!
6. Die verschiedenen Siedetemperaturen der Stoffe werden in der Technik zum Trennen von Stoffgemischen benutzt, z. B. zum Trennen von Alkohol und Wasser. Beschreiben Sie, wie man dabei vorgehen muss!

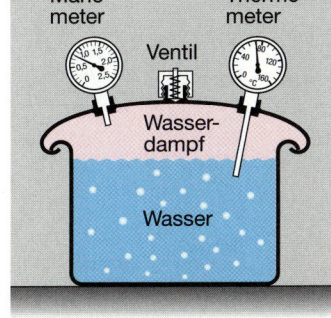

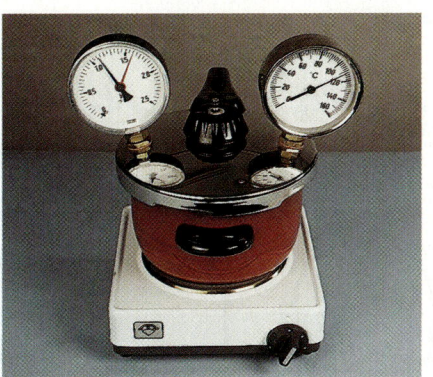

6 Sieden unter erhöhtem Druck: Dampftopf

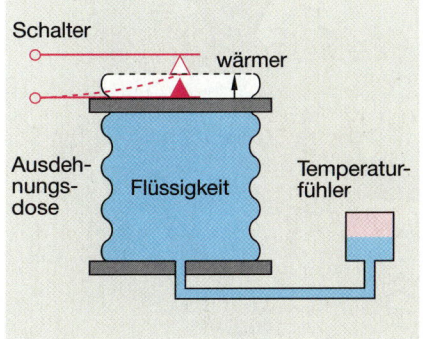

8 Membranregler

Wärmelehre

1 Bremsscheibe auf dem Prüfstand

Innere Energie und Wärme

Innere Energie

Sie haben sicher schon bemerkt, dass man Gegenstände durch kräftiges Reiben erhitzen kann. So können z. B. die Bremsscheiben an Autorädern heißlaufen, ja sogar zum Glühen gebracht werden (Bild 1). Schon die Steinzeitmenschen haben das Erhitzen durch Reiben beim „Feuerbohren" benutzt.

▽ 1: Drehen Sie nach Bild 2 einen dünnen Hartholzstab auf einer Unterlage aus Fichtenholz!

▽ 2: Pumpen Sie mit einer Fahrradluftpumpe einen Fahrradschlauch auf! Was stellen Sie fest?

Die Luftpumpe wird warm. Grund: Die Luft in der Pumpe wird zusammengepresst. Dabei erwärmt sie sich.

Durch Zusammenpressen (Kompression) eines Gases lassen sich beträchtliche Temperaturerhöhungen erzielen.

Ausgenutzt wird dies beim Dieselmotor. In ihm wird Luft angesaugt und im Zylinder sehr stark verdichtet (Bild 3). Dadurch steigt die Temperatur auf 700 °C bis 900 °C. In diese verdichtete, heiße Luft wird der Treibstoff hineingespritzt. Er entzündet sich wegen der hohen Temperatur selbst. Die Versuchsergebnisse können wir folgendermaßen zusammenfassen:

Durch mechanische Arbeit (Reibung, Zusammenpressen, ...) kann die Temperatur eines Körpers erhöht werden.

Die Versuche sollen nun mit Hilfe der beteiligten Energien beschrieben werden. Ein Vergleich mit rein mechanischen Vorgängen ohne Temperatursteigerung ist hierbei hilfreich. Wir erinnern uns: hebt man einen Körper hoch, dann verrichtet man Hubarbeit und vergrößert die Lageenerige (potenzielle Energie) des Körpers. Beschleunigt man ihn, wird seine kinetische Energie erhöht.

Bei den beschriebenen Versuchen wurde durch die mechanische Arbeit weder die potenzielle noch die kinetische Energie des Körpers verändert. Dennoch halten wir auch hier an der Vorstellung fest, dass die durch die Reibungs- bzw. Kompressionsarbeit zugeführte Energie nicht verloren gegangen ist, sondern im Körper steckt (**Energieerhaltungssatz**).

Man nennt die in einem Körper steckende Energieform im Unterschied zur kinetischen und potenziellen Energie **innere Energie**. Reibungs- und Kompressionsarbeit erhöhen die innere Energie (Bild 5).

Die Versuche zeigen ferner:

> **Ein Körper im heißen Zustand hat mehr „innere Energie" als im kalten Zustand.**

2 Feuerbohren

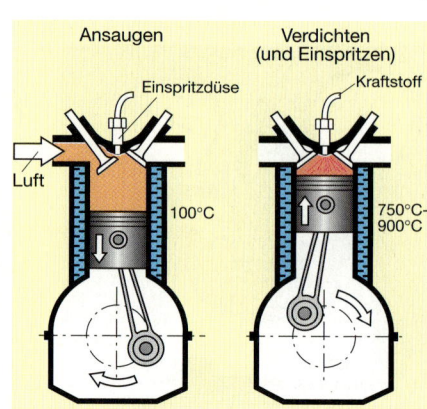

3 Zünden durch Verdichten

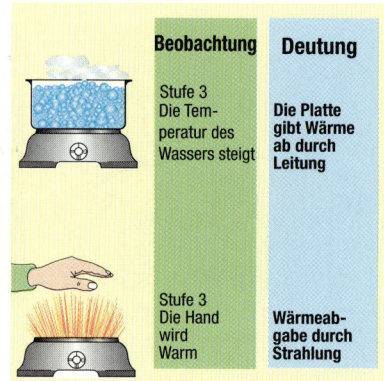

4 Bedeutung von Wärme

Die Energieform Wärme

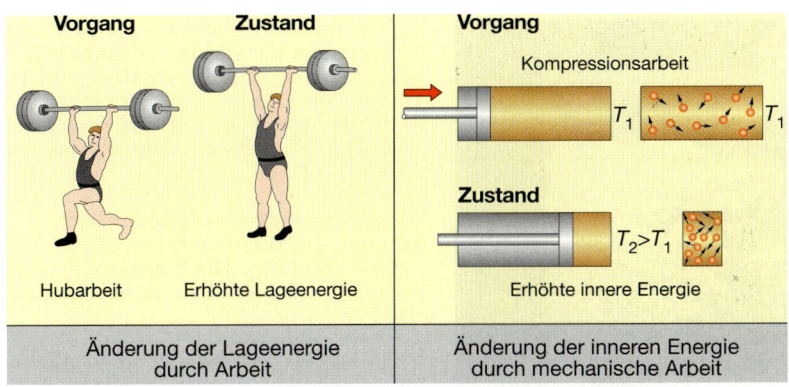

5 Änderung der inneren Energie durch Arbeit oder Wärme

Die innere Energie eines Körpers kann auch im Teilchenmodell gedeutet werden. Sie ist gegeben durch die Summe der Energien aller seiner Teilchen

> **Unter der inneren Energie eines Körpers versteht man die Summe der Teilchenenergien.**

Was ist Wärme?
Die innere Energie eines Körpers kann auch durch Zufuhr von **Wärme** erhöht werden. Bild 4 zeigt zwei Beispiele: Ein Topf mit Wasser steht auf einer heißen Herdplatte. Und die Hand wird durch Strahlung erwärmt. Das Wort „Wärme" wird immer dann gebraucht, wenn ein heißer Körper einen kalten berührt und diesen erwärmt oder wenn Energie durch Strahlung (Wärmestrahlung) übertragen wird (Bild 6).

> **Mit Wärme bezeichnet man eine Energieform, die durch Leitung oder Strahlung übertragen wird.**

Führt man einem Körper Wärme zu, dann erhöht sich dessen innere Energie. Gibt er Wärme ab, dann verringert sich seine innere Energie.

Nun wissen wir, dass auch durch mechanische Arbeit die innere Energie eines Körpers geändert werden kann, so dass wir zusammenfassend sagen können (Bild 5):

> **Die innere Energie eines Körpers kann man durch Arbeit oder durch Wärme ändern.**

Die Energieform „Wärme" wird wie die mechanische Arbeit und die innere Energie in der Einheit **Joule** gemessen. Für „Wärme" ist auch das Wort „Wärmemenge" gebräuchlich. Während mit „Temperatur" und „innere Energie" ein bestehender **Zustand,** das Warmsein, beschrieben wird, dienen die Begriffe **Wärme** und **Arbeit** allein zur **Kennzeichnung einer Energieübertragung.**

Wärmequellen
Körper, die Wärme abgeben, bezeichnet man in der Technik als **Wärmequellen.** Jeder Körper kann auf Grund seiner inneren Energie zur Wärmequelle werden. Wärme kann durch Wärmeleitung oder Wärmestrahlung abgegeben werden. Eine **natürliche Wärmequelle** ist die Sonne.

Künstliche Wärmequellen sind für die Heizung, für die Metallgewinnung, in der chemischen Industrie usw. von großer Wichtigkeit. Auch Lebewesen sind Wärmequellen, so z. B. der Mensch. In einer Sekunde gibt er bei ruhigem Sitzen durchschnittlich etwa 100 J ab. Das entspricht einer Leistung von etwa 100 W. Eine Gesellschaft von 20 Personen entwickelt immerhin nahezu 2 kW, die Leistung eines elektrischen Heizofens.

6 Wärme = Energieübertragung durch Strahlung oder Leitung

Aufgaben
1. Warum erwärmt sich das Mahlgut in einer Mühle? Nennen Sie weitere Beispiele?
2. Beim Umrühren von Suppe muss man mechanische Arbeit aufwenden. Was geschieht mit dieser Energie?
3. Für das Warmsein kennen wir bereits den Begriff „Temperatur". In der Alltagssprache benutzt man hierfür auch das Wort „Wärme". Begründen Sie, weshalb dieser Wortgebrauch falsch ist.
4. Erklären Sie den Unterschied zwischen
   a) Temperatur und Wärme,
   b) innerer Energie und Wärme!
5. Eine Herdplatte gibt in einer Stunde eine Wärme von 1000 kJ ab. Welche Wärme liefert sie in 10 Minuten, 20 Minuten?
6. Wieso können die Wände in einem Haus als Wärmequellen dienen?
7. Wodurch kann die Temperatur eines Körpers geändert werden?

Wärmelehre

1 Erwärmen von Wasser

Wärme wird gemessen – Heizwert

Ohne Wärme können wir nicht leben. Mit Wärme kochen wir unsere Speisen, heizen unsere Zimmer und Häuser.

☐ 1: Geben Sie weitere Beispiele für die Bedeutung der Wärme an!

Wärme gibt es nicht kostenlos. Das Betreiben eines Elektroherdes, eines Tauchsieders, eines Föhns oder eines Heizofens mit Kohle, Öl oder elektrischer Energie kostet Geld.

Außerdem geht die Wärme letztlich an die Umgebung über: Die heiße Suppe kühlt unter Wärmeabgabe ab und das im Winter angenehm beheizte Haus gibt ständig Wärme an die Umgebung ab. Sie können sich denken, dass durch diese Wärmeabgabe von Millionen von Haushalten, von Tausenden von Industriebetrieben auch die Umwelt belastet wird.

Daher lohnt es sich, sparsam mit der Wärme umzugehen. Dazu muss man aber wissen, was man mit einer bestimmten Wärmemenge bewirken kann.

Zum Aufheizen von 5 kg Wasser auf 40 °C braucht man mehr Wärme als für 1 kg. Mehr Wärme ist sicher auch nötig, um die gleiche Wassermenge auf eine Temperatur von 100 °C zu bringen. Den genauen Zusammenhang finden Sie mit folgendem Versuch heraus.

Ⓥ 2: Füllen Sie in ein Becherglas der Reihe nach 0,4 kg, 0,8 kg Wasser! Bestimmen Sie die Temperatur (ϑ_1) und erwärmen Sie mit einem Tauchsieder (500 Watt)! Unterbrechen Sie nach jeweils einer Minute kurzzeitig die Stromzufuhr, rühren Sie gut um und lesen Sie die Temperatur ϑ_2 ab! Schalten Sie sodann den Tauchsieder wieder ein! Wir nehmen an: Der heiße Tauchsieder gibt in jeder Minute an das kühlere Wasser die Energie als Wärme ab, die er in der gleichen Zeit aufnimmt. Es sind dies: $W = P \cdot t = 500 \text{ W} \cdot 60 \text{ s} = 30\,000 \text{ J} = 30 \text{ kJ}$.

Dem Wasser werden daher in 1, 2, 3, 4 Minuten die Wärmemengen 30, 60, 90, 120 kJ zugeführt. Die Wärmemenge bezeichnen wir mit dem Buchstaben Q (Bild 2).

☐ 3: Tragen Sie die Temperaturerhöhungen $\Delta \vartheta = \vartheta_2 - \vartheta_1$ in Abhängigkeit von der zugeführten Wärmemenge Q in ein Schaubild ein!

In Bild 3 sind die entsprechenden Messungen für 0,5 kg, 1,0 kg und 1,5 kg Wasser eingetragen. Bei 0,5 kg ist für eine Temperaturerhöhung von 60 °C die doppelte Wärmemenge erforderlich wie für eine Temperaturerhöhung von 30 °C.

☐ 4: Prüfen Sie anhand der Messungen und der Messwerte in Bild 3 nach, dass das Gleiche auch für die anderen Wassermengen gilt!

Alle Messpunkte liegen auf Ursprungsgeraden. Das bedeutet:

> **Die Temperaturerhöhung ist bei konstanter Masse der Wärmemenge proportional: $\Delta \vartheta \sim Q$.**

Aus der Proportionalität folgt: Der Quotient aus der Wärmemenge Q und der Temperaturerhöhung $\vartheta_2 - \vartheta_1$ ist konstant. Dieser Quotient C beträgt für

0,5 kg Wasser $\quad C_1 \approx \dfrac{120 \text{ kJ}}{60 \text{ K}} = 2 \dfrac{\text{kJ}}{\text{K}}$

1,0 kg Wasser $\quad C_2 \approx \dfrac{120 \text{ kJ}}{30 \text{ K}} = 4 \dfrac{\text{kJ}}{\text{K}}$

1,5 kg Wasser $\quad C_3 \approx \dfrac{120 \text{ kJ}}{20 \text{ K}} = 6 \dfrac{\text{kJ}}{\text{K}}$

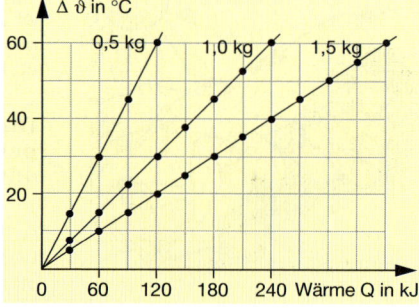

3 Die Temperaturerhöhung ist der Wärmemenge proportional

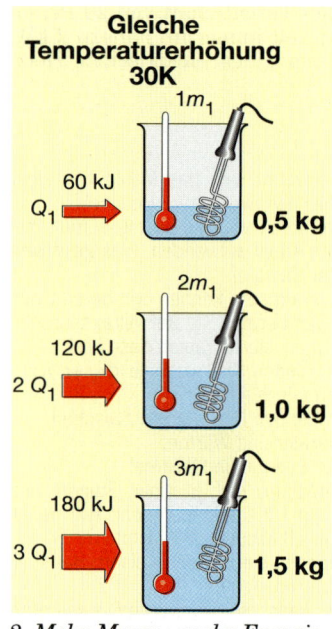

2 Mehr Masse, mehr Energie

Die Energieform Wärme

Die Werte kennzeichnen den Wärmebedarf des jeweiligen Körpers und geben an, wie viel Energie für eine Temperaturerhöhung um 1 K nötig ist. Die Kontante C heißt **Wärmekapazität** des Körpers:

$$\text{Wärmekapazität} = \frac{\text{Wärmemenge}}{\text{Temperaturerhöhung}}$$

$$C = \frac{Q}{\vartheta_2 - \vartheta_1}.$$

Wenn man wissen will, wie viel Wärme pro 1 Kilogramm Wasser nötig ist, muss man jeweils durch die Masse dividieren, also durch 0,5 kg, 1,0 kg und 1,5 kg. Wir erhalten stets denselben Wert:

$$\frac{C_1}{0{,}5 \text{ kg}} = \frac{C_2}{1{,}0 \text{ kg}} = \frac{C_3}{1{,}5 \text{ kg}} = 4 \, \frac{\text{kJ}}{\text{kg} \cdot \text{K}}.$$

Der Quotient $c = C/m$ ist daher konstant. Er gibt an, wie viel Energie für die Temperaturerhöhung um 1 K bei einem Körper der Masse 1 kg nötig ist. Er wird mit c bezeichnet und heißt **spezifische Wärmekapazität**:

$$\text{Spezifische Wärmekapazität} = \frac{\text{Wärmemenge}}{\text{Masse} \cdot \text{Temperaturerhöhung}},$$

$$c = \frac{Q}{m \cdot (\vartheta_2 - \vartheta_1)}.$$

C hängt von der Stoffart ab. Genauere Messungen ergeben für Wasser den Wert

$$c = 4{,}2 \, \frac{\text{kJ}}{\text{kg} \cdot \text{K}}.$$

Kennt man die spezifische Wärmekapazität eines Stoffes, so kann man die Energie für beliebige Temperaturerhöhungen und Massen errechnen. Wir stellen die Gleichung für c nach der Wärmemenge Q um und erhalten die Formel zur **Berechnung der Wärmemenge (Erwärmungsgesetz)**:

$$Q = c \cdot m \cdot (\vartheta_2 - \vartheta_1).$$

Beispiel: Welche Energie braucht man, um 1/2 Liter (0,50 kg) Rasierwasser von 60 °C herzustellen? Die Ausgangstemperatur sei 15 °C.

$$Q = 4{,}2 \, \frac{\text{kJ}}{\text{kg} \cdot \text{K}} \cdot 0{,}50 \text{ kg} \cdot 45 \text{ K}$$

$$\approx 94 \text{ kJ} = 94\,000 \text{ Ws}.$$

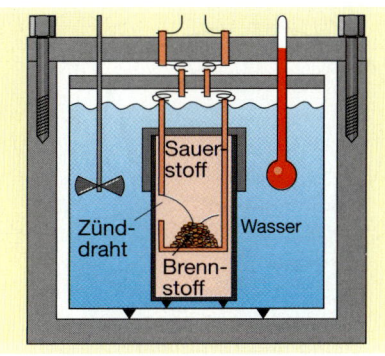

4 Mit diesem Gerät bestimmt man Heizwerte

Damit könnte man sich mit einem Elektrorasierer (10 W) rund 2,6 Stunden lang rasieren! Daraus folgt: Es ist unsinnig, auf eine Nassrasur überzugehen, um Energie zu sparen.

Heizwerte
Mit den gewonnenen Erkenntnissen sind wir nun auch in der Lage, **Heizwerte von Brennstoffen** zu ermitteln.

> Unter dem Heizwert eines Brennstoffes versteht man die Wärmemenge, die beim Verbrennen von 1 kg des betreffenden Stoffes abgegeben wird. Bei Gasen bezieht man den Heizwert auf 1 m³ bei 0 °C und 1013 hPa (1,013 bar).

Zur genauen Messung benutzt man ein **Kalorimeter** (Bild 4). Es besteht aus einer Brennkammer, in der eine bestimmte Menge des Brennstoffes mit reinem Sauerstoff verbrannt wird. Die Zündung erfolgt elektrisch. Die Brennkammer ist ganz in ein Wasserbad eingebettet. Durch die Verbrennung wandelt sich die chemische Energie des Brennstoffes in innere Energie der Verbrennungsprodukte um. Diese wiederum geben Energie als Wärme an das Wasserbad ab, die aus der Temperaturerhöhung des Wasserbades errechnet werden.

In der Tabelle sind die Heizwerte einiger Brennstoffe zusammengestellt. Heizöl hat gegenüber Braunkohlebriketts einen mehr als doppelt so hohen Heizwert.

Aufgaben
1. Welche Wärme ist nötig, um 1 Liter Wasser um 80 °C zu erwärmen?
2. Welche Wärme benötigt man, um 150 Liter Wasser von 15 °C auf 40 °C zu erhitzen?
3. Zeichnen Sie die Temperaturerhöhung in Abhängigkeit von der Zeit für 250 g Wasser! (Die Wärmequelle habe 500 Watt.)

Beispiel für Heizwerte von Brennstoffen

Feste und flüssige Brennstoffe	Heizwerte in MJ/kg
Holz, frisch	8
Holz, lufttrocken	19
Braunkohlebriketts	20
Koks	29
Steinkohle	33
Spiritus	27
Heizöl	43
Benzin	44
Gasförmige Brennstoffe	in MJ/m³
Wasserstoff	11
Erdgas	35
Propan	94

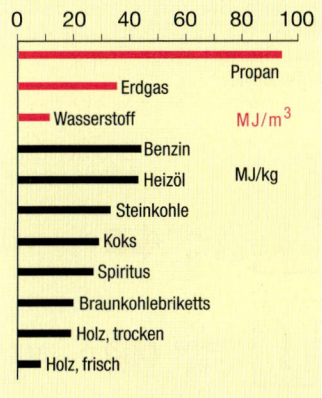

Wärmelehre

1 Seewind und Landwind

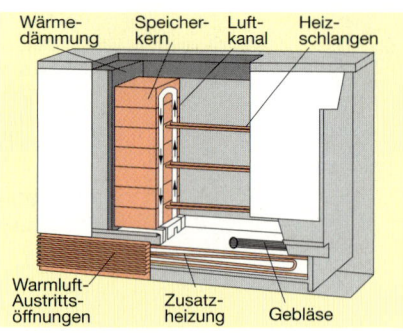

2 Nachtspeicherofen

Wärmekapazitäten und ihre Bedeutung

Der unterschiedliche Wärmebedarf der verschiedenen Körper spielt in Natur und Technik eine große Rolle. Dazu einige Beispiele.

☐ 1: In einer Holzbaracke kann es bei direkter Sonneneinstrahlung unerträglich heiß werden. Dagegen erwärmt sich ein Haus mit dicken Mauern weit weniger stark. Warum?

☐ 2: Warum werden Steine am Seeufer wesentlich schneller heiß als das Wasser?

☐ 3: Im Sommer erwärmt sich das Land schneller als das Meer. Erklären Sie diese Beobachtungen! Inwiefern wirkt das Meer als Energiespeicher?

Bei der Beantwortung dieser Fragen sind die Ergebnisse des vorhergehenden Kapitels und die Tabelle hilfreich.

Gegenüber der Barackenholzwand hat das dicke Mauerwerk eine große Masse und daher trotz geringerer spezifischer Wärmekapazität des Materials eine sehr hohe Wärmekapazität. Dies bedeutet: Für die gleiche Temperatursteigerung wird mehr Energie benötigt. Umgekehrt erwärmt sich das dicke Mauerwerk bei gleicher Energiezufuhr weniger schnell.

Der feste Erdboden verwertet die zugestrahlte Sonnenenergie nur in einer dünnen Schicht, während im Wasser die Strahlung sehr tief eindringen kann. Wegen der verschieden großen Massen sind auch die zugehörigen Wärmekapazitäten verschieden. Darüber hinaus ist die spezifische Wärmekapazität des Wassers rund 5-mal so groß wie die von Steinen. Infolgedessen erwärmt sich bei gleicher Einstrahlung (Energiezufuhr) durch die Sonne tagsüber das Land rascher als das Meer. Die Luftschichten über der Landfläche werden daher stärker erwärmt als die Luftschichten über dem Meer. Die warme Luft steigt auf und wird durch kühlere Meeresluft ersetzt. Es entsteht ein **Seewind**. In der Nacht kühlt sich das Land schneller ab. Es entsteht ein **Landwind** (Bild 1).

Stoffe hoher spezifischer Wärmekapazität werden in **Nachtspeicheröfen** (Bild 2) zur Speicherung von innerer Energie verwendet. Sie nehmen Energie in Form von Wärme auf, speichern sie als innere Energie und geben sie bei Bedarf in Form von Wärme wieder ab. Die Wärme wird von einer Elektroheizung geliefert und dem Speicher während der Aufheizung nachts zugeführt. Dadurch erhöht sich dessen innere Energie. Bei hoher spezifischer Wärmekapazität ist der Wärmebedarf groß und dementsprechend auch die gespeicherte zusätzliche Energie. Durch Wärmeabgabe an die Luft, die durch ein Gebläse durch den Speicherkern geführt wird, verringert sich wiederum die innere Energie des Speicherkerns.

Wie misst man spezifische Wärmekapazitäten?

☐ 4: Ausgangspunkt ist die Gleichung $Q = c \cdot m \cdot (\vartheta_2 - \vartheta_1)$. Denken Sie sich eine Versuchsanordnung zur Messung von c aus!

▽ 5: Erwärmen Sie mit einem Tauchsieder (500 W) 0,5 kg Glyzerin um 40 °C und messen Sie mit einer Stoppuhr die dafür nötige Zeit!

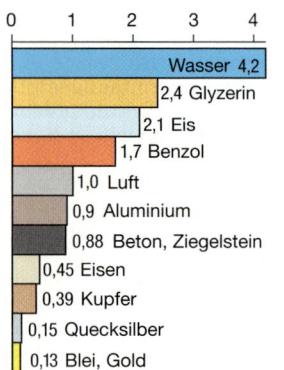

Beispiele für spez. Wärmekapazitäten in kJ/kg·K

- Wasser 4,2
- 2,4 Glyzerin
- 2,1 Eis
- 1,7 Benzol
- 1,0 Luft
- 0,9 Aluminium
- 0,88 Beton, Ziegelstein
- 0,45 Eisen
- 0,39 Kupfer
- 0,15 Quecksilber
- 0,13 Blei, Gold

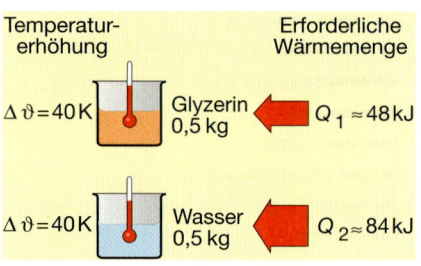

3 Wasser benötigt mehr Energie

Die Energieform Wärme

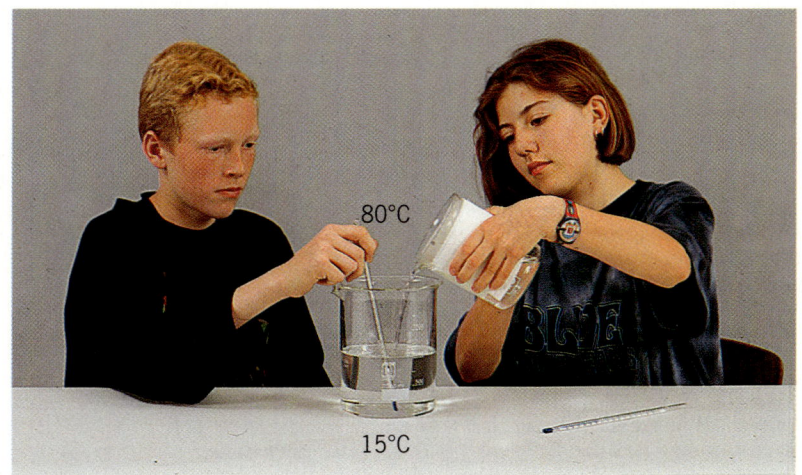

4 Mischung von Wasser

Der Versuch ergibt: 96 Sekunden. Also ist eine Wärme von 500 W · 96 s = 48 000 J = 48 kJ zugeführt worden (Bild 3). Daraus erhält man:

$$c = \frac{48 \text{ kJ}}{0{,}5 \text{ kg} \cdot 40 \text{ K}} \approx 2{,}4 \frac{\text{kJ}}{\text{kg} \cdot \text{K}}.$$

Bei festen Stoffen ist dieses Verfahren zur Bestimmung der spezifischen Wärmekapazitäten nicht möglich. Hier können wir die **Mischungsmethode** anwenden. Was man darunter versteht, zeigt der folgende Versuch mit Wasser.

🅥 6: Erhitzen Sie 0,5 kg Wasser in einem Becherglas auf 80 °C und vermischen Sie es anschließend mit 1 kg Wasser von 15 °C. Bestimmen Sie die Mischungstemperatur ϑ_m (Bild 4)!

Mit einer **Energiebilanz** können wir auch die **Mischungstemperatur** errechnen. Es gilt:

| Verminderung der inneren Energie des warmen Wassers | = | Erhöhung der inneren Energie des kalten Wassers |

Die Änderung der inneren Energien erfolgt durch Wärmeabgabe bzw. Wärmeaufnahme. Auch hierfür gilt:

Wärmeabgabe Q_ab = Wärmeaufnahme Q_zu

$c_\text{w} \cdot 0{,}5$ kg $(80\,°C - \vartheta_\text{m})$
$\quad = c_\text{w} \cdot 1$ kg $(\vartheta_\text{m} - 15\,°C)$
$40\,°C - 0{,}5\,\vartheta_\text{m} = \vartheta_\text{m} - 15\,°C$
$55\,°C = 1{,}5\,\vartheta_\text{m}$
$\vartheta_\text{m} = 55\,°C/1{,}5 \approx 37\,°C$

Die Bechergläser wurden in der Energiebilanz nicht berücksichtigt.

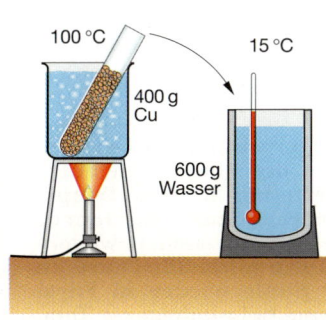

5 Bestimmung der spezifischen Wärmekapazität von Kupfer

☐ 7: Vergleichen Sie das Ergebnis dieser Rechnung mit dem Versuchsergebnis!

Mit einem Mischungsversuch können wir auch die **spezifische Wärmekapazität von Kupfer** bestimmen (Bild 5).

🅥 8: Erhitzen Sie 400 g Kupferspäne in einem Wasserbad auf 100 °C und schütten Sie die Späne dann in 600 g Wasser von 15 °C!

Es stellt sich eine Mischungstemperatur von 20 °C ein. Beim Aufstellen der Energiebilanz müssen wir beachten, dass auch das Gefäß, in dem sich die 600 g Wasser befinden, erwärmt wird. Seine Wärmekapazität beträgt $C = 0{,}084$ kJ/K.

| Verminderung der inneren Energie des Kupfers | = | Erhöhung der inneren Energie des Wassers und des Gefäßes |

Wärmeabgabe Q_ab = Wärmeaufnahme Q_zu
$Q_\text{zu} = 4{,}2$ kJ/kg · K · 0,6 kg · 5 K
$\quad\quad\quad + 0{,}084$ kJ/K · 5 K.
$Q_\text{zu} \approx 13$ kJ.
$Q_\text{ab} = c_\text{k} \cdot 0{,}4$ kg · 80 K = $c_\text{k} \cdot 32$ kg · K.
$Q_\text{zu} = Q_\text{ab}$, d.h. 13 kJ = $c_\text{k} \cdot 32$ kg · K;
$c_\text{k} = 0{,}4$ kJ/kg · K.

Aufgaben

1. Wie kann man die Wärmemenge messen, die ein Tauchsieder in 1 s abgibt?
2. Ein Zimmer fasst 60 m³ Luft und soll um 15 °C erwärmt werden. Welche Energie ist dazu nötig?
3. Worin unterscheiden sich „Wärmekapazität" und „spezifische Wärmekapazität"?
4. Wo spielt in Natur und Technik der unterschiedliche Wärmebedarf der Stoffe (spezifische Wärmekapazität) eine wichtige Rolle? Nennen Sie zwei Beispiele!
5. Welche Fehler treten bei den Versuchen 5 und 6 auf?
6. Wieso wirken Innenwände in einem Haus als Energiespeicher?
7. Wie kann man mit einem Mischungsversuch die Temperatur einer Gasflamme bestimmen?
8. Der Hahn eines Warmwasserbereiters tropft. Stündlich fließen so 200 cm³ Wasser, das von 15 °C auf 50 °C erhitzt wurde, in den Abfluss. Wie groß ist der Energieverlust im Laufe eines Monats (30 Tage)? Welche Kosten entstehen? (Erdgas 0,80 EUR/m³ bzw. elektrische Energie 0,14 EUR/kWh)
9. Welche Wärme muss der menschliche Organismus aufbringen, um bei einer fiebrigen Erkrankung die Temperatur von 37 °C auf 39,5 °C zu erhöhen? (Körpermasse 70 kg, mittlere spezifische Wärmekapazität $c = \frac{3{,}5 \text{ kJ}}{\text{kg} \cdot \text{K}}$).

Wärmelehre

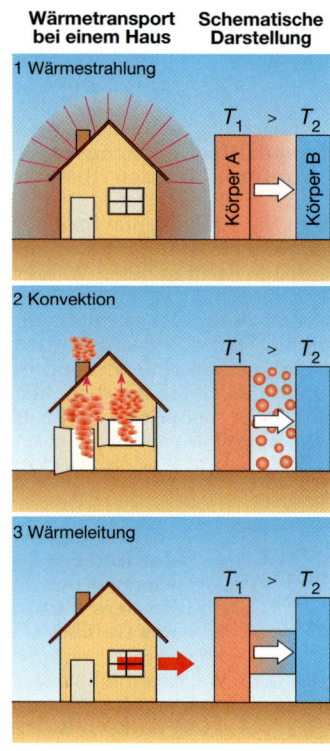

Arten des Wärmetransports

Zum Heizen der Wohnungen benötigt man bei uns die meiste Energie. Warum eigentlich?

Eine Antwort hierauf gibt das **Thermogramm eines Hauses** (Seite 74). Unterschiedliche Temperaturen sind durch verschiedene Farben gekennzeichnet. Blaue Farbe: niedrige Temperaturen. Rote Farbe: hohe Temperaturen.

Das Haus gibt ständig, für uns unsichtbar, Wärme durch Strahlung ab (Bild 1). Diese **Wärmestrahlung** ist aber nicht die einzige Art der Energieabgabe.

Türen und Fenster werden immer wieder geöffnet, die „verbrauchte" Luft muss erneuert werden. Außerdem gibt es undichte Stellen, Fugen und Ritzen. Warme Luft strömt nach außen und nimmt Energie mit. Sie wird durch kalte Luft ersetzt, die im Zimmer erwärmt werden muss. Man spricht hier von **Konvektion** (convehere, lat.= mitbringen), da die Energie mit der Materie transportiert wird (Bild 2).

Eine dritte Art der Wärmeübertragung erfolgt durch die Wände hindurch. Die warme Luft im Innern überträgt Wärme auf die Wand. Die Außenseite der Wand ist kühler, deshalb fließt ständig Wärme durch die Wand zur Außenseite. Dort wird sie an die Außenluft abgegeben. Diesen Vorgang bezeichnet man als **Wärmeleitung** (Bild 3).

Bei niedrigeren Außentemperaturen muss der Wärmeverlust durch Energiezufuhr ausgeglichen werden (Bild 4).

> Die Wärme kann durch Strahlung, durch Konvektion und durch Leitung transportiert werden

Wärmetransport
- Wärmestrahlung
- Konvektion
- Wärmeleitung

Alle Transportarten haben stets Temperaturdifferenzen zur Voraussetzung.

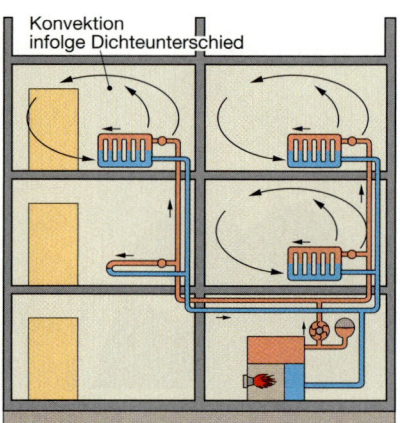

6 Warmwasserheizung

Konvektion

Die Konvektion ist stets mit der Bewegung eines Transportmittels verbunden. Diese kann künstlich mit Ventilatoren, Pumpen, Rührern und dergleichen herbeigeführt werden, wie bei der Warmwasserheizung im Haus mit Umwälzpumpe (Bild 6).

Wie der folgende Versuch zeigt, kann sich eine Konvektion auch von selbst einstellen.

$\underline{V}$ 1: Geben Sie in ein mit Wasser gefülltes Becherglas Sägespäne und verteilen Sie die Späne durch Umrühren.
a) Erhitzen Sie das Wasser vorsichtig mit einem Tauchsieder zunächst links oben!
b) Wiederholen Sie den Versuch mit frischem Wasser, bringen Sie aber jetzt den Tauchsieder links unten an!

Wird das Wasser im Becherglas unten erhitzt, dann zeigen die Sägespäne eine Wasserströmung an, die über dem Tauchsieder aufsteigt und an der gegenüberliegenden Seite bzw. an den Außenwänden absinkt (Bild 5).

Erklärung: Wasser dehnt sich beim Erwärmen aus, seine Dichte nimmt ab. Das weniger dichte Wasser steigt im kühleren und daher dichteren Wasser auf. Eine solche Strömung des Wassers kommt nur dann zu Stande, wenn das Wasser unten erwärmt wird.

> Bei der Konvektion wird die Energie von der Materie in Form von Wärme bei höherer Temperatur aufgenommen, als innere Energie von der sich bewegenden Materie mitgeführt und an anderer Stelle wieder in Form von Wärme bei niedrigerer Temperatur abgegeben.

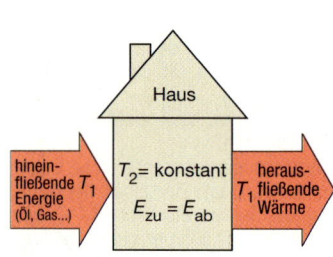

4 Die Wärme muss ersetzt werden

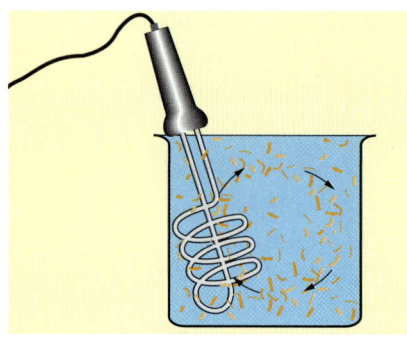

5 Versuch zur Konvektion

Wärmetransport

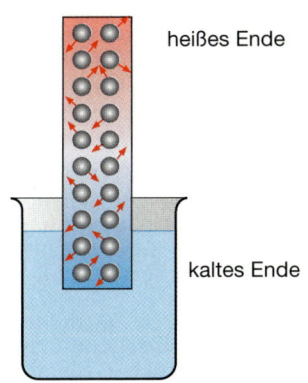

7 Wärmeleitung im Teilchenmodell

Johann Gottlob Leidenfrost
1715–1794

8 Wassertropfen auf der heißen Herdplatte

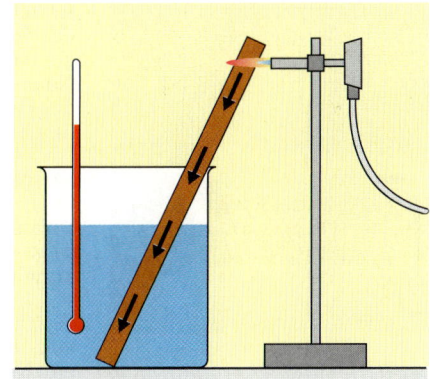

9 Wärmeleitung durch einen Kupferstab

Wärmeleitung

V 2: Erhitzen Sie einen 0,5 bis 1 cm dicken Kupferstab, dessen unteres Ende in Wasser hineinragt, am oberen Ende mit einem Brenner (Bild 9)!

Der Kupferstab leitet die Wärme vom oberen, heißen Ende an das kalte Wasser weiter. Die Temperatur des Wassers erhöht sich. Die Wärmeleitung können wir mit dem **Teilchenmodell** verstehen: Die im Mittel schnelleren Teilchen am heißen Ende des Stabes geben Energie durch Stöße an langsamere, benachbarte Teilchen weiter. Diese werden schneller und können ihrerseits Energie an andere Teilchen des Stabes übertragen, so dass im Laufe der Zeit alle Teilchen erfasst werden (Bild 7).

> **Bei der Wärmeleitung wird die Energie von der Materie weitergegeben, ohne dass diese selbst mitbewegt wird.**
> **Die Wärme „fließt" stets in Richtung des Temperaturgefälles.**

Weshalb Pfannen häufig einen Griff aus Kunststoff oder Holz haben, wird durch folgenden Versuch deutlich.

V 3: Halten Sie zwei gleich lange und gleich dicke Drähte aus Kupfer und Eisen mit einem Ende so lange in eine Kerzenflamme, bis die Drähte so heiß werden, dass Sie die Drähte nicht mehr festhalten können!

Viele weitere Versuche bestätigen:

> **Verschiedene Metalle leiten die Wärme verschieden gut. Metalle sind bessere Wärmeleiter als Nichtmetalle.**

Als Beispiel für eine Flüssigkeit untersuchen wir Wasser.

V 4: Befestigen Sie in einem Reagenzglas unten etwas Eis (Bild 4), füllen Sie es dann mit Wasser auf und bringen Sie dieses oben zum Sieden! Was können Sie beobachten?

Ergebnis: Wasser ist kein guter Wärmeleiter.

Wärmeleitung von Gasen

Die in Bild 8 fotografierte Situation haben Sie sicher schon einmal beobachtet: Ein Wassertropfen „tanzt" auf einer heißen Herdplatte, ohne schnell zu verdampfen. Das Phänomen wurde erstmals von dem deutschen Arzt und Duisburger Professor Leidenfrost beschrieben und heißt **leidenfrostsches Phänomen**.

Erklärung: Auf der Unterseite des Tropfens bildet sich eine Schicht Wasserdampf. Aus diesem Grunde berührt das Wasser nicht direkt die heiße Schale. Wegen der schlechten Wärmeleitfähigkeit des Dampfes wird der Wärmeübergang von der Schale zum Wasser behindert. Der Wasserdampf entweicht seitlich. Deshalb tanzt der Tropfen auf einer Herdplatte.

Zusammenfassend kann man sagen:

> **Metalle sind gute, Flüssigkeiten und Gase schlechte Wärmeleiter.**

Aufgaben
1. Nennen Sie die drei Arten des Wärmetransports. Worin bestehen die Unterschiede, worin die Gemeinsamkeiten? Geben Sie weitere Beispiele an!
2. Warum bringt man einen Heizkörper nicht an der Zimmerdecke an?
3. Weisen Sie mit einer brennenden Kerze die Luftströmungen in einem beheizten Zimmer nach! Stellen Sie die Kerze am Fußboden in der Nähe des Heizkörpers auf.

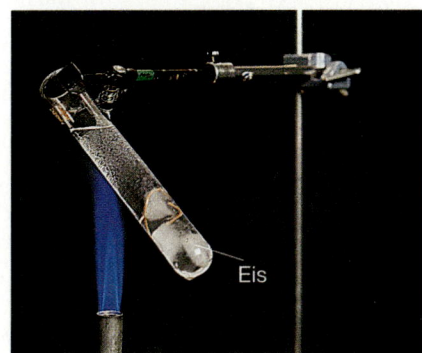

10 Wasser ist ein schlechter Wärmeleiter

Wärmelehre

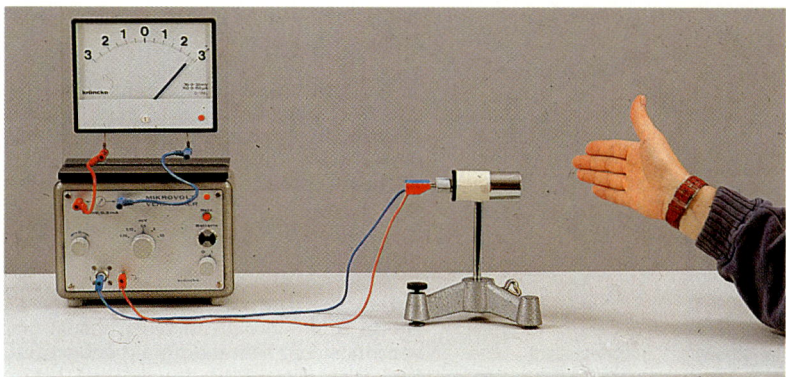

1 Wärmestrahlung einer Hand

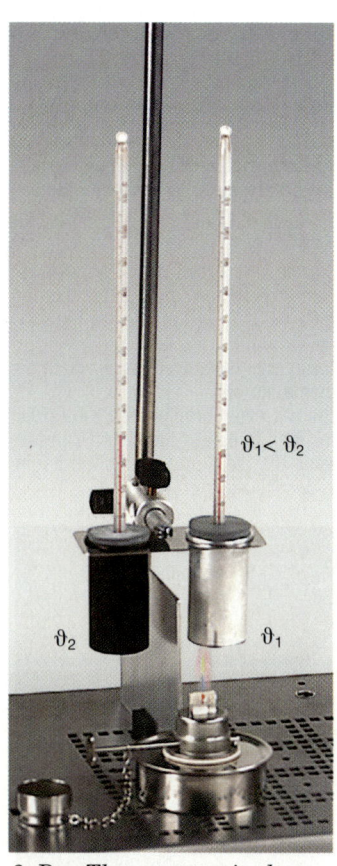

2 Das Thermometer in der schwarzen Hülse erwärmt sich schneller

Wärmestrahlung

Die Sonne überträgt Energie auf die Erde durch Strahlung. Wärmeleitung und Konvektion scheiden als Übertragungsform mit Sicherheit aus, da der Raum zwischen den Himmelskörpern praktisch von Materie frei ist.

> **Wärmestrahlung ist Energietransport ohne Materie.**

Jeder Körper strahlt Wärme ab, auch der menschliche Körper. Zum Nachweis der Wärmestrahlung verwenden wir eine Thermosäule, die mehrere zusammenwirkende Thermoelemente enthält und daher sehr empfindlich reagiert. Ein Thermoelement besteht aus einem geschlossenen Leiterkreis aus zwei verschiedenen Metalldrähten (z. B. Kupfer, Konstantan). Erwärmt man eine Kontaktstelle, so entsteht ein Strom.

V 1: Halten Sie die Hand nach Bild 1 vor das Gerät! Stellen Sie anschließend ein Becherglas vor das Gerät, das mit warmem Wasser gefüllt ist! Ersetzen Sie das warme Wasser durch kaltes!

Die Strahlung der Hand wird deutlich angezeigt, ebenso die Strahlung des warmen Wassers. Bei kaltem Wasser schlägt der Zeiger nach der anderen Seite aus.

Deutung: Jeder Körper strahlt unabhängig von dem anderen; der wärmere Körper stärker als der kältere. So strahlt das warme Wasser mehr Energie pro Minute an die Thermosäule ab als umgekehrt. Ist das Becherglas mit kaltem Wasser gefüllt, so erhält es pro Minute mehr Energie von der Thermosäule als diese vom Wasser.

Was wir soeben im Versuch erfahren haben, gilt auch für die Erde. Auf der Tagseite erhält die Erde mehr Wärme, als sie abgibt. Auf der Nachtseite kühlt sie sich ab, da sie Wärmestrahlung in das Weltall aussendet, aber keine Energie von der Sonne erhält. In klaren Nächten kann daher die Temperatur des Bodens niedriger werden als die der umgebenden Luft.

Steigt die Temperatur eines Körpers über 700 °C an, so wird ein Teil der Strahlung sichtbar. Das Licht wird umso weißer, je heißer der Körper ist. Es ähnelt immer mehr dem Sonnenlicht.

V 2: Schließen Sie einen ca. 30 cm langen, straff gespannten Eisendraht an ein Netzgerät an und erhöhen Sie allmählich die Stromstärke!

Ergebnis: Der Draht beginnt zu glühen, die Farbe verändert sich von einem dunklen Rot bis zum hellen Weiß.

Im Sommer ist helle Kleidung angenehmer, schwarze kann lästig werden. Der folgende Versuch zeigt den Grund.

V 3: Stellen Sie zwei gleiche Thermometer im gleichen Abstand von einer Flamme auf, von denen das eine am unteren Ende von einer blanken Aluminiumhülse umgeben ist, das andere in einer schwarz lackierten Hülse steckt (Bild 2)! Messen Sie die Temperaturen in Abhängigkeit von der Zeit!

V 4: Entfernen Sie die Flamme und messen Sie während der Abkühlung die Temperaturen in Minutenabständen!

Die Temperatur in der schwarzen Hülse steigt sehr viel schneller an als in der blanken. Entfernt man die Flamme, so kühlt sich das Thermometer in der schwarzen Hülse sehr viel schneller ab als das Thermometer in der blanken. Die Versuche bestätigen die folgenden Erkenntnisse:

> **Körper mit dunkler Oberfläche absorbieren die Wärmestrahlung stärker als helle und metallisch glänzende. Sie strahlen aber auch stärker ab.**
> **Die Strahlung wird von den Körpern teils reflektiert, teils absorbiert. Die Körper erwärmen sich dabei umso mehr, je stärker sie absorbieren.**

Aufgaben

1. Beschreiben Sie, wie die Energieübertragung durch Wärmestrahlung erfolgt!
2. Wie wirkt sich die weiße Farbe des Schnees bei Tag und bei Nacht aus!
3. Wie wirkt sich eine Wolkendecke auf den Verlauf der Lufttemperaturen bei Tag und bei Nacht aus?

Wärmetransport

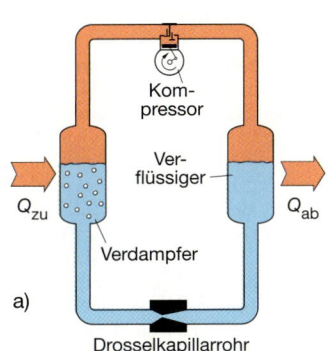

3 Wärmeübergänge

Warum Wärme gepumpt werden kann – Zweiter Hauptsatz der Wärmelehre

Niemals wurde bisher z. B. beobachtet, dass der Eisblock in Bild 3 an den Mann Wärme abgibt und sich dabei abkühlt. Nach dem Erhaltungssatz der Energie, den man in der Wärmelehre als **Ersten Hauptsatz** bezeichnet, wäre dies durchaus denkbar: Der Mann erhielte einen Energiebetrag, der genauso groß wäre wie der vom Eisblock abgegebene. Die Summe würde sich nicht ändern.

Es widerspricht aber jeder Erfahrung, dass die Wärme von selbst von einem kalten Körper auf einen warmen Körper übergeht. Die Unmöglichkeit eines solchen Übergangs drückt man durch den **Zweiten Hauptsatz** aus:

> Wärme kann nie von selbst von einem Körper niederer Temperatur auf einen Körper höherer Temperatur übergehen.

Dieser Sachverhalt hat eine ähnlich fundamentale Bedeutung wie der Energieerhaltungssatz. Daher der Name: „Zweiter Hauptsatz".

Was bedeutet der Zusatz „von selbst"? Gibt es Vorgänge, bei denen ein solcher Wärmeübergang möglich ist? Dies ist in der Tat der Fall. Jeder **Haushaltskühlschrank** leistet dies. Seine Wirkungsweise veranschaulichen die folgenden Versuche:

Ⓥ 5: Tauchen Sie einen Finger in zimmerwarmes Wasser und bewegen Sie den nassen Finger nach dem Herausnehmen in der Luft!

Sie spüren ein leichtes Kältegefühl. Zum Verdampfen des Wassers ist Wärme nötig, die der Umgebung, hier dem Finger, entzogen wird.

Ⓥ 6: Erhitzen Sie mit einer Gasflamme in einem Reagenzglas Wasser bis zum Sieden! Halten Sie in den entstehenden Wasserdampf eine kalte Glasplatte! (Vorsicht: Reagenzglas und Glasplatte mit einer Holzklammer festhalten!)

Es bildet sich durch Abkühlen (Energieentzug) wieder Wasser. Bei diesem Kondensieren wird Energie an die Umgebung (hier die Glasplatte) abgegeben. Im Kühlschrank wird eine Flüssigkeit mit niedrigem Siedepunkt abwechselnd verdampft und verflüssigt.

Im Einzelnen: Im Verdampfer (Bild 4a) siedet die Flüssigkeit bei niedrigem Druck und entzieht den Speisen und dem Kühlraum die zum Verdampfen nötige Energie. Deren Temperatur sinkt. Das Verdampfen wird durch den Verdichter aufrechterhalten, der den entstehenden Dampf abpumpt und verdichtet. Dabei erwärmt sich dieser.

Im Verflüssiger, der sich meist an der Rückseite des Kühlschrankes befindet und aus einem langen, mehrfach gebogenen Rohr mit Kühlringen besteht, wird der Dampf abgekühlt und verflüssigt (Bild 5). Die beim Kondensieren dem Dampf entzogene Energie wird über die Kühlrippen an die Außenluft abgegeben. Über die Verbindungsleitung schließt sich der Kreis. Die Flüssigkeit gelangt über ein Drosselkapillarrohr wieder in den Verdampfer. Der Kreislauf beginnt von neuem. Der Vorgang läuft aber nicht von selbst ab. Schalten wir den **Kompressor** ab, gleichen sich die Temperaturen wieder aus.

Die Energie wird als Wärme bei niedriger Temperatur T_1 aufgenommen und als Wärme bei hoher Temperatur T_2 abgegeben. Man spricht deshalb auch von einer **Wärmepumpe**: Wärme wird vom kalten zum warmen Körper gepumpt. Ohne zusätzlichen Energieaufwand ist dies nicht möglich. Die Energie wird in Form von mechanischer Arbeit zugeführt. Das Energieflussdiagramm zeigt den Zusammenhang (Bild 4b).

> Eine **Wärmepumpe** (Kühlschrank) nimmt Wärme bei niedriger Temperatur auf und gibt sie bei hoher Temperatur wieder ab.

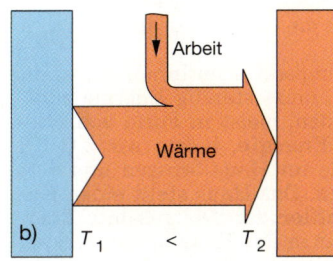

4 So funktioniert ein Kühlschrank

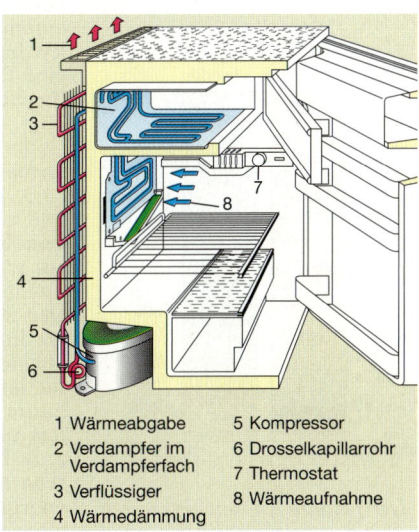

5 Aufbau eines Kühlschranks

1 Wärmeabgabe
2 Verdampfer im Verdampferfach
3 Verflüssiger
4 Wärmedämmung
5 Kompressor
6 Drosselkapillarrohr
7 Thermostat
8 Wärmeaufnahme

Wärmelehre

Strahlungsenergie der Sonne: %	10 bis 30
Chem. Energie: %	40 bis 75
Elektr. Energie	10 bis 30

1 Energieversorgung eines Hauses während der Heizperiode

Energieumsatz in einem Haus

Unsere Vorfahren in der Steinzeit vor ca. 10 000 Jahren benutzten als Behausung auch Höhlen. Diese boten Schutz vor Regen, Schnee und gefährlichen Tieren. Zum Zubereiten der Speisen, zum Erwärmen der Höhle und auch zum Beleuchten dienten Feuerstellen.

Heute lösen wir die Versorgung eines Hauses meist eleganter. Bild 1 zeigt die **Energieversorgung eines Hauses** während der Heizperiode. Die angegebenen Zahlenwerte sind Mittelwerte.

☐ 1: Begründen Sie, warum die Sonnenenergie ebenfalls als Energiequelle in Frage kommt!

☐ 2: Berechnen Sie den Anteil der „Wärmequelle Mensch" bei einem Vierpersonenhaushalt in einem Haus mit einem Wärmebedarf von insgesamt 10 kW in den Wintermonaten! Nehmen Sie eine Leistung von 200 W pro Person an (leichte Arbeit)!

☐ 3: Welche verschiedenen Energieformen werden zu Hause eingesetzt?

Von besonderer Bedeutung ist die **elektrische Energie**. Beim Bau eines Hauses werden dicke Erdkabel verlegt, die uns mit elektrischer Energie versorgen. Der „Verbrauch" von elektrischer Energie im Haus wird am „Zähler" in kWh abgelesen: $W_{el} = U \cdot I \cdot t$. Die Elektrizität ist aus dem täglichen Leben überhaupt nicht mehr wegzudenken: Sie liefert uns Wärme und Licht, nimmt uns z. B. bei der Wäsche schwere mechanische Arbeit ab, erzeugt Musik (Schallenergie) und sorgt für den Empfang elektromagnetischer Wellen (Rundfunk, Fernsehen).

Insgesamt betrug der durchschnittliche Tagesverbrauch im Mai 1992 je Privathaushalt in Deutschland (alte Bundesländer) 12,4 kg Steinkohleneinheiten (SKE). 1 kg SKE entspricht 29230 kJ = 8,12 kWh.

Nach Bild 2 braucht ein Durchschnittshaushalt 6% der Energie für Hausgeräte (Herd, Staubsauger, Rührer, ...) hauptsächlich für die Heizung.

☐ 4: Schätzen Sie ab, welche Wärmemenge zum Aufheizen eines Einfamilienhauses von 0 °C auf 20 °C notwendig ist! Das Haus soll etwa 500 m³ umbauten Raum und 100 m³ Mauerwerk haben. (Luft: $c = 1$ kJ/kg·K; Ziegelstein, Beton: $c = 0{,}88$ kJ/kg·K) Berechnen Sie mit Hilfe der Gleichung $Q = c \cdot m \cdot (\vartheta_2 - \vartheta_1)$ die zum Aufheizen erforderliche Wärme!

☐ 5: Aus 1 kg Steinkohle gewinnt man eine Energie von maximal 33 MJ. Wie viel Kilogramm Steinkohle wären zum Aufheizen nötig?

Die Rechnung ergibt: 13 MJ (Megajoule) zum Erwärmen der Luft und 3533 MJ für das Mauerwerk. Hierfür müsste man mindestens 107 kg Steinkohle verbrennen. Weshalb wir damit nicht auskommen, ist bereits bekannt: Bei niedrigeren Außentemperaturen wird durch Wärmestrahlung, Wärmeleitung und Konvektion ständig Energie in Form von Wärme an die Umgebung abgegeben.

Um die Temperatur im Innern konstant zu halten, muss ständig Energie zugeführt werden, meist in Form von **chemischer Energie**, indem wir z.B. Öl oder Kohle ins Haus bringen und dort verbrennen. Das Haus stellt einen **Energiewandler** dar. Die gesamte Energie, die wir in das Haus hineinstecken, fließt wieder in die Umgebung, und zwar unabhängig davon, ob das Haus gut oder schlecht isoliert ist.

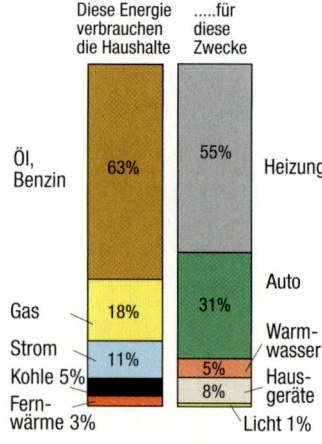

2 Der private Energieverbrauch in der Bundesrepublik Deutschland

Energieversorgung eines Hauses

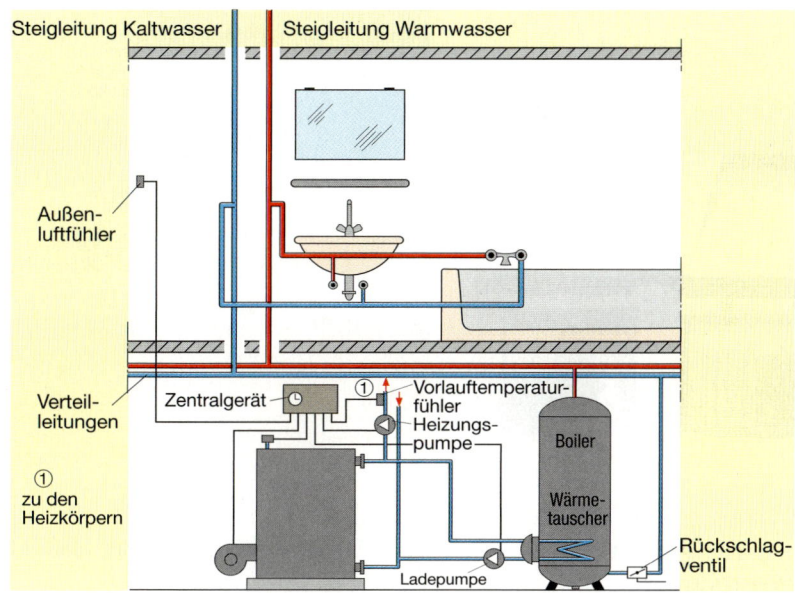

3 Heizkessel mit getrennter Brauchwasserbereitung

Heizung und Brauchwasserbereitung

Zur Heizung werden Brennmaterialien wie leichtes Heizöl, Gas, Kohle und auch Holz verwendet. Durch Oxidation wird die chemische Energie umgewandelt und als Wärme an die Zimmerluft, an die Wände und die übrigen Gegenstände im Haus übertragen. Die Warmwasserbereitung kann mit der Heizung gekoppelt sein. Man kann warmes Wasser aber auch von ihr getrennt in Elektroboilern oder mit Hilfe von Wärmepumpen erzeugen.

In Bild 3 ist eine Kombination von **Niedertemperaturkessel** mit getrennter **Brauchwassererwärmung** schematisch abgebildet. Während in Kesseln älterer Bauart über das ganze Jahr hinweg eine Kesseltemperatur von 70 °C eingehalten werden musste, beeinflusst das Zentralsteuergerät in dieser Anlage über den Außenluftfühler direkt die Kesseltemperatur. Diese wird gerade so gewählt, dass das durch die Heizkörper gepumpte Wasser für die Räume die nötige Wärme liefert, um die Zimmertemperatur aufrechtzuerhalten.

Das Zentralgerät steuert auch die Brauchwasserbereitung. Das Warmwasser wird oben am Boiler abgezapft. Sinkt die Brauchwassertemperatur, dann schaltet das Zentralgerät die Umwälzpumpe des Heizungssystems ab und die Versorgung des gesamten Heizsystems wird unterbrochen. Gleichzeitig wird die Ladepumpe eingeschaltet und die Kesseltemperatur für die Dauer der Aufheizung des Brauchwassers auf 70 °C eingestellt. Dies geschieht auch beim Sommerbetrieb. Zu den übrigen Zeiten bleibt der Heizkessel abgeschaltet.

☐ 6: Warum muss die Heizwassertemperatur 10 °C bis 15 °C über der Brauchwassertemperatur liegen?

Heizen mit einem Kühlschrank?

Das Prinzip der Wärmepumpe kann nicht nur zum Kühlen, sondern auch zum Heizen genutzt werden. Beim Kühlschrank wird bei niedriger Temperatur dem Kühlraum Wärme entzogen und bei hoher Temperatur der Zimmerluft zugeführt. Soll die Wärmepumpe als Heizung wirken, dann muss der „Kühlraum" in den Außenbereich gelegt werden. Gekühlt wird dann z. B. die Außenluft, das Erdreich oder das Grundwasser durch Verdampfen einer Flüssigkeit. Die dem Arbeitsmittel übertragene Verdampfungsenergie wird an das Brauchwasser oder Heizungswasser abgegeben.

☐ 7: Beschreiben Sie die verschiedenen Möglichkeiten, mit Wärmepumpen der Umgebung Energie zu entziehen! Wozu dient der Heizkessel? (Bild 5)

In den Sommermonaten kann mit Flachkollektoren (Kollektor, lat. = Sammler) die Sonnenstrahlung sehr gut zur Warmwasserversorgung genutzt werden.

☐ 8: Erläutern Sie die Wirkungsweise der Warmwasserbereitungsanlage in Bild 4! Weshalb muss eine Zusatzheizung eingebaut werden?

Aufgaben

1. Warum ist bei einem Haus eine ständige Energiezufuhr nötig?
2. Begründen Sie die Aussage: Das Haus ist ein Energiewandler!
3. Beschreiben Sie zwei verschiedene Möglichkeiten der Brauchwassererwärmung!

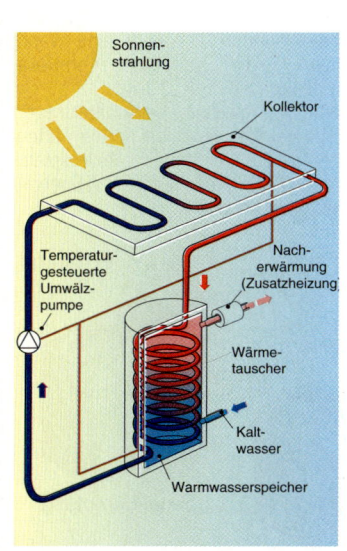

4 Schematische Darstellung einer Warmwasserbereitung mit Solarenergie

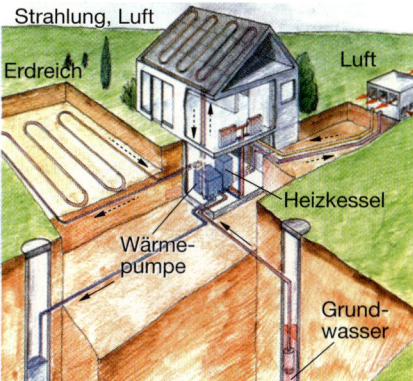

5 Möglichkeiten für Wärmepumpen

Wärmelehre

1 Schlechte und gute Wärmedämmung

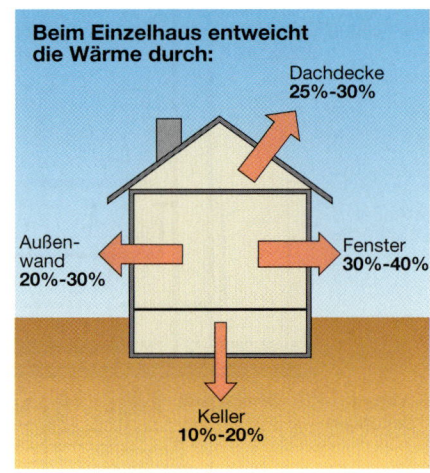

3 Wärmeabgabe eines Hauses

Was ist eine Wärmedurchgangszahl?

Fließt in einem Haus infolge schlechter Wärmedämmung zu viel Energie ab, dann muss auch viel Energie mit Hilfe von Öl, Gas, Kohle oder auf andere Weise nachgeliefert werden. Das ist teuer und belastet die Umwelt. Wie viel gute Wärmedämmung ausmacht, ist in Bild 1 zu sehen.

☐ 1: Geben Sie an, woran die schlechte Wärmedämmung in Bild 1 zu erkennen ist! Begründen Sie die Antwort!

Durch die Außenwände und durch die Fenster entweicht der größte Teil der Wärme (Bild 3). Den Wärmefluss kann man aber nicht auf null herabdrücken.

Auch bei einem **Niedrig-Energie-Haus** ist bei konstanter Innentemperatur die hineinfließende Energie gleich der abfließenden Energie. Um Energie einzusparen, ist es besonders wichtig, diesen Energiefluss so gering wie möglich zu halten. Daher muss man ein Haus gut gegen Wärmeverluste isolieren. Das ist besonders wichtig für Einfamilienhäuser, die praktisch nur mit der zugestrahlten Sonnenenergie auskommen sollen (Null-Energie-Haus). Die Forschungen sind noch im Gange.

In diesem Zusammenhang spielt der sogenannte „k-Wert" eine wichtige Rolle. Dieser soll möglichst geringe Werte annehmen. Das Übertragen der Wärme von der Innenluft an die Wand und von dieser auf die Außenluft erfolgt nicht nur durch Wärmeleitung, sondern an den Grenzen (Wandflächen) auch durch Konvektion. Dieser Wärmedurchgang, der sich aus Wärmeleitung (Bild 2) und Konvektion zusammensetzt, wird durch die **Wärmedurchgangszahl**, den k-Wert, erfasst.

Einheit des k-Werts: $1\,\dfrac{\text{W}}{\text{m}^2\cdot\text{K}} = 1\,\dfrac{\text{J}}{\text{m}^2\cdot\text{s}\cdot\text{K}}$

> Der k-Wert gibt an, welche Wärme in einer Sekunde pro Grad Temperaturdifferenz durch eine Wandfläche von 1 m² fließt.

Um die Hauswände gut zu isolieren, werden Mineralfasermatten oder Styroporplatten verwendet. Dann liegt der k-Wert für eine Hauswand bei weniger als 0,5 W/m²·K. Beispiele sind in Bild 4 aufgeführt.

Aufgaben

1. Der k-Wert einer Wand betrage 0,4 $\frac{\text{W}}{\text{m}^2\cdot\text{K}}$. Wie viel Wärme fließt in 1s durch eine Wandfläche von 1 m² bei einer Temperaturdifferenz von 1 K, 5 K, 10 K?
2. Begründen Sie, weshalb beim Übertragen der Wärme von der Innenluft an die Außenwand auch die Konvektion eine Rolle spielt!
3. Warum ist die Bezeichnung Null-Energie-Haus eigentlich falsch?

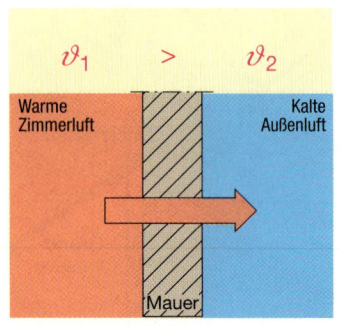

2 Mauer als Wärmeleiter

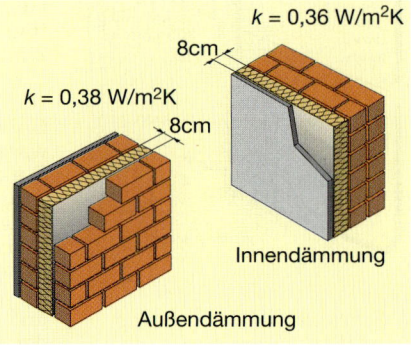

4 Wärmedämmung von Hauswänden

Energieversorgung eines Hauses

5 Energie muss gespart werden!

Energie sparen! – Aber wie?

Alle reden vom Energiesparen! Aufkleber auf Autos und auch Karikaturen sollen uns erinnern und zum Sparen ermuntern (Bild 5).

Wie sich Energie sparen lässt, haben wir bereits am Beispiel der Wärmedämmung eines Hauses gesehen. Es kommt darauf an, mit 100 Liter Heizöl möglichst 7 Tage und mehr und nicht nur 6 Tage lang auszukommen. Die Sparmöglichkeiten im Bereich der Raumheizung sind besonders groß.

☐ 2: Nennen Sie bauliche Maßnahmen, die die Wärmeverluste erheblich verringern!

Mit einer guten Wärmedämmung der Hauswände und einer besseren Verglasung können die Verluste wesentlich verringert werden. So beträgt z. B. der k-Wert bei einfachen **Verbundglasfenstern** bis zu 4 W/m²·K; für **Isolierglasscheiben** (Doppelscheiben) liegt er bei etwa 3 W/m²·K (Bild 6) und kann durch Dreifachscheiben noch weiter herabgesetzt werden.

Daher darf in Neubauten nur noch Isolierglas für die Wohnräume verwendet werden und die Hauswände müssen bezüglich des **Wärmeschutzes** bestimmten Mindestanforderungen genügen. Auch beim Verändern bestehender Gebäude, z. B. beim Ausbau eines beheizbaren Dachgeschosses oder beim Ersatz von Fenstern, muss gleichzeitig für eine bessere Isolierung gesorgt werden.

☐ 3: Wo treten bei der Heizungsanlage Wärmeverluste auf? Wie kann man sie vermindern?

Wie man bei den Fenstern eines Hauses die Wärmedämmung verbessern kann, zeigt Bild 6.

31% des Energiebedarfs eines Privathaushalts benötigt das Auto. Auch hier können wir sparen, wenn der Benzinverbrauch gesenkt wird. Wenn ein Auto auf 100 km statt 10 Liter nur 5 Liter verbrauchte, wäre dies eine Ersparnis von 50%. Mit 1 Liter Benzin käme man nicht nur 10 km weit, sondern 20 km.

> Energie sparen bedeutet, beim Einsatz einer bestimmten Energiemenge möglichst viel Gegenwert zu erhalten.

Wir haben dargestellt, dass neben dem Pkw besonders die Bereiche Heizung und Warmwasserbereitung auf Einsparmöglichkeiten untersucht werden müssen. Aber auch bei den vielen übrigen Energieumwandlungen in einem Haushalt sollte man die Energie sinnvoll einsetzen und Energieverschwendung vermeiden.

Nur im Schlaraffenland soll es alle Annehmlichkeiten ohne Arbeit gegeben haben. Wir jedoch müssen für Energie einen Preis bezahlen. Schon daher sollten wir am Sparen von Energie interessiert sein. Es gibt jedoch zwei weitere sehr ernst zu nehmende Gründe:

1. Viele Energieträger sind nicht unbegrenzt verfügbar! Die Erdöl-, Erdgas- und Kohlevorkommen werden irgendwann ausgebeutet sein; jedenfalls wird es immer schwieriger und auch teurer, diese Primärenergieträger zu fördern. Man schätzt, dass beim gegenwärtigen jährlichen Verbrauch die Ölvorräte noch ca. 50 Jahre, die Erdgasreserven etwa 60 Jahre und die Kohle einige hundert Jahre reichen werden.

2. Das „Herstellen" von hochwertiger Energie belastet unsere Umwelt! Die für uns so besonders bequeme und angenehme elektrische Energie („Strom kommt ins Haus") muss in Kohle-, Öl- und Kernkraftwerken erzeugt werden. Doch Kraftwerke belasten z. B. durch Staub- und Rußemissionen (Kohle, Öl) bzw. durch die Erwärmung der Flüsse und der Luft unsere Umwelt.

> „Energie sparen" heißt also auch gleichzeitig, etwas für die Erhaltung unserer Umwelt zu tun.

Aufgaben
1. Geben Sie an, in welchen Bereichen Energie gespart werden kann!
2. Wie kann man auch beim Kochen durch überlegte Energieanwendung Energie sparen?
3. Schätzen Sie den Energiebedarf in einer 4-Zimmer-Wohnung für Licht ab!

	k-Wert (in $\frac{W}{m^2 \cdot K}$)	Lichtdurchlässigkeit (in %) ca.
Isolierglas	3,0	80
Dreifachscheibe	1,7–2,4	72
beschichtete Wärmeschutzscheibe	1,5–1,9	60–65

6 Verschiedene Verglasungen

Wärmelehre

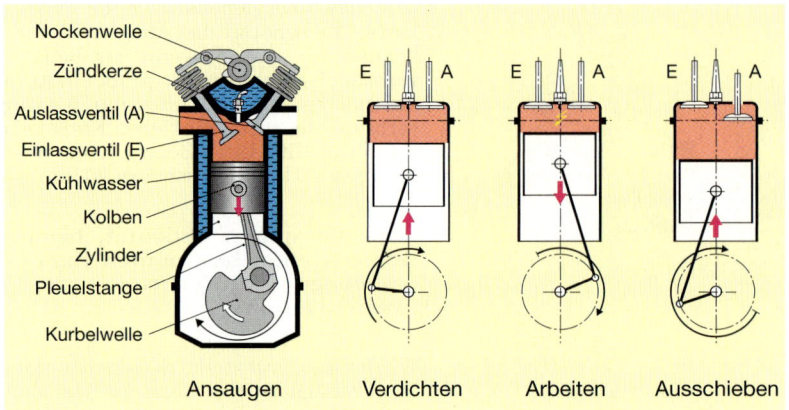

1 Arbeitsweise des Viertakt-Ottomotors

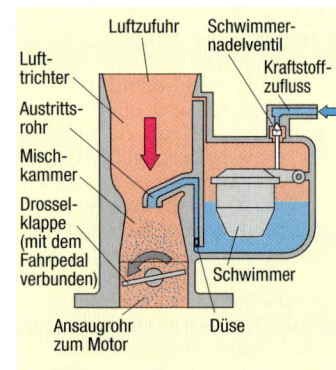

2 Einfacher Vergaser

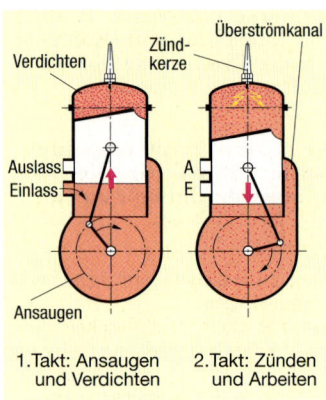

3 Zweitaktmotor

Verbrennungsmotoren

Der Viertakt-Ottomotor

Bei seinen Versuchen zur Verbesserung des Verbrennungsmotors erkannte Otto recht bald, dass das Gas-Luft-Gemisch vor dem Zünden verdichtet werden muss und alle Teilschritte vom Ansaugen über das Verdichten und Verbrennen bis hin zum Ausschieben der Verbrennungsgase in einem einzigen Zylinder ablaufen können. Dies ist auch das Prinzip der heutigen Viertakt-Ottomotoren.

Ein Kolben bewegt sich in einem Zylinder hin und her. Dabei kann man vier verschiedene Takte unterscheiden (Bild 1):

Ansaugen (1. Takt): Das Einlassventil öffnet sich und der Kolben saugt ein Kraftstoff-Luft-Gemisch, das von einem Vergaser erzeugt wird, in den Zylinder.

Verdichten und Zünden (2. Takt): Das Einlassventil wird geschlossen. Der Kolben verdichtet das Gemisch und die Temperatur des Gases steigt auf ca. 500 °C an. Noch bevor der Kolben die höchste Stellung erreicht hat, wird das Gemisch gezündet. Durch die Verbrennung steigt die Temperatur kurzzeitig bis über 2 000 °C an, verbunden mit einem Druckanstieg.

Arbeiten (3. Takt): Das Gas dehnt sich aus, schiebt den Kolben vor sich her und verrichtet dabei Nutzarbeit.

Ausschieben (4. Takt): Vor Erreichen der tiefsten Stellung des Kolbens öffnet sich das Auslassventil, damit genügend Zeit zum Ausschieben der Verbrennungsgase besteht. Nach dem Schließen des Auslassventils beginnt der Ablauf wieder von vorn.

Die Hin- und Herbewegung des Kolbens wird durch die **Pleuelstange** auf die **Kurbelwelle** übertragen.

Im Vergaser wird das Benzin in feine Tröpfchen zerstäubt, die leichter verdampfen.

▽ 1: Tauchen Sie ein dünnes Glasröhrchen teilweise in ein mit Wasser gefülltes Becherglas! Blasen Sie mit einem zweiten Röhrchen, das vorne verengt ist, kräftig über das obere Ende des ersten Röhrchens! Das Wasser steigt im ersten Röhrchen hoch und wird vom Luftstrom grob zerstäubt.

☐ 2: Beschreiben Sie die wesentlichen Bauteile des in Bild 2 dargestellten Vergasers und ihre Funktion!

Der Ottomotor wurde „als die größte Erfindung seit Watt" bezeichnet. Von ihm nahm eine riesige Entwicklung der modernen Verbrennungskraftmaschinen ihren Ausgang. Karl Benz (1844–1929) konstruierte als erster 1886 einen brauchbaren Motorwagen.

Otto-Zweitaktmotor

Otto entwarf auch den Zweitaktmotor. Den Nachteil, dass auf vier Takte nur ein einziger Arbeitstakt erfolgt, vermeidet man beim Zweitakter (Bild 3).

Ansaugen und Verdichten (1. Takt): Der Kolben bewegt sich nach oben, verdichtet das Gemisch im Verbrennungsraum. Gleichzeitig wird der Einlasskanal geöffnet und das Kraftstoff-Luft-Gemisch in das Kurbelgehäuse gesaugt.

Zünden und Arbeiten (2. Takt): Das Gas erhitzt sich durch die Verbrennung auf etwa 1000 °C, dabei dehnt es sich aus und verrichtet Arbeit. Der Kolben wird nach unten gedrückt. Im unteren Teil gibt er den Weg frei für die Verbrennungsgase und für das Kraftstoff-Luft-Gemisch. Infolge des geringen Überdrucks entweichen die Verbrennungsgase weitgehend. Der Rest wird durch das frische Gemisch, das durch den Überströmkanal aus dem Kurbelgehäuse in den Zylinder einströmt, aus dem Zylinder ausgespült.

☐ 3: Warum würden die Motoren ohne Schwungrad nicht funktionieren?

Wegen der nicht vermeidbaren, geringen Vermischung des Kraftstoff-Luft-Gemisches mit den Verbrennungsgasen haben Zweitaktmotoren einen geringeren Wirkungsgrad als Viertaktmotoren. Sie sind aber einfacher und billiger herzustellen. Man findet sie meist bei Mofas, Motorrädern, Rasenmähern und Motorbooten.

Verbrennungs- und Wärmekraftmaschinen

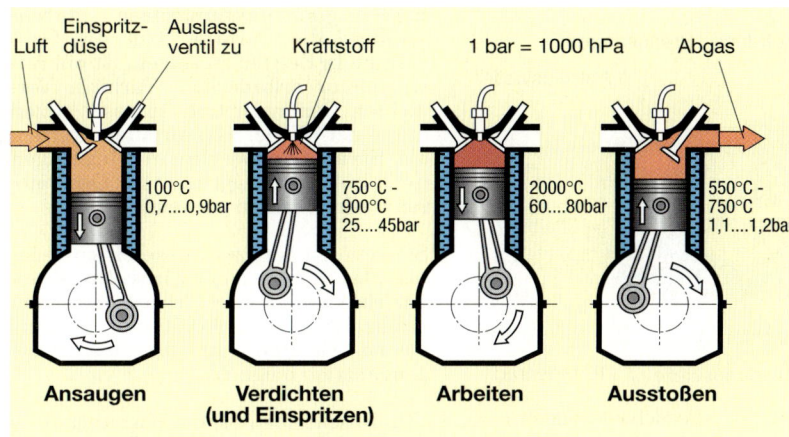

4 Arbeitsweise des Viertakt-Dieselmotors

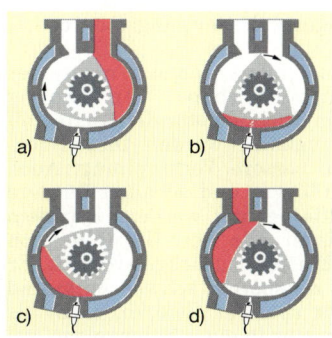

5 Wankelmotor

Der Dieselmotor

☐ 4: Machen Sie sich am Ottomotor noch einmal klar, dass die Nutzenergie bei der Expansion der Verbrennungsgase gewonnen wird!

☐ 5: Begründen Sie, dass die Nutzenergie der inneren Energie der Verbrennungsgase entstammt!

Die Energieabnahme der Verbrennungsgase ist ein Maß für die Nutzarbeit und dann besonders groß, wenn die Verbrennungstemperaturen hoch, die Abgastemperaturen aber niedrig sind. Der Temperaturunterschied nimmt zu bei größer werdender Verdichtung. Ein hoher Wirkungsgrad kann demnach durch ein hohes **Verdichtungsverhältnis** (Gesamtvolumen : komprimiertes Volumen) erreicht werden.

Die Verdichtung kann jedoch beim Ottomotor nicht unbegrenzt erhöht werden, da sich das Gemisch wegen der hohen Temperatur selbst entzündet. Es entsteht ein klopfendes Geräusch. Die Verdichtung liegt in der Praxis um 8 : 1. Eine hohe Verdichtung erreicht der von Rudolf Diesel (1858-1913) erfundene Motor.

Der **Dieselmotor** verdichtet zunächst nur Luft (Verdichtungsverhältnis etwa 22 : 1). Der Druck steigt auf über 40 bar (40 000 hPa) an, die Temperatur auf 750 °C bis 900 °C (Bild 4).

Wegen der hohen Temperatur kann der Kraftstoff (Dieselöl) nicht der Luft vorher beigemischt werden, sondern kurz vor dem oberen Totpunkt wird der Treibstoff eingespritzt. Er entzündet sich wegen der hohen Temperatur selbst. Der Brennstoff wird meist in eine Kammer gespritzt. Dadurch erreicht man eine bessere Verbrennung. Dieselmotoren werden als Zwei- und Viertakter gebaut.

Der Wankelmotor

Otto- und Dieselmotoren haben den Nachteil, dass die hin- und hergehenden Kolben durch große Kräfte abwechselnd beschleunigt und verzögert werden müssen. Das führt zu Erschütterungen und zu einer starken Beanspruchung vieler Teile.

Im **Drehkolbenmotor** nach Felix Wankel (1954) werden diese Nachteile vermieden. In einem Zylinder, dessen Querschnitt besonders geformt ist, rotiert ein Kolben, dessen Querschnitt annähernd ein Bogendreieck ist (Bild 5). Zwischen Kolben und Zylinder werden drei Kammern gebildet, deren Größe periodisch wechselt.

☐ 6: In Bild 5 sind vier verschiedene Stellungen des Kolbens erkennbar. Erklären Sie danach die Wirkungsweise des Wankelmotors!

Kraftstoffe

Die zum Betreiben der Motoren notwendige Energie stammt aus der bei der Verbrennung freiwerdenden **chemischen Energie** der Kraftstoffe. Sie werden überwiegend in Raffinerien aus Erdöl hergestellt, das chemisch gesehen aus unterschiedlich aufgebauten Kohlenwasserstoffverbindungen besteht.

Für Ottomotoren sind Kraftstoffe nötig, die eine relativ hohe Selbstentzündungstemperatur haben, um eine möglichst große Verdichtung zu erreichen. **Ottokraftstoffe** haben einen Siedebereich von 30 °C bis 215 °C. Eine weitere wichtige Kenngröße, von der Drehzahl, Leistung, Wirkungsgrad des Motors und die Zusammensetzung der Auspuffgase entscheidend abhängen, ist das Luft-Benzinverhältnis, mit der das Gemisch in den Zylinder gelangt.

Um 1 kg Kraftstoff zu verbrennen, sind theoretisch rund 15 kg Luft nötig. Ist mehr Luft vorhanden, als zur Verbrennung nötig ist, so spricht man von einem **mageren Gemisch**, im umgekehrten Fall von einem **fetten Gemisch**. Um die Gemischbildung optimal an die jeweiligen Fahrzustände anzupassen, werden hohe Anforderungen an die modernen Vergaser gestellt. Inzwischen werden auch für Ottomotoren Einspritzanlagen gebaut, bei denen das Benzin in die Ansaugrohre vor die Einlassventile gepumpt wird. Dadurch konnte der Benzinverbrauch verringert werden.

Dieselkraftstoffe haben einen Siedebereich zwischen 230 °C und 300 °C, sie müssen sich aber besonders leicht entzünden lassen.

Wärmelehre

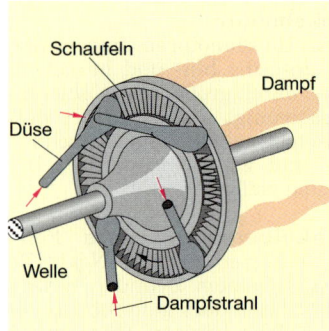

1 Dampfstrahlen treiben ein Turbinenrad

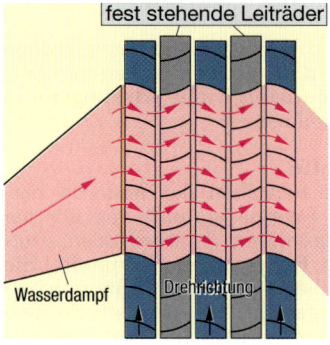

2 Lauf- und Leiträder einer Turbine

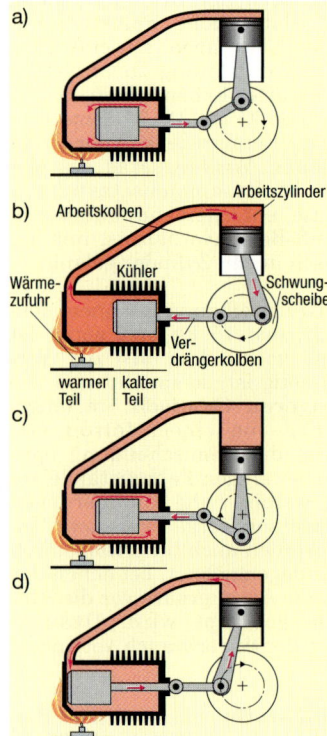

3 Stirlingmotor

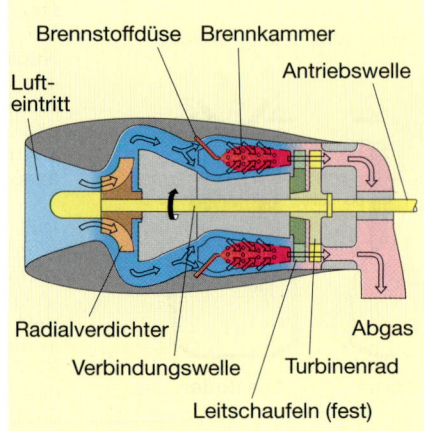

4 Einwellen-Gasturbine

Turbinen

Dampfturbinen
Das Prinzip der Turbinen ist einfach: Das Gas (Wasserdampf, Luft, Verbrennungsgase) strömt gegen ein Flügelrad und versetzt dieses in Drehung. Damit wird die kinetische Energie des strömenden Gases in Rotationsenergie des Rades verwandelt.

Die Arbeitsfähigkeit des strömenden Wasserdampfes war schon im Mittelalter bekannt, ein wesentlicher Fortschritt gelang aber erst gegen Ende des 19. Jh. Der Schwede Gustaf de Laval (1845–1913) ließ Dampf mit hoher Geschwindigkeit aus Düsen gegen die Schaufeln eines Rades strömen (Bild 3). Der Amerikaner C. G. Curtis (1860–1953) hatte 1896 die Idee, den aus dem Laufrad austretenden Dampf weiter auszunutzen. Er lenkte ihn durch die Schaufeln eines fest stehenden Leitrades auf die Schaufeln eines zweiten Rades auf derselben Welle. Dies kann man fortsetzen. Man gelangt so zu einer Maschine, die aus mehreren Leit- und Laufrädern besteht (Bild 2).

Dampfturbinen werden heute nach diesem Prinzip gebaut. Sie werden vorwiegend in Kraftwerken eingesetzt.

Gasturbinen
Gasturbinen arbeiten ähnlich wie Dampfturbinen. Der Wasserdampf wird ersetzt durch die heißen Verbrennungsgase, die in einer Brennkammer kontinuierlich verbrennen.

Luft wird von einem Kompressor (Verdichter) auf den Druck komprimiert, bei dem die Verbrennung ablaufen soll. In die verdichtete Luft wird der Brennstoff eingespritzt und verbrannt. Dadurch steigt die Temperatur weiter an. Die heißen Verbrennungsgase durchströmen die Turbine. Um die Gasturbine in Betrieb zu setzen, ist ein Anwurfmotor erforderlich. Turbine, Verdichter, Generator und Anlasser sitzen auf einer Welle. Gasturbinen werden als **Strahltriebwerke** in Flugzeugen und als Antriebsaggregate für Generatoren in Kraftwerken verwendet.

Sie gehören dort zur ausgereiften Technik. Das Schema einer **Einwellen-Gasturbine** zeigt Bild 4. Wegen der hohen Drehzahlen (etwa 60 000/min) ist eine solche Turbine nur für den Flugzeugantrieb möglich.

☐ 1: Beschreiben Sie die Wirkungsweise der Einwellen-Gasturbine (Bild 4)!

Stirlingmotor

Großes Interesse findet heute wieder der von dem schottischen Geistlichen Robert Stirling (1790–1878) bereits 1816 erfundene Motor. Durch einen mit dem Kurbelgetriebe verbundenen Verdrängerkolben wird das Arbeitsgas, heute meist Helium, abwechselnd zum heißen und zum kalten Teil transportiert. In Bild 3 ist schematisch die Funktionsweise eines **zweizylindrischen Stirlingmotors** wiedergegeben.

a) Während der Verdrängerkolben die Luft vom kalten zum warmen Teil des Zylinders schafft, befindet sich der Arbeitskolben weit oben.
b) Die Luft wird erwärmt und schiebt den Arbeitskolben nach unten. Der Verdränger befindet sich jetzt rechts.
c) Wenn der Arbeitskolben die untere Lage erreicht hat, ist der Verdrängerkolben erneut in vollem Gange und schiebt die Luft in den kalten Teil.
d) In der nächsten Phase wird infolge des Schwungrades der Arbeitskolben weiterbewegt und komprimiert die Luft, die gleichzeitig gekühlt wird. Der Verdrängerkolben nimmt nun die Stellung links ein. Wenn der Arbeitskolben wieder die obere Lage erreicht hat, beginnt der Vorgang von neuem.

Anders als beim Ottomotor mit seiner nichtkontinuierlichen Verbrennung kann beim Stirlingmotor der Brennstoff dauernd zugeführt werden. Dies ermöglicht eine bessere Verbrennung. Auch können billigere und schadstoffärmere Brennstoffe benutzt werden. Trotzdem haben bisher alle Pkw-Hersteller von seinem Einsatz zurückgeschreckt. Er gilt noch als sperrig, schwer, lahm und teuer. Für spezielle Zwecke, z. B. als Antriebsmotor in einer Solaranlage, gewinnt der Stirlingmotor an Bedeutung.

Verbrennungs- und Wärmekraftmaschinen

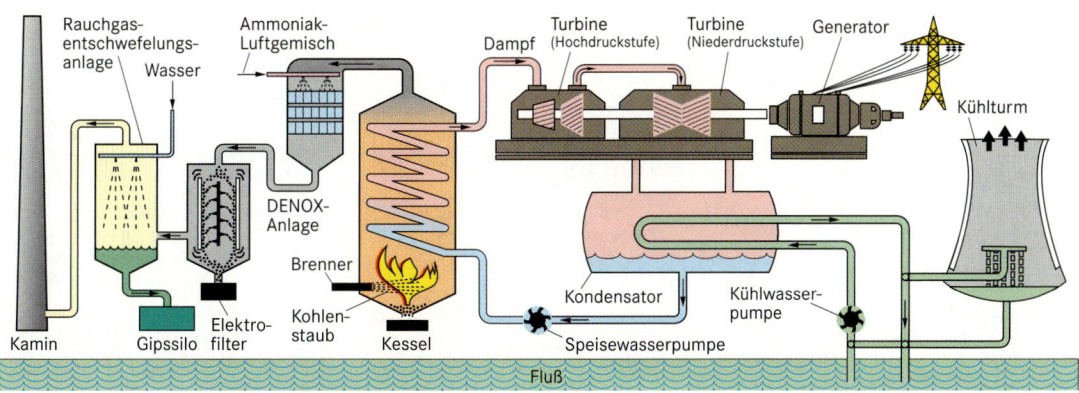

5 *Kohlenkraftwerk*

Dampfkraftwerk

Aufbau eines Kohlekraftwerks

In Dampfkraftwerken werden die Elektrogeneratoren durch Dampfturbinen angetrieben. Der zum Betrieb der Turbinen nötige Wasserdampf wird durch Kohle- und Ölfeuerung oder mit Kernreaktoren erzeugt.

Wir zeigen am Beispiel eines **Kohlekraftwerkes** den Aufbau eines modernen Wärmekraftwerks (Bild 5).

Der in der Kohlenstaubmühle zerkleinerte Brennstoff gelangt durch ein Gebläse in den Brenner. Dort wird er unter Beimischung vorgewärmter Luft verbrannt. Die heißen Rauchgase übertragen Wärme an das Wasser, das verdampft. Der Wasserdampf wird im Überhitzer auf hohe Temperaturen gebracht. Die Abgase erwärmen das Speisewasser und die Luft. Beim Durchströmen der Turbine entspannt sich der Dampf und treibt den Läufer an. Die zunehmende Ausdehnung des Dampfes erklärt das Größerwerden der Schaufelräder vom Anfang zum Ende der Turbine.

Der Dampf kühlt sich im Kondensator weiter ab und wird wieder zu Wasser. Die an das Kühlwasser übertragene Energie wird an die Umgebung abgeführt. Das Kühlwasser wird entweder einem Fluss entnommen und diesem wieder mit höherer Temperatur zugeführt oder es gibt in einem Kühlturm Wärme an die Luft ab.

Energieausnutzung

Der Energieausnutzung bei diesem gesamten Vorgang sind bestimmte Grenzen gesetzt. Die zugeführte Wärme dient dazu, den Dampf zu erzeugen und ihn auf eine möglichst hohe Temperatur und einen möglichst hohen Druck zu bringen. Moderne Dampfkraftwerke haben einen **Wirkungsgrad** ca. 40%, d.h. 40% der eingesetzten Energie wird in elektrische Energie umgewandelt.

Schadstoffemissionen-Reduzierung

Beim Verbrennen von Kohle, Öl oder Gas in Kraftwerken, Motoren oder Heizungen entstehen u.a. Oxide des Schwefels und des Stickstoffs, die in die Umwelt gelangen (vgl. auch Seite 101). Die Schadstoffemissionen konnten in den letzten Jahren deutlich verringert werden (siehe Seite 102).

Die Rauchgase durchlaufen zunächst einen **Elektrofilter**. Hier werden die Stäube auf elektrostatischem Wege entfernt. Bei der nachgeschalteten Entschwefelung wird beim Kalkverfahren mit Kalkhydrat das Schwefeldioxid zu Gips chemisch gebunden und ausgeschieden.

Die **Entstickung** erfordert einen größeren Aufwand. Besondere Brennerkonstruktionen verringern bereits die Stickstoffoxidproduktion. Der verbleibende Rest muss in den Rauchgasen reduziert werden. Durch Zusatz von Ammoniak entsteht aus den Stickstoffoxiden das Gas Stickstoff und Wasser. Mit Katalysatoren wird die Reaktionstemperatur von 1000° C herabgesetzt. Heute werden Entstickungsgrade von 90 % erzielt.

Trotz dieses hohen technischen Aufwandes können die Emissionen nicht auf null reduziert werden. Typische Werte eines 420-MW-Kohlekraftwerkes: Entstaubung: Rückhaltegrad 99,7 %; Entschwefelung: Abscheidegrad 85 %; Emissionen: Stäube 50 mg/m^3, Schwefeldioxid 250 mg/m^3, Stickoxide 200 mg/m^3.

Aufgaben

1. Beschreiben Sie die Energieumwandlungen beim Wärmekraftwerk!
2. Ein Wärmekraftwerk arbeitet mit einem Gesamtwirkungsgrad von 40 % und erzeuge eine Nutzleistung von 1300 MW. Welche Abwärme wird an die Umgebung in einer Sekunde, im Laufe eines Tages abgegeben?

Wärmelehre

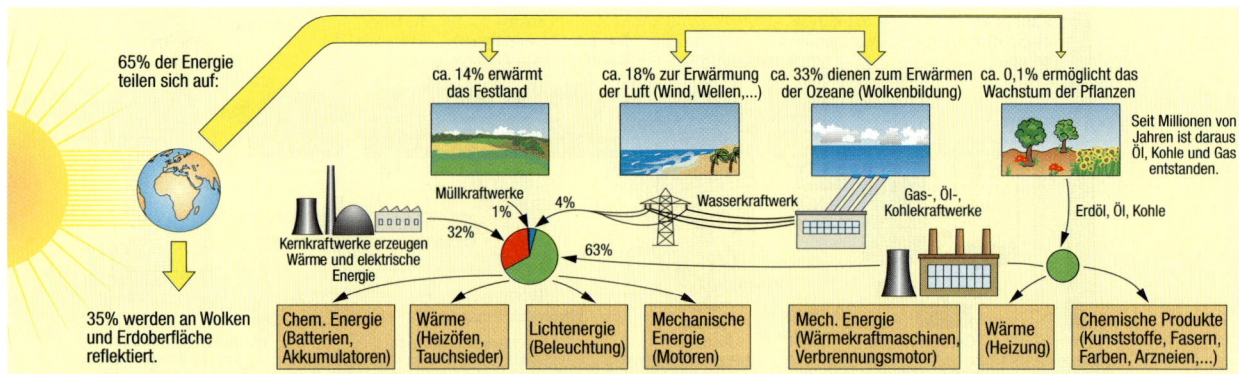

1 Was mit der Sonnenenergie geschieht

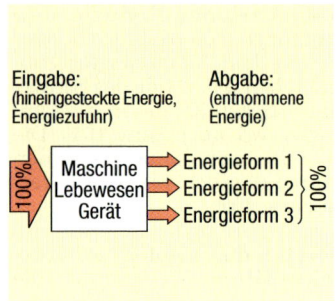

2 Energiebilanz bei einem Energiewandler (ohne Energiespeicherung)

Energieumwandlungen

Energiewandler. Eine Glühlampe z. B. nimmt elektrische Energie auf und gibt außer der Lichtenergie auch Wärme ab. Dabei ist die hineingesteckte Energie gleich der Summe aus Lichtenergie und Wärme. Eine solche Energiebilanz gilt für jeden Energiewandler (Bild 2). Dabei können mehrere Energieformen auftreten. Auch bei einem Haus ist die hineinfließende Energie aus chemischer Energie, elektrischer Energie und Wärme gleich der aus dem Haus meist in Form von Wärme austretenden Energie (Energieerhaltungssatz). Allerdings darf hierbei im Haus keine Energie gespeichert werden. Das ist z. B. der Fall, wenn ein Akku geladen wird oder ein Mensch Fett ansetzt (gespeicherte Energie in Form von chemischer Energie).

> Wird in einem Energiewandler keine Energie gespeichert, dann ist die Summe der zugeführten Energien gleich der Summe der abgeführten Energien.

In Bild 1 sind der Energiefluss von der Sonne zur Erde und die Wirkungen der Sonnenenergie dargestellt.

☐ 1: Beschreiben Sie anhand von Bild 1 die Wirkungen der Sonnenenergie und die dabei stattfindenden verschiedenen Energieumwandlungen!

Wirkungsgrad

Eine Maschine hat die Aufgabe, eine bestimmte Energieform zu liefern. Beim Auto interessiert man sich für die Bewegungsenergie, bei einem Kraftwerk für die elektrische Energie, bei der Glühlampe für die Lichtenergie.

☐ 2: Geben Sie weitere Beispiele für Energiewandler an! Nennen Sie jeweils die zugeführte und die gewünschte Energieform!

Bei allen Energieumwandlungen ist es wichtig zu wissen, welcher Anteil der zugeführten Energie in die gewünschte Energieform (**Nutzenergie**) umgewandelt werden kann. Darüber gibt der **Wirkungsgrad** Auskunft:

$$\text{Wirkungsgrad} = \frac{\text{ausgenutzte Energie}}{\text{hineingesteckte Energie}}$$

Der Wirkungsgrad ist stets kleiner als 1 (<100%). Beispiele zeigt Bild 3.

Auswirkungen der Energienutzung

Durch die Ende des 18. Jahrhunderts in Europa beginnende **Industrialisierung** hat sich das Leben des Einzelnen und der Gesamtheit der Menschen tiefgreifend verändert. Diese Entwicklung ist durch die folgenden Grundzüge gekennzeichnet:

- Beseitigung der Bedrohung durch Hungersnöte,
- Verbesserung der Wohnverhältnisse für die unteren sozialen Schichten,
- Vergrößerung der Freizeit, Verbesserung der Schulbildung.

Die **verbesserten Lebensbedingungen** hatten im Zusammenwirken mit dem ungeheuren Zuwachs medizinischer Kenntnisse auch eine bedeutende Steigerung der **mittleren Lebenserwartung** zur Folge, nämlich von ca. 40 Jahren um 1800 auf über 70 Jahre heute.

Eine Voraussetzung für die Industrialisierung war die Bereitstellung von Energie. So stieg der Primärenergiebedarf von ca. 1 000 kWh pro Einwohner im Jahre 1 800 auf etwa 5 000 kWh im Jahr 1950 an (Weltdurchschnitt). In den westlichen Industrieländern betrug er 1950 bereits 26 000 kWh und hat heute etwa den Wert von 50 000 kWh.

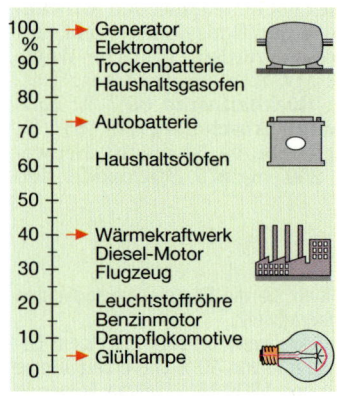

3 Wirkungsgrade technischer Geräte

Energie um Umwelt

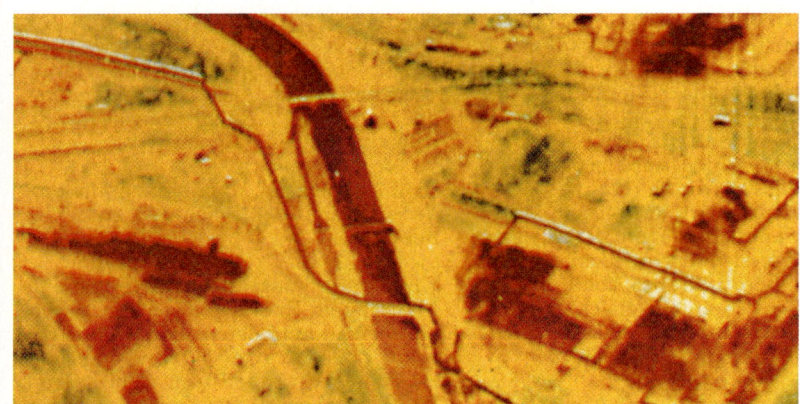

4 Abwärme von Industrieanlagen

☐ 3: Geben Sie weitere Beispiele an für die Umwandlung der Nutzarbeit in Wärme!

☐ 4: Begründen Sie, warum letztlich die gesamte eingesetzte Energie an die Umgebung abgeführt wird!

Die Umgebung (Umgebungsluft, Erdboden, Wasser) erhält ständig durch den Verbrauch fossiler und nuklearer Energieträger zusätzlich Energie. Diese zusätzliche Energie kann die Temperatur erhöhen.

Während eine deutsche Familie heute täglich durchschnittlich 12,4 kg SKE (≙ 100,7 kWh) verbraucht, müssen die Menschen in den Entwicklungsländern mit weit weniger auskommen. Diese stehen erst am Beginn der Verbesserung ihrer Lebensverhältnisse. Der mittlere Pro-Kopf-Verbrauch an Energie liegt weltweit bei etwa 2 kg SKE (16,2 kWh).

Die Kehrseite der Medaille
Der Verbrauch an hochwertiger Energie – dazu gehören z. B. die in Öl, Kohle oder Erdgas (fossile Brennstoffe) gespeicherte chemische Energie und die elektrische Energie – ist Voraussetzung für ein großes Angebot an Gütern und Dienstleistungen und einen hohen Lebensstandard. Andererseits ist das Bereitstellen dieser Energie mit Umweltbelastungen verbunden. Inzwischen haben die Umweltschädigungen ein bedenkliches Ausmaß erreicht. Die Zeit des sorglosen Umgangs mit Energie ist endgültig vorbei.

Worin besteht die Umweltbelastung?
Zwei Faktoren spielen eine wichtige Rolle: die Erwärmung der Erde und die Freisetzung von Schadstoffen.

1. Bei allen Wärmekraftmaschinen wird aus prinzipiellen physikalischen Gründen nur ein Teil der Wärme in nutzbare mechanische Arbeit umgesetzt. Der Rest wird in die Umgebung abgeführt. Auch große Industrieanlagen produzieren **Abwärme** (Bild 4). Der rote Farbton kennzeichnet die Gebiete höherer Temperatur. Die Einleitung erwärmten Wassers (dunkelrote Farbe) erfolgt unter der großen Brücke (unterhalb der Bildmitte).

Aber auch die Nutzarbeit wird in innere Energie umgewandelt und als Wärme letztlich an die Umgebung abgegeben, z. B. beim Abbremsen eines Autos.

Gemessen an der Energie, die täglich von der Sonne der Erde zugestrahlt wird, ist diese Abwärme äußerst gering. In Ballungsgebieten ist sie jedoch nicht mehr vernachlässigbar. Dort beeinflusst sie das Klima deutlich. Darüber hinaus kann das biologische Gleichgewicht, z. B. in einem Fluss, der das Kühlwasser aufnehmen muss, empfindlich gestört werden. Wir haben allen Grund, die zusätzliche Belastung so gering wie möglich zu halten.

2. Beim Verbrennen von Kohle, Öl oder Gas in Kraftwerken, Motoren oder Heizungen entstehen **Schadstoffe**, u.a. Oxide des Schwefels (SO_2) und des Stickstoffs (NO, NO_x), die in die Umwelt gelangen. Mit NO_x bezeichnet man ein Gemisch aus NO und NO_2. In Bild 5 sind die Stickstoffoxidemissionen in Megatonnen pro Jahr (Mt/a) nach verschiedenen Verursachergruppen aufgetragen. Die Oxide werden für das vor allem ab 1984 sichtbar gewordene Waldsterben verantwortlich gemacht.

Bei der Verbrennung werden außerdem riesige Mengen Kohlenstoffdioxid (CO_2) erzeugt, das in die Atmosphäre gelangt.

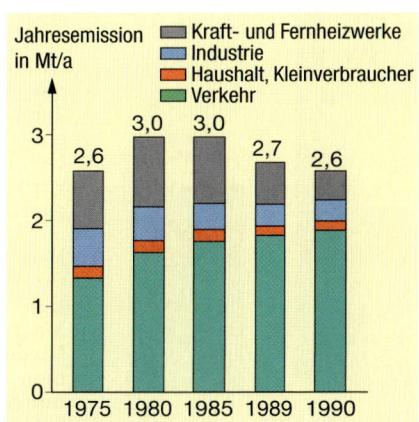

5 Entwicklung der Stickoxidemissionen (als NO_2)

Wärmelehre

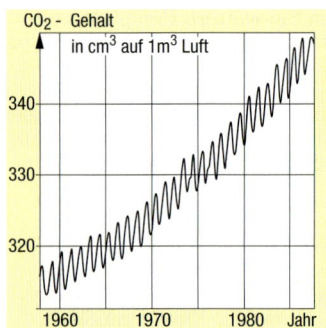

1 Kohlenstoffdioxidgehalt der Atmosphäre

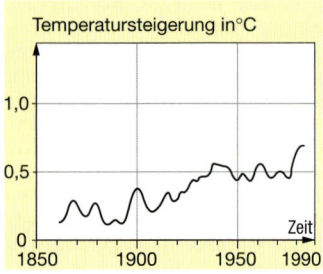

2 Temperatursteigerung durch CO_2 und andere Gase

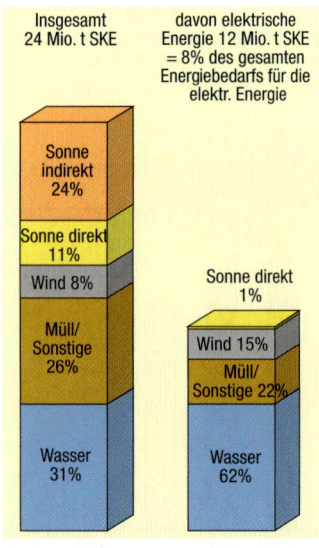

3 Wirtschaftlich ausschöpfbares Potential 2000 („günstigste Variante")

Das CO_2-Problem

Das Kohlenstoffdioxid in der Luft ist für die Grünpflanzen lebenswichtig. Diese bauen nämlich mit Hilfe von Wasser und Sonnenenergie Nährstoffe wie Zucker auf. Wir produzieren aber soviel zusätzliches Kohlenstoffdioxid in kurzer Zeit, dass es von der Umwelt nicht mehr verkraftet wird und sich in der Atmosphäre anreichert (Bild 1), mit sehr unangenehmen Konsequenzen. Zusammen mit einem weiteren Abfallprodukt der menschlichen Gesellschaft, dem Methan, sorgt es für eine deutliche **Temperatursteigerung** (Bild 2).

Wie ist das zu verstehen? Ein Teil der von der Erde ausgehenden Wärmestrahlung wird insbesondere von den Wolken direkt wieder zur Erde reflektiert. Ein anderer Teil wird von dem in der Atmosphäre vorhandenen Wasserdampf, dem CO_2 und anderen Spurengasen absorbiert.

Die Atmosphäre wird dadurch erwärmt und strahlt die Energie sowohl wieder an die Erde zurück als auch in den Weltraum. Die Atmosphäre wirkt dadurch wie das schützende Glasdach eines Gewächshauses. Daher bezeichnet man diesen Effekt auch als **Treibhauseffekt**.

▽ 1: Versuch zum Treibhauseffekt: Bedecken Sie den Boden einer flachen Glasschale mit Erde! Bestrahlen Sie diese mit einer starken Lampe und messen Sie die Temperatur der Erde! Legen Sie über die Glasschale eine Glasscheibe und wiederholen Sie den Versuch!

Jetzt wird eine deutlich höhere Temperatur gemessen. Erklärung: Die Erde absorbiert das Licht teilweise, erwärmt sich und strahlt Energie ab. Diese Wärmestrahlung wird aber von der Glasscheibe nicht durchgelassen: Die Temperatur steigt in der gleichen Zeit auf einen höheren Wert.

Ohne den Treibhauseffekt würde auf der Erde vermutlich eine mittlere Temperatur von −18 °C herrschen statt einer Temperatur von derzeit 15 °C. Durch die Erhöhung des CO_2-Gehaltes wird die Absorption verstärkt: Die Temperatur steigt an.

Bereits eine relativ geringe Temperaturerhöhung von 2 °C hätte aber gewaltige Auswirkungen: Ansteigen des Meeresspiegels, Erhöhung der Zahl der Niederschläge weltweit, Überschwemmen vieler Landstriche. Die Rechnungen sind noch mit Unsicherheiten behaftet. Dennoch sollte man alles tun, um einem Anwachsen entgegenzuwirken. Es könnte sonst zu spät sein.

Schonung der Umwelt

☐ 2: Stellen Sie alle Energieumwandlungen übersichtlich zusammen, die zu einer erheblichen Umweltbelastung führen können!

☐ 3: Nennen Sie Maßnahmen, die eine Verringerung der Belastung zur Folge haben!

Energiebewusstes Verhalten ist eine Möglichkeit, Energie zu sparen. So können wir durch den vernünftigen Gebrauch unserer Kraftfahrzeuge auch eine Menge Kraftstoff und Geld sparen. Mehr Nutzenergie für den gleichen Energieeinsatz bedeutet: **Erhöhung des Wirkungsgrades**.

Große Anstrengungen werden derzeit erfolgreich unternommen, um die **Schadstoffemissionen** bei Kraftfahrzeugen (Einbau von Katalysatoren) und mit fossilen Brennstoffen befeuerten Kraftwerken (Verbesserung der Filter) zu vermindern. So ist es der deutschen Elektrizitätswirtschaft gelungen, den Ausstoß von Schwefeldioxid und von Stickstoffoxiden aus Kohlekraftwerken im Zeitraum 1980–1990 drastisch zu verringern, nämlich von 1,88 Mio. Tonnen SO_2 (59 % der Gesamtemissionen) auf 0,32 Mio. (nur noch 34 % der Gesamtemissionen). Auch bei den Stickstoffoxiden gibt es inzwischen Verfahren, die den Ausstoß verkleinern.

Um auch das CO_2 in den Abgasen zu reduzieren, genügt verstärktes Energiesparen alleine nicht. Vielmehr müssen die CO_2-reichen Energieträger (Kohle, Öl) durch CO_2-arme (Erdgas) oder durch CO_2-freie (Kernenergie, erneuerbare Energien) ersetzt werden. Zu den **erneuerbaren Energieträgern** – bei ihnen erfolgt eine ständige Erneuerung durch die zugestrahlte Sonnenenergie – gehören diese selbst, Wasserkraft, Windenergie, Wärme aus der Umgebung u. a. Die bis zum Jahre 2000 wirtschaftlich ausschöpfbaren Reserven erneuerbarer Energien betragen allerdings im günstigsten Fall nur 24,0 Mio. t SKE bei einem Gesamtbedarf von 390 Mio. t SKE (Bild 3).

Durch konsequentes Energiesparen (z. B. bessere Wärmedämmung), durch optimales Ausnutzen vorhandener Energiequellen (Verbesserung des Wirkungsgrades) und durch sinnvolle Nutzung erneuerbarer Energiequellen haben wir die Chance, unsere Energieprobleme umweltschonend zu lösen.

Basiswissen Wärmelehre

Temperatur und Körpereigenschaften
Celsiusskala. Fixpunkte: 1. Temperatur des schmelzenden Eises: 0 °C; 2. Temperatur des siedenden Wassers: 100 °C. Der Abstand zwischen diesen beiden Marken wird in 100 gleiche Teile eingeteilt. ↑S. 75
Die **Temperatur** eines Körpers ist bestimmt durch die Bewegung der Teilchen, aus denen er besteht. Je heftiger sich diese Teilchen bewegen, umso höher ist seine Temperatur. ↑S. 78

Absolute Temperaturskala (Kelvinskala): Zusammenhang zwischen der **Celsius-Temperatur** (Symbol ϑ) und der **absoluten Temperatur** (Symbol T):

$$T = \vartheta + 273 \text{ K}.$$

Der absolute Nullpunkt liegt bei −273 °C (genauer Wert: −273,15 °C). Es gibt keine tiefere Temperatur. ↑S. 78

Ausdehnung der Körper. Nahezu alle Körper dehnen sich beim Erwärmen aus und ziehen sich beim Abkühlen zusammen. Die Ausdehnung ist umso stärker, je stärker man erwärmt. Bei 4 °C hat Wasser seine größte Dichte (Anomalie des Wassers). ↑S. 76 f.

Aggregatzustandsänderungen. Beim Sieden bzw. beim Kondensieren bleibt die Temperatur konstant. Siede- und Kondensationstemperatur sind gleich. Entsprechendes gilt für das Schmelzen bzw. das Erstarren. ↑S. 79

Nahezu alle Stoffe dehnen sich beim Schmelzen aus und ziehen sich beim Erstarren zusammen. ↑S. 80

Mechanische Arbeit, innere Energie, Wärme
Die **innere Energie** eines Körpers ist gleich der Summe der Energien der einzelnen Teilchen.
Als **Wärme** bezeichnet man die Energieform, die durch Leitung oder Strahlung übertragen wird.
Die innere Energie eines Körpers kann durch Wärme oder Arbeit geändert werden. ↑S. 83

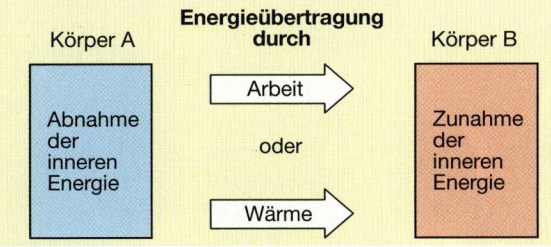

Die **Wärmekapazität** C eines Körpers gibt an, wieviel Energie nötig ist, um ihn um 1 K zu erwärmen: ↑S. 85

$$\text{Wärmekapazität} = \frac{\text{Wärmemenge}}{\text{Temperaturerhöhung}};$$

$$C = \frac{Q}{\vartheta_2 - \vartheta_1} \quad \text{Einheit: } \frac{\text{kJ}}{\text{K}}$$

Die **spezifische Wärmekapazität** c eines Stoffs gibt an, wie viel Energie nötig ist, um 1 kg des betreffenden Stoffs um 1 K zu erwärmen:

$$\text{Spezifische Wärmekapazität} = \frac{\text{Wärmemenge}}{\text{Masse} \cdot \text{Temperaturerhöhung}},$$

$$c = \frac{Q}{m \cdot (\vartheta_2 - \vartheta_1)}, \quad \text{Einheit: } \frac{\text{kJ}}{\text{kg} \cdot \text{K}}$$

Erwärmungsgesetz: $Q = c \cdot m \cdot (\vartheta_2 - \vartheta_1)$. ↑S. 85

Arten des Wärmetransports: Bei der **Konvektion** wird innere Energie transportiert. Das Transportmittel (z. B. Wasser) nimmt hierbei Energie in Form von Wärme auf und gibt Energie als Wärme ab. **Wärmeleitung und Wärmestrahlung** = Wärmetransport ohne Materialtransport. ↑S. 88 f.

Emission und Absorption der Wärmestrahlung
Körper mit dunkler Oberfläche absorbieren (= verschlucken) die Wärmestrahlung stärker als helle und glänzende, strahlen aber auch stärker ab. Die Strahlung wird teils reflektiert, teils absorbiert. ↑S. 90

Richtung des Wärmeübergangs
Wärme kann nie von selbst von einem Körper niederer Temperatur auf einen Körper höherer Temperatur übergehen (Zweiter Hauptsatz der Wärmelehre). ↑S. 91

Die **Wärmepumpe** nimmt Wärme bei niedriger Temperatur auf und gibt sie bei hoher Temperatur ab. Hierzu ist mechanische Arbeit nötig. ↑S. 91

Energiewandler können verschiedene Energieformen ineinander überführen. Wird in einem Energiewandler keine Energie gespeichert, dann ist die Summe der zugeführten Energien gleich der Summe der abgeführten Energien. ↑S. 100

Energieflussdiagramm

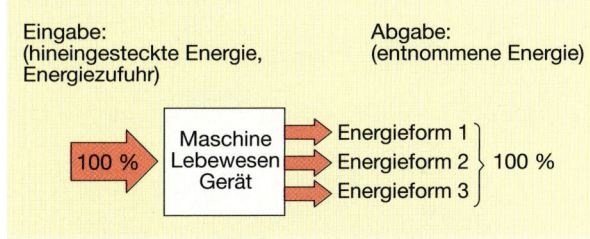

Der **Wirkungsgrad** gibt an, welcher Anteil der zugeführten Energie in die gewünschte Energieform (Nutzenergie) überführt werden kann: ↑S. 100

$$\text{Wirkungsgrad} = \frac{\text{ausgenutzte Energie}}{\text{hineingesteckte Energie}}.$$

Bedeutung der Energie
Ein hohes Angebot an Dienstleistungen und Gütern in einer Volkswirtschaft ist mit einem entsprechenden **Einsatz hochwertiger Energie** verbunden.

Energieträger wie Heizöl, Benzin, elektrischer Strom u. a. müssen mit Hilfe von Energie aus den von der Natur in ursprünglicher Form angebotenen Energieträgern wie Steinkohle, Rohbraunkohle, Rohöl, Erdgas usw. hergestellt werden. Dies belastet unsere Umwelt, z. B. durch Abwärme oder Schadstoffemissionen. ↑S. 100 f.

Von zunehmender Bedeutung sind die sich stets **erneuerbaren Energiequellen**. Erneuerbare Energiequellen sind: Sonnenstrahlung, Umgebungsluft, Erdboden, Grundwasser, Wind u. a. ↑S. 102

Optik

Ausbreitung des Lichts

1 Lichtbalken im Nebel

Lichtstrahlen

Kann man Licht sehen?

„Selbstverständlich!", werden viele zunächst spontan antworten, „wir haben doch gerade gezeigt, dass man alle Gegenstände nur mit Hilfe von Licht sehen kann. Also muss auch das Licht sichtbar sein."

☐ 1: Überlegen Sie, wie die Lichtstreifen in Bild 1 zu Stande kommen! Begründen Sie!

In Bild 1 scheint die Sonne durch das Blätterdach des Waldes. Wir sehen breite Lichtbalken, die sich zur Sonne hin zu verjüngen scheinen.

Diese Beobachtung legt auch die Deutung nahe: Das Licht der Sonne trifft hier auf feine Stäubchen oder Nebeltröpfchen, und diese lenken das Licht in unser Auge. Im Weltraum dagegen sind keine Teilchen vorhanden. Dort bleibt der Raum dunkel. Wir wollen diese Überlegungen durch zwei Experimente bestätigen.

🆅 2: Eine Experimentierleuchte bedecken wir so mit einem schwarzen Tuch, dass kein Licht seitlich herausdringen kann und wir nicht erkennen können, ob die Leuchte eingeschaltet ist. Das Licht lassen wir in eine mit schwarzem Stoff ausgeschlagene Blechdose fallen.

Von der Seite ist Licht nicht zu sehen. Erst wenn wir in den Lichtweg weitere Gegenstände oder etwas Kreidestaub hineinbringen, sehen wir den vom Licht erfüllten Raum.

🆅 3: Bohren Sie in einen schwarzen Karton Löcher unterschiedlicher Größe und stülpen Sie ihn über eine Glühlampe! Machen Sie im abgedunkelten Raum die Lichtbalken mit Kreidestaub sichtbar!

Verschiebt man den Karton gegenüber der Lichtquelle etwas, so bewegen sich die Lichtbalken mit. Die Lichtbalken sind umso schmaler, je kleiner die Öffnungen sind. Die Versuche machen Folgendes deutlich:

> Licht, das nicht ins Auge trifft, wird nicht wahrgenommen.
> Das Licht breitet sich geradlinig aus. In einer Sekunde legt es im Vakuum etwa 300000 km zurück.

Aus dem Lichtraum einer Punktlichtquelle kann man durch Öffnungen (Blenden) einen Teil des Lichts abgrenzen. Diesen Bereich nennen wir **Lichtbündel** (Bild 2). In Gedanken können wir das Lichtbündel immer schmaler machen, ja bis auf die Achse des Lichtkegels verengen: Wir erhalten einen **Lichtstrahl**. Lichtstrahlen stellen wir durch geometrische Strahlen dar.

Ein breites Lichtbündel denken wir uns aus vielen Strahlen zusammengesetzt. Wir sprechen deshalb auch vom **Strahlenmodell des Lichts**, mit dem sich viele Erscheinungen der Lichtausbreitung verstehen und zeichnerisch darstellen lassen. Man nennt dieses Teilgebiet der Optik **„geometrische Optik"**.

Ein Laser erzeugt ein ganz schmales Lichtbündel (Bild 3). Dieses Lichtbündel kann man in noch feinere zerlegen. Wir wollen hier jedoch die Bezeichnung „Lichtstrahl" zulassen.

> Lichtstrahlen werden näherungsweise durch schmale Bündel verwirklicht.

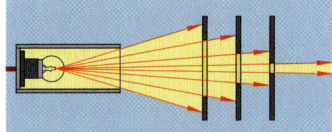

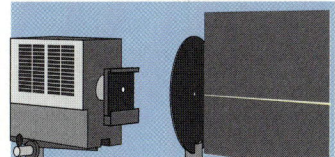

2 Erzeugung schmaler Lichtbündel

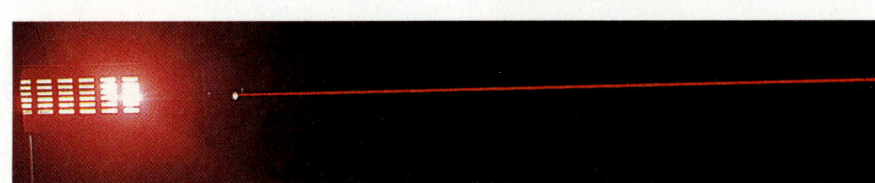

3 Laserstrahl

Optik

1 *„Er schlug ein, kniete dann ungesäumt vor mir nieder, und mit einer bewundernswürdigen Geschicklichkeit sah ich ihn meinen Schatten, vom Kopf bis zu meinen Füßen, leise von dem Grase lösen, aufheben, zusammenrollen und falten und zuletzt einstecken ..."*

Schattenbildung und Mondphasen

Licht und Schatten

Haben Sie schon einmal versucht, den eigenen Schatten loszuwerden? „Er folgt ihm wie sein eigener Schatten", heißt es im Sprichwort. Dem liegt die Erfahrung zu Grunde, dass jeder Körper im direkten Sonnenlicht einen Schatten wirft, der bei jeder Bewegung mitwandert.

Die Schattenlosigkeit wäre in der Tat etwas Außergewöhnliches. Davon macht Adelbert v. Chamisso in seiner fantastischen Fabel „Peter Schlemihls wundersame Geschichte" Gebrauch. Es handelt sich dabei um die Geschichte eines Mannes, der seinen Schatten leichtfertig an den Teufel verkauft, seitdem aber wie ein Ausgestoßener in der Welt herumirrt (Bild 1).

Wir wollen uns nicht dem Außergewöhnlichen widmen, sondern dem scheinbar Vertrauten. Dabei werden wir noch sehr viel Interessantes entdecken.

V 1: Denken Sie Versuche aus, mit deren Hilfe die Schattenbildung untersucht werden kann! Zur Verfügung stehen: eine weiße Styroporkugel von etwa 10 cm Durchmesser, zwei Punktlichtquellen, eine Mattscheibe und ein weißer Schirm. Als Punktlichtquelle verwenden Sie eine Taschenlampe ohne Reflektor!

☐ 2: Übertragen Sie Ihre Beobachtungen in einem geeigneten Maßstab in das Heft! (Z. B.: Die Kugel wird als Kreis mit dem Radius $r = 5$ cm dargestellt.)

Die Erklärung für die Beobachtungen findet man mit Hilfe der Lichtstrahlen: Von der Lichtquelle gehen nach allen Richtungen Lichtstrahlen aus.

Einige treffen auf die Styroporkugel. Die **Schattengrenzen** finden wir durch die Strahlen, die gerade noch an der Kugel vorbeigehen (Randstrahlen, Bild 2).

Ergebnisse

- Bei einer Punktlichtquelle entsteht auf dem Schirm ein scharf begrenzter Schatten.
- Zwei Punktlichtquellen können zwei Schattengebiete erzeugen: In den **Kernschatten** gelangt von beiden Lichtquellen kein Licht. Das **Halbschattengebiet** wird jeweils nur von einer Lichtquelle erreicht.
- Bei einer flächenhaften Lichtquelle verschwinden die scharfen Schattengrenzen. Der Übergang vom Kernschatten zum schattenfreien Raum erfolgt allmählich (**Übergangsschatten**).

Aufgaben

1. Wie kann man von einem Gegenstand ein möglichst großes Schattenbild erzeugen?
2. Bereits im alten China gab es Schattentheater mit kunstvoll gefertigten Spielfiguren. Wie muss ein solches Schattentheater aufgebaut sein? Warum werden punktförmige Lichtquellen verwendet?
3. Eine quadratische Pappscheibe von 20 cm Seitenlänge befindet sich zwischen einer Kerze und einer hellen Wand. Wie groß ist das Schattenbild an der Wand, wenn der Abstand zwischen Kerze und Wand 1 m beträgt und die Scheibe a) 60 cm, b) 30 cm weit von der Wand steht? (1m $\hat{=}$ 20cm)
4. Kann man über seinen eigenen Schatten springen?

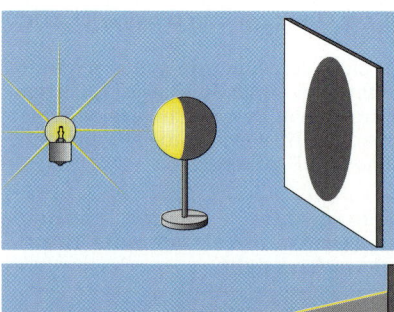
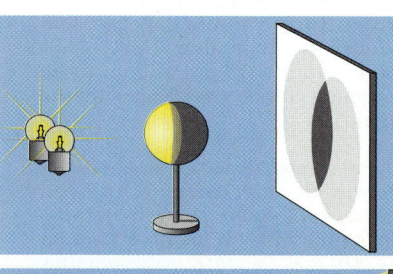
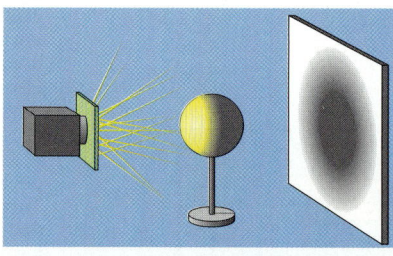
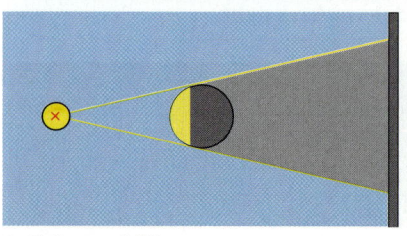
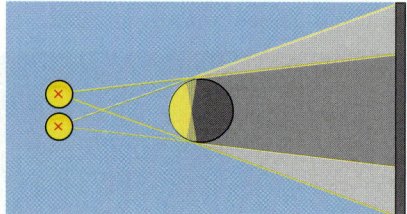
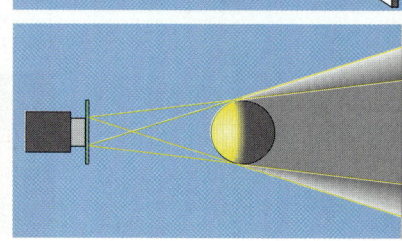

2 Schattenbildung

Ausbreitung des Lichts

3 Verschiedene Phasen des Mondes

4 Mondsichel am Abendhimmel

5 Der Mond nimmt weiter zu

Warum der Mond zu- und abnimmt

Die Sonne beleuchtet die Erde, den Mond, auch die anderen Planeten und deren Monde. Die Fixsterne leuchten selbst. Das fahle Licht des Mondes kommt also von der Sonne.

□ 3: Beobachten Sie den Mond in aufeinander folgenden Nächten zur gleichen Uhrzeit! Was stellen Sie fest?

Der Mond ändert nicht nur seine Stellung am Himmel, sondern auch seine sichtbare Gestalt. Von der schmalen Sichel bis zum Vollmond sind alle Übergangsformen zu sehen. Diese wechselnden Lichtgestalten nennt man **Phasen des Mondes**. Sie ändern sich periodisch. Nach ungefähr 29 Tagen, also fast einem Monat, nimmt der Mond wieder seine ursprüngliche Gestalt an.

Bild 3 zeigt verschiedene Mondphasen, beginnend links mit dem zunehmenden Mond bis zum Vollmond und wieder zurück als abnehmender Mond.

Die schmale Sichel zu Beginn ist abends zu sehen, kurz nach Sonnenuntergang (Bild 4). Einige Tage später steht der Mond weiter weg von der Sonne, und die Sichel ist deutlich größer geworden (Bild 5). Der Abstand zwischen Sonne und Mond am Abendhimmel vergrößert sich von Tag zu Tag. In knapp zwei Wochen hat sich der Mond so weit von der Sonne entfernt, dass er bei Sonnenuntergang im Osten aufgeht. Es ist nahezu die volle Mondscheibe zu sehen. Der Mondaufgang verzögert sich immer weiter bis in die späten Abendstunden hinein. Schließlich müssen wir bis zum Morgen warten, um den Mondaufgang beobachten zu können. Dann wieder ist der Mond als schmale Sichel zu sehen, nun aber im Osten, in der Nähe der Sonne, kurz vor ihrem Aufgang.

Stellt man sich die Mondsichel als einen gespannten Bogen vor, so zielt der Pfeil stets zur Sonne. Die Mondsichel ist abnehmend, wenn sich aus ihr ein a bilden lässt.

Um die Mondphasen mit Hilfe des Strahlenmodells des Lichts erklären zu können, muss man wissen, dass der Mond die Erde umkreist. Daher steht er von der Erde aus gesehen immer an einer anderen Stelle zur Sonne. Einige dieser verschiedenen Stellungen sind in Bild 7 wiedergegeben: In Stellung A haben wir Neumond. Der Betrachter sieht von der Erde aus die unbeleuchtete Seite. Etwa 5 Tage später befindet sich der Mond in Stellung B. Der Beobachter auf der Erde sieht den Mond bei Sonnenuntergang als Sichel. Nach einer Woche (Stellung C) steht der Mond bei Sonnenuntergang im Süden. Von der beleuchteten Fläche ist nur die Hälfte zu sehen. Nach einer weiteren Woche erscheint dann der Vollmond. Er geht dann bei Sonnenuntergang im Osten auf, um Mitternacht steht er im Süden, der Sonne genau gegenüber.

▽ 4: Zeigen Sie nach Bild 6, wie die Mondphasen entstehen! Sie benötigen hierzu eine Experimentierleuchte, eine große und eine kleine Styroporkugel. Führen Sie die kleine Styroporkugel (Mond) um die große (Erde) herum!

Die Mondphasen kommen durch die wechselnde Stellung von Erde, Mond und Sonne zueinander zu Stande. Bei Vollmond steht die Erde zwischen Mond und Sonne. Bei Neumond kehrt der Mond der Erde die unbeleuchtete Seite zu.

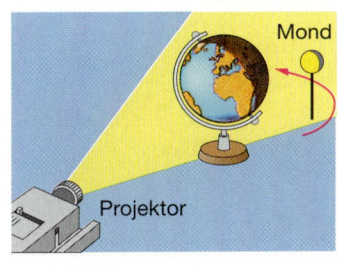

6 Modellversuch

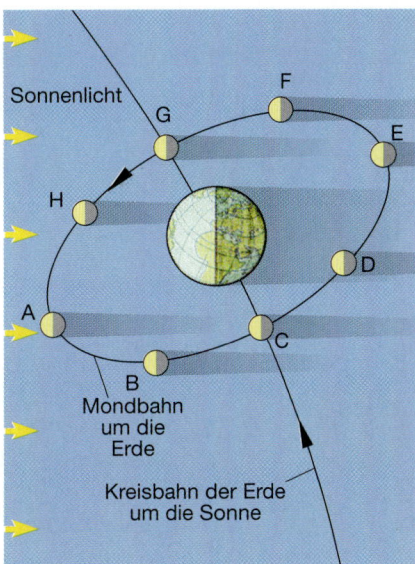

7 Erklärung der Mondphasen

Optik

1 Der Mond verlässt den Kernschatten der Erde

Finsternisse

Mondfinsternisse

Im Laufe eines Jahres gibt es stets mehrere Sonnen- oder Mondfinsternisse. Wenn sich am Tage die Sonne verfinstert, spricht man von einer **Sonnenfinsternis**. Schiebt sich über den Vollmond ein dunkler Schatten, dann liegt eine **Mondfinsternis** vor (Bild 1).

Das Strahlenmodell des Lichts erklärt ihr Zustandekommen. Bei einer Sonnenfinsternis wirft der Mond seinen Schatten auf die Erde. Tritt der Mond in den Kernschatten der Erde, dann beobachten wir eine Mondfinsternis (Bild 2).

☐ 1: Machen Sie sich an Bild 2 die Bewegung des Mondes klar!

Der Kernschatten der Erde reicht etwa bis zur vierfachen Mondentfernung. Sein Durchmesser beträgt in Mondentfernung noch etwa das 2,5fache des Monddurchmessers. Eigentlich müsste sich der Mond bei jedem Umlauf verfinstern.

☐ 2: Begründen Sie dies anhand von Bild 2!

Dies wird aber nicht beobachtet. In der Tabelle sind die Mondfinsternisse von 2001 bis zum Jahre 2013 angegeben.
In unseren bisherigen Betrachtungen haben wir nämlich außer Acht gelassen, dass die **Mondbahnebene**, wie in Bild 7 auf Seite 107 bereits angedeutet, geneigt ist. Auch in den schematischen Darstellungen (Bild 2) ist diese Tatsache noch nicht berücksichtigt.

Die Mondbahnebene liegt etwas schräg zur Erdbahnebene und verändert außerdem ihre Lage zur Sonne. In Bild 4 befindet sich der Mond gerade in Vollmondstellung über dem Kernschatten der Erde: also keine Finsternis.

Die Mondbahn kann aber auch so liegen, dass sie unterhalb des Kernschattens verläuft. Erst dann, wenn die Mondbahn den Kernschatten durchkreuzt, kann der Mond durch den Erdschatten wandern. Allerdings muss er sich zu dieser Zeit auch dort aufhalten.

Nur wenn Mond, Sonne und Erde in einer geraden Linie stehen, treten Finsternisse auf. Der sehr geringe Neigungswinkel ist in Bild 4 nicht maßstabgerecht wiedergegeben. Gerät der Mond ganz in den Kernschatten, dann spricht man von einer **totalen Mondfinsternis**. Wird er nur zum Teil verfinstert, dann heißt dieses Naturereignis **partielle Mondfinsternis** (Bild 3).

Ⓥ 3: Zeigen Sie die Erscheinungen bei einer Mondfinsternis mit einer Taschenlampe und zwei unterschiedlich großen Styroporkugeln!

Mondfinsternisse		
2001	9. Januar	t
	5. Juli	p
2002	–	
2003	16. Mai	t
	9. November	t
2004	4. Mai	t
	28. Oktober	t
2005	17. Oktober	p
2006	7. September	p
2007	3. März	t
	28. August	t
2008	21. Februar	p
	16. August	p
2009	31. Dezember	p
2010	26. Juni	t
	21. Dezember	t
2011	15. Juni	t
	10. Dezember	t
2012	4. Juni	p
2013	25. April	p
p = partiell; t = total		

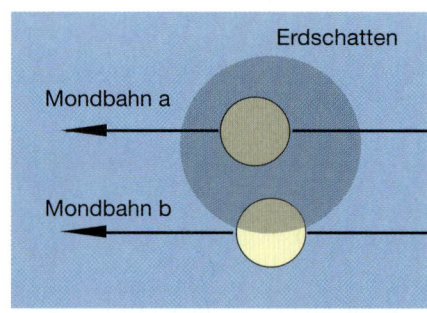

3 Totale und partielle Mondfinsternis

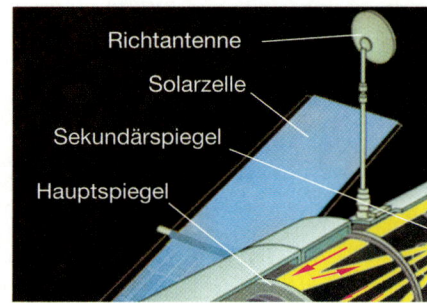

4 Hier überquert der Mond den Erdschatten

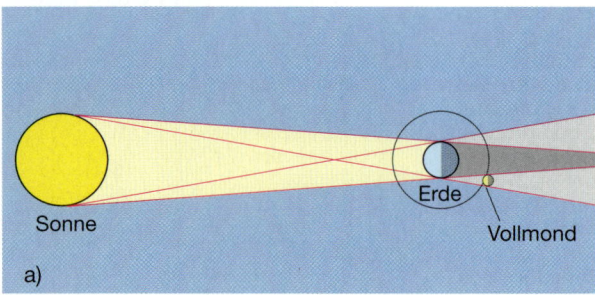

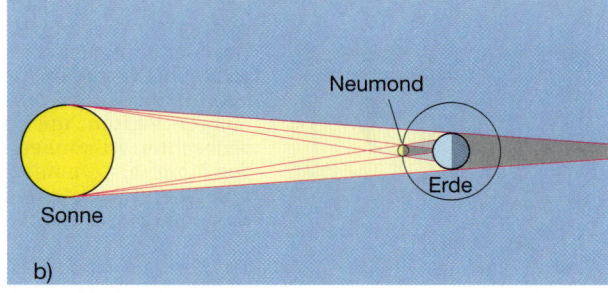

2 Erklärung der Finsternisse

Ausbreitung des Lichts

5 Sonnenfinsternis – mehrfach belichtet

6 Phase einer ringförmigen Sonnenfinsternis

Sonnenfinsternisse		
2001	21. Juni	t
	14. Dezember	r
2002	10. Juni	r
	4. Dezember	t
2003	31. Mai	r
	23. November	t
2004	19. April	p
	14. Oktober	p
2005	8. April	r-t
	3. Oktober	r
2006	29. März	t
	22. September	r
2007	19. März	p
	11. September	p
2008	7. Februar	r
	1. August	t
2009	26. Januar	r
	22. Juli	t
2010	15. Januar	r
	11. Juli	t
2011	4. Januar	p
	1. Juni	p
	1. Juli	p
	25. November	p
2012	20. Mai	r
2013	10. Mai	r
	3. November	t-r

p = partiell; t = total; r = ringförmig; r-t = teils ringförmig, teils total

Sonnenfinsternis – ein eindrucksvolles Himmelsschauspiel

Fällt der Kernschatten des Mondes auf die Erde, beobachtet man dort – wenn das Wetter günstig ist – eine **totale Sonnenfinsternis**: Die Sonne wird völlig durch den Mond verdeckt. Totale Sonnenfinsternisse gehören zu den schönsten Naturerlebnissen, die dem Menschen von der Natur geboten werden.

Bild 5 zeigt die bei fest stehender Kamera mehrfach belichtete Aufnahme einer totalen Sonnenfinsternis. Der Film wurde erstmals belichtet, als die Sonne schon teilweise vom Mond bedeckt war.

Das ist das erste Sonnenbild links unten. Bei den folgenden Belichtungen war die Sonne auf ihrer täglichen Bahn jeweils ein Stückchen weiter gelaufen. In der fotografischen Aufnahme rückte das zugehörige Sonnenbild ebenfalls um eine entsprechende Strecke weiter. So entstanden in zeitlicher Folge die verschiedenen Sonnenbilder von links unten nach rechts oben.

Nun bewegte sich in der gleichen Zeit auch der Mond auf seiner Bahn fort und schob sich immer weiter vor die Sonne. Daher wurden auch die Bilder der Sonne immer mehr abgedeckt. Im Augenblick der totalen Bedeckung durch den Mond hob sich der Strahlenkranz der Sonne, die Korona, deutlich vor dem dunklen Hintergrund ab. Im weiteren Verlauf erschien zunächst der rechte Sonnenrand, schließlich gab der Mond wieder die gesamte Sonne frei.

☐ 4: Zeigen Sie anhand von Bild 2b, dass Sonnenfinsternisse nicht überall auf der Erde zu beobachten sind!

☐ 5: Übertragen Sie Bild 2b ins Heft! Markieren Sie eine Stelle im Halbschattengebiet der Erde! Geben Sie an, welche Teile der Sonne von dieser Stelle aus nicht zu sehen sind!

Wo der Übergangsschatten (Halbschatten) die Erde trifft, erlebt man eine **partielle Sonnenfinsternis**. Die Sonne wird nur zum Teil verdeckt.

Die Mondbahn ist keine exakte Kreisbahn. So kann es vorkommen, dass die Entfernung Erde – Mond bei einer Sonnenfinsternis gerade so groß ist, dass der Mond die Sonne nicht vollständig abzudecken vermag. Dann haben wir eine ringförmige Sonnenfinsternis.

Bild 6 zeigt eine Phase der **ringförmigen Sonnenfinsternis**, die am Mittwoch, dem 23. September 1987, im morgendlichen Peking zu beobachten war. Der Mond schaffte es lediglich, die Sonne zu 98 % abzudecken.

Schon früh beschäftigten sich die Menschen mit Finsternissen. Einige griechische Philosophen im 5. Jh. v. Chr. gaben sogar bereits die richtige Erklärung. Von den Chinesen und Babyloniern weiß man, dass sie die Finsternisse vorhersagen konnten. Heute haben wir es leichter. Die Bewegungsgesetze sind gut bekannt und mit Hilfe von Computern werden die Finsternisse auf Jahrzehnte vorausberechnet.

Aufgaben
1. Wie kommen die Mondphasen zu Stande?
2. Warum kann eine Mondfinsternis nur bei Vollmond eintreten? Warum verfinstert sich der Vollmond nicht in jedem Monat?
3. Woran kann man erkennen, dass in Bild 1 keine Mondphase dargestellt ist?
4. Von welcher Stelle auf der Erde kann eine Mondfinsternis grundsätzlich beobachtet werden? Wie ist dies bei einer Sonnenfinsternis?
5. Welche Mondphase muss herrschen, damit eine Sonnenfinsternis eintreten kann?

Optik

3 Rückspiegel am Auto

Reflexion am ebenen Spiegel

Wir sehen alle Gegenstände, die Licht in unser Auge reflektieren. Wir haben allerdings noch nicht untersucht, wie diese Reflexion erfolgt. Vom Spiegel wissen wir, dass er Licht in eine bestimmte Richtung wirft. So kann man z. B. mit einem Taschenspiegel das Sonnenlicht auf eine nicht direkt beleuchtete Wand umlenken. Mit Spiegeln kann man auch um die Ecke sehen. Ganz besonders wichtig ist dies für den Autofahrer, der über Außen- und Innenspiegel den Verkehr hinter sich beobachten muss. Bild 3 zeigt die Anordnung der drei Spiegel am Auto.

☐ 1: Beschreiben Sie die Aufgabe des linken Außenspiegels! In welche Richtung muss der Fahrer den Spiegel drehen, um die linke Fahrbahnhälfte besser zu überblicken?

☐ 2: Warum benötigt man überhaupt mehr als einen Spiegel?

In den Autospiegeln sieht man die Spiegelbilder der Gegenstände, die sich hinter dem Auto befinden: die Straße, andere Verkehrsteilnehmer. Für das Auge scheinen die Lichtstrahlen von diesen Spiegelbildern zu kommen. Welchen Weg nimmt hierbei das Licht? Die Antwort gibt der folgende Versuch:

V̄ 3: Peilen Sie nach Bild 1 durch ein Papprohr das Spiegelbild der Spitze einer Kerzenflamme an und fixieren Sie das Papprohr mit einer Befestigungsklammer in seiner Lage! Da sich das Licht geradlinig ausbreitet, ist damit der Weg des Lichts vom Spiegel durch das Papprohr ins Auge bekannt.

V̄ 4: Markieren Sie mit einem Strohhalm, den Sie durch das Papprohr stecken, die Stelle auf dem Spiegel, von der aus das Licht durch das Rohr ins Auge reflektiert wird! Damit ist auch der Weg des Lichts von der Flammenspitze zu diesem Punkt bekannt. Übertragen Sie die beiden Lichtwege in Ihr Heft! Welches Ergebnis ergibt sich?

Der von der Flammenspitze auf den Spiegel auftreffende und der durch das Rohr ins Auge reflektierte Lichtstrahl bilden mit der Spiegelebene gleich große Winkel. Die Symmetrie dieser Reflexion kann durch eine Symmetrieachse beschrieben werden, die im Auftreffpunkt des Lichtstrahls auf dem Spiegel senkrecht steht. Man nennt diese Symmetrieachse **Einfallslot**. Eine genauere Untersuchung der Reflexion ist mit Hilfe der in Bild 2 dargestellten Versuchsanordnung möglich.

V̄ 5: Erzeugen Sie mit einer Experimentierleuchte ein schmales Lichtbündel und richten Sie es schräg auf einen horizontal liegenden Spiegel! Halten Sie einen weißen Karton so in den Lichtweg, dass auch der reflektierte Lichtstrahl sichtbar wird!

Ergebnis: Einfallender und reflektierter Lichtstrahl liegen in einer Ebene, die senkrecht auf der reflektierenden Fläche steht. Man nennt sie **Einfallsebene**. Bei steilerem Einfall des Lichtstrahls verläuft auch der reflektierte Lichtstrahl steiler. Trifft der Lichtstrahl senkrecht auf den Spiegel, so wird er in sich selbst reflektiert.

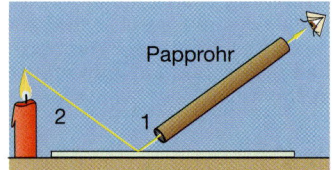

1 Anpeilen des Flammenbildes

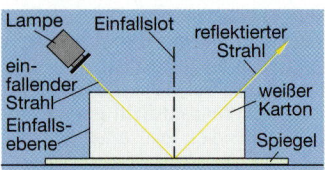

2 Reflexion eines Lichtstrahls

Reflexion

4 Untersuchung der Reflexion

Reflexionsgesetz

Die bisherigen Versuche legen nahe, dass die Reflexion stets symmetrisch erfolgt: Einfallender und reflektierter Lichtstrahl bilden mit der Spiegelebene gleich große Winkel. Um diese Vermutung experimentell zu bestätigen, ist es zweckmäßig, die Lage der Lichtstrahlen nicht zur Spiegelebene, sondern zum Einfallslot zu kennzeichnen. Dieses steht nämlich im Auftreffpunkt des Lichtstrahls senkrecht auf der Spiegelebene und legt mit dem einfallenden Lichtstrahl die Einfallsebene fest, in der auch der reflektierte Lichtstrahl liegen muss.

V 6: Richten Sie nach Bild 4 auf einen Spiegel unter verschiedenen Winkeln α einen Lichtstrahl! Messen Sie jeweils die zugehörigen Reflexionswinkel α'! Der Spiegel muss um eine Achse drehbar gelagert sein, die durch den Auftreffpunkt geht.

V 7: Lassen Sie sodann den Lichtstrahl aus der Richtung des reflektierten Lichtstrahls auf den Spiegel fallen! Beobachtung?

Als Ergebnis erhalten Sie das **Reflexionsgesetz**:

> **Der reflektierte Strahl liegt in der Einfallsebene.**
> **Einfallswinkel α und Reflexionswinkel α' sind gleich groß.**

Versuch 2 zeigt: Der Lichtweg ist umkehrbar.

Wir können nun erklären, wie **Spiegelbilder** entstehen. Dazu betrachten wir noch einmal Bild 1 und versuchen, mit dem Reflexionsgesetz das Kerzenbild zu konstruieren.

☐ 8: Zeichnen Sie nach Bild 6 von der Kerzenspitze P aus drei Strahlen 1, 2, 3! Konstruieren Sie nach dem Reflexionsgesetz die reflektierten Strahlen 1', 2' und 3'! Verlängern Sie sie nach rückwärts über die Spiegelfläche hinaus!

☐ 9: Wiederholen Sie die Konstruktion für einen zweiten Gegenstandspunkt Q!

Alle von einem Gegenstandspunkt P ausgehenden Lichtstrahlen scheinen von einem Punkt P' her zu kommen. Damit erhält man:
- Die rückwärtigen Verlängerungen aller von einem Gegenstandspunkt P ausgehenden, reflektierten Lichtstrahlen schneiden sich in einem Punkt P', dem Spiegelpunkt zu P.
- P' ist ebenso weit vom Spiegel entfernt wie P. Beide Punkte liegen auf einer Senkrechten zur Spiegelebene.
- Die Spiegelbilder sind genauso groß wie die zugehörigen Gegenstände.

Man sagt: Bild und Gegenstand liegen **spiegelsymmetrisch** zum Spiegel.

Das Auge merkt den Reflexionsvorgang nicht. Der Mensch sieht deshalb die Dinge immer in der Rückwärtsverlängerung der Lichtstrahlen. Obwohl das Licht von P kommt, glaubt man, die Lichtstrahlen kämen vom Punkt P'. Man spricht deshalb von einem **virtuellen Bild** (Scheinbild). Scheinbilder sind **optische Täuschungen**.

Mit Spiegeln kann man Menschen täuschen, was Zauberer ausnutzen. Auch Sie können eine Kerze unter Wasser brennen oder aus dem Daumen eine Flamme schlagen lassen.

☐ 10: In Bild 5 ist dargestellt, wie Sie dabei vorgehen müssen. Sie benötigen eine Glasplatte als Spiegel, ein mit Wasser gefülltes Becherglas, in das eine nicht brennende Kerze gestellt wird. Achten Sie darauf, dass ihr Spiegelbild genau mit der nicht angezündeten Kerze zusammenfällt! An die Stelle dieser Kerze können Sie auch den Daumen halten, aus dessen Spitze die Flamme schlägt. Besonders eindrucksvoll wird der Versuch, wenn es gelingt, die wirklich brennende Kerze vor dem Zuschauer durch einen Schirm geschickt zu verbergen.

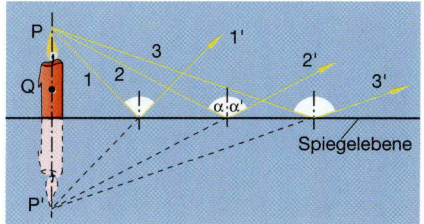

5 Kerzenflamme unter Wasser

6 Die Strahlen scheinen von P' her zu kommen

Optik

1 Das Blitzlicht wird durch Reflexion an den Schirmen gestreut

Anwendungen der Reflexion

Streulicht ist wichtig

Wir sehen die Gegenstände unserer Umgebung, weil sie das Licht in unser Auge reflektieren. Die Reflexion in eine bestimmte Richtung erfolgt an einer glatten Oberfläche, wie sie z. B. ein Spiegel oder eine Glasplatte aufweisen. Daher sieht man eine gut geputzte Fensterscheibe oder eine Glastür nicht, wenn man nicht zufällig in der Reflexionsrichtung steht. Durch Staub oder durch Aufrauen der Oberflächen muss man dafür sorgen, dass das Licht in alle Richtungen gestreut wird. Fotografen nutzen Streulicht, um scharfe Schatten zu vermeiden (Bild 1).

Wie dies mit dem Reflexionsgesetz in Einklang zu bringen ist, macht Bild 4 deutlich. In einem ganz kleinen Teilbereich können wir nämlich die wirkliche Oberfläche durch ebene Flächen ersetzen. Da die einzelnen Teilflächen unterschiedlich zum einfallenden Licht geneigt sind, wird das Licht in ganz verschiedene Richtungen reflektiert.

Man spricht von **ungerichteter (diffuser) Reflexion** oder von **Streulicht**. Den Unterschied zwischen beiden Reflexionsarten macht der folgende Versuch klar:

▽ 1: Beleuchten Sie mit einer Taschenlampe zunächst eine glatte Aluminiumfolie! Zerknittern Sie die Folie, streichen Sie sie danach so glatt wie möglich und halten Sie sie erneut in das Lichtbündel! Beschreiben Sie und erklären Sie die Beobachtungen!

☐ 2: Erklären Sie, warum eine trockene Straße im Scheinwerferlicht eines Autos besser zu erkennen ist als eine nasse Straße!

☐ 3: Projektionswände sollen möglichst viel vom auftreffenden Licht zurückwerfen. Welche Oberflächen eignen sich dazu besonders gut? Warum sind spiegelnde Oberflächen jedoch ungeeignet?

Mit Spiegeln um die Ecke sehen

Rückspiegel erlauben, dass der Fahrer den Verkehr hinter seinem Rücken beobachten kann. Er sieht über die Spiegel gleichsam um die Ecke. Auch Bus- oder Straßenbahnfahrer können über große Außenspiegel sehen, ob durch die hinter ihnen liegenden Türen noch Fahrgäste zusteigen. Spiegel erhöhen also erheblich die Verkehrssicherheit.

Um die Ecke sehen kann man auch mit einem **Periskop** (gr. = Umherschauer). Unterseeboote verwenden Periskope zur Beobachtung der Wasseroberfläche während einer Tauchfahrt.

▽ 4: Bauen Sie mit zwei Taschenspiegeln und einem Stück Pappe nach der in Bild 2 dargestellten Anleitung ein Periskop!

Zurückstrahlende Spiegel

▽ 5: Stellen Sie zwei Taschenspiegel im rechten Winkel zueinander auf! Blenden Sie ein schmales Lichtbündel (Lichtstrahl) aus dem Lichtkegel einer Taschenlampe aus und richten Sie diesen Lichtstrahl auf einen dieser Spiegel! Verändern Sie die Richtung des einfallenden Lichtstrahls! Beschreiben Sie die Beobachtungen!

☐ 6: Konstruieren Sie für ein solches Spiegelpaar zu einem einfallenden Lichtstrahl den vom zweiten Spiegel reflektierten Lichtstrahl!

Bei zwei zueinander senkrecht stehenden Spiegeln wird der Lichtstrahl am zweiten Spiegel parallel versetzt in die Einfallsrichtung zurückgeworfen (Bild 3). Bei **Rückstrahlern** werden **Tripelspiegel** verwendet. Sie bestehen aus drei aufeinander senkrecht stehenden spiegelnden Flächen.

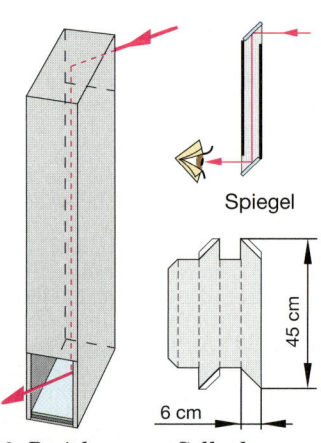

2 Periskop zum Selbstbau

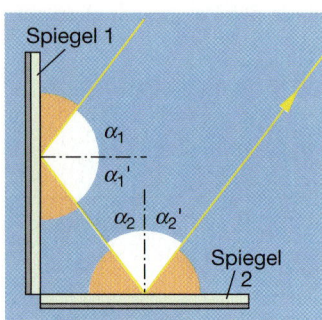

3 Winkelspiegel

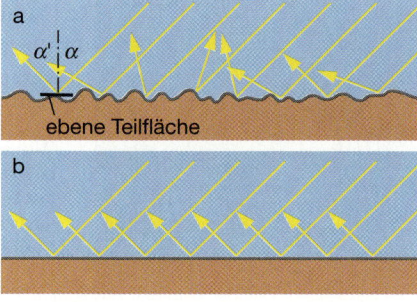

4 a) Diffuse, b) gerichtete Reflexion

Reflexion

5 Solarturmkraftwerk

7 Mit Spiegeln vervielfachen

Solarturmkraftwerk
Mit vielen flachen Spiegeln wird das Sonnenlicht auf die Spitze eines Turms konzentriert und erhitzt dort z. B. Luft auf hohe Temperaturen (Bild 5). Mit ihr kann eine Gasturbine betrieben werden, an die ein Elektro-Generator angeschlossen ist. Die vielen Spiegel werden durch ein elektronisches System der Sonne nachgeführt.

Spiegelschrift
Ⅴ 7: Schreiben Sie Ihren Namen auf Transparentpapier! Halten Sie die Schrift vor einen Spiegel! Halten Sie nun das Papier mit der Rückseite vor den Spiegel!

Im ersten Fall erscheint als Spiegelbild die Schrift, die man von der Rückseite sieht (Spiegelschrift). Im zweiten Fall ist auf dem Original und im Spiegelbild die Schrift nun lesbar.

Taschenspiegeltricks: 3 – 5 – unendlich
Ⅴ 8: Stellen Sie zwei Taschenspiegel unter einem 90°-Winkel aneinander und halten Sie eine Kerze zwischen die beiden Spiegel! Sie sehen drei Spiegelbilder. Machen Sie an einer Zeichnung klar, wie sie entstehen!

Ⅴ 9: Wird der Winkel auf 60° verkleinert, erkennen Sie 5 Spiegelbilder (Bild 7).

Ⅴ 10: Stellen Sie die Kerze zwischen zwei parallel aufgestellte Spiegel! Sie können die Entstehung der unendlich vielen Bilder verstehen, wenn Sie beachten, dass jedes Spiegelbild für den anderen Spiegel selbst wieder Objekt ist.

Toter Winkel – was ist das?
Bild 6 zeigt den linken Außenspiegel und den Innenspiegel eines Autos. Um herauszufinden, welche Bereiche der Autofahrer A mit Hilfe der Spiegel überblicken kann, gehen wir von der Umkehrbarkeit des Lichtweges aus. Wir stellen uns vor, A wäre eine Punktlichtquelle, die die Spiegel beleuchtet.

Die „reflektierten Strahlen" finden wir dann mit Hilfe der Spiegelbilder A_1' und A_2'. Die Konstruktion zeigt, dass ein Bereich existiert, der nicht erfasst wird. Befindet sich in diesem Gebiet ein herannahendes Auto, dann kann es der Fahrer nicht sehen. Auch wenn zur Vergrößerung des überblickbaren Winkelbereichs die Spiegel leicht gewölbt sind, muss jeder Autofahrer stets daran denken, dass er über die Spiegel nicht alles einsehen kann. Daher muss er sich bei jeder Änderung der Fahrtrichtung durch einen kurzen Blick über die linke oder rechte Schulter vergewissern, ob die Straße auch wirklich frei ist.

Aufgaben
1. Übertragen Sie die folgenden Bilder ins Heft. Zeichnen Sie jeweils den reflektierten Strahl!
2. Wo liegt jeweils der Spiegel?
3. Ein Gegenstand vor einem Spiegel wird beleuchtet. Zeichnen Sie den Schatten!

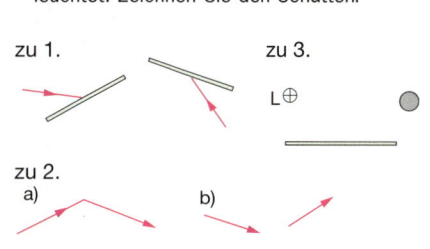

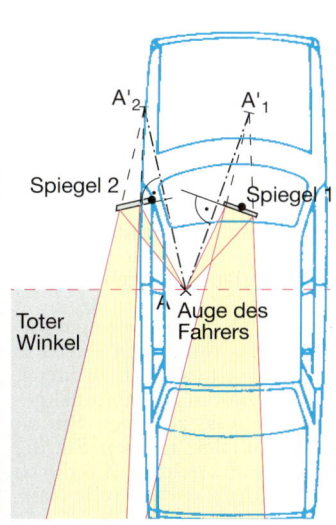

6 Toter Winkel

Optik

1 Bild in einem Kugelspiegel

3 Verkehrsspiegel

Wölb- und Hohlspiegel

Gekrümmte Spiegelflächen
Spiegelbilder entstehen auch durch Reflexion des Lichts an gekrümmten Flächen. So kann man in einer blanken Weihnachtskugel ein verkleinertes Bild der Umgebung erkennen (Bild 1).

Auch in **Verkehrsspiegeln**, die an unübersichtlichen Straßenecken oder Einfahrten angebracht sind, sieht man die Gegenstände verkleinert (Bild 3). Dies hat den Vorteil, dass man einen größeren Bereich überblicken kann.

V 1: Blicken Sie in die Rückseite eines blanken Löffels! Sie erkennen ein verkleinertes Spiegelbild und ein Bild der Umgebung. Nähern Sie nun dem Löffel den ausgestreckten Finger! Was beobachten Sie?

V 2: Blicken Sie jetzt in die hohle Seite des Löffels und wiederholen Sie die Versuche! Verwenden Sie als Gegenstand ein großes Streichholz und nähern Sie es ganz langsam der Spiegelfläche! Halten Sie den Streichholzkopf auch einmal dicht an die Löffelinnenseite!

Im Gegensatz zur nach außen gewölbten Löffelfläche steht das Bild auf dem Kopf. Beim Annähern des Fingers passiert Eigenartiges. Das Bild wird größer und verschwimmt. Mit dem Streichholzkopf kann man besser erkennen, dass bei hinreichender Nähe auch ein aufrechtes Bild zu sehen ist.

Nach außen gewölbte Spiegel heißen **Wölbspiegel** (**Konvexspiegel**, convexus, lat. = gewölbt). Liegt die spiegelnde Fläche innen, so haben wir einen **Hohlspiegel** (**Konkavspiegel**, concavus, lat. = hohl). Hohlspiegel findet man in Auto- und Fahrradscheinwerfern und in Taschenlampen.

Wie uns der Blick in den Löffel gezeigt hat, scheinen am Hohlspiegel die Zusammenhänge viel komplizierter zu sein als beim Wölbspiegel.

Daher untersuchen wir zunächst die Bildentstehung beim Wölbspiegel und wählen als besonders einfache Fläche den **Kugelspiegel**. Hier ist wie bei der Weihnachtskugel die spiegelnde Fläche Teil einer Kugelfläche.

Reflexion am Wölbspiegel
Das Reflexionsgesetz haben wir am ebenen Spiegel gewonnen. Um es auch hier anwenden zu können, ersetzen wir in Gedanken die Kugelfläche an der Auftreffstelle des Lichtstrahls durch einen kleinen ebenen Spiegel (Bild 2). Dieser Spiegel berührt die Kugelfläche.

In der Schnittzeichnung erscheint die Kugelfläche als Teil eines Kreises, das Spiegelchen als Strecke. Die Gerade durch M und S hat einen besonderen Namen: **optische Achse**. Auf sie beziehen wir alle Angaben. Beim Kugelspiegel geht das Einfallslot durch den Mittelpunkt M. Zu jedem Lichtstrahl kann man nun das zugehörige Einfallslot und den reflektierten Lichtstrahl mit dem Reflexionsgesetz leicht finden.

Dabei ist es zweckmäßig, zunächst Spezialfälle zu untersuchen, also von ganz bestimmten Strahlen auszugehen.

☐ 3: Auf einen Wölbspiegel mit dem Radius $r = 5$ cm falle von einem Punkt P der optischen Achse aus ein Lichtkegel. Wählen Sie aus diesem Lichtbündel geeignete Strahlen aus, zeichnen Sie zu jedem das Einfallslot, messen Sie die Einfallswinkel und zeichnen Sie durch Winkelübertragung $\alpha = \alpha'$ die reflektierten Strahlen!

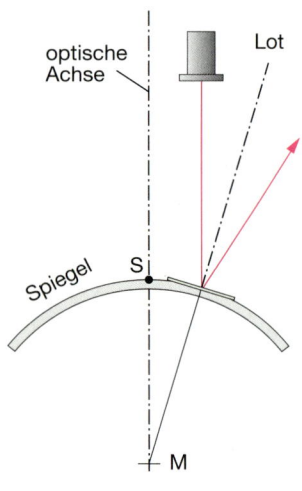

2 Reflexion am Wölbspiegel

Reflexion

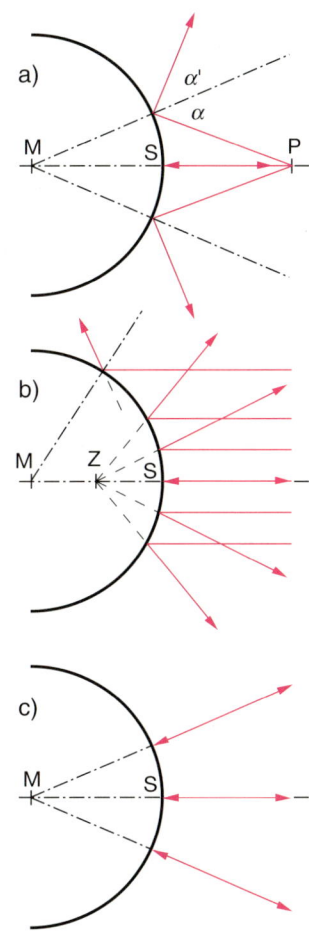

4 *Strahlengang beim Wölbspiegel*

□ 4: Wiederholen Sie die Konstruktion für ein Lichtbündel, das parallel zur optischen Achse auf den Spiegel auftrifft!

Die Ergebnisse sind in Bild 4 dargestellt:

- Von einem Punkt P ausgehende Lichtstrahlen laufen nach der Reflexion stärker auseinander (4a).
- Zur optischen Achse parallel einfallende, achsennahe Lichtstrahlen scheinen von einem Punkt Z herzukommen. Er halbiert die Strecke SM (4b).
- Strahlen, die senkrecht auf die Spiegelfläche treffen, werden in sich selbst reflektiert (4c).

Beim ebenen Spiegel schneiden sich die rückwärtigen Verlängerungen der reflektierten Lichtstrahlen, die von einem Gegenstandspunkt P stammen, im Bildpunkt P'. Beim gewölbten Spiegel ist es genauso. Zur Konstruktion des Bildpunktes brauchen wir nicht mehr auf das Reflexionsgesetz zurückzugreifen, sondern können den bekannten Verlauf bestimmter Strahlen benutzen. Wie man dabei vorgehen muss, wird in Bild 5 gezeigt.

Reflexion am Hohlspiegel

Der große Hohlspiegel in Bild 6 kann das auf ihn fallende Sonnenlicht auf die Mitte konzentrieren und den dort angebrachten Motor mit angekoppeltem Generator (Dynamo) antreiben. Auch die Wirkungsweise dieses **Sonnenofens** können wir durch Anwenden des Reflexionsgesetzes erklären.

▽ 5: Stellen Sie mit einer Experimentierleuchte und einer Mehrschlitzblende ein Parallellichtbündel her und richten Sie dieses nach Bild 7 so auf einen Hohlspiegel, dass das Lichtbündel das untergelegte Papier streifend trifft und den Lichtweg sichtbar macht!

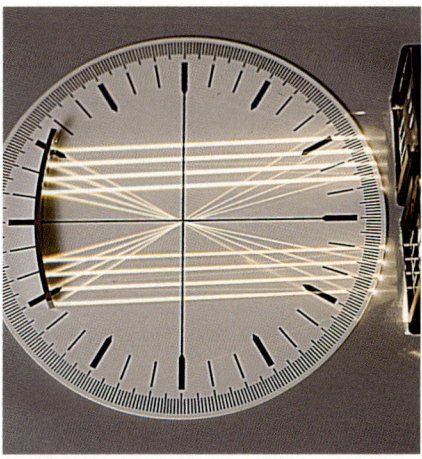

7 *Parallelstrahlen werden zu Brennstrahlen*

Ergebnis:
- Achsenparallel einfallende, achsennahe Strahlen gehen nach der Reflexion durch einen Punkt auf der optischen Achse, dem **Brennpunkt** F des Hohlspiegels. Sein Abstand vom Spiegel heißt **Brennweite** f.
- $F \approx$ halbiert MS. Es gilt $f = r/2$.

Im Brennpunkt eines Hohlspiegels kann man im Sonnenlicht ein Streichholz entzünden (Bild 8). Aus der Umkehrbarkeit des Lichtwegs folgt:

- Brennstrahlen verlassen den Hohlspiegel nach der Reflexion achsenparallel.

Aufgaben
1. Konstruieren Sie für einen Wölbspiegel mit $r = 8$ cm die Spiegelbilder einer 2 cm hohen Minikerze die a) 2 cm, b) 5 cm und c) 10 cm vom Spiegel entfernt ist!
2. Begründen Sie anhand der Ergebnisse von Aufgabe 1, dass Wölbspiegelbilder stets aufrecht stehen und verkleinert sind!
3. Beschreiben Sie die Wirkungsweise eines Scheinwerfers!

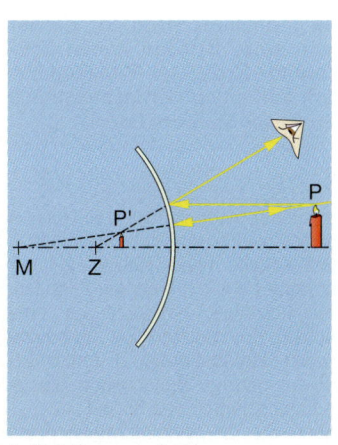

5 *Bildkonstruktion*

6 *Sonnenofen treibt den Motor an*

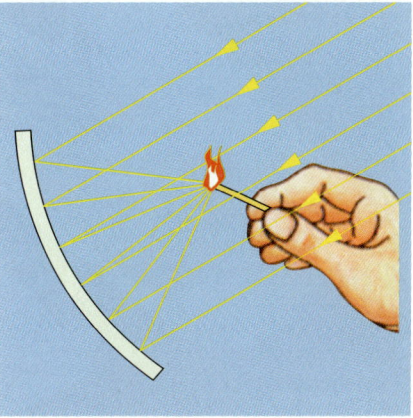

8 *Streichholz im Brennpunkt*

Optik

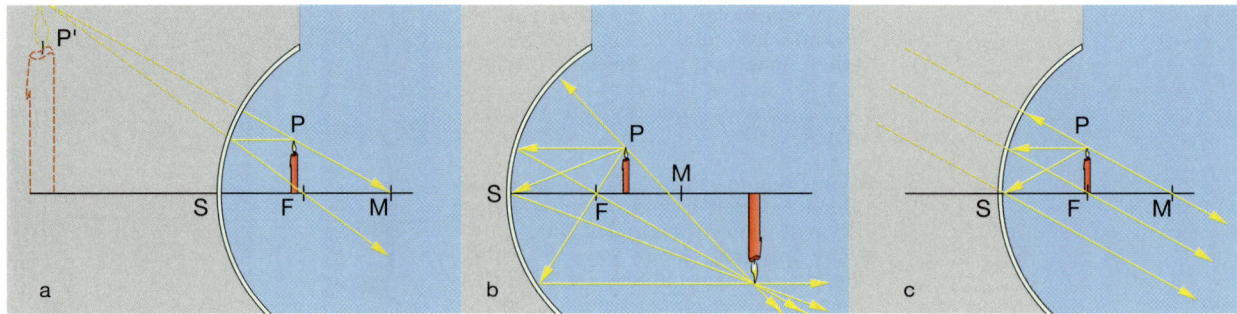

1 Strahlenverlauf am Hohlspiegel

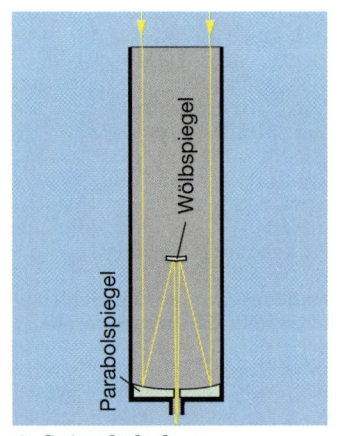

2 Spiegelteleskop

Bilder am Hohlspiegel
Mit ausgewählten Strahlen können wir auch die Lage der Bilder am Hohlspiegel vorhersagen und die Erscheinungen, die wir beim Blick in einen blanken Löffel beobachtet haben, erklären.

☐ 1: Zeichnen Sie einen Hohlspiegel der Brennweite $f = 4$ cm, markieren Sie den Brennpunkt und den Mittelpunkt des Kugelspiegels! Nehmen Sie eine Kerze, in verschiedenen Entfernungen vom Spiegel an: a) 2,5 cm, b) 7 cm und c) 12 cm! Konstruieren Sie jeweils mit Brennstrahl und Parallelstrahl den Bildpunkt P' der Kerzenspitze P!

Im ersten Fall (Bild 1a) laufen die reflektierten Strahlen nach der Reflexion auseinander. Für das Auge scheinen sie von P' her zu kommen. Das Bild ist aufrecht und vergrößert. Im zweiten Fall (Bild 1b) treffen sich die reflektierten Strahlen vor dem Hohlspiegel. Dort muss also das Bild P' der Kerzenspitze liegen. Da P' im Vergleich zu P auf der anderen Seite der optischen Achse liegt, ist das Bild umgekehrt. Es ist vergrößert. Ein umgekehrtes, verkleinertes Bild erhalten wir, wie erwartet, im dritten Fall. Wenn der Gegenstand genau im Brennpunkt steht, existiert kein Bild (Bild 1c).

Damit haben wir die komplizierten Erscheinungen beim Hohlspiegel theoretisch erklärt. Worin unterscheiden sich aber die beiden Bilder? Auch dies können wir nun verstehen. Das Auge sieht im ersten Fall hinter dem Spiegel ein **virtuelles Bild**, da die Strahlen von dort her zu kommen scheinen. Bei den zwei übrigen Fällen schneiden sich die reflektierten Strahlen wirklich vor dem Spiegel. Man nennt dieses Bild **reell**; es ist mit einem Schirm auffangbar.

> **Mit Hohlspiegeln können reelle und virtuelle Bilder erzeugt werden.**

Hohlspiegel als Teleskop
Bild 2 zeigt ein Fernrohr nach Cassegrain. Das Licht gelangt vom Hauptspiegel über einen kleinen Wölbspiegel durch ein Loch im Hauptspiegel zum Empfänger. Das **Hubble-Weltraum-Teleskop**, benannt nach dem nordamerikanischen Astronomen Edwin Powell Hubble (1889–1953), das im April 1990 in den Weltraum gebracht worden war, ist ähnlich aufgebaut (Bild 3). Es bewegt sich in einer 610 km hohen Umlaufbahn um die Erde. Das Teleskop hat wegen der fehlenden Erdatmosphäre das Wissen wesentlich erweitert.

Aufgaben
1. Vergleichen Sie den Strahlenverlauf beim Wölbspiegel und beim Hohlspiegel! Nennen Sie Gemeinsamkeiten und Unterschiede!
2. Von einem kugelförmigen Hohlspiegel mit der Brennweite $f = 5$ cm steht ein 2 cm langes Streichholzstück senkrecht zur optischen Achse. Konstruieren Sie das Spiegelbild, wenn sein Abstand a) 10 cm, b) 20 cm, c) 3 cm beträgt! Beschreiben Sie jeweils die Eigenschaften des Bildes!
3. Beschreiben Sie die Wirkungsweise eines Spiegelteleskops!

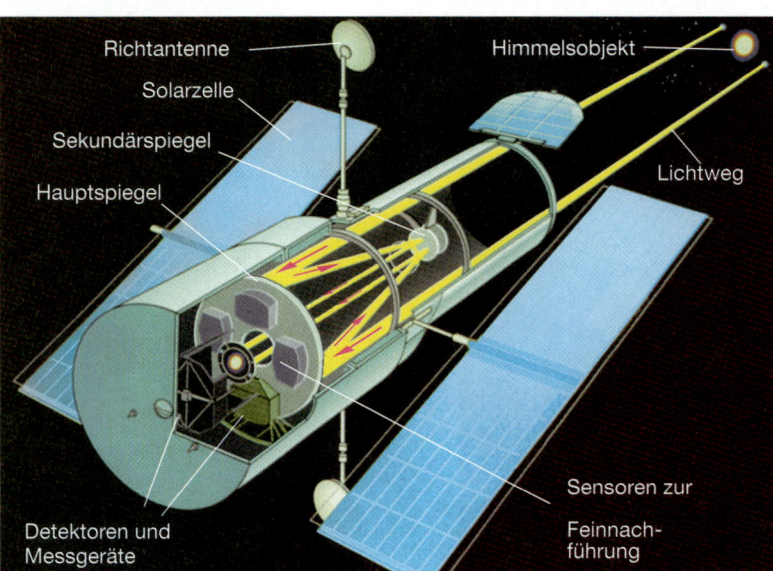

3 Hubble-Weltraum-Teleskop (Durchmesser des Hauptspiegels: 2,40 m)

Basiswissen Optik (I)

Sehen durch Licht
Licht wird in **Lichtquellen** erzeugt und gelangt von dort direkt oder nach Reflexion an beleuchteten Körpern in unser Auge. ↑ S. 105
Der Lichtreiz wird an das Gehirn weitergeleitet. Wir sehen Körper nur dann, wenn von ihnen Licht in unser Auge gelangt. Das Licht selbst ist unsichtbar. Licht legt in 1 Sekunde im Vakuum etwa 300 000 km zurück ↑ S. 105

Strahlenmodell des Lichts
Licht breitet sich geradlinig aus. Lichtstrahlen stellt man durch geometrische Strahlen dar. Ein breites Lichtbündel denken wir uns aus vielen Lichtstrahlen zusammengesetzt. ↑ S. 105

Schatten
Bei einer punktförmigen Lichtquelle entsteht ein scharf begrenzter Schatten.
Zwei Punktlichtquellen erzeugen zwei Schattengebiete: den **Kernschatten**, in den überhaupt kein Licht gelangt; die **Halbschattengebiete**, die jeweils nur das Licht einer Lichtquelle empfangen.
Bei flächenhaften Lichtquellen verschwinden die scharfen Schattengrenzen. ↑ S. 106

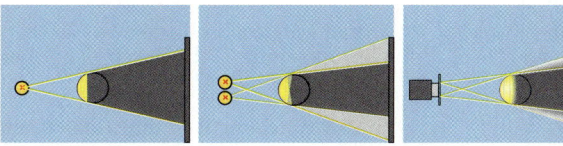

Mondphasen
Die veränderliche Gestalt des Mondes wird durch seine wechselnde Stellung zur Erde und zur Sonne verursacht. ↑ S. 106 f.
Bei **Mondfinsternissen** taucht der Mond in den Erdschatten ein. Dies ist nur bei Vollmond möglich. ↑ S. 108
Bei **Sonnenfinsternissen** tritt der Mond zwischen Sonne und Erde. Dies ist nur bei Neumond der Fall. ↑ S. 109

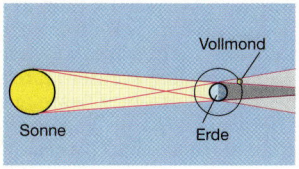 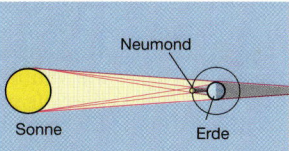

Lochkamera
Das Bild auf der Mattscheibe setzt sich aus lauter Lichtflecken zusammen, die die Form der Lochkameraöffnung haben. Für die Abbildung gilt folgendes Gesetz:

$$\frac{B}{G} = \frac{b}{g}.$$

↑ S. 128

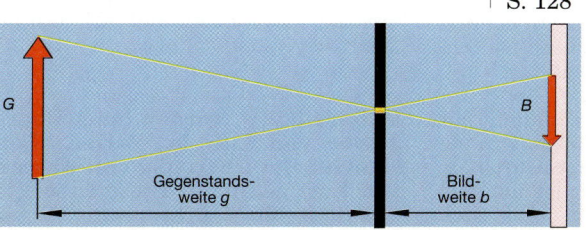

Reflexionsgesetz
Einfallender und reflektierter Strahl liegen mit dem Einfallslot in einer Ebene. Einfallswinkel und Reflexionswinkel sind gleich groß: $\alpha = \alpha'$. Der Lichtweg ist umkehrbar. ↑ S. 111

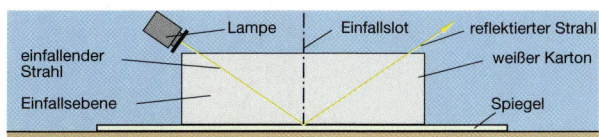

Bild am ebenen Spiegel
Die rückwärtigen Verlängerungen aller Lichtstrahlen, die von einem Gegenstandspunkt P ausgehen, schneiden sich im Bildpunkt P'. Die Strecke PP' steht senkrecht auf der Spiegelfläche und wird durch sie halbiert. Für das Auge scheinen die Lichtstrahlen von P' her zu kommen (virtuelles Bild von P). ↑ S. 111 f.

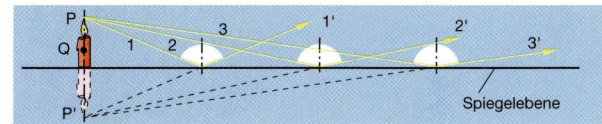

Hohlspiegel
Beim kugelförmigen Hohlspiegel verlaufen achsenparallel einfallende Strahlen nach der Reflexion durch einen Punkt, den **Brennpunkt** F.
Strahlen durch den Brennpunkt verlassen den Hohlspiegel achsenparallel. Die Brennweite f ist halb so groß wie der Radius des Kugelspiegels: $f = r/2$. ↑ S. 114 f.

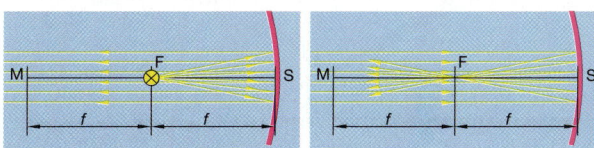

Bilder beim Hohlspiegel
Man beobachtet vergrößerte, aufrechte und seitenrichtige virtuelle Bilder, wenn sich der Gegenstand innerhalb der Brennweite befindet. Steht er außerhalb, so entsteht ein umgekehrtes, seitenverkehrtes reelles Bild. ↑ S. 116

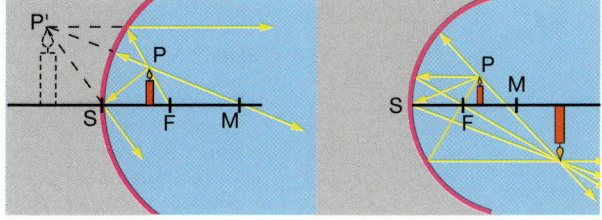

Wölbspiegel
Wölbspiegel tragen die spiegelnde Fläche außen. Wölbspiegelbilder sind immer virtuell, verkleinert, aufrecht und seitenrichtig. ↑ S. 114 f.

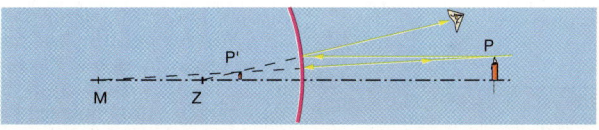

Optik

1 Fischfang mit dem Speer

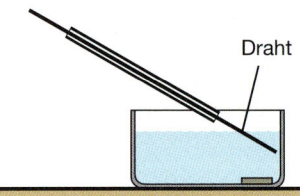

2 Der „Schuss" geht vorbei

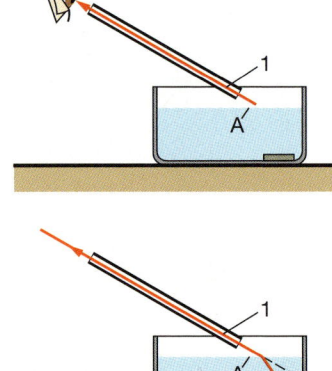

3 Geknickter Lichtweg

4 Gebrochener Lichtstrahl

Geknickte Lichtstrahlen

Fischfang mit dem Speer: Wie angewurzelt steht der Indianer auf dem Boot, den Speer wurfbereit. Kommt ein Fisch in die Nähe, stößt er blitzschnell zu (Bild 1).
Wie muss er zielen, um den Fisch auch zu treffen? – „Natürlich auf den Fisch!" – wird jeder unverzüglich sagen. Dass diese Antwort vorschnell gegeben wird, zeigt der folgende Versuch.

▽ 1: Legen Sie auf den Boden eines weiten Becherglases oder auch eines niedrigen Einmachglases eine Zehnpfennigmünze, so dass die Münze das Glas innen berührt! Blicken Sie dann so über den Rand des Becherglases, dass Sie von der Münze gerade noch den äußersten Rand sehen können! Dadurch ist die Blickrichtung ungefähr festgelegt. Füllen Sie nun das Glas vorsichtig mit Wasser! Was beobachten Sie?

☐ 2: Wie müssen Sie die Blickrichtung ändern, damit Sie den äußersten Rand der Münze wieder sehen können?

☐ 3: Welche Beobachtung würden Sie machen, wenn Sie das Wasser bei konstanter Blickrichtung entfernen würden?

Die Blickrichtung wird durch das Wasser verändert. Bei gefülltem Becherglas kann man unter einem flacheren Winkel schauen als bei leerem Glas, um die Münze noch zu sehen. Der Indianer muss diesen Unterschied schon beim Zielen berücksichtigen, sonst trifft er nicht. Zur genaueren Untersuchung dieser eigenartigen Erscheinung führen wir das folgende Experiment durch.

▽ 4: Ein Glastrog wird vollständig mit Wasser gefüllt. Auf den Boden wird ein Gegenstand als Fisch gelegt. Durch ein Glasrohr zielt man zunächst auf den „Fisch" und befestigt es in dieser Stellung. Lässt man einen geraden Draht als Speer durch das Glasrohr fallen, so geht der „Schuss" vorbei (Bild 2).

Zur Erklärung müssen wir herausfinden, welchen Weg die Lichtstrahlen vom Fisch nehmen, um ins Auge zu gelangen.

☐ 5: Von welcher Stelle der Wasseroberfläche muss das Licht durch das Glasrohr ins Auge fallen?

☐ 6: Auf welchem Weg muss das Licht im Wasser zu dieser Stelle gelangen, wenn wir auch dort eine geradlinige Ausbreitung annehmen?

In Bild 3 ist das Ergebnis dieser Überlegung zusammengefasst. Das Licht kann nur von A aus durch das Rohr ins Auge fallen auf Weg 1. Zum Punkt A kommt es vom Gegenstand auf Weg 2.

Folgerung: Der Lichtstrahl müsste beim Übergang von Wasser in Luft abgeknickt werden. Wenn wir nun die Umkehrbarkeit des Lichtwegs, wie wir sie von der Reflexion her kennen, auch hier als gültig voraussetzen, müsste ein Lichtstrahl beim Übergang von Luft nach Wasser ebenfalls geknickt werden. Diese Hypothese muss experimentell überprüft werden.

▽ 7: Das Glasrohr wird so eingestellt, dass man den Gegenstand durch das Rohr sehen kann. Nun „schießen" wir statt mit einem Drahtspeer mit einem Lichtstrahl von oben durch das Rohr: Es trifft den Gegenstand am Boden. Der Lichtverlauf im Wasser wird durch Fluoreszin, im Glasrohr mit Kreidestaub, sichtbar gemacht (Bild 4).

> **Lichtbündel werden beim Übergang von Luft in Wasser, aber auch beim Übergang von Wasser in Luft geknickt. Diese Erscheinung heißt Lichtbrechung.**

Brechung

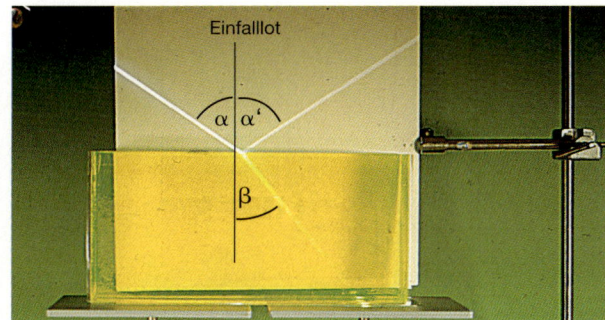

5 Lichtbrechung Luft/Wasser

7 Lichtbrechung Luft/Kunststoff

Untersuchung der Lichtbrechung

🎦 8: Füllen Sie in ein Glasgefäß Wasser, das mit Fluoreszin gefärbt ist! Richten Sie dann ein schmales Lichtbündel gegen die Wasseroberfläche! Verändern Sie die Neigung des einfallenden Lichtbündels und beobachten Sie auch den zur Wasseroberfläche senkrechten Lichteinfall! Versuchen Sie dabei, auch in Luft den Lichtweg zu verfolgen, z. B. mit Hilfe eines weißen Kartons (Bild 5)!

> **Beim Übergang eines Lichtstrahls von Luft in Wasser wird der Lichtstrahl teils reflektiert, teils gebrochen. Der Lichtweg ist auch bei der Brechung umkehrbar. Einfallender und gebrochener Lichtstrahl und Einfallslot liegen in einer Ebene.**

Ist die Lichtbrechung auch bei anderen Stoffen zu beobachten?

🎦 9: Befestigen Sie einen Halbzylinder aus durchsichtigem Kunststoff so auf einer mit Winkelteilung versehenen Kreisscheibe, dass sein Mittelpunkt mit dem Mittelpunkt der Kreisscheibe zusammenfällt! Durch Drehen der Scheibe können Sie den Einfallswinkel α leicht ändern (Bild 7).

Der Lichtstrahl trifft auf die halbzylindrische Grenzfläche stets senkrecht auf und wird daher nicht gebrochen. Der Brechungswinkel β kann so bequem gemessen werden. Der Versuch ergibt:
Die Lichtbrechung tritt also auch bei anderen Stoffen auf.

Mit dieser Anordnung kann man den Zusammenhang zwischen α und β zahlenmäßig untersuchen.

🎦 10: Messen Sie den Brechungswinkel β in Abhängigkeit vom Einfallswinkel α! Tragen Sie die Werte in ein Schaubild ein! (Maßstab: 1 cm ≙ 10°)

In Bild 6 sind die Messergebnisse für Wasser, Glas, Diamant zu sehen. Aus dem Schaubild kann man auch Werte ablesen, die nicht gemessen wurden. So gehört zu einem Einfallswinkel von 35° beim Übergang Luft/Glas der Brechungswinkel von ca. 24°.

☐ 11: Bestimmen Sie für den gleichen Stoff die Brechungswinkel zu 15°, 45°, 70° und 54°! Wie groß ist umgekehrt der Einfallswinkel α für $\beta = 20°(30°)$?

☐ 12: Lesen Sie die Brechungswinkel für die Einfallswinkel 30° und 60° ab! Welcher Stoff bricht Licht beim Übergang aus Luft stärker?

Lässt man einen Lichtstrahl aus Luft unter gleichem Einfallswinkel auf die ebene Grenzfläche von Wasser, Glas, Diamant oder anderer durchsichtiger Stoffe fallen, so ergeben sich unterschiedliche Brechungswinkel. Diamant bricht das Licht stärker als Glas, Glas stärker als Wasser. Ein Maß für die Stärke der Brechung an einer solchen Grenzfläche ist die **Brechzahl n**.

> **Für kleine Winkel gilt näherungsweise: Brechzahl: $n = \alpha/\beta$**

Im Bereich zwischen 0° und 30° können nämlich die Kurven in Bild 6 durch Halbgeraden angenähert werden. Für den Übergang Luft/Glas erhalten wir $n \approx 30°/20° = 1{,}5$, für den Übergang Luft/Wasser den Wert $n \approx 20°/15° \approx 1{,}33$. Wie verhält sich aber ein Lichtstrahl z. B. beim Übergang von Wasser in Glas? Hier gilt:

> **Beim Übergang von einem Stoff geringerer Brechzahl in einen Stoff mit größerer Brechzahl wird ein Lichtstrahl zum Einfallslot hin gebrochen. Umgekehrt wird der Lichtstrahl vom Einfallslot weg gebrochen, wenn er aus einem Stoff mit größerer Brechzahl kommt.**

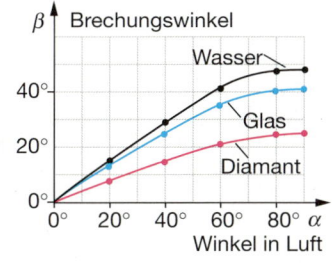

6 Zusammenhang zwischen α und β

Beispiele für Brechzahlen

Eis	1,31
Wasser	1,33
Plexiglas	1,49
Kronglas	1,49–1,54
Benzol	1,51
Flintglas	1,59–1,65
Schwefelkohlenstoff	1,63
Kalkspat	1,66
Diamant	2,42

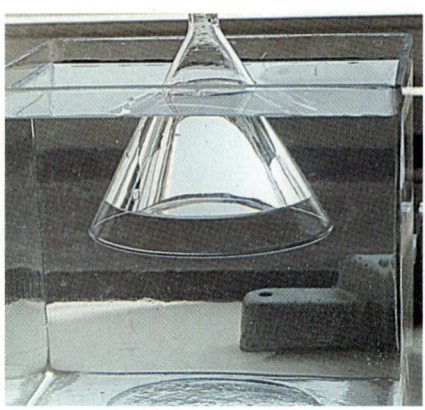

1 Der Trichter glänzt silbrig

2 Licht wird total reflektiert

Totalreflexion und Dispersion

In Bild 1 ist ein gläserner Trichter zu sehen. Er ist umgekehrt in Wasser eingetaucht. Da seine Ausflussöffnung vor dem Eintauchen in das Wasser mit dem Finger verschlossen wurde, befindet sich im Innern des Trichters Luft. Nur in den unteren Teil ist etwas Wasser eingedrungen. Die Mantelfläche des Trichters glänzt silbrig; sie erscheint wie ein vollkommener Spiegel. Lässt man Wasser in den Trichter einströmen, so verschwindet der silbrige Glanz.

V 1: Nehmen Sie statt des Trichters ein glattes Trinkglas! Tauchen Sie zunächst das Trinkglas umgekehrt und lotrecht in Wasser ein, halten Sie es sodann etwas schräg! Kippen Sie anschließend das Glas stärker, so dass Wasser in das Trinkglas eindringt!

Wie aus der durchsichtigen Glaswand diese helle, spiegelnde Fläche entsteht, macht der folgende Gedankengang klar: Wir wissen, dass das Licht an Grenzflächen teils reflektiert, teils gebrochen wird. Das Licht fällt von außen auf den Trichter und hat zwei Grenzflächen zu passieren: die Grenzfläche Wasser/Glas und die Grenzfläche Glas/Luft. Ist der Trichter vollständig mit Wasser gefüllt, dann ist die zweite Grenzfläche Glas/Wasser: Der silbrige Glanz verschwindet. Wir erwarten demnach, dass an der Grenzfläche Glas/Luft die Reflexion besonders gut ist.

V 2: Benutzen Sie zur Überprüfung die in Versuch 9 (S. 119) verwendete Anordnung! Kehren Sie den Lichtweg um und beleuchten Sie den Halbzylinder so, dass das Licht senkrecht auf die Halbkreisfläche auftrifft (Bild 2)! Vergrößern Sie langsam den Einfallswinkel, beobachten Sie den gebrochenen Lichtstrahl und den Anteil des reflektierten Lichts!

Beim Übergang des Lichts von Glas in Luft ist der Brechungswinkel stets größer als der Einfallswinkel. Er nimmt mit wachsendem Einfallswinkel zu, kann aber nicht größer werden als 90°. Der zugehörige Einfallswinkel beträgt für den Übergang Glas/Luft etwa 42°. Trifft das Licht unter einem größeren Winkel auf, dann wird es vollständig reflektiert. Man nennt diesen Vorgang **Totalreflexion**. Die Winkel, bei denen Totalreflexion erreicht wird, heißen **Grenzwinkel der Totalreflexion**.

> **Treffen Lichtstrahlen in einem Stoff mit größerer Brechzahl auf die Grenzfläche gegen einen Stoff geringerer Brechzahl, so werden sie bei Einfallswinkeln, die größer sind als der Grenzwinkel der Totalreflexion α_g, vollständig reflektiert.**

Bild 3 zeigt den entsprechenden Versuch für den Übergang Wasser/Luft. Das Licht fällt von hinten gegen einen kegelförmigen Spiegel, der das Licht durch eine kreisförmige Schlitzblende von unten gegen die Grenzfläche schickt. Der Grenzwinkel der Totalreflexion ist wie die Brechzahl vom Stoff abhängig.

Beispiele für Grenzwinkel der Totalreflexion

Stoff	Grenzwinkel
Eis	49,8°
Wasser	48,6°
Ethylalkohol	47,3°
Flussspat	44,2°
Quarzglas	43,2°
Plexiglas	42,2°
Kronglas	42,2°
Benzol	41,8°
Steinsalz	40,3°
Flintglas	39,5°
Kalkspat	37,1°
Diamant	24,4°

3 Licht beim Übergang Wasser/Luft

Brechung

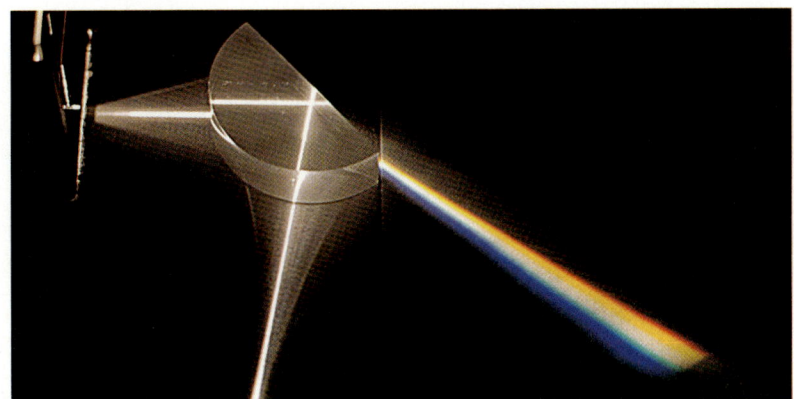

4 Auffächerung in Farben

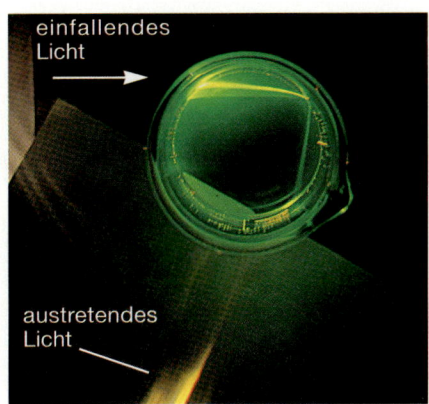

7 Versuch zur Entstehung des Regenbogens

Dispersion

Bei vielen Brechungsversuchen mit weißem Licht kann man farbige Ränder am gebrochenen Lichtstrahl erkennen, besonders deutlich bei großen Einfallswinkeln. Dies ist bereits beim Versuch mit dem Halbkreiszylinder aufgefallen.

V 3: Wiederholen Sie diesen Versuch mit unterschiedlichen Einfallswinkeln! Kehren Sie auch den Lichtweg um!

Ergebnis: Das gebrochene Lichtbündel zeigt eine deutliche Auffächerung in die Farben des Regenbogens. Die Auffächerung ist besonders gut beim Übergang Glas/Luft und bei großen Einfallswinkeln zu erkennen (Bild 4).

Von dem englischen Physiker Isaac Newton (1643–1727) stammt die auch heute noch gültige Erklärung. Danach besteht weißes Licht aus Farben, die verschieden brechbar sind. Bei der Brechung wird das Lichtbündel in seine farbigen Anteile zerlegt. Anhand des Versuchsergebnisses erkennen Sie, dass nach dieser Theorie blaues Licht am stärksten, rotes Licht am schwächsten abgelenkt wird. Diese Erscheinung heißt **Farbzerstreuung** oder **Dispersion des Lichts**.

> **Rotes Licht wird weniger stark abgelenkt als das blaue oder violette Licht. Weißes Licht wird durch Brechung in die einzelnen Farben zerlegt.**

Auch bei der Brechung an der Grenzfläche Wasser/Luft tritt Dispersion auf. Die Dispersion liefert auch eine **Erklärung des Regenbogens**. Das weiße Sonnenlicht trifft auf viele Regentropfen. Jeder einzelne von ihnen bricht und reflektiert das Licht (Bild 5 und 6). Als Modell für einen Regentropfen kann man ein mit Wasser gefülltes Becherglas verwenden.

V 4: Geben Sie in das Wasser etwas Fluoreszin, um den Lichtweg sichtbar zu machen, und beleuchten Sie das Glas von der Seite zunächst mit einem breiten Parallellichtbündel! Beschreiben Sie die Beobachtungen! Blenden Sie aus dem breiten Lichtbündel ein schmales aus und richten Sie es auf verschiedene Stellen der Becherglaswandung (Bild 7)!

Sie finden zwei Stellen, wo besonders viel Licht austritt. An diesen Stellen sehen Sie auch die Regenbogenfarben. Die Reihenfolge der Farben ist bei der zweiten Austrittsstelle gegenüber der ersten gerade vertauscht.

Das Zustandekommen dieser farbigen Glanzstellen machen die Bilder 5 und 6 deutlich. Die erste Glanzstelle entsteht nach einmaliger Reflexion des Lichts im Tropfen, die zweite, wesentlich schwächere nach zweimaliger Reflexion. Dadurch wird bestätigt, dass in der Natur zwei Regenbögen auftreten können: ein kräftiger **Hauptregenbogen** und ein schwächerer **Nebenregenbogen**, mit umgekehrter Farbfolge.

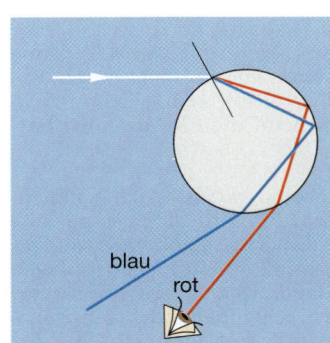

5 Zur Entstehung des Hauptregenbogens

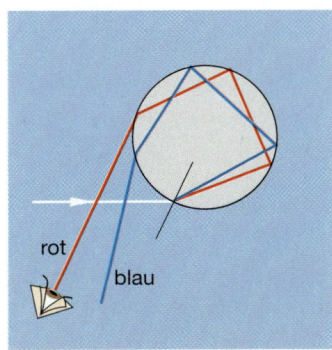

6 Zur Entstehung des Nebenregenbogens

Aufgaben

1. Befestigen Sie eine kleine Kartoffel an einem Draht und berußen Sie sie kräftig über einer Kerzenflamme! Tauchen Sie danach die Kartoffel in ein mit Wasser gefülltes Glas! Die schwarze Kartoffel erscheint unter Wasser silbrig glänzend. Erklären Sie dies!
2. Ein Taucher befindet sich am Boden eines Schwimmbeckens. Die Wasseroberfläche ist völlig glatt. Was sieht der Taucher, wenn er zur Wasseroberfläche schaut?
3. Warum kann man Luftblasen unter Wasser sehen, obwohl Luft doch unsichtbar ist?
4. Tautropfen funkeln im Sonnenlicht in wechselnden Farben. Warum?
5. Warum ist Schnee weiß?

Optik

1 a) Rohdiamanten

b) Geschliffener Diamant

5 Luftspiegelung auf heißer Straße

Anwendungen der Lichtbrechung

Lichteffekte erfreuen

Diamant hat eine hohe Brechzahl, zeichnet sich also durch eine sehr starke Lichtbrechung aus. Die wertvollsten Diamanten sind völlig farblose, durchsichtige Kristalle. In Bild 1a sind Rohdiamanten zu sehen, in Bild 1b ein Diamant mit einem äußerst komplizierten Schliff einem **Brillantschliff**. Seine Oberfläche ist so gestaltet, dass durch Reflexion und Brechung des Lichts besondere Effekte für das Auge erzeugt werden.

Umlenken mit Prismen

In **Prismenferngläsern** (Bild 2) wird das Licht durch Glasprismen umgelenkt. Dadurch erreicht man eine Bildumkehr: Die Gegenstände sieht man aufrecht und seitenrichtig. Prismen sind keilförmige Glaskörper. Das 90°-Prisma strahlt das Licht parallel versetzt zurück und vertauscht die Reihenfolge der Lichtstrahlen (Bild 3). Solche Prismen nennt man **Umkehrprismen**. Im Prismenfernrohr sind zwei Umkehrprismen eingebaut.

Gibt es gekrümmte Lichtstrahlen?

Alle bisherigen Erfahrungen bestätigen die geradlinige Lichtausbreitung. Und doch gibt es gebogene Lichtstrahlen.

Die **Luftspiegelung** (Bild 5) hat nämlich mit krummen Lichtstrahlen zu tun. An heißen Tagen erscheint die Straße in der Ferne oft wie mit Wasser bedeckt. Man sieht auch ein Spiegelbild des Himmels.

Woher kommt dies? Unmittelbar über der Straße ist die Luft sehr heiß. Sie hat dort eine geringere Brechzahl als die darüber liegenden Luftschichten, die kühler sind (Bild 6). Der Übergang erfolgt allmählich. Daher ist gar keine scharfe Grenzschicht vorhanden und der Lichtstrahl ändert ständig seine Richtung.

Ähnliches beobachtet man in der Atmosphäre, wenn die von der Sonne ausgehenden Lichtstrahlen durch unterschiedlich dichte Luftschichten laufen. So erscheint die Abendsonne plattgedrückt (Bild 4).

Ein vom oberen Sonnenrand kommender Lichtstrahl trifft flacher auf die Lufthülle der Erde und wird weniger stark gekrümmt als ein Lichtstrahl vom unteren Rand. Der untere Rand wird daher auch scheinbar stärker angehoben. Die vom linken und rechten Rand ausgehenden Lichtstrahlen werden gleich stark gebrochen. Daher erscheint der waagerechte Sonnendurchmesser unverkürzt.

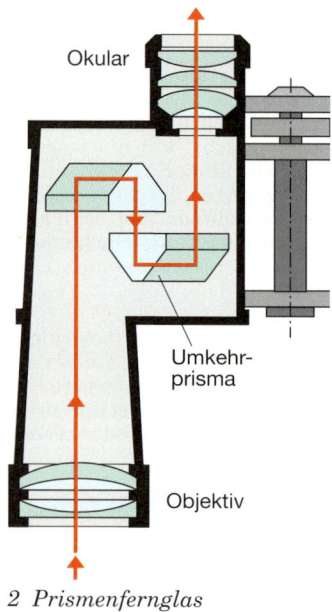

2 Prismenfernglas

3 Umkehrung des Strahlengangs

4 Verformte Abendsonne

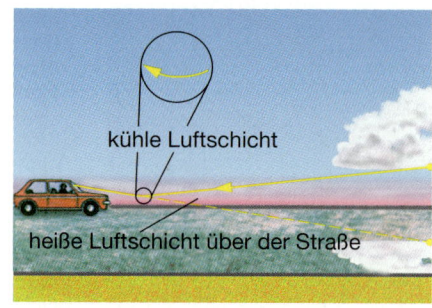

6 So entsteht eine Luftspiegelung

Brechung

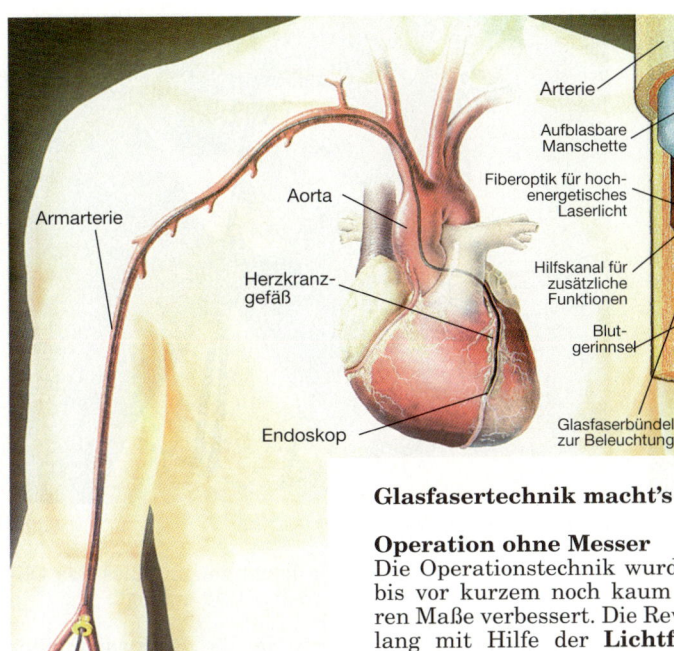

7 Mit dem Fibroskop bis ins Herz

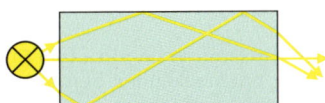

8 Totalreflexion im Glasstab

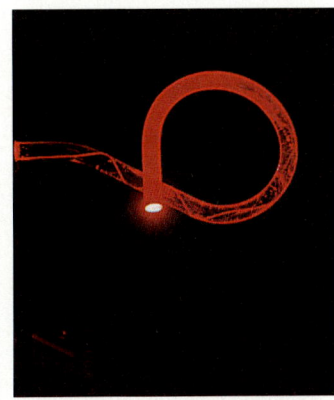

9 Glasstab als Lichtleiter

Glasfasertechnik macht's möglich

Operation ohne Messer
Die Operationstechnik wurde in einem bis vor kurzem noch kaum vorstellbaren Maße verbessert. Die Revolution gelang mit Hilfe der **Lichtfaseroptik**. Harnleitersteine, Nieren- oder Gallensteine lassen sich in einem äußerst schonenden Verfahren mit Laserstrahlen zertrümmern. Der Laserstrahl wird durch einen nur 0,4 mm dicken Lichtleiter geschickt. An der Austrittsstelle wird durch die hohe Energie des Strahls ein Gas erzeugt, dessen Druckwelle den Stein zerstört.

Dünne flexible Glasfaserbündel verschaffen dem Arzt direkten Einblick in vormals unzugängliche Bereiche. Bild 7 zeigt ein sogenanntes **Fibroskop**, das durch die Arterie des Arms bis in die Herzkranzgefäße geleitet wird. Mit Laserlicht können dort den Blutfluss blockierende Ablagerungen verdampft werden. Das Gerät besteht aus zwei Bündeln von Lichtleitern: das eine leitet Licht zum Gewebe, das andere überträgt ein Bild von diesem Gewebe zum Betrachter. Ein weiterer dünner Kanal dient als Absaug- oder Injektionsleitung. Mit der aufblasbaren Manschette kann der Blutfluss unterbrochen werden.

Telefonieren über Glaskabel
Ein sprunghafter Fortschritt ist durch die Glasfasertechnik auch bei der **Übertragung von Nachrichten** zu verzeichnen. Schon 1975, als die ersten Quarzglasfasern eingesetzt wurden, konnten mit der neuen Technik weit mehr Informationen übertragen werden als mit herkömmlichen Systemen, in denen elektrische Ströme durch Kupferkabel fließen. Inzwischen konnte die Zahl der von einem Kabel übertragbaren Telefongespräche noch wesentlich gesteigert werden.

Telefon und Fernsehen haben unsere Arbeitswelt und unser Freizeitverhalten radikal verändert. Durch die **optischen Kommunikationssysteme** wird sich die Gesellschaft im 21. Jh. vermutlich ein weiteres Mal grundlegend wandeln.

Wie wirkt ein **Lichtleiterkabel**? Das Grundprinzip ist einfach.

☐ 1: Ein Lichtstrahl fällt wie in Bild 8 auf das Ende eines Glasstabes. Er wird teils reflektiert, teils gebrochen. Zeichnen Sie den gebrochenen Lichtstrahl und den weiteren Strahlenverlauf im Innern des Stabes! Wiederholen Sie die Konstruktion für einen Lichtstrahl mit anderer Richtung!

Ⓥ 2: Wir beleuchten einen gebogenen Stab aus Plexiglas an der einen Stirnfläche. Anschließend richten wir einen feinen Laserstrahl etwas schräg auf die Stirnfläche.

Das Licht wird innerhalb des Stabes durch Totalreflexion weitergeleitet und tritt am anderen Ende nahezu ungeschwächt aus. Beim Laserlicht kann man den Verlauf des Lichtstrahls im Innern gut verfolgen (Bild 9).

Die Totalreflexion nutzt man nun auch bei Lichtleitern aus. Sie bestehen aus mehreren hundert oder tausend haarfeinen Glasfasern. Jede einzelne Faser, Durchmesser bis herab zu 0,01 mm, ist von einem wenige tausendstel Millimeter dicken Mantel einer Glassorte mit niedrigerer Brechzahl umgeben. An der Grenzschicht dieser beiden Glassorten erfolgt die Totalreflexion.

Man kann auch Fasern herstellen mit von innen nach außen abgestufter Brechzahl. Zur **Bildübertragung** benutzt man Faserbündel, die am Ende und Anfang in gleicher Weise angeordnet sind. Das übertragene Bild ist also ein Lichtraster.

Aufgaben
1. Wie kommt eine Luftspiegelung zu Stande?
2. Wickeln Sie eine Taschenlampe in eine wasserdichte Folie und stecken Sie sie so in das Rohr einer Gießkanne, dass noch Wasser ausströmt. Wenn es dann draußen dunkel ist, schalten Sie die Taschenlampe ein und gießen! Das Licht folgt den gebogenen Wasserstrahlen. Erklären Sie!
3. Das Glasfaserbündel eines Lichtleiters habe eine Querschnittsfläche von 2 x 2 mm². Wie viele Fasern mit einem Durchmesser von je 0,01 mm finden darin Platz? In wie viele Bildpunkte kann ein Objekt mit einer solchen Bildleitung zerlegt werden?

Optik

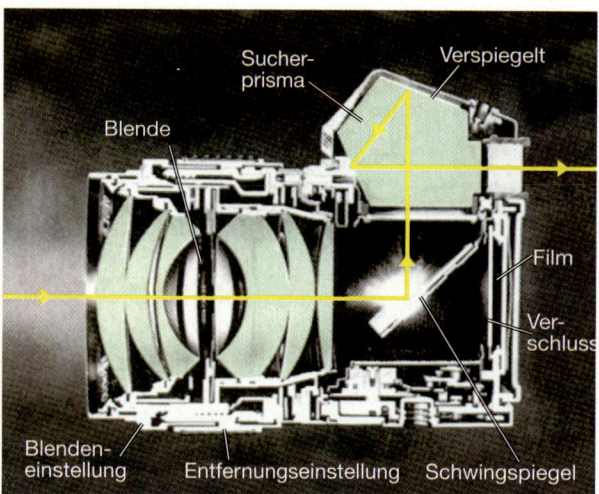

1 Spiegelreflexkamera

2 Mönch mit Brille

Optische Linsen

Linsen überall

Linsen bilden einen wesentlichen Teil oder sogar den Hauptbestandteil vieler optischer Geräte wie Brillen, Lupen, Fotoapparate, Diaprojektoren, Ferngläser. Sogar manche Taschenlampenbirnchen haben vorne eine Verdickung, die als Linse wirkt und das Licht bündelt. Auch die Lichtleiter im Fibroskop tragen an beiden Enden kleine Linsen.

In Bild 1 ist das Schnittbild einer **Spiegelreflexkamera** zu sehen. Das Licht fällt durch das **Objektiv**, das aus mehreren Linsen zusammengesetzt ist, auf einen Umlenkspiegel. Dieser reflektiert das Licht durch ein Sucherprisma und ein weiteres Linsensystem, das **Okular**, ins Auge. Vor dem Film liegt der Verschluss, der kurzzeitig geöffnet werden kann. Mit der Blende kann man die Lichtmenge regulieren.

Sie möchten nun mit einer solchen Spiegelreflexkamera ein Gruppenbild „schießen". Wie gehen Sie vor?

Mit Hilfe des Suchers sorgen Sie zunächst für den geeigneten Bildausschnitt, stellen sodann die richtige Entfernung und Belichtungszeit ein und betätigen schließlich den Auslöser.

Wird der Auslöser betätigt, dann läuft folgender Vorgang ab: Der Schwingspiegel klappt hoch, gibt den Weg für das Licht zum Film frei, der Verschluss öffnet sich für kurze Zeit, so dass der Film belichtet werden kann. Der Spiegel klappt anschließend wieder nach unten. Das Objektiv entwirft vom Gegenstand während der kurzen Öffnungszeit auf dem Film ein Bild des Gegenstandes.

Sie können leicht zeigen, dass das Objektiv ein reelles Bild erzeugt.

V 1: Öffnen Sie die Rückwand einer Kamera, legen Sie auf die Rückseite Transparentpapier! Richten Sie die Kamera bei weit geöffneter Blende und offenem Verschluss auf einen hellen Gegenstand (Lampe oder Fenster)!

Auf dem Transparentpapier sehen Sie ein umgekehrtes, verkleinertes, farbiges Bild des Gegenstandes.

☐ 2: Warum ist das Sucherprisma ein Umkehrprisma?

Ohne **Brille** müssten viele mit etwa 50 Jahren wegen nachlassender Sehfähigkeit auf das Lesen verzichten.

☐ 3: Stellen Sie sich vor, allen heutigen Brillenträgern würde ihre Brille entzogen! Welche Auswirkung hätte dies für den Einzelnen, für die Gesellschaft?

Vor der Erfindung der Brille war das Problem nicht so offenkundig, da die meisten Menschen Tätigkeiten ausübten, die keine große Anforderungen an die Augen stellten. Viele konnten auch gar nicht lesen. Die besten Kunden der im 14. Jh. überall entstehenden Brillenmacherzünfte waren die Mönche.

Um 1300 wurden aus dem Mineral „Beryll" vergrößernde Augengläser geschaffen, die man beim Lesen auf die Textstelle legte. Von „Beryll" kommt auch der Name „Brille". Die eigentliche Brille wird zum ersten Mal Ende des 13. Jahrhunderts in Oberitalien erwähnt. Das vermutlich älteste Bild eines Brillenträgers ist in der Kirche San Niccolo in Treviso zu sehen (Bild 2).

Optische Geräte

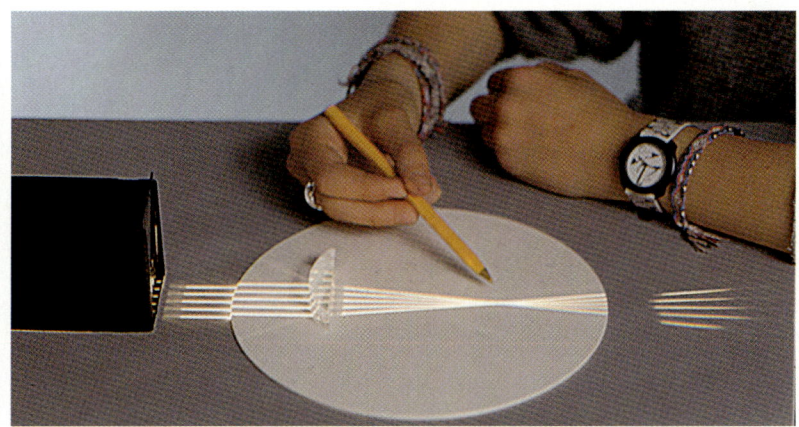

3 Parallelstrahlen gehen durch den Brennpunkt

6 Virtuelles Kerzenbild

Linsenformen
Das Objektiv der Spiegelreflexkamera in Bild 1 enthält mehrere Linsen. Die verschiedenen Linsenformen kann man auf zwei Typen zurückführen: auf Linsen, die in der Mitte dicker sind als am Rand, und Linsen, die am Rand dicker sind (Bild 4).
- Linsen, die in der Mitte dicker sind als am Rand, heißen **Konvexlinsen** (convexus, lat. = gewölbt).
- Linsen, die in der Mitte dünner sind als am Rand nennt man **Konkavlinsen** (concavus, lat. = hohl).

Die Oberflächen der meisten Linsen sind Teile von **Kugelflächen**. In Bild 4 sind M_1 und M_2 die Mittelpunkte der Kugelflächen, r_1 und r_2 die Radien. Die Strecke M_1M_2 heißt **optische Achse**.

Im Brennpunkt
▽ 4: Erzeugen Sie mit einer Experimentierlampe ein Bündel paralleler Lichtstrahlen und lassen Sie sie parallel zur optischen Achse auf eine Konvexlinse fallen!

Die Lichtstrahlen werden so gebrochen, dass sie durch einen gemeinsamen Punkt auf der optischen Achse gehen (Bild 3). Auch bei einem Parallellichtbündel aus der Gegenrichtung schneiden sich die Strahlen wieder in einem einzigen Punkt.

> Eine Konvexlinse hat zwei Brennpunkte F_1 und F_2. Die Entfernung der Brennpunkte von der Linse nennt man Brennweite f. Die Brennweite ist umso kleiner, je stärker die Linse gekrümmt ist.

▽ 5: Konzentrieren Sie Sonnenstrahlen im Brennpunkt! Die Temperatur steigt dort so stark an, dass ein Streichholz entzündet werden kann (Bild 5).

Linsen erzeugen Bilder
▽ 6: Stellen Sie dicht hinter einer Konvexlinse (f = 10 cm) eine brennende Kerze auf und blicken Sie durch die Linse hindurch! Vergrößern Sie den Abstand zwischen Kerze und Linse! Beschreiben Sie ihre Beobachtungen!

Ergebnisse: Zunächst erblickt man ein aufrechtes und seitenrichtiges Bild der Kerze (Bild 6). Es wird größer, wenn wir die Kerze von der Linse entfernen. Schließlich verschwindet das Bild. Bei weiterem Vergrößern des Abstandes erscheint wieder ein scharfes Bild, jetzt aber umgekehrt und seitenvertauscht: Das Bild scheint zwischen Linse und Auge zu schweben.

Bringt man an den vermuteten Bildort einen durchscheinenden Schirm, so kann man auf ihm ein scharfes reelles Bild der Kerze sehen (Bild 7). Das aufrechte Bild dagegen kann man nicht mit einem Schirm auffangen. Es ist virtuell.

Blickt man durch eine Konkavlinse, so erscheinen alle Gegenstände, in welcher Entfernung sie sich auch befinden mögen, aufrecht und verkleinert. Es ist nicht möglich, die Bilder mit einem Schirm aufzufangen. Es handelt sich also um virtuelle Bilder.

> Mit Konvexlinsen lassen sich reelle und virtuelle Bilder erzeugen. Mit Konkavlinsen erhält man nur aufrechte, verkleinerte virtuelle Bilder.

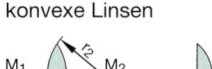
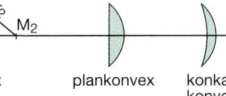
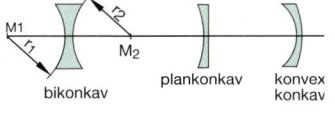

4 Linsenformen

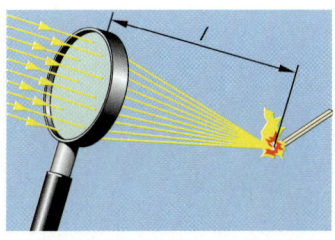

5 Entzünden eines Streichholzes

7 Reelles Kerzenbild

Optik

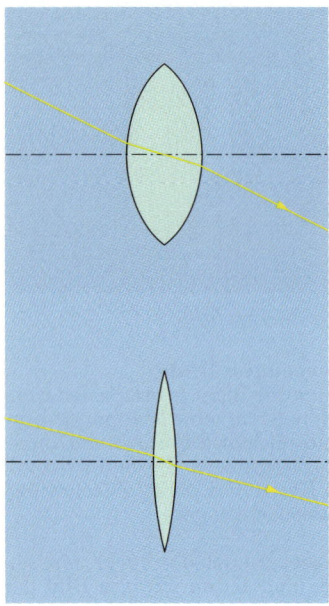

1 Die Verschiebung ist vernachlässigbar

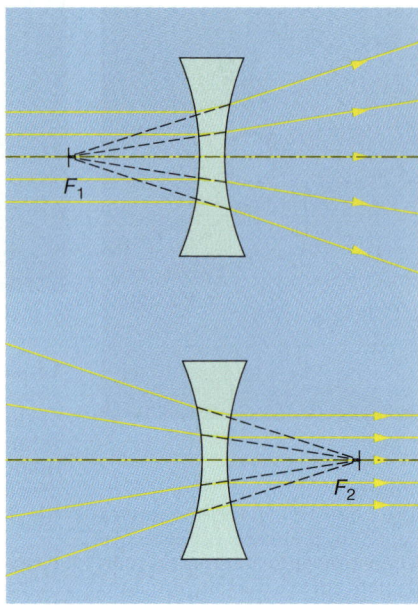

4 Strahlengang bei Konkavlinsen

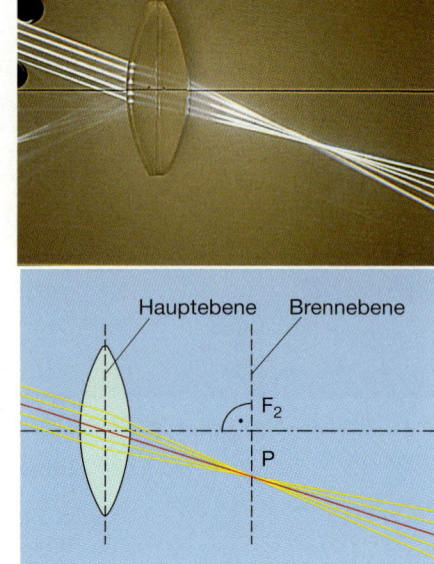

5 Schräges Parallellichtbündel

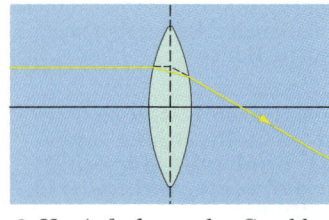

2 Vereinfachung des Strahlenganges

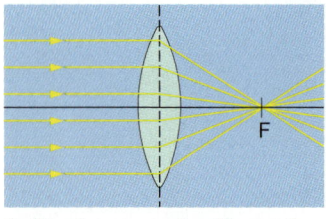

3 Brechung an der Hauptebene

Strahlengang und Bildkonstruktion bei dünnen Linsen

Strahlengang bei dünnen Linsen

Für dünne Linsen kann man den Strahlengang sehr vereinfachen. Dies macht der folgende Versuch deutlich.

Ⓥ 1: Richten Sie einen Lichtstrahl unter einem kleinen Winkel zur optischen Achse auf die Mitte einer dicken Konvexlinse! Verändern Sie den Winkel und vergleichen Sie die Richtung des einfallenden und des ausfallenden Lichtstrahls! Wiederholen Sie den Versuch mit einer dünnen Linse!

Ⓥ 2: Führen Sie die Versuche mit den entsprechenden Konkavlinsen durch!

Ergebnisse: Richtet man einen Lichtstrahl auf die Linsenmitte, so erfährt er keine Richtungsänderung: Bei beiden Linsenarten wird er parallel versetzt. Der mittlere Teil der Linsen wirkt wie eine planparallele Glasplatte. Bei dünnen Linsen ist die seitliche Verschiebung vernachlässigbar (Bild 1).

Bild 2 zeigt: Die rückwärtigen Verlängerungen der einfallenden und der ausfallenden Lichtstrahlen schneiden sich in guter Näherung in einer Ebene, der Hauptebene. Daher kann die zweimalige Brechung ersetzt werden durch eine einzige an dieser Ebene. Bei dünnen symmetrischen Linsen ist die Hauptebene gleich der Mittelebene (Bild 3).

Ⓥ 3: Überprüfen Sie experimentell die folgenden Aussagen!
a) Bei dünnen Konkavlinsen werden Parallelstrahlen so gebrochen, dass sie von einem Punkt her zu kommen scheinen.
b) Strahlen, die auf diesen Punkt hinzielen, verlassen die Zerstreuungslinse parallel (Bild 4).

Ⓥ 4: Bestätigen Sie experimentell den in Bild 5 dargestellten Zusammenhang!

Für dünne Linsen gilt (Bild 6):

> **Mittelpunktstrahlen erfahren keine Richtungsänderung.**
> **Parallelstrahlen werden zu Strahlen durch einen Punkt der Brennebene.**
> **Strahlen durch einen Punkt der Brennebene werden zu Parallelstrahlen.**

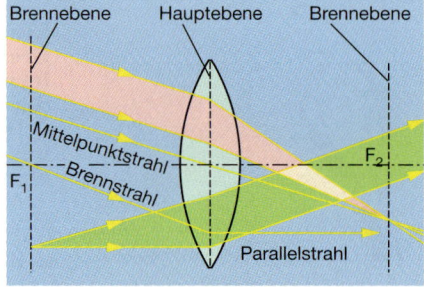

6 Strahlengang bei dünnen Linsen

Optische Geräte

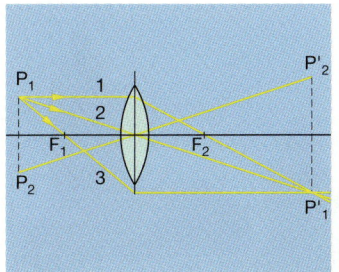

7 Bildkonstruktion

Bildkonstruktion

Man muss mindestens den Verlauf zweier Lichtstrahlen kennen, um die Lage eines virtuellen oder reellen Bildes zu konstruieren. In Bild 7 ist dargestellt, welche Strahlen Sie verwenden können. Die vom Gegenstandspunkt P_1 ausgehenden Strahlen 1, 2 und 3 treffen sich im Bildpunkt P_1'. Für die Konstruktion sind nur zwei erforderlich: 1, 2 oder 1, 3 oder 2, 3. Es ist für die Konstruktion unerheblich, ob die verwendeten Lichtstrahlen die Linse wirklich treffen oder nicht.

☐ 5: Ein Gegenstand (Kerze) befindet sich in einer Entfernung von a) $g = 8$ cm vor einer Konvexlinse mit der Brennweite $f = 5$ cm. Konstruieren Sie nach Bild 7 die Lage des Bildes! Wiederholen Sie die Konstruktion für die Gegenstandsweiten b) 5 cm und c) 2,5 cm!

Im Fall a) entsteht ein vergrößertes, umgekehrtes reelles Bild (Bild 8); im Fall b) liegt der Gegenstand im Abstand f von der Linse. Es entsteht kein Bild. Vom Brennpunkt ausgehende Lichtstrahlen verlassen nämlich die Linse parallel. Dies gilt auch für alle anderen Gegenstandspunkte im Abstand f von der Linse, so dass sich die Lichtstrahlen nach dem Verlassen der Linse nicht mehr in reellen Bildpunkten schneiden (Bild 9). Also: Kein Bild!

In noch geringerer Entfernung von der Linse, Fall c), laufen die Strahlen hinter der Linse auseinander, sie divergieren. Es gibt auch kein reelles Bild. Doch die rückwärtigen Verlängerungen der Lichtstrahlen schneiden sich in virtuellen Bildpunkten. Man beobachtet ein virtuelles, aufrechtes und vergrößertes Bild des Gegenstandes (Bild 10).

☐ 6: Übertragen Sie die Ergebnisse auf Konvexlinsen anderer Brennweiten! Wo muss sich der Gegenstand befinden, damit reelle Bilder entstehen, in welchem Bereich erhält man virtuelle Bilder?

Ⅴ 7: Bestätigen Sie die Zusammenhänge mit einem Experiment! Verwenden Sie dazu eine Linse mit der Brennweite $f = 15$ cm! In welcher Lage sind Gegenstand und Bild gleich groß?

Für Bildgröße B, Gegenstandsgröße G, Bildweite b und Gegenstandsweite g gilt das folgende Abbildungsgesetz:

$$\frac{B}{G} = \frac{b}{g}$$

B/G heißt **Abbildungsmaßstab**. Ist das Bild doppelt so groß wie der Gegenstand, so ist auch die Bildweite doppelt so groß wie die Gegenstandsweite. Der Abbildungsmaßstab beträgt in diesem Fall 2:1.

Bei Konkavlinsen können keine reellen Bilder entstehen, da die von einem Gegenstandspunkt ausgehenden Strahlen durch die Linse noch divergenter gemacht werden. Die Konstruktion der virtuellen Bilder erfolgt in ähnlicher Weise wie bei der Konvexlinse (Bild 11).

Bei Zerstreuungslinsen gibt es nur virtuelle Bilder.

Aufgaben

1. Wo muss sich der Gegenstand vor einer Sammellinse befinden, wenn a) ein virtuelles, b) ein reelles, verkleinertes Bild entstehen soll?
2. Wie ändert sich das reelle Bild einer Sammellinse, wenn man einen Teil der Linse abdeckt?
3. Wo entstehen die Bilder von Gegenständen, die sich in 100 cm, 30 cm und 10 cm vor einer Konvexlinse ($f = 20$ cm) befinden? Konstruieren Sie!

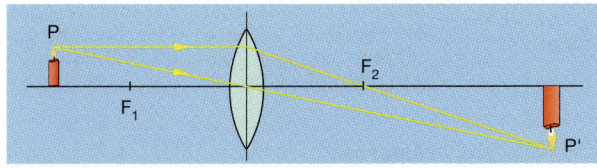

8 Reelles Bild

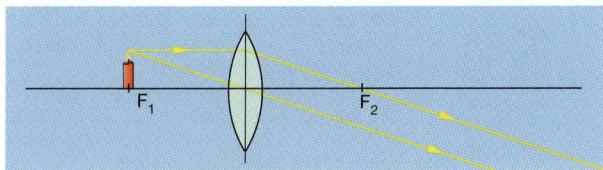

9 Hier entsteht kein Bild

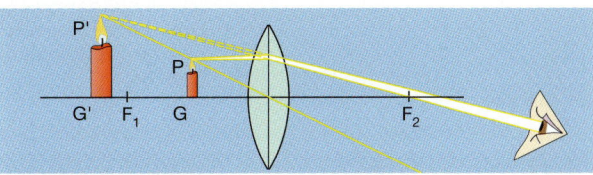

10 Virtuelles Bild

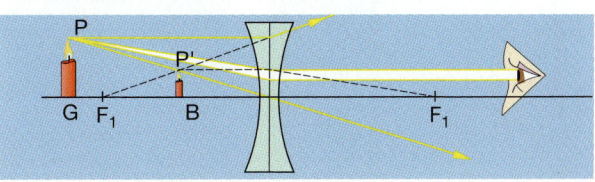

11 Virtuelles Bild bei Zerstreuungslinsen

Optik

1 Sonnentaler

Lochkamera

Sonnentaler

Wenn die Sonne durch das Blätterdach eines Baumes scheint, kann man auf dem Boden häufig kreisrunde Lichtflecken sehen, die schon in der Antike bekannt waren. Der berühmte Astronom Johannes Kepler (1571–1630) untersuchte diese „Sonnentaler" genauer. Bild 1, das auf einem Waldweg aufgenommen wurde, zeigt solche Sonnentaler. Bei Sonnenfinsternissen beobachtet man sichelförmige Flecken.

Wie kommen diese Bilder zu Stande? Um diese Frage zu beantworten, kann man eine Versuchsanordnung mit ähnlichen Bedingungen, eine so genannte **Lochkamera (camera obscura**, lat.= geheimnisvoller Raum), bauen.

🅅 1: Bau einer Lochkamera. Falten Sie aus schwarzem Karton eine Schachtel, die an einer Stirnfläche offen ist! In die andere Stirnfläche stechen Sie in die Mitte mit einer Nadel ein feines Loch! Falten Sie eine zweite Schachtel so, dass sie sich leicht in die erste schieben lässt! Auch hier bleibt die eine Stirnseite offen, die andere wird mit Transparentpapier abgeschlossen (Bild 4).

🅅 2: Betrachten Sie mit dieser Lochkamera verschiedene Gegenstände der Umgebung! Verschieben Sie dabei auch die beiden Schachteln gegeneinander! Achten Sie auf Größe, Schärfe und Farbe des Lochkamerabildes!

Ergebnisse
- Auf der Mattscheibe sieht man ein Bild der Gegenstände außerhalb der Kamera. Sie stehen auf dem Kopf. Das Kamerabild zeigt die Farben des Gegenstandes.
- Das Lochkamerabild ist umso größer, je weiter die Mattscheibe vom Loch entfernt ist.
- Das Lochkamerabild ist umso schärfer, je kleiner das Loch ist.
- Das Lochkamerabild ist umso kleiner, je weiter der Gegenstand entfernt ist.

5 Lochkamerabild

Erklärung: Jeder Punkt des Gegenstandes sendet Lichtstrahlen nach allen Seiten aus. Durch das Loch wird ein Lichtbündel abgegrenzt, das auf der Mattscheibe einen Lichtfleck erzeugt. Die Lichtflecke haben die Gestalt der Öffnung. Jedem Gegenstandspunkt können wir einen Fleck zuordnen. Das gesamte Bild setzt sich aus lauter einzelnen Lichtflecken zusammen. Je kleiner diese Lichtflecke sind, umso schärfer erscheint uns das Bild. Es ist umgekehrt, weil sich die Lichtstrahlen im Loch kreuzen (Bild 2).

Für den Zusammenhang zwischen Bildgröße B, Gegenstandsgröße G, Bildweite b und Gegenstandsweite g gilt das gleiche **Abbildungsgesetz** wie bei dünnen Linsen (Bild 3):

$$\frac{B}{G} = \frac{b}{g}.$$

🅅 3: Denken Sie sich einen Versuch zur Bestätigung dieses Gesetzes aus!

Mit einer Lochkamera kann man sogar fotografieren (Bild 5). Der Lochdurchmesser betrug 0,5 mm, die Belichtungszeit 1/2 Sekunde.

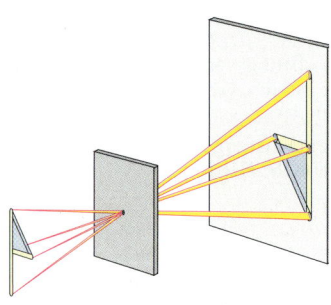

2 So kommt das Bild zu Stande

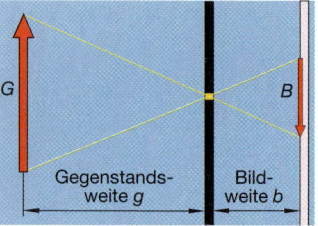

3 Zum Abbildungsgesetz

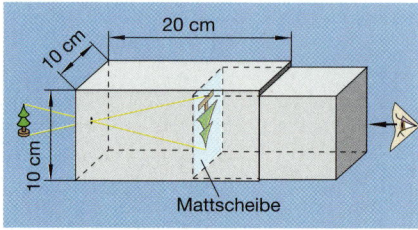

4 Lochkamera

Aufgaben
1. Beschreiben Sie die Wirkungsweise einer Lochkamera!
2. Wie verändert sich das Bild auf der Mattscheibe der Lochkamera, wenn man die Blendenöffnung verkleinert?
3. Ein 30 m hoher Kirchturm (g = 100 m) soll auf der Mattscheibe einer Lochkamera (12 cm · 12 cm) formatfüllend abgebildet werden. Wie groß muss b sein?

Optische Geräte

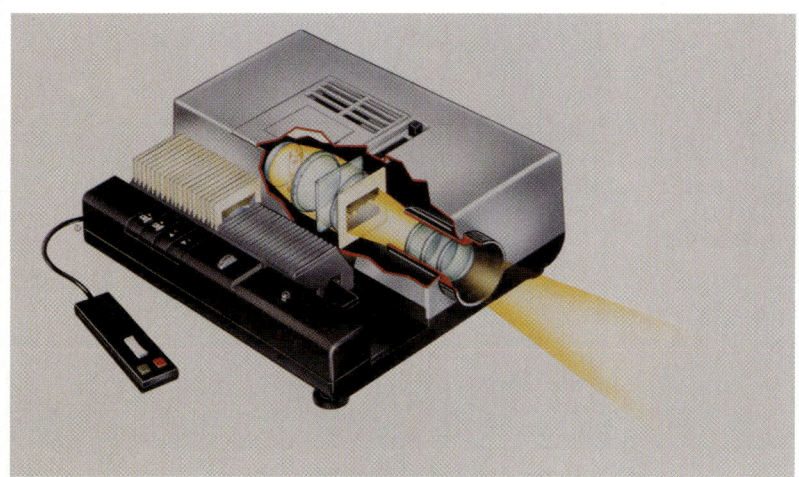

6 Diaprojektor

Projektor

Der Diaprojektor

Dias (Abkürzung für **Diapositive**) sind Bilder auf durchsichtigen Folien, meist im Format 24 mm x 36 mm, von denen mit Hilfe eines Projektors (Bild 6) auf einer Leinwand ein vergrößertes, aufrechtes, reelles Bild erzeugt wird, so dass gleichzeitig mehrere Personen zuschauen können. Alle Projektoren, auch die Filmvorführgeräte oder die Tageslichtprojektoren, arbeiten nach dem gleichen Prinzip: Die beleuchteten Objekte (Dia, Film, Folie) müssen mit Hilfe einer Linse, eines Objektivs, vergrößert abgebildet werden.

☐ 4: In welcher Entfernung von der Linse muss das Dia aufgestellt werden, damit ein reelles, vergrößertes Bild entsteht?

𝕍 5: Führen Sie den Versuch durch! Zur Verfügung stehen: ein Dia, eine Linse mit $f = 10$ cm, eine Experimentierleuchte und ein Schirm. Wie muss das Dia aufgestellt werden, um ein aufrechtes und seitenrichtiges Bild zu erhalten?

Um ein möglichst helles Bild zu bekommen, bringt man hinter der Lichtquelle einen Hohlspiegel an, der das nach hinten abgestrahlte Licht zurückwirft (Bild 6). Bei der Versuchsdurchführung stellen Sie fest, dass die Qualität der erzeugten Abbildung noch sehr zu wünschen übrig lässt: Nur ein kleiner Teil des Bildes ist nämlich einigermaßen hell, obwohl das ganze Dia voll von der Lampe beleuchtet wird.

☐ 6: In Bild 7a ist der durchgeführte Versuch schematisch dargestellt. Erklären Sie anhand der Zeichnung, weshalb nur der mittlere Teil des Bildes hell zu sehen ist!

Mit einer weiteren Linse kurzer Brennweite, dem so genannten **Kondensor**, kann man das Licht so umlenken, dass das von der Lampe kommende Licht durch Dia und Linse fällt. Der Kondensor muss zwischen Dia und Linse angeordnet werden.

𝕍 7: Fügen Sie eine Sammellinse nach Bild 7b mit $f = 5$ cm als Kondensor in den Aufbau nach Versuch 5 ein!

Durch den Kondensor wird das Licht der Punktlichtquelle so gebündelt, dass es sowohl durch das Dia als auch durch die Öffnung des Objektivs gelangt.

Beim **Tageslichtprojektor** (Bild 8) muss eine gegenüber dem Kleinbilddia rund 100-mal größere Schreibfolie oder ein ebenso großes Arbeitstransparent gut ausgeleuchtet werden. Das verlangt sehr helle Lichtquellen, wie sie als Halogenlampen zur Verfügung stehen, und eine große Kondensorlinse. Man verwendet eine **Fresnellinse** aus Kunststoff, in die abschnittweise die Profile von Konvexlinsen eingepresst sind.

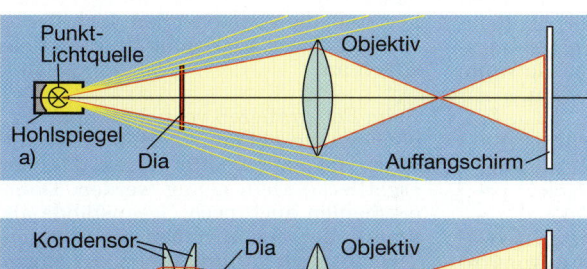
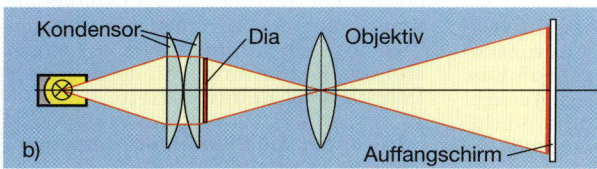

7 Wirkungsweise des Kondensors

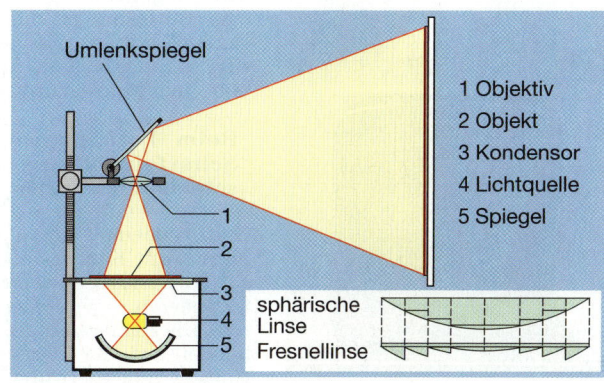

8 Tageslichtprojektor

Optik

1 Fotoapparat

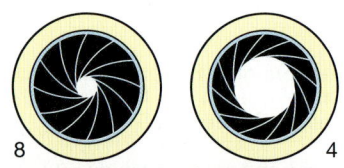

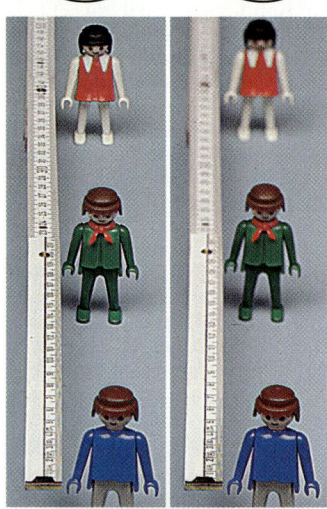

2 Schärfentiefe

Fotoapparat

Aufgabe
Von Personen oder von Gegenständen soll das Gerät ein verkleinertes, reelles Bild erzeugen, das auf einem Film gespeichert wird.

▽ 1: Bilden Sie mit einer Linse ($f = 20$ cm) die Dinge der Umgebung (z. B. das helle Fenster des Klassenzimmers) auf einen Schirm ab! Das Streulicht können Sie mit einer Papphöhre vom Schirm fern halten!

▽ 2: Richten Sie dann die Modellkamera auf einen entfernteren oder näher liegenden Gegenstand! Stellen Sie das Bild scharf ein, ohne die Lage des Schirms zu verändern! Wie müssen Sie jeweils die Linse verschieben?

Das Bild ist bei gegebener Entfernung des Gegenstands nur in einer ganz bestimmten Entfernung des Schirms (Films) vom Objektiv scharf. Bei jeder Kamera muss deshalb das Objektiv gegenüber dem Kameragehäuse verschoben werden können. Bei Kleinbildkameras geschieht dies mit Hilfe eines Schraubgewindes. Die Objektive tragen eine Entfernungsskala (Bild 1). Beim Einstellen dreht man den Entfernungsring so lange, bis die angegebene Weite über dem Markierungspfeil steht.

> **Beim Fotoapparat erfolgt die Scharfeinstellung durch Verschieben der Linse.**

Ganz bequeme Fotografen leisten sich eine moderne Kamera mit einer **automatischen Scharfeinstellung** (**Autofokus**; fokussieren = optische Linsen ausrichten). Die Kamera sendet ein Infrarotlichtbündel aus, das vom Gegenstand zur Kamera reflektiert und die automatische Entfernungseinstellung ermöglicht.

3 Durch Abblenden kleinere Lichtflecke

Wir wissen: Zu einer bestimmten Gegenstandsweite gehört eine bestimmte Bildweite. Bei der fotografischen Aufnahme aber haben die Dinge unterschiedliche Entfernungen zur Linse und können dennoch in der Filmebene scharf abgebildet werden (Bild 4). Woran das liegt, zeigt das folgende Experiment:

▽ 3: Bauen Sie ein Kameramodell aus einer Sammellinse ($f = 10$ cm) und einer verschiebbaren Mattscheibe! Als Gegenstand benutzen Sie zwei hintereinander angeordnete Glühlämpchen! Versuchen Sie die Bilder der beiden Glühlämpchen zugleich scharf einzustellen!

▽ 4: Wählen Sie die Entfernung der Mattscheibe so, dass beide Bilder gleich unscharf sind. Stellen Sie vor die Linse eine Irisblende und verkleinern Sie allmählich die Blendenöffnung! Beschreiben Sie die Veränderung der Bilder!

Durch das Abblenden werden die Bilder dunkler, aber schärfer. Wir können dies mit Bild 3 verstehen. B_1 und B_2 sind die scharfen Bilder der Lämpchen G_1 und G_2. Auf dem Schirm sieht man aber die größeren Lichtflecke. Durch das Abblenden werden die Lichtbündel schlanker und die entstehenden Lichtflecke kleiner: Unser Auge sieht diese jetzt als scharf an.

Beim Fotografieren verzichtet man auf eine genaue Abbildung. Man muss nur durch Abblenden dafür sorgen, dass die Lichtflecke klein genug werden. Dann erscheinen auch noch Gegenstände als scharf, die sich in einem bestimmten Tiefenbereich vor und hinter der eingestellten Entfernung befinden. Dieser Bereich heißt **Schärfentiefe**.

> **Je kleiner die Blendenöffnung, umso größer ist die Schärfentiefe.**

Optische Geräte

4 Alle Gegenstände erscheinen scharf

6 Vordergrund und Hintergrund sind unscharf

Belichten und Entwickeln
Beim Belichten verändert sich die lichtempfindliche Schicht eines Films chemisch. Nach der Belichtung wird der Film entwickelt, wobei an den belichteten Stellen ein schwarzer Niederschlag entsteht. Dieser ist umso stärker, je mehr Licht auf die betreffende Stelle gefallen war. Schwach belichtete Stellen bleiben hell. Auf dem Film sind daher die Helligkeitswerte umgekehrt wiedergegeben (Negativbild). Um ein Positivbild zu erhalten, projiziert man das Negativbild mit einem Vergrößerungsapparat, der wie ein Diaprojektor aufgebaut ist, auf lichtempfindliches Fotopapier. Auf dem Fotopapier erscheint nach der Entwicklung wegen der nochmaligen Umkehrung der Helligkeitswerte die richtige Hell-Dunkel-Verteilung.

Die Lichtmenge wird durch die **Blende** und durch die **Belichtungszeit** reguliert. Die Blende ist in der Regel eine Irisblende, deren Öffnung durch Metallzungen verändert werden kann.

Was bedeuten die Blendenzahlen?
Verdoppelt man den Blendendurchmesser d, dann wächst die Fläche der Öffnung auf das Vierfache. Die Blende kann daher die vierfache Lichtmenge durchlassen und die erforderliche Belichtungszeit verringert sich auf den vierten Teil, bei dreifachem Blendendurchmesser auf den neunten Teil.

Die Belichtungszeit hängt auch noch von der Bildweite ab. Je größer die Bildweite, umso kleiner ist das Bild: Die Helligkeit auf dem Film sinkt, weil sich das Licht auf eine größere Fläche verteilen muss. Nun ist die Bildweite bei Kleinbildkameras etwa gleich der Brennweite f. Bei doppelter Brennweite sinkt daher die Helligkeit auf dem Film bei gleichem Blendendurchmesser auf den vierten Teil ab. Deshalb muss bei doppelter Brennweite die vierfache Lichtmenge einfallen. Also belichtet man viermal länger.

Die Belichtungszeit verlängert sich also, wenn man zu einem kleineren Durchmesser oder zu einer größeren Brennweite übergeht. Beide Einflüsse erfasst man durch die **Blendenzahl**.

> **Unter der Blendenzahl versteht man den Quotienten aus Brennweite und Durchmesser: $f : d$.**

Die international vereinbarten Blendenzahlen sind so gewählt, dass – gleiche Lichtverhältnisse vorausgesetzt – beim Übergang zur nächstgrößeren Blendenzahl (fast immer) die doppelte Belichtungszeit benötigt wird.

In Bild 5 sind für eine bestimmte Einstellung (Blende 5,6; Belichtungszeit 1/60 s) die übrigen Blendenzahlen mit den zugehörigen Belichtungszeiten angegeben. Zur nächstkleineren Blendenzahl 8 gehört daher die doppelte Belichtungszeit von 1/30 s.

☐ 5: Welche Belichtungszeit muss bei gleicher Einstellung bei Blende 1,4 gewählt werden?

☐ 6: Bei heller Sonne soll Blende 8 und eine Zeit von 1/125 s die richtige Belichtung liefern. Welche Zeit wäre bei Blende 16 erforderlich?

> **Unter der Lichtstärke eines Objektivs versteht man den Kehrwert der Blendenzahl: d/f.**

Auf einem Objektiv ist im Allgemeinen die Lichtstärke für die volle Öffnung angegeben. Die Lichtstärke 1 : 1,4 eines Objektivs mit $f = 5$ cm bedeutet, dass der maximale Durchmesser der Blendenöffnung

$$d = f : 1{,}4 = 50 \text{ mm} : 1{,}4 \approx 36 \text{ mm}$$

beträgt. Objektive großer Lichtstärke erlauben Aufnahmen bei geringer Helligkeit oder kurzer Belichtungszeit.

Blendenzahl: $\frac{f}{d}$	Belichtungszahl in Sek.
1,4	$\frac{1}{1000}$
2,0	$\frac{1}{500}$
2,8	$\frac{1}{250}$
4,0	$\frac{1}{125}$
5,6	$\frac{1}{60}$
8	$\frac{1}{30}$
11	$\frac{1}{16}$
16	$\frac{1}{8}$
22	$\frac{1}{4}$

5 Blendenzahlen

Optik

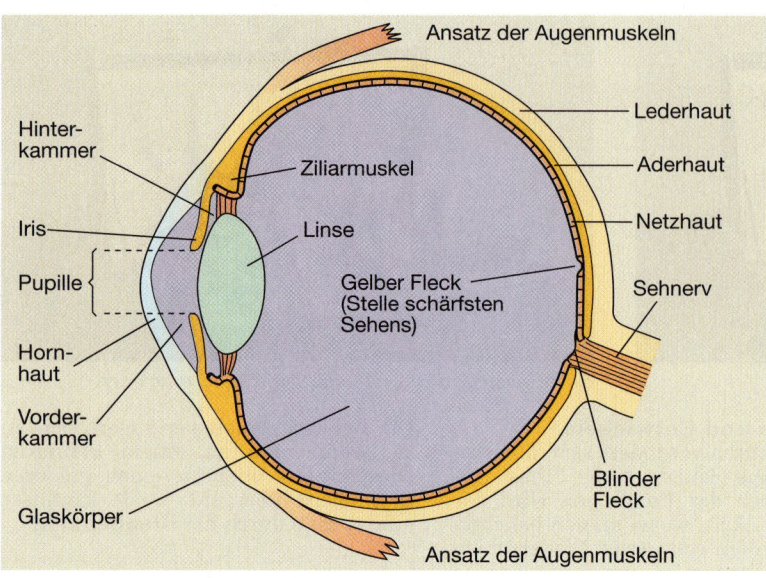

1 Menschliches Auge

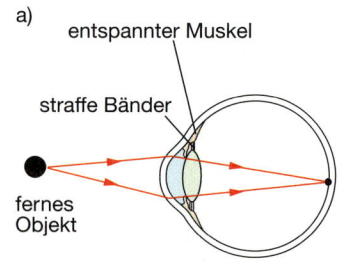

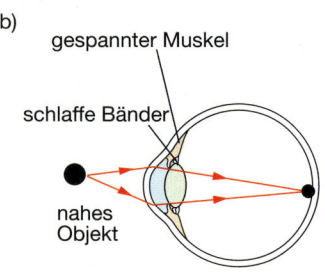

2 Akkommodation

Das menschliche Auge

Aufbau

Bei Reptilien, Vögeln und Säugetieren verändert sich die Brennweite des Auges. Bild 1 zeigt den Aufbau des menschlichen Auges. In der **Regenbogenhaut (Iris)**, die dem Auge die charakteristische Färbung verleiht, befindet sich eine Öffnung veränderlicher Größe, die **Pupille**. Die Iris regelt als Lochblende die ins Auge fallende Lichtmenge.

Das Licht gelangt durch die durchsichtige **Hornhaut** in das **Kammerwasser** und fällt durch den gallertartigen **Glaskörper** auf den lichtempfindlichen Teil der **Netzhaut (Retina)**, auf der das umgekehrte, reelle Bild entsteht. Die Netzhaut enthält lichtempfindliche Zellen: **Stäbchen** und **Zapfen**. Die etwa 75 bis 125 Millionen Stäbchen sind nur helligkeitsempfindlich, während die 3 bis 6 Millionen Zapfen dem Farbsehen dienen. Diese Lichtempfänger absorbieren das Licht und erzeugen elektrische Signale, die von den vor ihnen liegenden Nervenzellen verarbeitet, zum **Sehnerv** weitergeleitet werden und von da ins Gehirn gelangen.

> **Das auf der Netzhaut entstehende Bild besteht aus vielen einzelnen Bildpunkten.**

Nach ähnlichen Prinzipien arbeitet das „elektronische Auge" einer Fernseh- oder Videokamera. Auch die lichtempfindliche Schicht einer Fernsehkamera ist aus vielen einzelnen Punkten zusammengesetzt. Die elektrischen Signale werden allerdings zeitlich nacheinander erzeugt und übertragen.

☐ 1: Das Auge ist eigentlich ein Linsensystem. Benennen Sie anhand des Schnittbildes (Bild 1) die einzelnen Teile dieses Systems! Geben Sie an, an welchen Grenzflächen das Licht auf seinem Weg zur Netzhaut gebrochen wird!

☐ 2: Zwischen dem Augapfel des Menschen und einer Kamera gibt es eine Reihe von Ähnlichkeiten. Welche?

Das Auge stellt auf ein Objekt durch Verändern der Brechkraft scharf ein. Die Brechung des Lichts kann nämlich durch die **Augenlinse**, die aus einem elastischen Stoff mit hoher Brechzahl besteht, verstärkt werden. Ihre linsenförmige, flache Gestalt erhält sie durch den ringförmigen **Ziliarmuskel** (Bild 1 und 2). Wenn er entspannt ist, wird die Augenlinse durch die Bänder gedehnt und erhält die Gestalt wie etwa in Bild 2a. Die Brennweite ist dann so groß, wie es zum Sehen weit entfernter Objekte nötig ist.

Zieht sich der Ziliarmuskel zusammen, bildet er einen kleineren Ring, die Spannung der Bänder lässt nach. Die Augenlinse kann sich stärker in die Form krümmen, die sie ohne äußere Einwirkung einnehmen würde. Nahe Gegenstände können daher mit kürzerer Brennweite scharf gesehen werden (Bild 2b). Auf diese Weise kann die Brennweite des Auges zwischen 2,3 cm und 1,7 cm verändert werden.

> **Die Anpassung des Auges an die jeweilige Gegenstandsweite heißt Akkommodation. Die Helligkeitsanpassung nennt man Adaption. Akkommodation und Adaption erfolgen automatisch.**

Im **gelben Fleck** (Durchmesser 2 mm) sind fast nur Zapfen vorhanden. Sie sind dort besonders dicht gelagert. Deshalb ist das die Stelle schärfsten Sehens.

Die Austrittstelle der Nervenfasern aus dem Augapfel bezeichnet man als **blinden Fleck**, weil dort die Lichtempfänger fehlen. Fällt das Bild auf diesen Fleck, dann wird es nicht registriert. Man kann den blinden Fleck leicht nachweisen.

V 3: Visieren Sie mit einem Auge über einen mit ausgestrecktem Arm gehaltenen Bleistift einen fernen Punkt an! Bewegen Sie dann den Arm allmählich zur Seite!

An einer bestimmten Stelle verschwindet die Bleistiftspitze und taucht beim Weiterbewegen wieder auf.

Optische Geräte

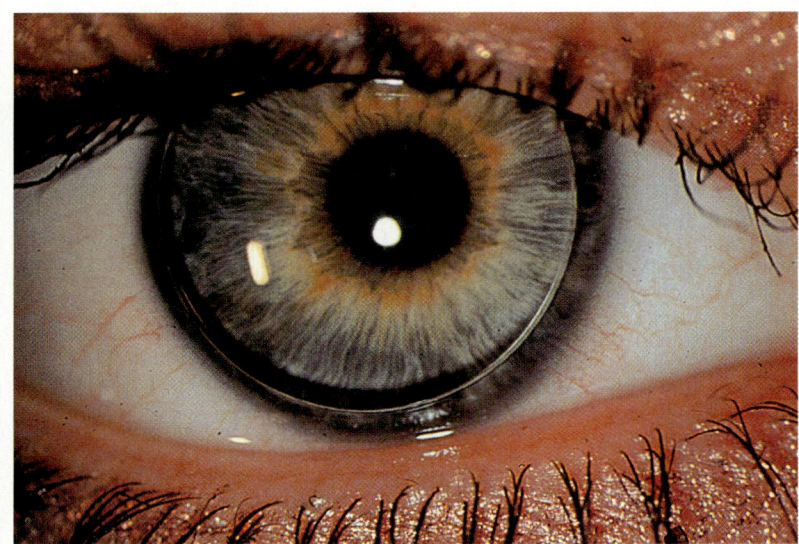

3 Auge mit Kontaktlinse

🅥 4: a) Betrachten Sie zunächst einen sehr weit entfernten Gegenstand. Ein normales Auge sieht dann diesen Gegenstand scharf. Wo liegt in diesem Fall der Brennpunkt des Auges?
b) Gehen Sie dann mit dem Auge immer näher an eine Buchseite heran! Bestimmen Sie die Entfernung, bei der Buchstaben zu verschwimmen beginnen!
c) Erklären Sie die Zusammenhänge!

Ein normalsichtiges Auge kann im „entspannten Zustand" weit entfernte Gegenstände scharf sehen. Man sagt: Der **Fernpunkt** – das ist der am weitesten entfernte Punkt, auf den das Auge noch scharf einstellen kann – liegt im Unendlichen. Der Brennpunkt des Auges liegt dann auf der Netzhaut.

Ohne viel Mühe akkommodiert das Auge bis auf eine bequeme Leseentfernung von 25 cm. Beim Unterschreiten einer bestimmten Entfernung akkommodiert das Auge nicht mehr. Dieser Punkt heißt **Nahpunkt**. Er liegt bei 10 cm bis 15 cm. Mit zunehmendem Alter rückt er immer weiter weg vom Auge, weil die Elastizität der Linse abnimmt.

Brillen korrigieren Augenfehler
Weitsichtigkeit: Weitsichtige können nur weit entfernte Gegenstände scharf sehen. Bei ihnen muss bereits das auf die Ferne eingestellte Auge akkommodieren im Gegensatz zum normalsichtigen Auge. Für näher liegende Gegenstände ist die Akkommodationsfähigkeit nicht mehr gegeben. Diesen Fehler gleicht man durch eine Sammellinse aus, welche die Brechkraft des Auges verstärkt.

Bei Weitsichtigkeit ist der Augapfel zu kurz oder die Linse kann sich nicht genug krümmen (Bild 4). Im Alter vermindert sich die Akkommodationsfähigkeit. Sie wirkt sich als Weitsichtigkeit aus (**Altersweitsichtigkeit**).

Kurzsichtigkeit: Nur nahe Gegenstände werden scharf gesehen. Der Fernpunkt liegt nicht mehr im Unendlichen. Die Brechkraft der Augenlinse kann nicht genügend herabgesetzt werden, um auch von Gegenständen jenseits des Fernpunkts scharfe Bilder zu erzeugen. Die Ursache liegt meist in einem zu langen Augapfel. Kurzsichtigkeit wird mit einer Zerstreuungslinse behoben (Bild 5).

Kontaktlinsen korrigieren Sehfehler im Wesentlichen wie Brillen. Sie werden allerdings im direkten Kontakt – daher ihr Name – mit der Hornhaut getragen (Bild 3). Sie schwimmen auf der Tränenflüssigkeit der Hornhaut.

Dioptrie – was ist das?
Die Brechkraft einer Linse ist umso höher, je kleiner die Brennweite ist, je stärker also die Linse gekrümmt ist.

> Unter der Brechkraft versteht man den Kehrwert der Brennweite: $D = 1/f$.

Hat eine Linse die Brennweite $f = 10$ cm $= 0,1$ m, dann ist die Brechkraft $D = 1 : 0,1$ m $= 10$ m^{-1}. Die Maßeinheit 1/m nennt man **Dioptrie** (Zeichen: dpt). Bei Zerstreuungslinsen gibt man der Brechkraft einen negativen Wert. Augenoptiker geben die Brechkraft von Brillengläsern an, nicht die Brennweite.
Die Brechkraft des Auges kann zwischen etwa 71 dpt für die Nähe und 58 dpt für die Ferne geändert werden. Der Anteil der Hornhaut liegt bei etwa 43 dpt und ist nahezu konstant.

Aufgaben
1. Beschreiben Sie den Aufbau des menschlichen Auges! Wie stellt es scharf ein?
2. Überprüfen Sie: Bei sehr schwacher Beleuchtung kann man keine Farben unterscheiden! Was folgt daraus?
3. Ein Arzt verschreibt Brillengläser mit a) +0,5 dpt, b) −0,75 dpt. Welche Brennweiten haben die Linsen? Um welche Fehlsichtigkeit handelt es sich jeweils?
4. Stellen Sie für Ihre beiden Augen getrennt die Nahpunkte fest!
5. Bei hellem Licht blendet die Iris ab. Das vergrößert die Schärfentiefe. Warum? Sie blendet auch ab, wenn wir eine diffizile Arbeit machen, z. B. einen Faden einfädeln. Erklären Sie!
6. Wie kann man mit einer Taschenlampe und einem Spiegel selbst die Veränderung der Pupille nachweisen?

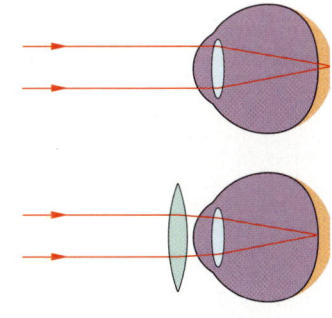

4 Weitsichtiges Auge

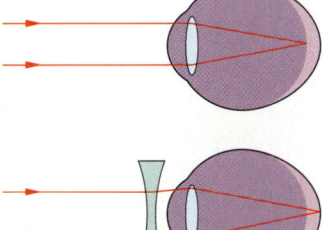

5 Kurzsichtiges Auge

Optik

1 Mikroskopieren

Mikroskop und Fernrohr

🅥 1: Halten Sie ein Streichholz zunächst in einer Entfernung von etwa 80 cm vor das Auge! Führen Sie es nahe heran! Jetzt sehen Sie mehr Einzelheiten.

Die Erklärung finden Sie mit Bild 2. Auf der Netzhaut entsteht nämlich ein größeres Bild als vorher. Größer wird auch der Winkel, den die beiden Mittelpunktstrahlen von den äußersten Punkten des Gegenstandes einschließen. Dieser Winkel heißt **Sehwinkel**. Ohne Anstrengung kann der Abstand zwischen Streichholz und Auge nur bis auf 25 cm verkleinert werden. Dann muss man eine Lupe zu Hilfe nehmen.

🅥 2: Halten Sie eine Lupe dicht vor ein Auge und betrachten Sie erneut das Streichholz!

Die Brechkraft der Lupe vergrößert die des Auges. Daher kann es auf näher gelegene Gegenstände scharf einstellen. Netzhautbild und Sehwinkel werden im Vergleich zum Auge ohne Lupe vergrößert (Bild 3).

Beim **Fernrohr** wird von einem sehr entfernten Gegenstand mit Hilfe einer Konvexlinse ein reelles Bild entworfen. Dieses Bild ist zwar wesentlich kleiner als der Gegenstand, man kann aber nahe herangehen und es mit einer Lupe betrachten. Aber durch die Lupe sehen wir von dem reellen, umgekehrten Zwischenbild ein virtuelles vergrößertes Bild (Bild 4). Dadurch wird der Sehwinkel vergrößert.

🅥 3: Bauen Sie mit zwei Konvexlinsen (f_1 = 30 cm, f_2 = 5 cm) ein Fernrohr auf! Richten Sie dabei das Fernrohr auf Gegenstände außerhalb des Klassenzimmers oder auch auf eine weit entfernte Glühlampe! Bilden Sie zunächst den Gegenstand auf einem Schirm ab! Der Schirm ist für die Beobachtung nicht erforderlich.

Die beschriebene Anordnung stellt ein **keplersches Fernrohr** dar. Die Lupe heißt Okular, die Konvexlinse Objektiv.

Beobachtet man auf der Erde, so stört das umgekehrte Bild. In **Prismenferngläsern** sind deshalb zur Bildumkehr zwei Prismen eingebaut. Das eine vertauscht links und rechts, das andere oben und unten.

Der Aufbau eines **Mikroskops** (Bild 5) gleicht dem eines Fernrohrs. Im Gegensatz zum Fernrohr entwirft das Objektiv ein vergrößertes, reelles Zwischenbild, das mit der Lupe betrachtet wird. Die Objekte, z. B. kleine Insekten, Gewebezellen, Bakterien, befinden sich außerhalb der einfachen Brennweite, aber in der Nähe des Objektivbrennpunktes.

🅥 4: Verwenden Sie als Gegenstand die Wendel eines Taschenlampenbirnchens und bauen Sie mit zwei Konvexlinsen (f_1 = 5 cm, f_2 = 15 cm) ein Mikroskop auf!

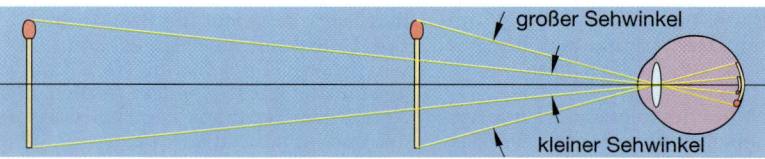

2 Sehwinkelvergrößerung durch Annähern

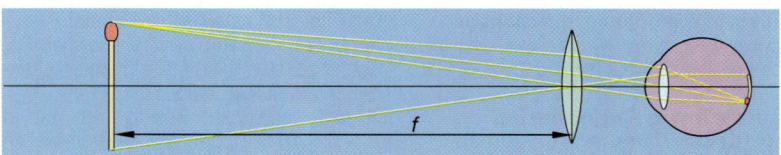

3 Sehwinkelvergrößerung mit einer Lupe

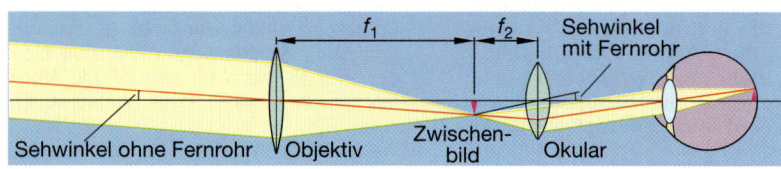

4 Kepler'sches Fernrohr

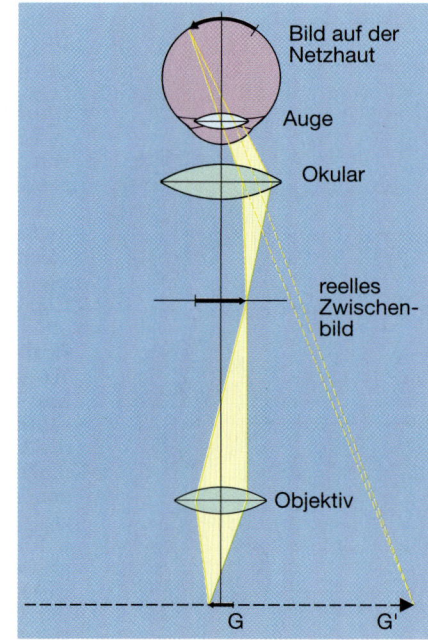

5 Mikroskop

Farben

6 Spektrale Zerlegung von weißem Licht

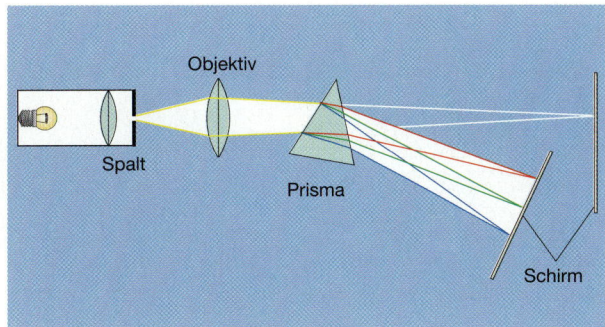

7 Spektralapparat (Prinzip)

Kontinuierliche Spektren

Sichtbares und unsichtbares Licht
Bei der Brechung von weißem Licht treten Farben auf, weil die im weißen Licht enthaltenen Farben unterschiedlich gebrochen werden. Um die Farbzerstreuung (**Dispersion**) besser beobachten zu können, verstärken wir den Vorgang durch eine zweimalige Brechung an einem Prisma.

V 5: Verwenden Sie eine Glühlampe mit langer Wendel, bilden Sie diese mit einer Konvexlinse scharf auf einem weißen Schirm ab (Bild 6)! Bringen Sie in den Strahlengang ein Prisma!

Ergebnis: Das Licht wird zu einem farbigen Band auseinander gezogen.

Das farbige Band heißt **Spektrum** und besteht aus einer Folge von Bildern der Wendel in den Regenbogenfarben. Die störenden Streifen im Spektrum lassen sich vermeiden, wenn statt der Wendel ein gleichmäßig ausgeleuchteter Spalt auf einen weißen Schirm abgebildet wird (Bild 7).

V 6: Bauen Sie eine Versuchsanordnung nach Bild 7 zunächst ohne Prisma auf! Bringen Sie anschließend das Prisma in den Strahlengang!

Man erhält ein klares Spektrum. Es besteht aus einer ununterbrochenen (kontinuierlichen) Folge farbiger Spaltbilder. Die einzelne Farbe heißt **Spektralfarbe**, die sich nicht weiter zerlegen lässt.

> Weißes Licht wird beim Durchgang durch ein Prisma in Spektralfarben zerlegt. Die Hauptfarben des Spektrums sind Rot, Orange, Gelb, Grün, Blau und Violett. Das Licht einer Spektralfarbe ist nicht weiter zerlegbar.

Die Versuchsanordnung gibt den prinzipiellen Aufbau eines jeden Spektralapparates wieder. In Kompaktbauweise findet man den Spektralapparat beim Taschenspektroskop (Bild 8).

Das Licht von heißen, glühenden Körpern, von Bogenlampen und das Sonnenlicht liefern **kontinuierliche Spektren**.

V 7: Halten Sie einen Schirm, der mit einem besonderen Leuchtstoff (Zinksulfid) bestrichen ist, neben das Violett!

Er leuchtet auf. Das Aufleuchten zeigt, dass auf den Schirm Strahlung gelangt sein muss, die normalerweise für unser Auge unsichtbar ist. Diese Strahlung heißt **ultraviolette Strahlung (UV-Strahlung)**.

Jede Glühlichtquelle sendet UV-Strahlung aus. Je heißer der Körper ist, umso höher ist der Anteil an UV-Licht. Die Lufthülle der Erde absorbiert den größten Teil der UV-Strahlung der Sonne. Daher ist bei klarem Wetter mehr ultraviolettes Licht vorhanden. Auch auf hohen Bergen ist die UV-Strahlung intensiver als im Tal.

Ultraviolette Strahlung bräunt die Haut und fördert die Bildung von Vitamin D, das die Rachitis verhütet. Übermäßiges Bestrahlen mit UV-Licht kann Hautkrebs auslösen und die Augen schädigen (Netzhautablösung). Wird Sonnenlicht noch an Schneeflächen reflektiert, dann sollte man die Augen mit einer Sonnenbrille schützen.

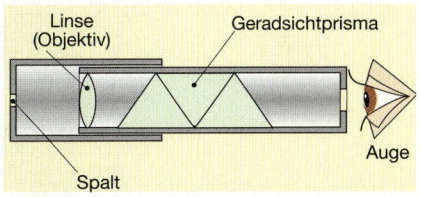

8 Taschenspektroskop

Optik

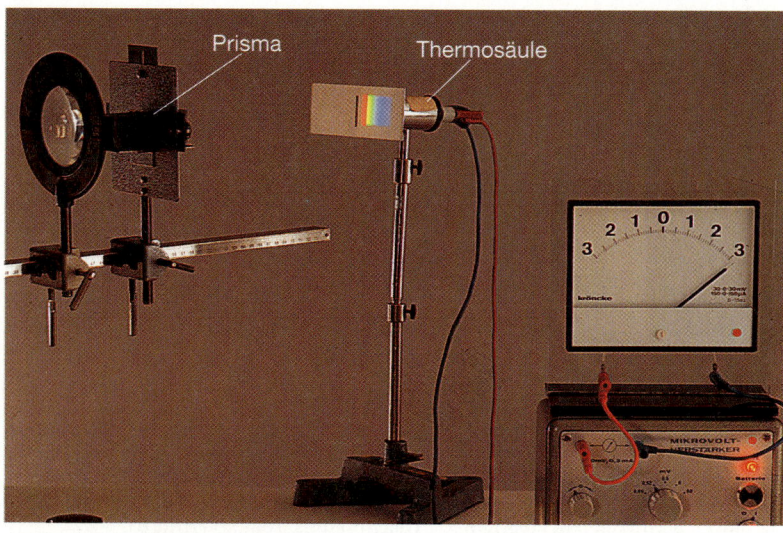

1 Nachweis der Infrarotstrahlung

Robert Wilhelm Bunsen (1811–1887)

Nichtkontinuierliche Spektren

Nicht alle Lichtquellen senden weißes Licht aus. Wir kennen das rote Licht des Helium-Neon-Lasers, ferner das zur Straßenbeleuchtung verwendete bläulich-weiße Licht einer Quecksilberdampflampe oder das gelbe Licht einer Natriumdampflampe.

V 2: Wir zerlegen das Licht einer Quecksilberdampflampe mit einem Spektralapparat.

Wir erhalten mit dieser Lampe kein kontinuierliches Spektrum, sondern nur einzelne, farbige Spaltbilder. Diese Art von Spektren nennt man **Linienspektren** (Bild 2c). Das Spektrum der Quecksilberdampflampe enthält zahlreiche Spektrallinien im UV-Bereich. Wegen dieser intensiven UV-Strahlung werden Quecksilberdampflampen als künstliche Höhensonnen verwandt.

Leuchtende Gase oder Dämpfe haben charakteristische Linienspektren. Hierauf beruht eine von Robert Wilhelm Bunsen (1811–1899) und Gustav Robert Kirchhoff (1824–1887) entwickelte Methode zur Untersuchung von Stoffen, die so genannte **Spektralanalyse**. Geringste Spuren von dem Gift Arsen lassen sich z.B. damit nachweisen.

V 3: Bringen Sie etwas Kochsalz in eine Gasflamme! Die Flamme leuchtet intensiv gelb. Zerlegen Sie das Licht mit einem Taschenspektroskop (Bild 3)!

Sie erkennen das Linienspektrum von Natrium (eine gelbe Linie, Bild 2b).

Setzt sich das Spektrum auch über das rote, sichtbare Ende hinaus fort? Zum Nachweis benutzen wir eine Thermosäule, die mehrere zusammenwirkende Thermoelemente enthält und daher sehr empfindlich reagiert.

V 1: Vor eine Thermosäule mit angeschlossenem Messinstrument setzen wir eine Spaltblende und schieben sie durch das Spektrum einer Glühlichtquelle (Bild 1).

Ergebnis: Die Thermosäule zeigt eine deutliche Erwärmung an, die gegen das rote Ende des Spektrums zunimmt und außerhalb des sichtbaren Bereichs einen Höchstwert hat.

Der unsichtbare Teil des Spektrums jenseits des roten Lichtes heißt **Infrarotstrahlung (IR-Strahlung)**. Jeder Körper sendet Infrarotstrahlung aus. Er muss dabei nicht glühen. Infrarotstrahlen werden reflektiert und gebrochen wie die Strahlen des sichtbaren Lichts. Man kann mit ihnen fotografieren (**Infrarot-Fotografie**).

Aufgaben
1. Was versteht man unter der Dispersion?
2. Beschreiben Sie den Strahlengang in einem Spektralapparat!
3. Wodurch unterscheiden sich die Spektren glühender Körper von den Spektren leuchtender Gase?
4. Warum können UV-Strahlen bei Nahrungsmitteln auch zum Keimfreimachen benutzt werden?

2 Linienspektren, Vergleich mit kontinuierlichem Spektrum

Farben

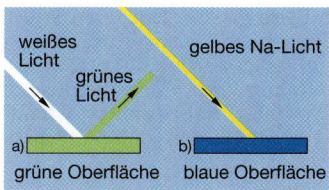

3 Wie Körperfarben entstehen

Körperfarben - Farbmischung

Die Beleuchtung macht die Farbe

Abendstimmung: Das Licht der untergehenden Sonne gibt der Landschaft ein anderes Aussehen. Die grünen Blätter der Bäume, die Häuser und Straßen erscheinen in einem rötlichen Licht. Bergspitzen, die noch vom Licht getroffen werden, scheinen rot zu glühen. Und die Wolken, die eben noch weiß waren, zeigen kurze Zeit später ein flammendes Rot.

Diese Beobachtung können Sie durch eigene, weitere Erfahrungen ergänzen. Die Farbe von Kleiderstoffen erscheint im Licht einer Glühlampe anders als im Sonnenlicht und hier wieder anders als im Licht einer Leuchtstofflampe. Im Theater wird farbiges Licht benutzt, um besondere Beleuchtungseffekte hervorzurufen.

V 4: Erzeugen Sie ein kontinuierliches Spektrum und halten Sie einen roten Gegenstand zunächst in den blauen, dann in den roten Teil des Spektrums! Beschreiben Sie die Beobachtungen! Wiederholen Sie den Versuch mit einem blauen Gegenstand!

Sie sehen den Gegenstand zunächst schwarz, dann rot. Der blaue Gegenstand erscheint im roten Licht schwarz.

> **Farbige Körper reflektieren nur das Licht ihrer Farbe, den Rest verschlucken sie (Bild 3). Entsprechend erscheinen durchsichtige Körper, z. B. farbige Gläser, in der Farbe, die sie durchlassen. Alle übrigen Farben absorbieren sie.**

Was sind Komplementärfarben?

Das kontinuierliche Spektrum des Sonnenlichts enthält unendlich viele Farben. Trotzdem können wir in unserer Umgebung viele Farben beobachten, die im Spektrum fehlen. Es gibt im Spektrum keine braunen Farben, kein Rosa, kein Dunkelgrün, kein Grau. So finden wir auch nicht die Farbe Purpur, die Farbe des Rotweins.

Kommen diese Farben durch Mischung von Spektralfarben zu Stande?

Zur Überprüfung dieser Vermutung können Sie von der Versuchsanordnung nach Bild 5 ausgehen. Hinter dem Prisma eines Spektralapparats ist eine Konvexlinse angebracht, mit der die einzelnen Farben des kontinuierlichen Spektrums zu Weiß vereinigt werden.

V 5: Blenden Sie mit einem schmalen Prisma eine Spektralfarbe aus und lenken Sie diese auf einen weiteren, weißen Schirm! Vergleichen Sie die Farbe der abgelenkten Spektralfarbe mit der Mischfarbe des restlichen Spektrums!

V 6: Stellen Sie zu jeder ausgeblendeten Farbe die entsprechende Mischfarbe des Restspektrums fest! Schreiben Sie die zusammengehörigen Farbpaare auf! Vergleichen Sie die Beobachtungen mit den Angaben in der auf dieser Seite abgedruckten Tabelle!

> **Eine Spektralfarbe und die zugehörige Mischfarbe ergänzen sich zu Weiß. Farben zweier Lichtarten, die sich zu Weiß ergänzen, heißen Komplementärfarben (Ergänzungsfarben).**

Der Versuch zeigt uns, dass wir durch Mischung von Spektralfarben ebenfalls Farben erhalten, wie sie im Spektrum zu finden sind. Das Auge kann die reine Spektralfarbe nicht von der Mischfarbe unterscheiden. Um festzustellen, ob eine Farbe eine Mischfarbe ist, muss man sie mit einem Spektralapparat untersuchen. Auch zwei Spektralfarben kann man mischen. Man findet:

> **Benachbarte Spektralfarben haben die dazwischen liegende Spektralfarbe als Mischfarbe.**

Rot und Gelb haben als Mischfarbe Orange, Grün und Blau die Farbe Blaugrün. Die Randfarben Rot und Violett ergeben als Mischfarbe Purpur, die als einzige Farbe nicht im Spektrum vorkommt. Die Farbe Braun ist durch Mischung nicht herstellbar. Alle Farben können in einem Kreis so angeordnet werden, dass jede Farbe die Mischfarbe ihrer Nachbarfarben ist (newtonscher Farbenkreis). Gegenüberliegende Farben sind Komplementärfarben (Bild 4).

Aufgaben
1. Warum darf man eigentlich nicht sagen, ein Körper habe die Farbe grün?
2. Wie erscheint ein Körper, wenn man ihn mit der Lichtart beleuchtet, die er absorbiert?

4 Farbenkreis

Komplementärfarben

ausgeblendete reine Spektralfarbe	Komplementärfarbe (Mischfarbe)
Violett	Gelb
Blau	Orange
Grün	Rot
Gelb	Violett
Orange	Blau
Rot	Grün

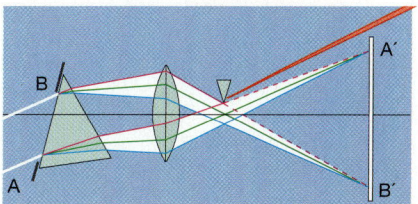

5 Erzeugen von Komplementärfarben

Optik

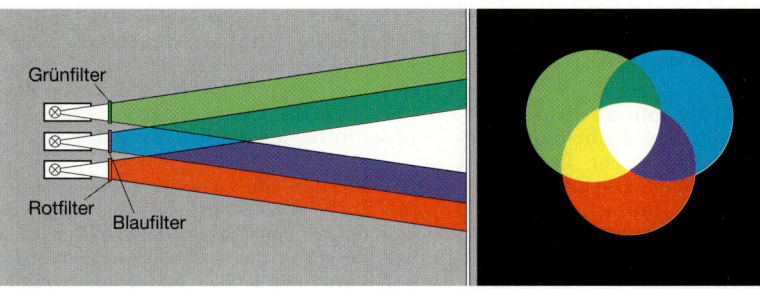

1 Drei-Farben-Versuch: additive Farbmischung

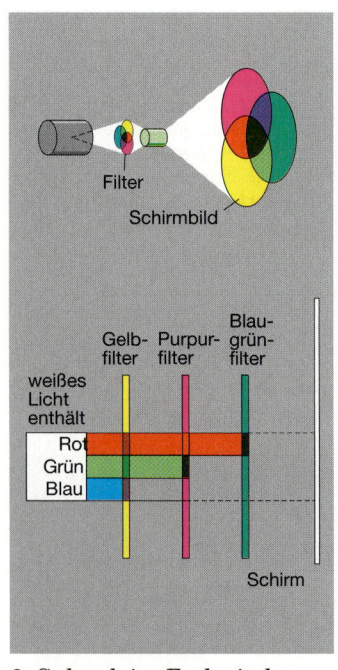

2 Subtraktive Farbmischung

Additive und subtraktive Farbmischung

Farbvielfalt mit drei Grundfarben
Die bisher beschriebene Art des Farbmischens nennt man **additiv**, weil eine weiße Fläche mit verschiedenfarbigem Licht gleichzeitig beleuchtet wird.

V 1: Drei Experimentierleuchten mit einstellbarer Lichtstärke werden so aufgestellt, dass sie auf einem Schirm Flächen bestrahlen, die sich teilweise überdecken. Vor die Lampen bringen wir je ein Farbfilter in den Grundfarben Rot, Grün und Blau (Bild 1).

In der Mitte wirken alle drei Farben zusammen. Ergebnis: Weiß. Wo sich nur zwei Farben überdecken, entstehen die Mischfarben Gelb, Blaugrün und Purpur. Ändern wir noch das Helligkeitsverhältnis, so können wir viele Farben und Farbabstufungen herstellen. Man kann auch von anderen Grundfarben ausgehen, so z. B. von Gelb, Blaugrün oder Purpur. Eine Vielfalt von Farben kann man so durch Addition von nur drei Grundfarben erzeugen.

Was passiert, wenn das weiße Licht nacheinander durch verschiedene Filter fällt?

V 2: Beleuchten Sie mit einer Experimentierleuchte einen weißen Schirm! Bringen Sie der Reihe nach ein Gelbfilter, dann zusätzlich ein Purpurfilter und ein Blaugrünfilter in den Strahlengang! In welchen Farben erscheint jeweils der Schirm? Bestätigen Sie das in Bild 2 dargestellte Ergebnis!

Die Mischfarbe setzt sich aus den Farben zusammen, die alle Filter passieren. Man nennt diese Art, neue Farbtöne herzustellen, **subtraktive Farbmischung**, da einzelne Farbanteile (Spektralbereiche) weggenommen, herausgefiltert werden. Diese Farben fehlen in der Mischfarbe. Die Erzeugung von Farben aus drei Grundfarben findet in der Farbfotografie, beim Dreifarbendruck und beim Farbfernsehen Anwendung

Farbverhüllung – Aus Rot wird Weiß
Da die Farbe Braun nicht durch Farbmischung erzeugt werden konnte, muss beim Entstehen von Farbeindrücken noch ein weiterer unbekannter Effekt beteiligt sein. Der folgende Versuch zeigt, worauf es ankommt.

V 3: Legen Sie auf ein beleuchtetes, weißes Blatt Papier eine rote Kreisscheibe (ca. 5 cm Durchmesser)! Blicken Sie mit dem rechten Auge durch eine Papphülle (Durchmesser etwas kleiner als 5 cm) auf die Kreisscheibe! Achten Sie darauf, dass dieses Auge nur die rote Scheibe sieht! Schauen Sie mit dem linken Auge direkt auf Scheibe und Papier! Beschreiben Sie den Farbton der Scheibe!

Obwohl die Beleuchtung der Farbfläche für beide Augen die gleiche ist, erblickt das rechte Auge ein helleres Rot. Spielt die Umgebung eine Rolle? Um dies herauszufinden, wandeln wir den Drei-Farben-Versuch noch etwas ab.

V 4: Wir bestrahlen eine kreisförmige Fläche eines weißen Schirms mit rotem Licht. Wir sehen das beleuchtete Feld in der Farbe Rot. Nun bestrahlen wir mit einer zweiten Experimentierleuchte dieselbe Fläche zusätzlich mit weißem Licht steigender Helligkeit.

Die beleuchtete Fläche wird rosa, schließlich weiß, obwohl von der Fläche auch noch das rote Licht ins Auge reflektiert wird. Das rote Licht wird schließlich völlig überdeckt durch das zusätzliche weiße Licht. Man sagt, die Farbe Rot sei **weiß verhüllt**.

V 5: Wir schalten die zweite Leuchte ab und bestrahlen das Umfeld der rot beleuchteten Fläche mit einer dritten Experimentierleuchte, auch hier mit steigender Helligkeit.

Im Innenfeld erhalten wir satte, tiefrote Farben bis zu völligem Schwarz, obwohl von dort tatsächlich nur rotes Licht in unser Auge gelangt. Hier spricht man von einer **Schwarzverhüllung**.

V 6: Wir beleuchten das Innenfeld und das Umfeld mit weißem Licht. Es entsteht eine **Grauverhüllung**.

> Zu jedem Farbton kann als zusätzliches Bestimmungsstück eine Verhüllung kommen. Ein Farbton kann weiß oder schwarz verhüllt sein. Wirken beide Einflüsse zusammen, so entsteht eine Grauverhüllung. Braune Farbtöne entstehen durch Schwarzverhüllung.

Basiswissen Optik (II)

Brechung
Beim Übergang eines Lichtstrahls von Luft in einen anderen Stoff (Wasser, Glas, ...) wird der Lichtstrahl teils reflektiert, teils gebrochen. Der Lichtweg ist umkehrbar. Einfallender und gebrochener Lichtstrahl liegen mit dem Einfallslot in einer Ebene. Ein Maß für die Stärke der Brechung ist die **Brechzahl**. ↑ S. 119

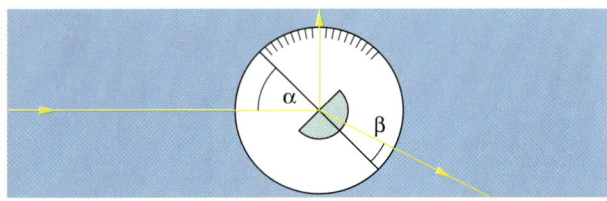

Totalreflexion und Dispersion
Treffen Lichtstrahlen in einem Stoff mit größerer Brechzahl gegen einen Stoff geringerer Brechzahl, so werden sie bei Einfallswinkeln, die größer sind als der **Grenzwinkel der Totalreflexion** α_g, vollständig reflektiert. Der Grenzwinkel ist stoffabhängig. ↑ S. 120
Bei der Brechung weißen Lichts tritt **Dispersion** (Farbzerstreuung) auf. Rotes Licht wird weniger stark abgelenkt als blaues Licht. ↑ S. 121

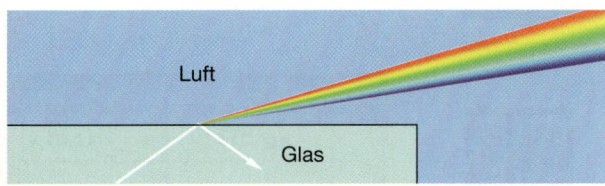

Optische Linsen
Achsennahe, parallel einfallende Lichtstrahlen werden nach dem Durchgang durch eine Konvexlinse auf einen Punkt der optischen Achse, den **Brennpunkt**, konzentriert. Lichtstrahlen durch den Brennpunkt werden zu **Parallelstrahlen**. ↑ S. 124

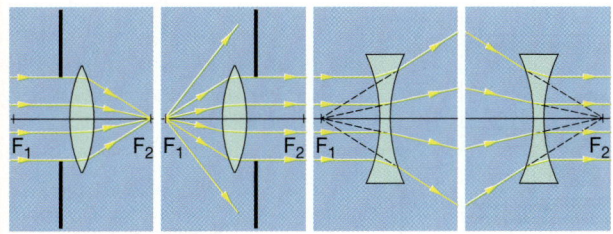

Strahlengang bei dünnen Linsen
Mittelpunktstrahlen durchdringen die Linse ohne Richtungsänderung. Parallelstrahlen werden zu Brennstrahlen. Strahlen durch einen Punkt der Brennebene werden

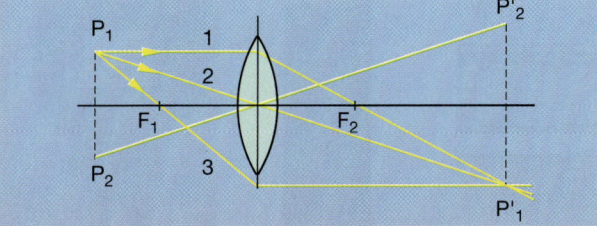

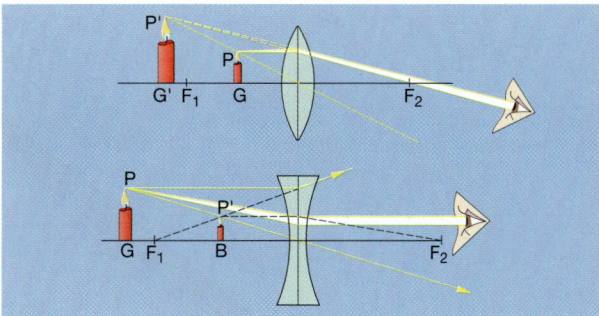

Virtuelle Bilder bei einer Sammellinse und Zerstreuungslinse

zu Parallelstrahlen. Für die **Bildkonstruktion** sind nur zwei Strahlen erforderlich: 1,2; 1,3 oder 2,3. ↑ S. 126f.

Optische Geräte und Auge
Diaprojektor: Mit einer Lampe wird über einen Kondensor ein durchsichtiges Dia beleuchtet, das mit einem Objektiv auf einem Schirm abgebildet wird. ↑ S. 129

Im **Fotoapparat** erzeugt eine Sammellinse (meist ein Linsensystem) ein reelles Bild des Gegenstandes auf dem Film. Die Scharfeinstellung erfolgt durch Verschieben der Linse. Die Lichtmenge wird durch die **Blende** und die **Belichtungszeit** reguliert. ↑ S. 130f.

Auch das menschliche **Auge** ist ein optisches System, bestehend aus Hornhaut, Augenlinse und Glaskörper und der Netzhaut als Empfänger. ↑ S. 132f.

Beim **keplerschen Fernrohr** wird von einem entfernten Gegenstand mit einer Konvexlinse ein verkleinertes, reelles Zwischenbild entworfen, das mit einer Lupe betrachtet wird. Beim **Mikroskop** entwirft das Objektiv von einem nahen Objekt ein vergrößertes, reelles Zwischenbild, das mit einer Lupe betrachtet wird. ↑ S. 134

Farben
Beim Durchgang weißen Lichts durch ein Prisma entsteht ein **kontinuierliches Spektrum** mit den Hauptfarben Rot, Orange, Gelb, Grün, Blau und Violett. Glühende Körper und die Sonne liefern kontinuierliche Spektren. Leuchtende Gase und Dämpfe haben **Linienspektren**. ↑ S. 135f.

An den sichtbaren Teil des Spektrums schließen sich die **ultraviolette Strahlung** (UV-Strahlung) und die **Infrarotstrahlung** (IR-Strahlung) an.

Farbige Körper reflektieren nur das Licht ihrer Farbe, den Rest absorbieren sie. Entsprechend lassen durchsichtige Körper nur Licht ihrer Farbe durch, die übrigen Farben absorbieren sie. ↑ S. 137

Farben zweier Lichtarten, die sich zu Weiß ergänzen, heißen **Komplementärfarben** (Ergänzungsfarben). ↑ S. 137

Es gibt **additive** und **subtraktive** Farbmischungen. ↑ S. 138

Elektrizitätslehre

Stromkreis

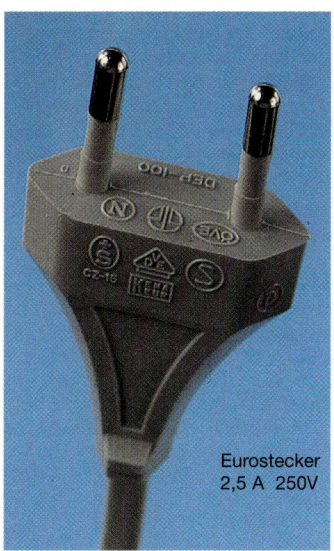

1 Leitung mit Eurostecker

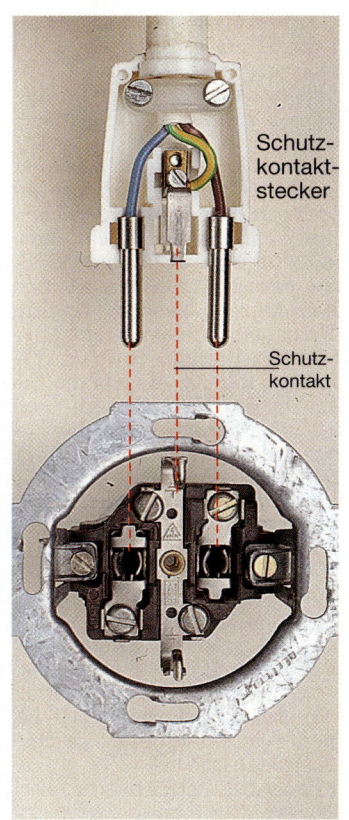

2 Schukostecker und Schukosteckdose

Elektrische Energieverteilung

Karins Radio funktioniert nicht mehr. Obwohl der Stecker in der Steckdose steckt, leuchtet die Anzeigelampe nicht und es ist kein Ton zu hören. Wo liegt der Fehler?

Der Fehler kann im Gerät selbst oder in der Energiezuführung über die Steckdose liegen. Deshalb überprüft Karin das Gerät zunächst an einer anderen Steckdose in ihrem Zimmer. Das Radio funktioniert immer noch nicht, obwohl sich die Lampe an der Decke einschalten lässt. Was ist zu tun?

Stecker und Steckdose
Der Stecker ist flach und besitzt zwei Stifte, die an den Spitzen metallisch sind. Es handelt sich hierbei um einen sogenannten **Eurostecker**, weil er in viele Steckdosen anderer Länder passt (Bild 1).

Der Stecker steckt in einer Schutzkontaktsteckdose (kurz: Schukodose). In Bild 2 ist der Aufbau einer Steckdose erkennbar. Die isolierende Kunststoffkappe ist entfernt worden. Auf keinen Fall darf die Kunststoffkappe einer eingebauten Steckdose von einem Nichtfachmann abgeschraubt werden. Lebensgefahr!

Wie der Strom über die Steckdose zum Gerät gelangt, verdeutlicht ebenfalls Bild 2. Federnde Metallhülsen umschließen die Metallstifte. Diese leiten den elektrischen Strom über die mit einer Isolierung versehenen Kupferleiter bis in das Gerät.

Energie wird verteilt
Für jede Wohnung gibt es in einem zentralen Bereich (z. B. Flur, Treppenhaus) einen Kasten, in dem die Leitungen für die Versorgung mit elektrischer Energie zusammengeführt sind. Er wird als Stromverteilerkasten oder kurz als **Verteilerkasten** bezeichnet. Dorthin begibt sich Karin und stellt fest, dass sich einer der Sicherungsautomaten in Stellung Null (0) und alle anderen in Stellung Ein (I) befinden. Die Ursache ist damit gefunden. Der Sicherungsautomat hat auf Grund einer Überlastung oder eines Fehlers ausgelöst und damit die Energiezuführung zu den Steckdosen ihres Zimmers unterbrochen.

Vom Verteilerkasten werden einige Geräte wie z. B. Waschmaschine und Elektroherd direkt über einen eigenen Stromkreis mit Energie versorgt. Für diese Geräte ist deshalb auch im Verteilerkasten jeweils eine eigene Sicherung vorhanden. Oft werden verschiedene Stromkreise für Licht und für Steckdosen ausgelegt.

Elektrische Leitungen und Steckvorrichtungen
Für die elektrische Energieversorgung von Geräten sind Leitungen mit mindestens zwei metallischen Leitern (meistens Kupfer) erforderlich. Der elektrische Strom fließt durch den Metalldraht, der von einer **Isolierung** umhüllt ist. In ihr fließt kein Strom. Die Isolierung kann gefahrlos berührt werden.

Obwohl für die Energieversorgung zwei Leiter ausreichen, wird bei den im Haus verlegten Leitungen ein dritter Leiter mitgeführt. Er hat eine Schutzfunktion (**Schutzleiter**) und besitzt deshalb immer die auffällige grün-gelbe Färbung. Stecker, an die ein Schutzleiter angeschlossen ist (Bild 2), nennt man dann **Schutzkontaktstecker** (kurz: Schukostecker). Die dazu passende Steckdose ist ebenfalls in Bild 2 zu sehen. Zwei federnde Bügel stellen den Kontakt zu den Metallstiften her.

> Für die Funktion elektrischer Geräte genügen Stecker mit zwei Stiften (Eurostecker). Der dritte metallische Anschluss bei Schukosteckern hat eine Schutzfunktion.

Elektrische Spannung
Da die elektrischen Geräte im Haus ihre Energie über Steckdosen beziehen, können diese vereinfacht als Energiequellen angesehen werden. Die Stärke dieser Quelle lässt sich durch eine physikalische Größe angeben. Sie wird als elektrische Spannung U bezeichnet und in Volt (V) gemessen.

Von den Elektrizitätswerken wird für unsere Wohnungen zwischen den beiden Polen einer Steckdose eine elektrische Spannung von 230 V aufrechterhalten. Sie ist auch dann vorhanden, wenn kein Gerät angeschlossen ist. Sie ist lebensgefährlich! Es dürfen deshalb z. B. niemals die beiden Pole einer Steckdose berührt werden. Der elektrische Strom fließt auch durch den menschlichen Körper.

> Vorsicht beim Umgang mit den im Haus angeschlossenen elektrischen Geräten und Leitungen. Unsachgemäße Behandlung oder Bedienungsfehler bedeuten Lebensgefahr!
> Arbeiten an elektrischen Anlagen und Geräten dürfen nur von Fachleuten durchgeführt werden!

Elektrizitätslehre

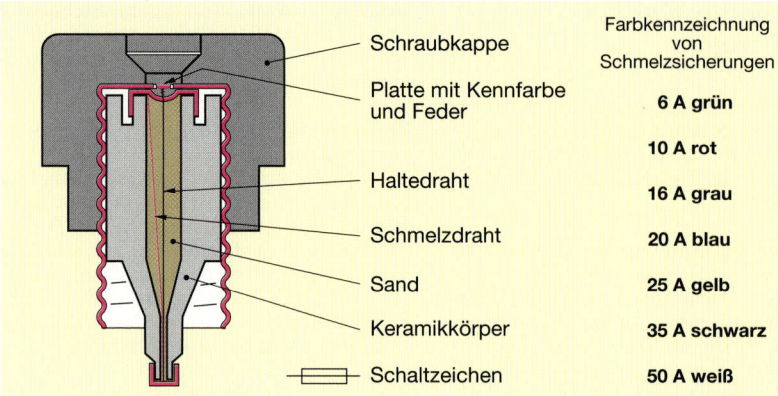

	Farbkennzeichnung von Schmelzsicherungen
Schraubkappe	
Platte mit Kennfarbe und Feder	6 A grün
	10 A rot
Haltedraht	16 A grau
Schmelzdraht	20 A blau
Sand	25 A gelb
Keramikkörper	35 A schwarz
Schaltzeichen	50 A weiß

1 Schmelzsicherung

Bei einer Schmelzsicherung schmilzt bei Überlastung ein dünner Schmelzdraht. Bei einem Sicherungsautomaten werden bei Überlastung durch einen Elektromagneten Kontakte wie bei einem Schalter geöffnet.

Elektrische Energie wird gemessen

Der Name **„Elektrizitätszähler"** ist ungenau bzw. irreführend. Es wird mit diesem Gerät nicht „Elektrizität" gezählt, sondern die genutzte elektrische Arbeit gemessen, die in den Geräten in andere Energieformen umgewandelt wird (z. B. in Wärme). Dieses Messgerät misst deshalb neben elektrischen Größen auch die Zeit, in der diese Geräte eingeschaltet sind.

Das Messwerk eines Zählers ist in Bild 4 zu sehen. Das mechanische Zählwerk wird durch eine rotierende Scheibe und diese wiederum durch ein Magnetfeld angetrieben.

Sicherheit durch Sicherungen

Wenn von einem Elektrofachmann Arbeiten an den elektrischen Leitungen eines Raumes oder an den fest angeschlossenen Geräten durchgeführt werden müssen, ist es aus Sicherheitsgründen erforderlich, die elektrische Spannung von 230 V abzuschalten. Dazu kann die **Sicherung** (Bild 1) im Verteilerkasten herausgeschraubt oder der eventuell vorhandene **Sicherungsautomat** (s. Bild S. 140) betätigt werden. Beide Geräte dienen in diesem Fall als Unterbrecher für die Spannungszuführung. Im Fehlerfall oder bei Überlastung sollen sie vor Schäden schützen.

Bei der Schmelzsicherung schmilzt dann ein dünner Draht durch, beim Sicherungsautomaten öffnet ein Elektromagnet wie ein Schalter den Stromkreis (Leitungsschutzschalter). Sicherungsautomaten können nach der Fehlerbeseitigung wieder verwendet werden.

Zusätzliche Sicherheit

Die bisher angesprochenen Sicherungen bzw. Sicherungsautomaten schalten dann die Energiezufuhr ab, wenn eine Überlastung im Stromkreis auftritt. Der elektrische Strom hat in diesem Fall einen zulässigen Höchstwert überschritten.

Für besonders gefährdete Bereiche eines Hauses (z. B. Badezimmer) reichen diese Schutzmaßnahmen nicht aus. Schon kleine fehlerhafte Ströme z. B. über einen nassen Fußboden können zu Unfällen führen. Deshalb sind in neueren Hausinstallationen so genannte **Fehlerstrom-Schutzschalter** (FI-Schutzschalter, Bild 3) eingebaut. Sie messen den in das Gerät hinein- und herausfließenden Strom. Wenn das Ergebnis ungleich ist, liegt ein Fehler vor und der Schutzschalter schaltet ab. Er reagiert bereits bei geringen Abweichungen.

Aufgaben

1. Finden Sie heraus, welche Geräte in der Wohnung mit einem Schukostecker und welche mit einem Eurostecker versehen sind!
2. Zählen Sie auf, welche elektrischen Bestandteile zu einer Hausinstallation gehören! Welche Aufgaben haben sie?
3. Erklären Sie den Unterschied zwischen einer Schmelzsicherung und einem Sicherungsautomaten!
4. Weshalb werden bestimmte Steckdosen als Schutzkontaktsteckdosen bezeichnet?
5. Welche Aufgabe hat der „Elektrizitätszähler"?

2 Schmelzsicherung mit Fassung

3 Fehlerstrom-Schutzschalter

Stromkreis

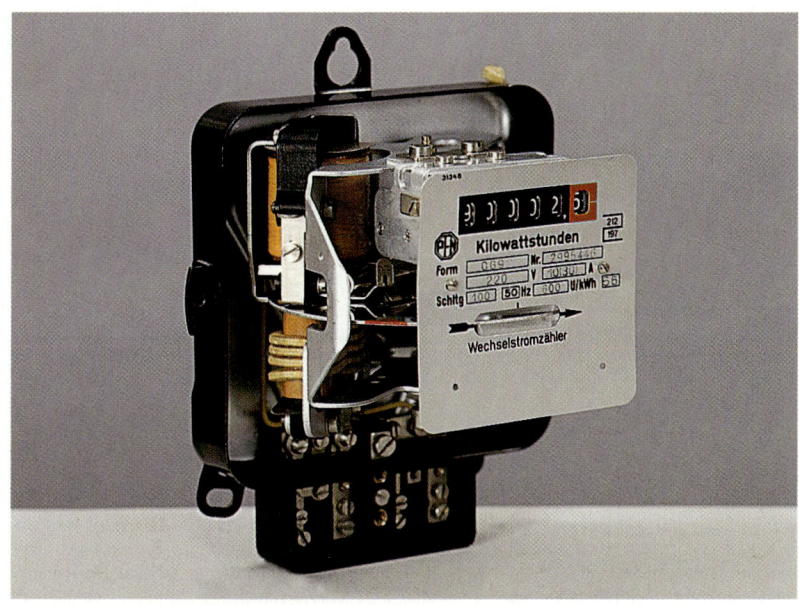

4 „Elektrizitätszähler"

5 Primärelemente

Altbatterien

gehören in die dafür vorgesehenen Altbatteriesammelbehälter und
nicht in den Hausmüll!

Die in halbfester Form vorhandenen Säuren und Laugen sowie Schwermetallverbindungen (z. B. Manganoxid, Zinksulfat) sind eine Gefährdung des Grundwassers!

Umwelt schützen!

Elektrochemische Spannungsquellen

Neben Geräten, die an der fest installierten Energieversorgung im Haushalt betrieben werden, gibt es Geräte, die nur mit elektrochemischen Spannungsquellen funktionieren (z. B. Fernbedienung eines Fernsehgerätes).

In elektrochemischen Spannungsquellen ist elektrische Energie chemisch gespeichert worden.

Erste elektrochemische Spannungsquellen wurden um 1800 (Voltasche Säulen) durch den italienischen Physiker Alessandro **Volta** entwickelt. Ihm zu Ehren wird die Einheit der elektrischen Spannung mit Volt bezeichnet.

Alessandro Volta knüpfte an die 1787 durch Luigi Galvani (italienischer Professor für Anatomie und Medizin) entdeckte „Froschschenkelelektrizität" an. Er hatte durch Berühren mit zwei unterschiedlichen Metallen Froschschenkel zum Zucken gebracht.

Bei elektrochemischen Spannungsquellen muss man zwischen wieder aufladbaren (**Akkumulatoren, Sekundärelementen**) und nicht wieder aufladbaren Quellen (**Primärelementen**, Bild 5) unterscheiden. Es ist auf jeden Fall sinnvoll, vermehrt wieder aufladbare Quellen zu verwenden. Sie sind in der Anschaffung teurer, langfristig lohnt sich ihr Einsatz jedoch. Außerdem entsteht weniger Müll!

Aufgaben
1. Überlegen Sie und schreiben Sie auf, welche Probleme in Ihrer Wohnung auftreten können, wenn die elektrische Energieversorgung im Winter für zwei Tage ausfällt!
2. Untersuchen Sie verschiedene Typenschilder von elektrischen Geräten, die an einer Steckdose betrieben werden! Stellen Sie Gemeinsamkeiten und Unterschiede fest!
3. Weshalb kann eine Lampe für eine Spannung von 230 V nicht an einer Taschenlampenbatterie betrieben werden?
4. Worin unterscheiden sich eine grün bzw. grau gekennzeichnete Sicherung?
5. Beschreiben Sie den wesentlichen Unterschied zwischen Primär- und Sekundärelementen!

Alessandro Volta (italienischer Physiker, 1745–1827)

6 Sammelbehälter für Altbatterien

Elektrizitätslehre

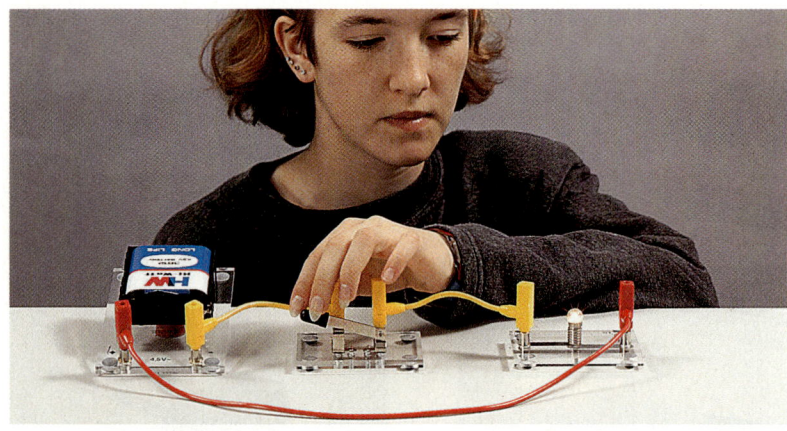

1 Elektrischer Stromkreis

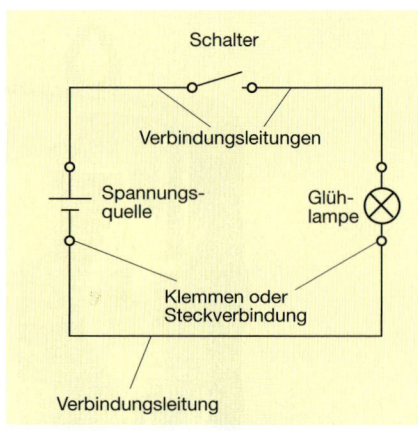

3 Schaltbild zum Stromkreis

Der elektrische Stromkreis

Bei der Beschreibung der Hausinstallation ab S. 140 wurde von verschiedenen Stromkreisen gesprochen, z. B. vom Licht- oder Steckdosenstromkreis.

Was versteht man unter einem Stromkreis?

Zur Klärung der Zusammenhänge wollen wir einen Stromkreis aufbauen. Auf keinen Fall darf dabei mit der vom Elektrizitätswerk gelieferten Spannung von 230 V experimentiert werden (Lebensgefahr!). Für Schülerübungen sind Spannungen bis höchstens 42 V zugelassen. Als zusätzliche Sicherheit sollten jedoch 24 V nicht überschritten werden.

Zum Aufbau eines ungefährlichen Stromkreises wird deshalb eine Batterie mit einer Spannung vom 4,5 V verwendet. Sie besitzt wie jede Spannungsquelle zwei Anschlüsse (Pole genannt), an die die metallischen Leiter durch einen Stecker, eine Steckverbindung oder eine Klemme angeschlossen werden.

V 1: Schließen Sie eine Glühlampe über einen Schalter mit Leitungen an einen Pol der Batterie an (Bild 1)! Verbinden Sie mit einer Leitung den zweiten Anschluss der Lampe direkt mit dem anderen Pol der Batterie!

Ergebnis: Die Lampe leuchtet nur dann, wenn der Schalter geschlossen ist (Aus-Schaltung).

Es fließt nur dann ein Strom, wenn der Stromkreis geschlossen ist.

Elektrische Stromkreise können recht kompliziert sein. Man benutzt für die Darstellung in Plänen genormte Schaltzeichen (Bild 3). Sie sagen nichts über das genaue Aussehen des Gerätes aus, sondern geben lediglich die Funktion wieder.

Glühlampen und Glimmlampen

Das Glas der Glühlampe ist ein Isolator. Es kann deshalb ohne Gefährdung durch die Spannung von 230 V berührt werden. Auf keinen Fall darf man aber bei herausgeschraubter Lampe in die Fassung greifen. Der Sockel der Glühlampe enthält die beiden voneinander isolierten Kontaktflächen.

Der Strom kann bei eingeschraubter Lampe und bei geschlossenem Schalter durch den Glühdraht aus Wolfram fließen (Bild 2). Die Temperatur des Glühdrahtes beträgt etwa 2500 °C.

Neben Glühlampen werden für Signalzwecke auch Glimmlampen eingesetzt. Schaut man sich die Metallteile (Elektroden) im Innern des Glaskolbens genauer an, dann sieht man, dass keine Verbindung zwischen ihnen besteht. Dazu der folgende Versuch:

V 2: Eine Glimmlampe wird wie in Bild 4 über einen Schutzwiderstand an eine Spannungsquelle angeschlossen. Zum Nachweis des Stromes ist in den Stromkreis ein Messgerät eingebaut worden.

Ergebnis: Obwohl in der Lampe keine metallisch leitende Verbindung besteht, zeigt bei einer Spannung von 70 V bis 80 V das Messgerät einen Strom an. Das Gas um die Elektrode leuchtet, die am Minuspol der Quelle angeschlossen ist. Der Stromkreis ist also auch in diesem Fall geschlossen.

Gase leiten unter bestimmten Bedingungen (z. B. hohe Spannung) den elektrischen Strom.

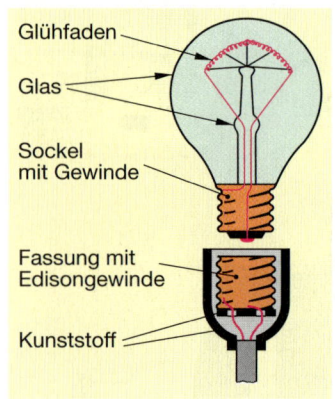

2 Glühlampe

Stromkreis

Thomas Alva Edison (amerikanischer Erfinder, 1847–1931), Entwickler der ersten technisch brauchbaren Glühlampen

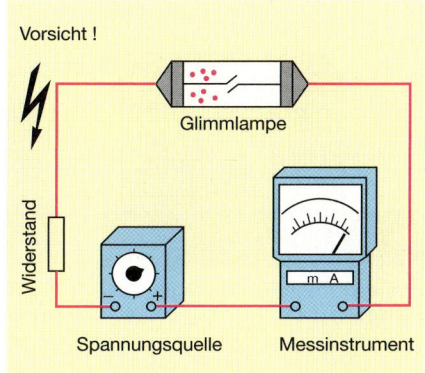

4 *Gase (Glimmlampe) im Stromkreis*

Stromleitung in Flüssigkeiten

V̄ 3: Bauen Sie einen Stromkreis mit einer Spannungsquelle ($U = 6$ V), einer Glühlampe mit 6 V/0,1 A und zwei voneinander getrennten Metallplatten (Elektroden) auf! Die Metallplatten hängen in dem Glasbehälter (Bild 5) und dürfen sich nicht berühren.
a) Schalten Sie die Spannung ein und beobachten Sie die Lampe!
b) Lösen Sie Salz im Wasser des Behälters auf und beobachten Sie die Lampe!

Ergebnis:
Die Lampe leuchtet bei reinem Leitungswasser nicht. Durch das Salz erhöht sich die Leitfähigkeit erheblich, die Lampe leuchtet und Gasblasen steigen an den Elektroden auf.

> **Bestimmte Flüssigkeiten (z. B. Salzlösungen, Säuren) leiten den elektrischen Strom.**

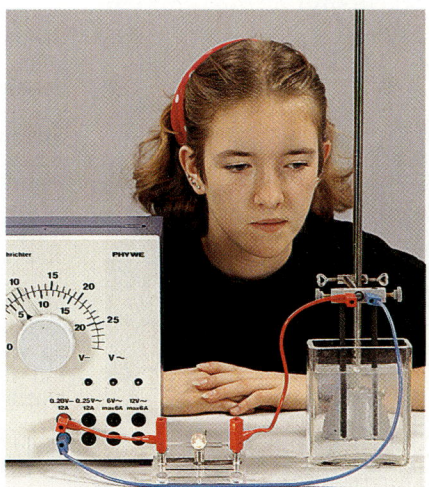

5 *Flüssigkeit im Stromkreis*

Angaben auf elektrischen Geräten

Elektrische Geräte sind in der Regel mit einem kleinen Schild versehen, auf dem wichtige technische Daten aufgeführt sind.

Bedeutung einiger Angaben:

230 V: Das Gerät muss mit einer Spannung von 230 V betrieben werden.

∼: Die Spannung ist eine Wechselspannung.

50 Hz: Die Spannung ändert ihre Polarität (in einer Sekunde: 50-mal Plus und 50-mal Minus).

450 W: Leistung des Gerätes in Watt.

Aus den Geräteangaben kann man entnehmen, dass alle Geräte, die über eine Steckdose betrieben werden, eine Spannung von 230 V benötigen. Je nach Gerätetyp sind ihre Wirkungen jedoch unterschiedlich.

Zu deren Kennzeichnung dient die Leistungsangabe. Die **Leistung** wird in Watt (W) gemessen. Eine Lampe von 100 W leistet mehr als eine mit 40 W.

Mit Hilfe der elektrischen Energie werden in den einzelnen Geräten verschiedenartige Wirkungen erzielt. So werden z. B. im Elektroherd und im Lötkolben Wärme erzeugt, in der Glühlampe dagegen Licht und Wärme.

> **Elektrische Energie lässt sich in andere Energiearten umwandeln.**

Aufgaben

1. Untersuchen Sie die Glühlampen, die sich in der Wohnung befinden!
   Beschreiben Sie ihre Form und ermitteln Sie über die Beschriftung, für welche Spannung sie geeignet sind!
2. Zeichnen Sie das Schaltbild eines Stromkreises mit Spannungsquelle, Schalter und Glühlampe!
3. Untersuchen und beschreiben Sie den Weg des Stromes bei einer Taschenlampe!
4. Beschreiben Sie den Stromweg für die Rückleuchte des Fahrrades vom Dynamo!
5. Worin unterscheiden sich elektrische Leiter von Isolatoren?
6. Beschreiben Sie den Aufbau einer Glühlampe!
7. Welche Unterschiede bestehen zwischen einer Glühlampe und einer Glimmlampe?

Elektrizitätslehre

Die Stromwirkungen auf den Menschen werden beeinflusst von:

- Stromstärke
- Einwirkungsart
- Einwirkungsdauer
- Stromweg
- Stromart
- Hautbeschaffenheit
- Gesundheitszustand

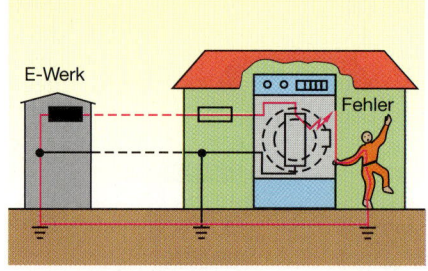

1 Stromkreis mit Fehler und gleichzeitiger Berührung

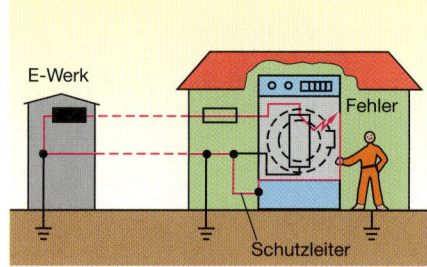

3 Stromkreis mit Fehler, gleichzeitiger Berührung und Schutzleiter

Gefahren durch den elektrischen Strom und Schutzmaßnahmen

Der menschliche Körper ist kein Isolator, deshalb kann der elektrische Strom durch ihn fließen. Wir spüren seine Wirkung z. B. bereits, wenn wir mit der Zunge die beiden Anschlüsse einer 4,5 V Batterie berühren. Das leichte Kribbeln ist unangenehm, aber noch ungefährlich. Den Nachweis, dass der menschliche Körper den Strom leitet, zeigt der folgende Versuch.

V 1: Schließen Sie mit zwei angefeuchteten Fingern den Stromkreis mit einer 4,5-V-Batterie und einem empfindlichen Strommessgerät (Bild 2)!
Ergebnis: Der Zeiger des Messgerätes zeigt einen Ausschlag.

Wirkungen des Stromes auf den menschlichen Körper

Die Stromwirkungen hängen von verschiedenen Faktoren ab. In der linken Spalte sind einige aufgeführt. Die Wärmewirkung kann zu Verbrennungen an der Hautoberfläche und zur Gerinnung von Eiweiß im Körper führen. Da in den Zellen Flüssigkeiten enthalten sind, können diese durch den Stromfluss zersetzt werden.

Die Informationsübermittlung im Körper erfolgt elektrisch, deshalb verursachen von außen zugeführte Ströme Störungen. Diese können zu Muskelverkrampfungen und zum Herzkammerflimmern führen (sehr rascher, unkontrollierter Herzschlag).

> **Die Wirkungen des elektrischen Stromes auf den menschlichen Körper können leichte Schäden, aber auch schwere Verletzungen hervorrufen. Sie können auch zum Tode führen.**

Strom auf gefährlichen Wegen

Neben dieser direkten Gefährdung des menschlichen Körpers durch den elektrischen Strom bestehen auch Gefahren durch überlastete Geräte und Anlagen. Bei einem zu großen Strom in einer zu dünnen Leitung besteht außerdem Brandgefahr. Berühren sich dann noch die beiden Leiter, dann nimmt der Strom den Weg über die Berührungsstelle (**Kurzschluss**). Der Strom kann dabei sehr groß werden.

Spannungsquellen besitzen zwei Anschlüsse. Ein Leiter in der Elektroinstallation ist in der Regel mit dem Erdreich verbunden (Erdung). Das Erdreich leitet den Strom. Wie kann man dieses nachweisen?

Man könnte z. B. die metallische Wasserleitung als zweiten Leiter benutzen, da sie in gutem elektrischen Kontakt mit dem Erdreich steht. Eine Lampe würde leuchten.

Viele Elektrogeräte besitzen Metallteile (z. B. Elektroherd, Waschmaschine).

Gefahren durch elektrischen Strom

- Verbrennungen
- Gerinnung von Eiweiß
- Zersetzung der Zellflüssigkeit
- Muskelkrämpfe
- Herzkammerflimmern

2 Stromfluss durch den Menschen

Stromkreis

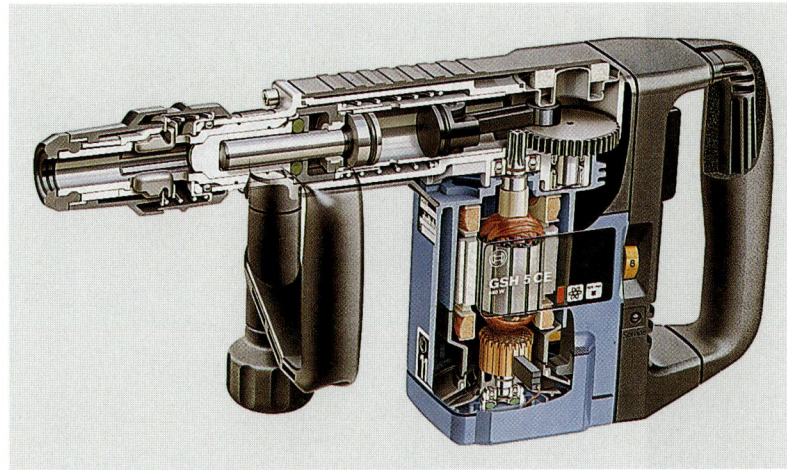

4 Schutzisolierung einer Bohrmaschine

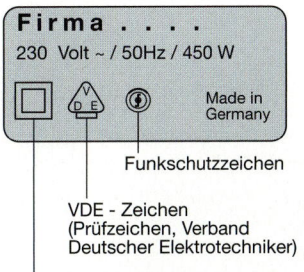

6 Typenschild eines elektrischen Gerätes

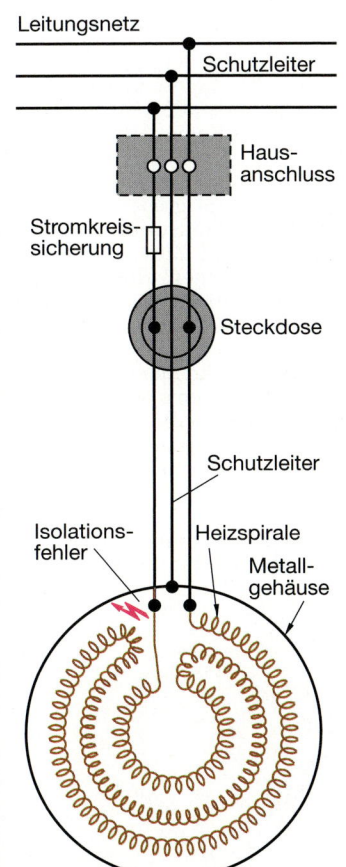

5 Isolationsfehler bei einer Kochplatte

Wenn durch einen Fehler im Innern der stromführende Leiter das Gehäuse berührt, liegt die gefährliche Spannung von 230 V am Gehäuse.

Berührt jetzt wie in Bild 1 ein Mensch dieses Gehäuse, dann fließt der Strom über den Menschen, da eine Verbindung über den Fußboden mit dem Erdreich besteht.

Noch gefährlicher ist das gleichzeitige Berühren von fehlerhaften Geräten und Wasserleitungen oder Heizungsrohren, da diese besonders gut mit dem Erdreich verbunden sind.

Welche Schutzmaßnahmen gibt es?
Um Gefährdungen auszuschließen, sind berührbare Metallteile mit einem **Schutzleiter** verbunden. Liegt jetzt ein Fehlerfall vor, dann fließt der Strom durch den Schutzleiter, ohne den Menschen zu gefährden (Bild 3). Der Schutzleiter muss deshalb immer besonders sorgfältig angeschlossen werden. Er hat immer eine **grün-gelbe Färbung**.

Der Schutzkontakt beim Schukostecker (vgl. S. 141) ist mit dem Schutzleiter verbunden. Der Anschluss ist durch das Erdungszeichen gekennzeichnet.

> **Der grün-gelbe Schutzleiter ist an alle von außen berührbaren Metallteile angeschlossen.**

☐ 2: In Bild 5 ist vereinfacht die Leitungsführung bei einer über eine Steckdose angeschlossenen Kochplatte zu sehen. Beschreiben Sie den Weg des Stromes, wenn der eingezeichnete Fehler vorliegt!

Der Strom fließt durch die Sicherung über die Steckdose zum Anschluss des Heizdrahtes. Dort befindet sich der Isolationsfehler, so dass der Strom über das Gehäuse und dann über den dort angeschlossenen Schutzleiter weiterfließt. Bei diesem Fehler kommt es also nicht zu einer Gefährdung des Menschen.
Der Eurostecker besitzt keinen Schutzleiter. Er darf deshalb nur für Geräte verwendet werden, deren elektrische Teile durch eine umfassende Isolierung (z. B. Kunststoff) vor einer Berührung gesichert sind (**Schutzisolierung**). Geräte mit dieser Schutzmaßnahme sind durch zwei ineinander gezeichnete Quadrate gekennzeichnet (Bild 6).

In Bild 4 ist die Schutzisolierung bei einer Bohrmaschine hervorgehoben worden. Die farbigen Kunststoffteile trennen die elektrisch leitenden Teile von den berührbaren Metallteilen. Viele Geräte des täglichen Gebrauchs besitzen eine solche Schutzisolierung, z. B. Föhn, Rasierapparat, Radio.
Einen besonders guten Schutz bieten die auf S. 142 bereits angesprochenen Fehlerstrom-Schutzschalter.

> **Schutzisolierte Geräte besitzen eine umfassende Kunststoffisolierung.**

Aufgaben
1. Finden Sie heraus, welche Geräte in der Wohnung mit einem Schutzleiter versehen und welche durch eine Schutzisolierung gesichert sind (am Stecker erkennbar)!
2. Begründen Sie, weshalb eine Stromleitung über den menschlichen Körper gefährlich ist!
3. Was versteht man unter einem Kurzschluss?
4. Beschreiben Sie die Funktion des Schutzleiters in einem Fehlerfall!
5. Wodurch wird bei einer Schutzisolierung der menschliche Körper vor gefährlichen Spannungen geschützt?
6. Welche Schutzfunktion hat der Fehlerstrom-Schutzschalter (vgl. S. 142)?

Elektrizitätslehre

1 Gewitter als natürliche elektrische Entladung

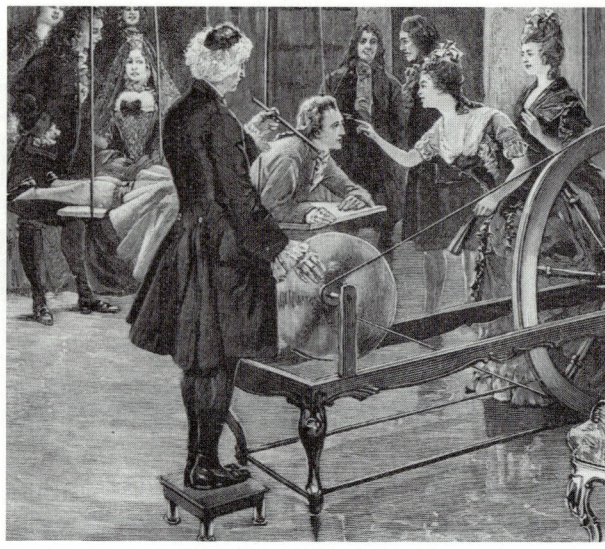

2 „Elektrisierung" im 18. Jahrhundert

Untersuchung von Ladungen

Elektrische Erscheinungen sind den Menschen bereits seit dem Altertum bekannt. Mit einem geriebenen Bernstein konnten kleine Körper auf geheimnisvolle Weise angezogen oder abgestoßen werden.

Erste Elektrisiermaschinen baute 1663 der Magdeburger Bürgermeister **Otto von Guericke**. Durch Reibung wurde Elektrizität erzeugt. Die mit diesen oder ähnlichen Elektrisiermaschinen verbundenen Erscheinungen wurden bis ins 18. Jahrhundert zur allgemeinen Belustigung in Salons der vornehmen Gesellschaft (Bild 2) dargeboten.

Künstliche und natürliche Blitze
Eine Verbindung zwischen den künstlich erzeugten knisternden elektrischen Funken und dem Blitz als einer gewaltigen Naturerscheinung konnte erst durch den Bau des ersten Blitzableiters (1752) durch **Benjamin Franklin** (amerikanischer Erfinder) hergestellt werden. Durch diese wichtige physikalische Erkenntnis wurde die bis dahin in der Bevölkerung noch vorhandene abergläubische Deutung vom Gewitter allmählich verdrängt.

Genauere Untersuchungen über die Form elektrischer Überschläge führte der deutsche Physiker Georg Christoph Lichtenberg (1742–1799) durch. Er stellte fest, dass die Figuren der Funken von dem einen Pol der Elektrizitätsquelle wie „strahlende Sonnen" und vom anderen mehr einem ringförmigen Muster glichen.

Diese unterschiedlichen Formen verwendete er zur Kennzeichnung und Unterscheidung der Elektrizität. Er führte die Kurzbezeichnung Plus (+) und Minus (–) ein.

Die von ihm entdeckten Figuren werden heute als Lichtenberg-Figuren bezeichnet (Bild 3). Lichtenbergs Entdeckungen sind grundlegend für die heute verwendeten Kopiergeräte.

Bei einem Blitz (Bild 1) fließen Ströme, die hunderttausendmal größer sein können als der elektrische Strom durch eine Glühlampe für die Zimmerbeleuchtung. Solche gewaltigen Entladungen (Gewitter) finden auf der Erde ständig statt, im Mittel 1 600 gleichzeitig.

Mit kleinen Blitzen kommen wir z. B. dann in Berührung, wenn wir frisch gewaschene und trockene Haare kämmen oder einen Pullover ausziehen. Wir erkennen oder spüren kleine Funkenüberschläge.

In allen diesen Fällen sprechen wir von Aufladungen oder Entladungen.

Georg Christoph Lichtenberg (deutscher Physiker, 1742–1799)

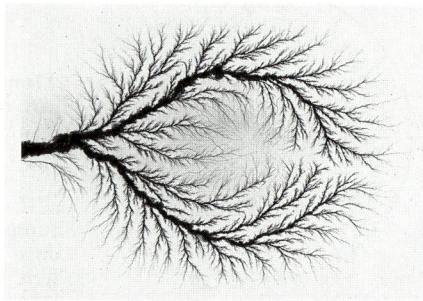

3 Lichtenberg-Figur

Elektrische Ladungen

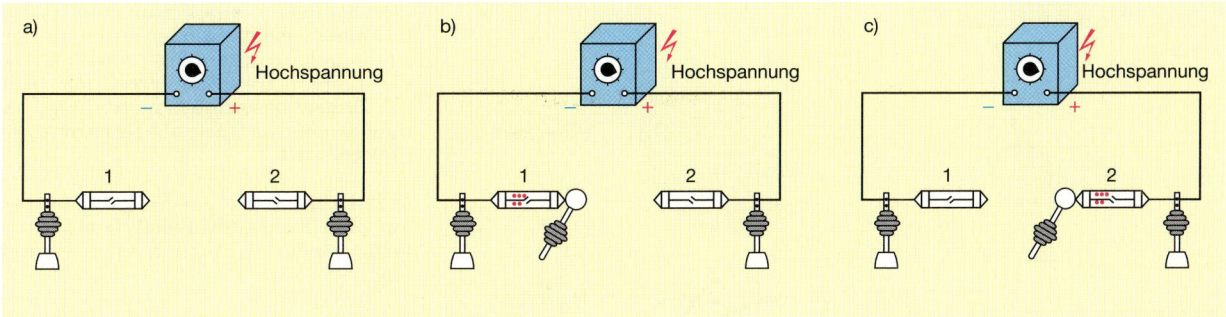

4 Transport von Ladungen

Spannungsquellen als Ladungsquellen

Wir wollen nun klären, was der Begriff „elektrische Ladung" bedeutet, und benutzen dazu eine technische Spannungsquelle (Bild 4a).

V 1: Die Pole (Plus und Minus) einer Spannungsquelle (Bild 4a) werden mit zwei elektrischen Leitern herausgeführt und an zwei Glimmlampen angeschlossen. Was wird geschehen?

Die Glimmlampen leuchten nicht, da der Stromkreis noch unterbrochen ist. Berühren wir allerdings mit einer isolierten Metallkugel die Glimmlampe 1, so blitzt diese am linken Draht kurzzeitig auf (Bild 4b).

Wenn wir dann die Kugel an die Glimmlampe 2 führen, leuchtet diese ebenfalls kurzzeitig am linken Draht auf (Abb. 4c). Wie lässt sich dieses Ergebnis erklären?

Auf S. 145 haben wir erarbeitet, dass eine Glimmlampe als Anzeigegerät für den elektrischen Strom verwendet werden kann. Da nur die Glimmlampe 1 in Bild 4b aufleuchtete, muss kurzzeitig ein Strom geflossen sein. Er hat die Kugel bei Berührung aufgeladen. Beim Berühren der Glimmlampe 2 mit der Kugel sind diese Ladungen wieder von der Kugel zur Quelle zurückgeflossen, denn es floss wieder ein geringer Strom (Lampe leuchtete). Wir halten fest:

> **Ladungen können in kleinen Portionen transportiert werden. Den elektrischen Strom stellen wir uns als sich bewegende elektrische Ladungen vor.**

V 2: Wir bewegen die Metallkugel in rascher Folge zwischen den Glimmlampen hin und her.

Ergebnis: Die Lampen leuchten häufiger auf. Es fließt Strom, weil ständig Ladungen transportiert werden.

Was bedeuten Plus und Minus auf Spannungsquellen?

Zur Beantwortung dieser Frage führen wir die folgenden Versuche durch:

V 3: Eine Metallkugel wird kurzzeitig über eine Leitung mit dem Pluspol einer Spannungsquelle verbunden. Danach berühren wir mit einer Glimmlampe die Kugel.

Ergebnis: Das Gas um eine Elektrode leuchtet auf (Bild 5). Es ist Strom geflossen.

V 4: Wir schließen kurzzeitig die Kugel an den Minuspol der Spannungsquelle an und beobachten dann die Glimmlampe beim Berühren der Kugel.

Ergebnis: Das Gas um die andere Elektrode der Glimmlampe leuchtet kurzzeitig auf. Die unterschiedliche Kennzeichnung der Pole ist also sinnvoll.

> **Es lassen sich zwei verschiedene Ladungsarten unterscheiden. Sie werden als positive und negative Ladungen bezeichnet.**

Benjamin Franklin (amerikanischer Erfinder, 1706–1790), erfand den Blitzableiter

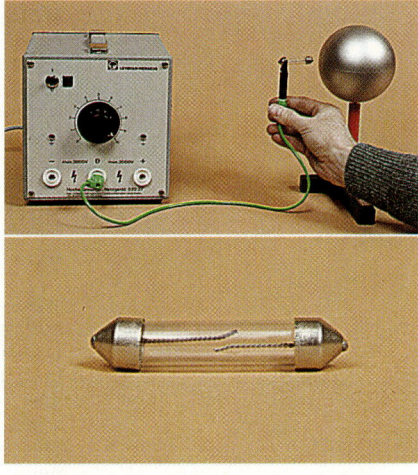

5 Entladung einer Kugel

Elektrizitätslehre

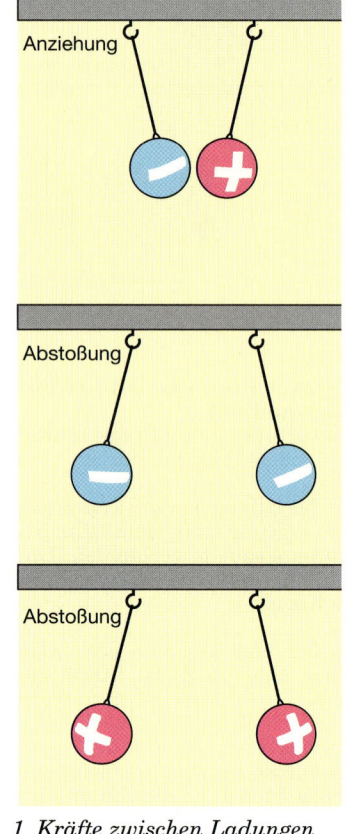

1 *Kräfte zwischen Ladungen*

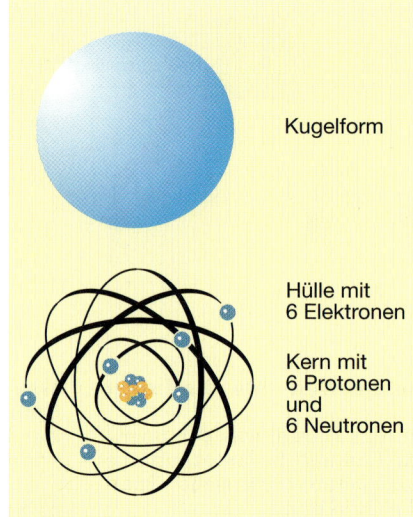

2 *Modell des Atomaufbaus*

Wirkungen zwischen aufgeladenen Körpern

V 1: Zwei elektrisch leitende Kugeln werden an Fäden aufgehängt und aufgeladen (Bild 1). Was geschieht?

Bei unterschiedlicher Aufladung kommt es zu einer Anziehung, bei gleichartiger Aufladung zu einer Abstoßung.

> **Ungleichartig geladene Körper ziehen sich an. Gleichartige Ladungen stoßen sich ab.**

Was sind Ladungen und woher kommen sie?
Diese Fragen lassen sich mit dem atomaren Aufbau der Stoffe beantworten.

Alle Stoffe bestehen aus **Atomen**, die wiederum aus einem **Kern** und einer **Hülle** aufgebaut sind. Im Kern sind positive Kernteilchen vorhanden, die **Protonen**, außerdem neutrale Teilchen, die **Neutronen**. In der Hülle befinden sich negative Teilchen, die **Elektronen**. Sie haben im Vergleich zu den Protonen eine geringere Masse und bewegen sich um den Kern (Bild 2). Sie lassen sich bei einigen Stoffen durch geringen Kraftaufwand aus der Hülle entfernen.

Wenn ein Stoff nicht geladen ist, dann sind gleich viele positive und negative Ladungen vorhanden. Der Stoff ist neutral. Bei einem aufgeladenen Stoff ist das Gleichgewicht gestört. Der Stoff wirkt nach außen positiv, wenn die positiven Ladungen überwiegen. Er ist negativ, wenn die negativen Ladungen überwiegen (Elektronenüberschuss).

Durch Reiben eines Kunststoffstabes mit einem Wolltuch oder durch starkes Aneinanderdrücken lässt sich bereits die Ladungstrennung erreichen (Bild 3). Daher bezeichnet man diese Ladungstrennung auch als **Berührungselektrizität**.

V 2: Drücken Sie ein Blatt Papier fest auf eine Kunststoff-Folie! Trennen Sie beide wieder! Was kann man feststellen?

Die Folie und das Blatt Papier haften aneinander. Sie können nur unter Kraftaufwand wieder getrennt werden.

V 3: Tasten Sie die Oberfläche der Folie mit einer Glimmlampe ab!
Was kann man beobachten?

Die Glimmlampe leuchtet an einzelnen Stellen der Folie kurzzeitig auf. Durch die Berührung können die Ladungen wieder abfließen.

> **Bei einem positiv aufgeladenen Körper sind mehr positive als negative Ladungen vorhanden (Elektronenmangel). Bei einem negativ aufgeladenen Körper sind dagegen mehr negative als positive Ladungen vorhanden (Elektronenüberschuss). Ein neutraler Körper hat gleich viele positive und negative Ladungen.**

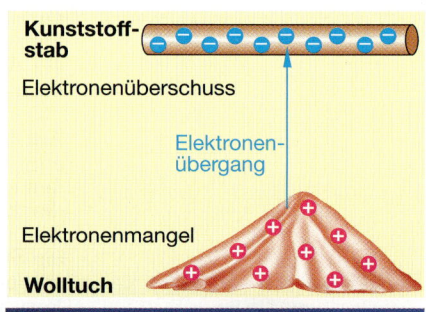

3 *Umverteilung von Ladungen durch Reibung*

Elektrische Ladungen

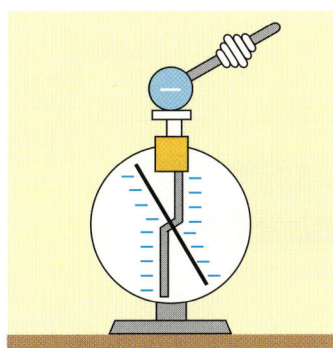

4 Nachweis von negativen Ladungen mit dem Elektroskop

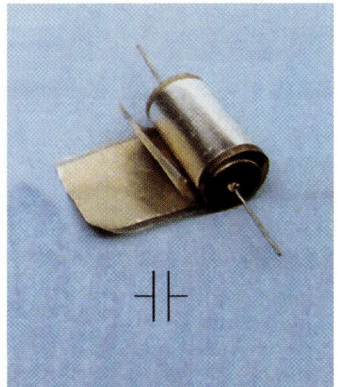

5 Kondensatoraufbau und Schaltzeichen

Charles Augustin Coulomb
(franz. Physiker, 1736–1806)

Ladungsnachweis

Die in Bild 1 dargestellte Gesetzmäßigkeit kann man verwenden, um Ladungen nachzuweisen. Wir benutzen dazu das Elektroskop (Bild 4).

Ⓥ 4: Wir berühren mit einer aufgeladenen Kugel den oben angebrachten Teller des Elektroskops. Der bewegliche Zeiger schlägt aus.

Erklärung: Gleichartige Ladungen sind von der Kugel auf den beweglichen Zeiger und den festen Steg übergetreten. Da sich gleichartige Ladungen abstoßen, wirken auch zwischen Zeiger und festem Steg Abstoßungskräfte.

Mit dem Elektroskop kann man Ladungen messen. Dazu ist aber eine Einheit notwendig. Sie wurde zu Ehren des Physikers Charles Augustin Coulomb mit 1 Coulomb festgelegt.

Die elektrische Ladung ist eine physikalische Größe und hat das Formelzeichen Q. Die Einheit ist 1 Coulomb (1 C).

Für die Ladung von 1 Coulomb werden $6\,250\,000\,000\,000\,000\,000 = 6{,}25 \cdot 10^{18}$ Elektronen benötigt. Diese Zahl ist unvorstellbar groß.

Ladungen lassen sich speichern

Ⓥ 5: Beobachten Sie das Verhalten des Elektroskops entsprechend Bild 4, nachdem die aufgeladene Kugel entfernt wurde! Was stellt man fest?

Der Zeigerausschlag bleibt noch eine gewisse Zeit lang erhalten. Daraus folgern wir, dass sich die Ladungen noch auf Steg und Zeiger befinden, sie also gespeichert worden sind.

Elektrische Ladungsspeicher, man nennt sie **Kondensatoren**, bestehen im Prinzip immer aus zwei Leitern, z. B. Metallplatten bzw. Metallfolien (Bild 5), die durch einen Isolator (Dielektrikum) voneinander getrennt sind. Das Schaltzeichen verdeutlicht diesen grundsätzlichen Aufbau.

Wir wollen jetzt die Speichereigenschaft eines technischen Kondensators genauer untersuchen und benutzen für den Nachweis des Ladungstransportes eine kleine Glühlampe (ca. 6 V).

Ⓥ 6: Bauen Sie den Versuch entsprechend Bild 6 auf! Schalten Sie die Spannungsquelle ein und beobachten Sie die Lampe!

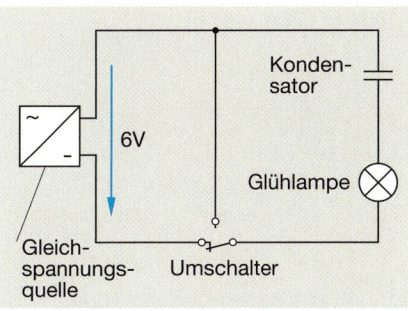

6 Kondensator als Ladungsspeicher

Schalten Sie nun um, so dass der Kondensator jetzt mit der Lampe kurzgeschlossen wird. Was stellt man fest?

In beiden Fällen leuchtet die Lampe kurzzeitig auf. Es ist ein Strom geflossen, obwohl beide Platten des Kondensators durch einen Isolator voneinander getrennt waren. Von der Spannungsquelle sind auf die Platten also Ladungen geflossen, diese wurden gespeichert und konnten sich nach dem Kurzschließen wieder ausgleichen.

Kondensatoren bestehen im Prinzip aus zwei voneinander isolierten Metallplatten bzw. -folien, auf denen sich Ladungen speichern lassen.

Aufgaben

1. Beschreiben Sie zwei Vorgänge im alltäglichen Leben, bei denen Sie mit Aufladungen in Berührung gekommen sind!
   Erklären Sie diese Vorgänge mit physikalischen Begriffen!
2. Was zeigen die Lampen in Bild 4 auf S. 149 an, wenn an Stelle der Metallkugel zwischen die Glimmlampen ein metallischer Leiter eingefügt wird?
3. Nehmen Sie ein Kunststofflineal und reiben Sie es mit einem Wolltuch! Nähern Sie das aufgeladene Lineal kleinen Styroporstücken! Beschreiben und deuten Sie die Beobachtung!
4. Nähern Sie einen aufgeladenen Kunststoffstab einem dünnen Wasserstrahl! Was beobachten Sie? Erklären Sie das Ergebnis!
5. Wie verhalten sich zwei gleichartig aufgeladene Körper bei Annäherung?
6. Wie verhalten sich zwei ungleichartig aufgeladene Körper bei Annäherung?
7. Beschreiben Sie das Prinzip der Ladungsspeicherung beim Kondensator!
8. Schalten Sie den Schalter im Versuchsaufbau entsprechend dem Bild 6 rasch hin und her! Was beobachten Sie? Erklären Sie das Ergebnis!

Elektrizitätslehre

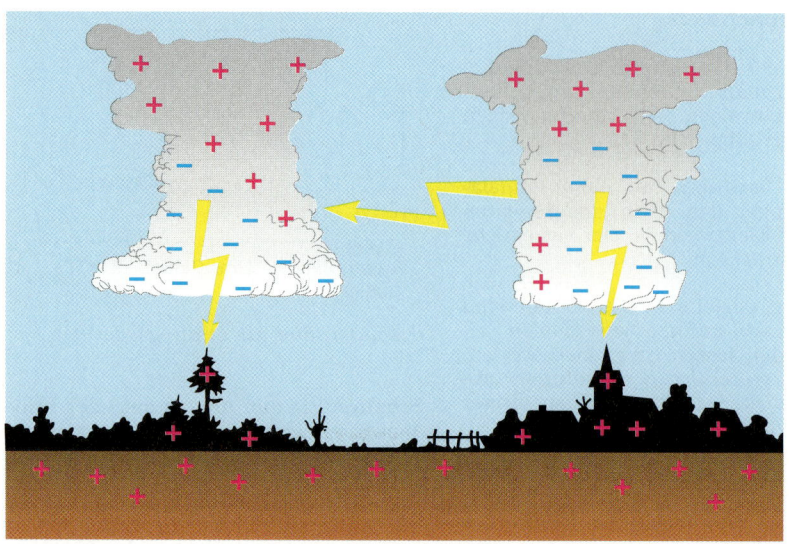

1 Ladungen und Entladungen bei Gewitter

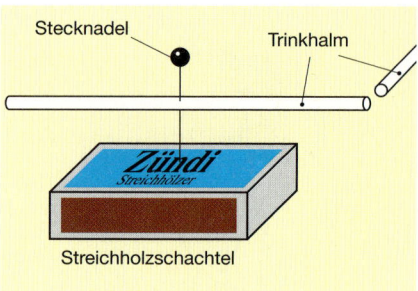

2 Kraft auf einen ungeladenen Körper

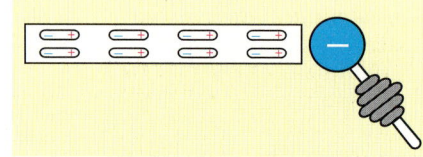

3 Ladungsverschiebung (Dipol)

Elektrische Felder

Bei einem Gewitter treten zwischen den unterschiedlich geladenen Bereichen (zwischen den Wolken, Wolken und Erdboden) abstoßende und anziehende Kräfte auf. Kräfte in der Umgebung geladener Körper haben wir bereits in Versuchen kennen gelernt.

> **Der Raum um elektrische Ladungen wird elektrisches Feld genannt. Im elektrischen Feld werden auf Ladungen Kräfte ausgeübt.**

Mit einem selbstgebauten Gerät lässt sich das elektrische Feld nachweisen.

V 1: Stechen Sie wie in Bild 2 durch die Mitte eines Trinkhalms aus Kunststoff eine Stecknadel und stecken Sie die Nadel dann in eine leere Streichholzschachtel! Die Nadel soll für den Halm als Lager dienen. Der Halm muss sich leicht bewegen können. Nähern Sie jetzt diesem Trinkhalm einen vorher aufgeladenen Trinkhalm. Was kann beobachtet werden?

Ergebnis: Der Trinkhalm auf der Streichholzschachtel dreht sich bei Annäherung. Wie lässt sich dieses erklären?

Obwohl der Trinkhalm ein Isolator ist, besitzt er fest sitzende positive und negative Ladungen. Durch die Annäherung eines geladenen Körpers werden sie geringfügig auseinander gezogen, so dass der Trinkhalm nach außen nicht mehr neutral erscheint. Da er jetzt zwei Pole besitzt, bezeichnet man ihn als **Dipol** (Bild 3).

Diese Erscheinung lässt sich auch bei Metallen beobachten.

V 2: Nähern Sie einen negativ aufgeladenen Kunststoffstab dem tellerartigen Anschluss des Elektroskops (Bild 4)! Der Zeiger schlägt bereits vor dem Berühren aus. Wenn Sie den Stab wieder entfernen, geht der Ausschlag zurück. Durch den negativen Kunststoffstab werden die Elektronen im Metall abgestoßen. Es kommt zu einer Anhäufung von Elektronen im Anzeigeteil und damit zu einem Zeigerausschlag. Man nennt diesen Vorgang **Influenz**.

4 Influenz beim Elektroskop

Elektrische Ladungen

5 Faraday-Käfig

8 Blitzschutzanlage

6 Feldfreier Raum durch Abschirmung

Michael Faraday (englischer Physiker, 1791–1867)

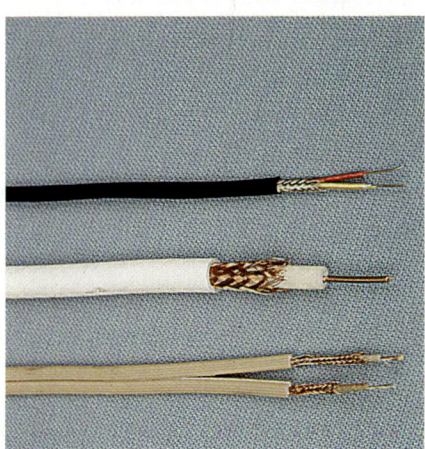

7 Abgeschirmte elektrische Leitungen

Kann man elektrische Felder abschirmen?

Starke elektrische Felder entstehen beim Gewitter. Die Blitze entstehen durch Ausgleich von getrennten Ladungen. Gute elektrische Leiter auf dem Dach (Bild 8, Blitzableiter) und am Haus sorgen durch ihre Verbindungen mit dem Erdreich (Grundwasser) für einen Schutz. Einschlagende Blitze können ohne Schaden abgeleitet werden.

Was soll man aber tun, wenn man sich in einem Auto auf der Landstraße befindet und in ein Gewitter gerät? Soll man das Auto möglichst schnell verlassen, da es ja aus Metall besteht und ein guter elektrischer Leiter ist?

Einen Großversuch zu diesem Problem zeigt Bild 5. Der Mensch kann sich innerhalb eines von Metall umgebenen Raumes gefahrlos aufhalten. Das Metall wirkt also wie eine Abschirmung. Vor Gewittern bietet demnach ein von Metall umgebener Raum den größten Schutz. Man bezeichnet einen derartigen Raum als **Faraday-Käfig**.

In Bild 6 ist der Raum durch einen Metallkreis nachgebildet worden. Zwischen den Stäben liegt eine Spannung. Außerhalb des Kreisrings ordnen sich die Grießkörnchen gemäß den Feldlinien an, innerhalb bleiben sie dagegen ungeordnet. Das Feld ist also dort nicht wirksam geworden. Der metallisch abgeschirmte Raum ist feldfrei.

Elektrische Felder lassen sich durch Metalle abschirmen.

Die Abschirmung vor elektrischen Feldern ist in vielen elektrischen Geräten und für viele elektrische Leitungen erforderlich. So sind z. B. die Leitungen für Mikrofone und Antennen mit einem Drahtgeflecht oder einer Metallfolie umgeben (Bild 7). Elektrische Felder können so vom Stromleiter in der Mitte fern gehalten werden.

Aufgaben
1. Wodurch werden elektrische Felder hervorgerufen?
2. Was versteht man unter einem elektrischen Feld?
3. Erklären Sie an einem selbst gewählten Beispiel den Begriff Influenz!
4. Womit lassen sich elektrische Felder abschirmen?
5. Beschreiben Sie den Weg des Blitzes in Bild 8, wenn er einschlägt!

Elektrizitätslehre

1 Bandgenerator als Spannungsquelle

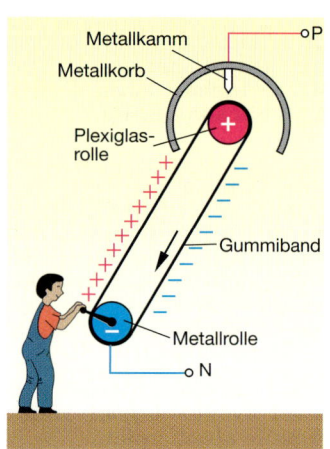

2 Ladungstrennung beim Bandgenerator

Beispiele für Spannungen	
Gehirn- und Nervenleitungen	0,000001 V
Antennen	0,0001 V
Solarzelle	0,5 V
Akkumulator	12 V
Elektroinstallation	230 V
Fernsehgerät	25 000 V
Blitz	1 000 000 V

Elektrische Spannung

Der Begriff „Spannung" wird umgangssprachlich in verschiedenen Situationen verwendet. Eine Feder kann z. B. gespannt sein. Ebenso kann man selbst gespannt sein, wie das Ende eines Kriminalfilms ausgeht.

Mit dem physikalischen Begriff „Spannung" knüpft man an diese Vorstellungen an, denn auch elektrische Aufladungen mit ihren Erscheinungen deuten auf einen „Spannungszustand" hin, der sich mitunter in heftigen Reaktionen ausgleicht.

Spannungsangaben auf Geräten

Bei vielen elektrischen Geräten wird auch die elektrische Spannung angegeben.

☐ 1: Welche elektrischen Geräte sind durch eine Spannungsangabe gekennzeichnet? In welcher Form erfolgt diese Kennzeichnung?

Auf den Typenschildern elektrischer Geräte und auf vielen Glühlampen finden wir die Kennzeichnung 230 V. Sie werden an Steckdosen betrieben, da sie eine elektrische Spannung in gleicher Größenordnung liefern. Über die Steckdose wird also das Gerät mit einer für die einwandfreie Funktion notwendigen Spannung versorgt. Die Steckdose kann deshalb vereinfacht als **Spannungsquelle** aufgefasst werden.

Viele elektrische Kleingeräte werden dagegen mit geringeren Spannungen betrieben. Es können dies elektrochemische Spannungsquellen (Batterien) mit z. B. 1,5 V/Zelle oder entsprechende wiederaufladbare Akkumulatoren sein.

☐ 2: In einem Versuch ist ein Stromkreis für eine 6-V-Glühlampe aufgebaut. Was ist zu beobachten, wenn eine Glühlampe mit der Angabe 12 V eingeschraubt wird? Was ist zu beobachten, wenn in einem Stromkreis mit einer Spannungsquelle von 12 V eine Glühlampe mit 6 V eingeschraubt wird?

Ergebnis:

> Damit elektrische Geräte einwandfrei funktionieren, muss die Spannungsangabe der Quelle mit der Spannungsangabe auf dem Gerät übereinstimmen.

Elektrochemische Spannungsquellen sind durch die Symbole Plus und Minus gekennzeichnet. Im Innern wird also am Pluspol ein Elektronenmangel und am Minuspol ein Elektronenüberschuss erzeugt, der sich an den Anschlüssen als Spannung auswirkt. Wir wollen jetzt das Prinzip der Spannungserzeugung mit Hilfe der Reibungselektrizität genauer untersuchen und benutzen dazu den Bandgenerator in Bild 1.

Bandgenerator als Spannungsquelle

☑ 3: An die Anschlüsse P und N schließen wir ein Elektroskop und eine Glimmlampe an. Wenn wir die Kurbel betätigen, zeigt das Elektroskop Ladungen an.
Erklären lässt sich das Ergebnis mit Hilfe der vereinfachten Zeichnung von Bild 2. Die Drehbewegung der unteren Metallrolle wird durch das breite Gummiband auf die obere Plexiglasrolle übertragen. Dabei werden aus ihr Elektronen herausgelöst und zur Metallwalze befördert, so dass über dem Metallkamm der Metallkorb positiv und die Metallwalze negativ geladen werden.

Eine Trennung ungleichnamiger Ladungen (Ladungstrennung) hat hierbei stattgefunden. Dazu war Arbeit erforderlich (Trennungsarbeit).

Die Trennung der Ladungen kann auf verschiedene Weise erfolgen. In Batterien z. B. sind dafür chemische Prozesse verantwortlich. Es gilt allgemein:

> In Spannungsquellen werden ungleichnamige Ladungen voneinander getrennt. Dazu ist in der Quelle eine Trennungsarbeit zu verrichten und es entsteht eine elektrische Spannung.

Elektrische Spannung und Stromstärke

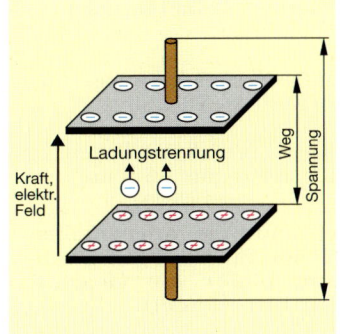

3 Modell zur Ladungstrennung

Modell einer Spannungsquelle
Ein einfaches Modell, in dem die Ladungen bereits getrennt sind, zeigt Bild 3. An ihm lässt sich zeigen, dass auch zwischen der Trennungsarbeit und der bewegten Ladung ein Zusammenhang besteht.

☐ 4: In Bild 3 werden zwei negative Ladungen von der positiven Platte zur negativen Platte transportiert. Dazu ist eine bestimmte Arbeit erforderlich.
Wie verändert sich die Trennungsarbeit, wenn die doppelte Ladung transportiert wird?

Bei einer Verdopplung der Ladung Q wird auch eine doppelt so große Trennungsarbeit erforderlich sein. Trennungsarbeit und Ladung Q sind proportional ($W \sim Q$).
Bildet man aus W und Q das Verhältnis W/Q, dann ergibt sich eine Konstante. Diese nennt man **elektrische Spannung**.

$$\text{Spannung} = \frac{\text{Arbeit}}{\text{Ladung}} \qquad U = \frac{W}{Q}$$

Die Einheit für die Spannung ist das **Volt** (Alessandro Volta, ital. Physiker, 1745–1827).
Wird für die Arbeit die Einheit 1 Newtonmeter eingesetzt, dann erhält man:

$$1\,\text{V} = \frac{1\,\text{Nm}}{1\,\text{C}} \qquad 1\,\text{V} = \frac{1\,\text{J}}{1\,\text{C}}$$

Schließt man an die Pole einer Spannungsquelle eine Lampe an, dann fließt ein elektrischer Strom (Bild 5). Die in der Quelle getrennten Ladungen gleichen sich aus. Da in der Quelle jedoch ununterbrochen Ladungen getrennt werden, fließt ständig ein elektrischer Strom.

Spannungen lassen sich messen

Spannungen lassen sich durch Messgeräte nachweisen. Da eine Spannung zwischen zwei Polen besteht, muss das Messgerät direkt mit den Polen der Spannungsquelle verbunden werden (parallel). Plus- und Minuspol des Messgerätes sind mit den gleichnamigen Polen der Quelle verbunden (Bild 4).

> **Spannungsmessgeräte werden parallel an die zu messende Spannung angeschlossen.**

Für die Kennzeichnung von Spannungen in Schaltbildern verwendet man Pfeile (Bild 4). Sie sollen verdeutlichen, zwischen welchen Punkten der Schaltung die Spannung besteht.

> **Spannungspfeile gehen vom Pluspol zum Minuspol. Ihre Länge ist kein Maß für die Größe der Spannung.**

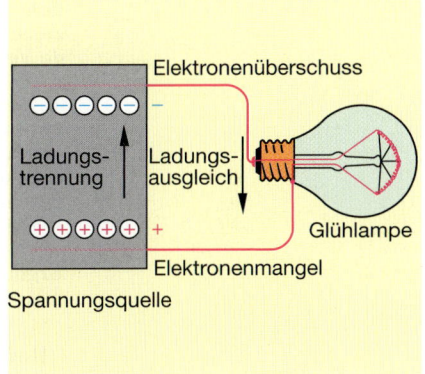

5 Ladungsausgleich

Spannungsangaben:

1 MV = 1 Megavolt
    = 1 000 000 V

1 kV = 1 Kilovolt
    = 1 000 V

1 mV = 1 Millivolt
    = 0,001 V

1 μV = 1 Mikrovolt
    = 0,000 001 V

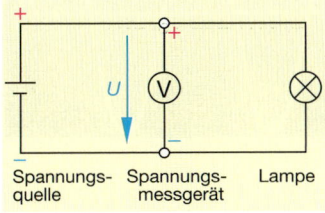

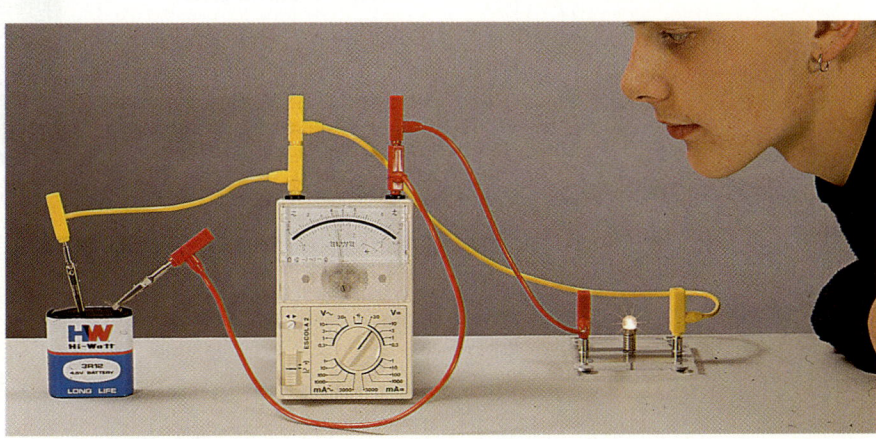

4 Spannungsmessung

Elektrizitätslehre

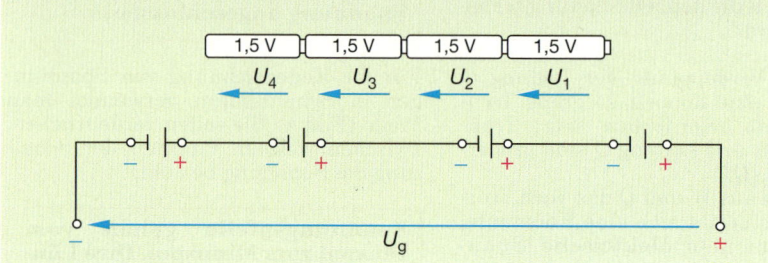

1 Reihenschaltung von Batterien

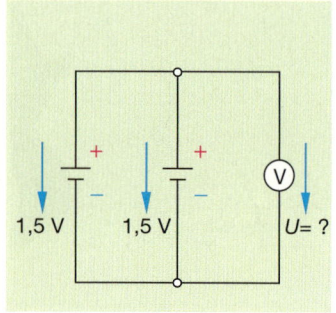

2 Parallelschaltung

Spannungsquellen lassen sich in Reihe schalten
In tragbaren elektrischen Geräten sind oft mehrere Spannungsquellen vorhanden (Bild 1). In welcher Weise sind sie zusammengeschaltet? Dazu der folgende Versuch:

V 1: Schalten Sie vier 1,5-V-Zellen so zusammen, dass jeweils der Pluspol der einen Zelle mit dem Minuspol der anderen Zelle verbunden ist (Bild 1, in Reihe geschaltet, hintereinander geschaltet)! Wie groß ist die Gesamtspannung?

Ergebnis: Die Gesamtspannung beträgt 6 V.

> **Bei der Reihenschaltung von Spannungsquellen ist die Gesamtspannung gleich der Summe der Einzelspannungen:**
>
> $U_g = U_1 + U_2 + U_3 + \ldots + U_n$

☐ 2: Was zeigt ein Spannungsmessgerät für die Gesamtspannung an, wenn in Bild 1 eine der Spannungsquellen so gedreht wird, dass der Spannungspfeil nach rechts weist?

Durch die in Gegenrichtung geschaltete Batterie wird eine Spannung von 1,5 V in ihrer Wirkung aufgehoben. Das Ergebnis ist nicht mehr 6 V, sondern nur noch 3 V.

Spannungsquellen lassen sich parallel schalten
V 3: Schalten Sie zwei 1,5-V-Spannungsquellen parallel, indem Sie alle gleichnamigen Pole miteinander verbinden.

Was zeigt ein angeschlossenes Spannungsmessgerät an (Bild 2)?

Das Messgerät zeigt keine Spannungserhöhung, sondern nur 1,5 V an.

> **Schaltet man Spannungsquellen mit gleichen Spannungen parallel, dann bleibt die Gesamtspannung unverändert.**

Kennzeichnung von Gleichspannungen
Elektrochemische Spannungsquellen haben an ihren Anschlüssen die Kennzeichnung Plus und Minus. Es herrscht also am Pluspol ständig ein Elektronenmangel und am Minuspol ständig ein Elektronenüberschuss. Wenn man diese Spannung in Abhängigkeit von der Zeit auf dem Bildschirm eines Oszilloskops abbildet, entsteht je nach Anschluss eine Linie oberhalb oder unterhalb der Nulllinie (Bild 3). Diese Spannungen werden deshalb als **Gleichspannungen** bezeichnet.

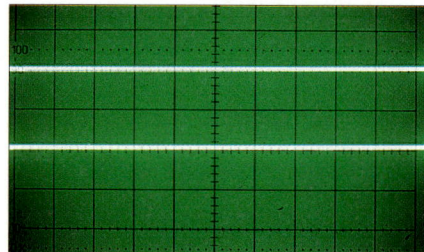

3 Gleichspannung

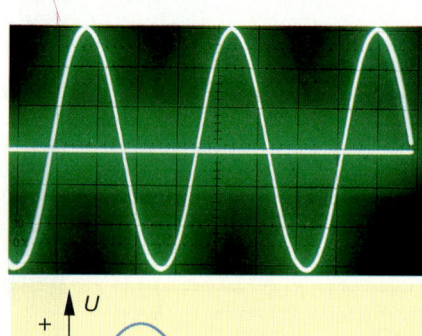

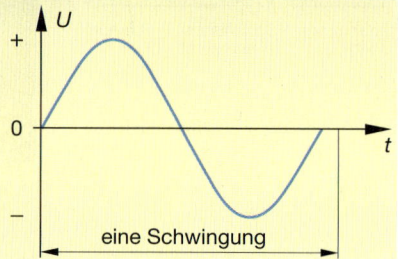

4 Wechselspannung

Elektrische Spannung und Stromstärke

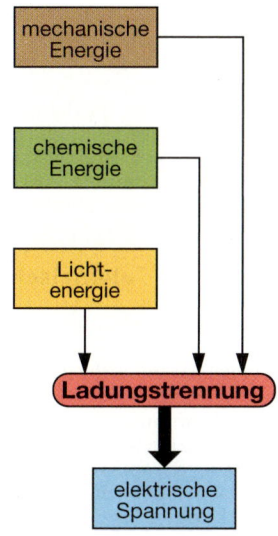

Spannungen mit Richtungswechseln
Stellt man dagegen die von den Elektrizitätswerken bis an unsere Steckdosen gelieferte Spannung auf dem Schirm dar, dann sind ständig wechselnde positive und negative Anteile in Form von Schwingungen zu sehen (Bild 4). Spannungen dieser Art werden deshalb als **Wechselspannungen** bezeichnet.

Eine Kennzeichnung der Quelle mit Plus und Minus ist deshalb nicht sinnvoll. Sinnvoller ist es dagegen, die Anzahl der Schwingungen in einer Sekunde anzugeben. Sie beträgt 50 (50 Hertz), d. h. innerhalb einer Sekunde durchläuft die Spannung 50 vollständige Schwingungen (50 Hz).

Spannungserzeugung
Die Spannungserzeugung für unsere Haushalte und die Industrie erfolgt in **Generatoren**. Leiterschleifen (Spulen) werden in einem Magnetfeld gedreht (Bild 6). Hierbei wird Trennungsarbeit an den Ladungen verrichtet. Ähnlich arbeitet auch der Dynamo. Bei ihm dreht sich ein Dauermagnet in einer Spule.

Eine elektrische Spannung lässt sich aber noch einfacher erzeugen. Wenn man z. B. ein Stahlmesser und eine Silbergabel in eine Zitrone steckt (Bild 5), ohne dass sie sich berühren, ist eine kleine Spannung messbar. Diese **elektrochemische Spannungsquelle** besteht aus zwei unterschiedlichen Stoffen, die durch eine elektrisch leitende Flüssigkeit (Elektrolyt) getrennt sind.

Die Lichtenergie der Sonne lässt sich auch direkt in **Solarzellen** zur Spannungserzeugung verwenden (Bild 7). Für höhere Spannungen müssen Quellen in Reihe geschaltet werden.

Zur Zündung von Feuerzeugen oder Heizungen lassen sich Kristalle verwenden **(Piezoelektrizität)**. Durch den Druck auf einen Kristall entsteht eine hohe Spannung, die zu einem Überschlagsfunken führt.

Aufgaben
1. Wie entsteht grundsätzlich eine elektrische Spannung?
2. Die Ladung und die an ihr verrichtete Arbeit bei der Ladungstrennung stehen in einem Zusammenhang. Erklären Sie diesen!
3. Nennen Sie zwei mögliche Einheiten für die elektrische Spannung!
4. Was geschieht mit den Ladungen bei einem Ladungsausgleich?
5. Drei Spannungsquellen mit 1,5 V werden hintereinander geschaltet. Zeichnen Sie das Schaltbild und geben Sie die Polarität der Quellen durch Plus- und Minuszeichen an!

6 Blick in einen Generator

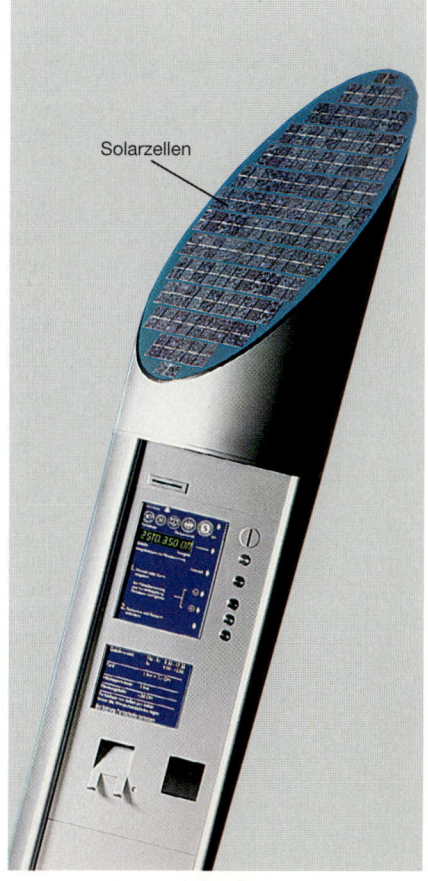

7 Solarzellen versorgen Parkscheinautomat

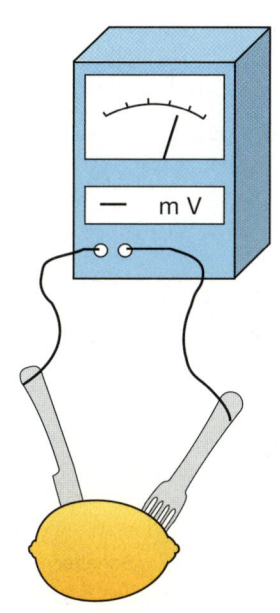

5 „Zitronenelement"

Elektrizitätslehre

1 Menschenstrom

Elektrische Stromstärke

Was ist Strom?
Der Begriff „Strom" wird in der Umgangssprache für verschiedene Vorgänge benutzt. Man spricht von einem Fahrzeugstrom auf der Autobahn, von einem Menschenstrom in der Fußgängerzone usw. Was meint man in allen diesen Fällen?

Den aufgeführten Beispielen ist gemeinsam, dass die Bewegung immer in eine bestimmte Richtung erfolgt. Man spricht dagegen nicht von einem Strom, wenn sich Schüler auf dem Schulhof in beliebige Richtungen bewegen.

> **Ein Strom ist eine Bewegung von Körpern, Flüssigkeiten, Teilchen usw. in eine bestimmte Richtung.**

Was ist Stromstärke?
Ströme können unterschiedlich groß sein. Diese Erfahrung kann man z. B. machen, wenn man den Menschenstrom in ein Stadion vor und nach Beendigung eines Fußballspiels beobachtet. Vor dem Anpfiff werden die Zuschauer, über einen größeren Zeitraum verteilt, allmählich eintreffen und sich durch die Eingänge zu ihren Plätzen begeben. Nach dem Abpfiff wird sich das Stadion in kürzerer Zeit durch die Ausgänge geleert haben. Die Stärke des Stromes ist also nach dem Ende des Spiels größer als vorher, weil sich in einer kürzeren Zeit die Menschen durch die Ausgänge bewegt haben.

> **Für die Stärke eines Stromes ist die Anzahl der in eine Richtung bewegten Massen, Teilchen usw. wichtig und die Zeit, in der dieser Vorgang abläuft.**

Im Gegensatz zu einem sich spontan ergebenden und sich auch rasch ändernden Menschenstrom in einer Fußgängerzone ist der elektrische Strom immer an einen bestimmten Weg gebunden, an den Stromkreis. Außerdem ist für den elektrischen Strom immer ein bestimmter Antrieb erforderlich, der durch die elektrische Spannungsquelle erzeugt wird.

Ein Modell des elektrischen Stromkreises
Der elektrische Stromkreis lässt sich in begrenztem Umfang mit einem Wasserkreislauf vergleichen (Bild 2).

☐ 1: Stellen Sie Gemeinsamkeiten zwischen dem Wasserkreislauf-Modell und dem elektrischen Stromkreis heraus (Bild 2 u. 3)! Überlegen Sie, ob auch elektrische Wirkungen mit dem Wasserkreislauf-Modell erklärt werden können!

Beide Kreisläufe besitzen Antriebsquellen (Motor, Spannungsquelle). Diese sorgen dafür, dass Wasser bzw. Ladungen in einem ständigen Kreislauf transportiert werden. Mit dem Schalter bzw. Absperrhahn kann der jeweilige Stromfluss unterbrochen werden.

Das Wasserkreislauf-Modell veranschaulicht daher gut den Ladungstransport in einem elektrischen Stromkreis. Mit ihm können dagegen nicht die verschiedenen Wirkungen des elektrischen Stromes (magnetische und chemische Wirkung, Lichtwirkung) erklärt werden.

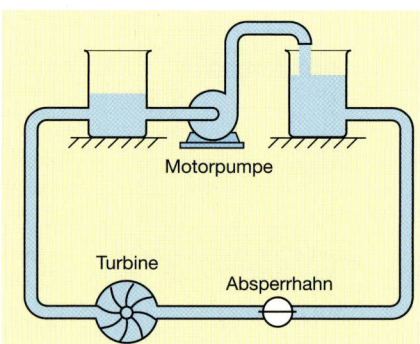

2 Wasserkreislauf-Modell

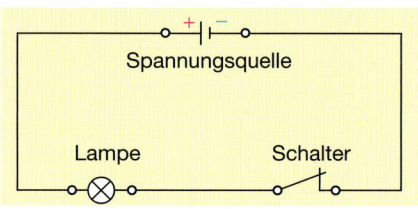

3 Elektrischer Stromkreis

Elektrische Spannung und Stromstärke

André Marie Ampère (französischer Physiker, 1775–1836)

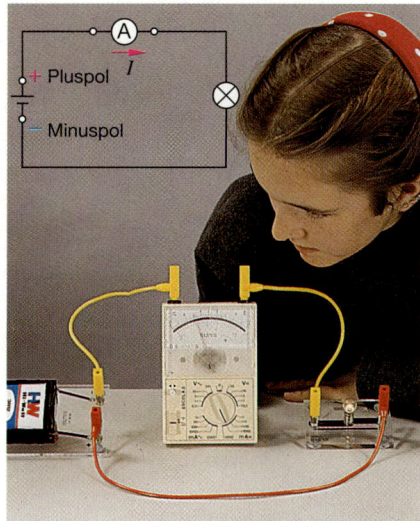

6 Messung der elektrischen Stromstärke

Bisher haben wir den elektrischen Strom als bewegte Ladung in elektrischen Leitern aufgefasst. Was bewegt sich aber tatsächlich im Leiter?

Zur Klärung der Frage betrachten wir den modellhaften Aufbau eines metallischen Leiters im Bild 4. Bei diesem festen Körper befinden sich die Atome an bestimmten Stellen des Raumes (Kristallgitter). Da bei Metallatomen die äußeren Elektronen nicht besonders fest an den Kern gebunden sind, können sie sich im Kristallgitter frei bewegen. Diese Bewegung ist ungeordnet. Erst wenn wie in Bild 5 eine Spannung angelegt wird, findet eine gerichtete Bewegung statt. Es fließt Strom.

> **Den elektrischen Strom in metallischen Leitern stellen wir uns als eine gerichtete Elektronenbewegung vor.**

Elektrische Stromstärke

Ein elektrischer Strom kann unterschiedlich stark sein. Erkennbar ist dieses an seinen Wirkungen:

▽ 2: Schließen Sie einen Konstantandraht von etwa 30 cm Länge an eine 12 V Spannungsquelle an! Erhöhen Sie langsam die Spannung von 0 V an und beobachten Sie den Draht!

Der Draht wird zunächst warm, biegt sich etwas durch, fängt an zu glühen und schmilzt schließlich. Zum Durchschmelzen des Drahtes ist offensichtlich eine größere Stromstärke erforderlich als für die Erwärmung.

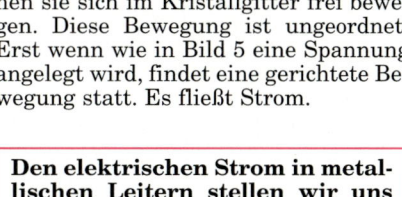

4 Kristallgitter-Modell eines Metalls mit freien Elektronen

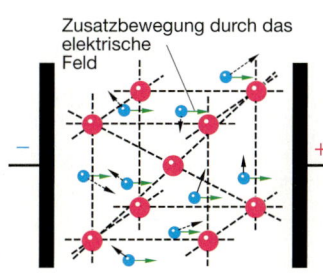

5 Modell der gerichteten Elektronenbewegung im Kristallgitter

□ 3: Übertragen Sie die allgemeinen Vorstellungen über die Stromstärke auf die elektrische Stromstärke! Welche Gemeinsamkeiten gibt es?

Die **elektrische Stromstärke** hängt von der bewegten Ladung Q (Elektronen) und der Zeit t ab, in der sich diese Ladungen durch den Leiterquerschnitt hindurchbewegen. Die elektrische Stromstärke wird umso größer, je geringer die Zeit ist, in der sich die Elektronen durch den Leiterquerschnitt bewegen.

> **Die elektrische Stromstärke gibt an, wie groß die bewegte Ladung innerhalb einer bestimmten Zeit ist.**

Es ergibt sich:

> $$\text{Stromstärke} = \frac{\text{Ladung}}{\text{Zeit}}, \quad I = \frac{Q}{t}$$

Die elektrische Stromstärke wird in **Ampere** gemessen. Da wir bereits die Einheit für die Ladung mit Coulomb bezeichnet haben, ergibt sich:

$$1\,\text{A} = 1\,\frac{\text{C}}{\text{s}}$$

□ 4: Durch einen elektrischen Leiter fließen 2 Sekunden lang 0,5 Coulomb. Wie groß ist die Stromstärke?

$$I = \frac{Q}{t}, \qquad I = \frac{0{,}5\,\text{As}}{2\,\text{s}}, \qquad I = 0{,}25\,\text{A}.$$

Messung der Stromstärke

▽ 5: Messen Sie die Stromstärke im Stromkreis einer Lampe! Dazu unterbrechen Sie den Stromkreis und schalten Sie in diese Unterbrechung das Strommessgerät ein (Bild 6)! Auch die Anschlüsse des Messgerätes sind mit einem Plus- und einem Minuszeichen versehen. Deshalb ist der Pluspol des Messgerätes mit dem Pluspol der Spannungsquelle zu verbinden.

> **Stromstärkenmessgeräte werden direkt in den Stromweg geschaltet.**

□ 6: An welche Stelle des Stromkreises soll aber das Messgerät eingefügt werden?

Zur Lösung des Problems dient der Versuchsaufbau von Bild 1, S. 160. Er zeigt uns, dass die Stromstärke überall gleich ist. Die Anzahl der vom Minuspol abfließenden Elektronen ist gleich der An-

Elektrizitätslehre

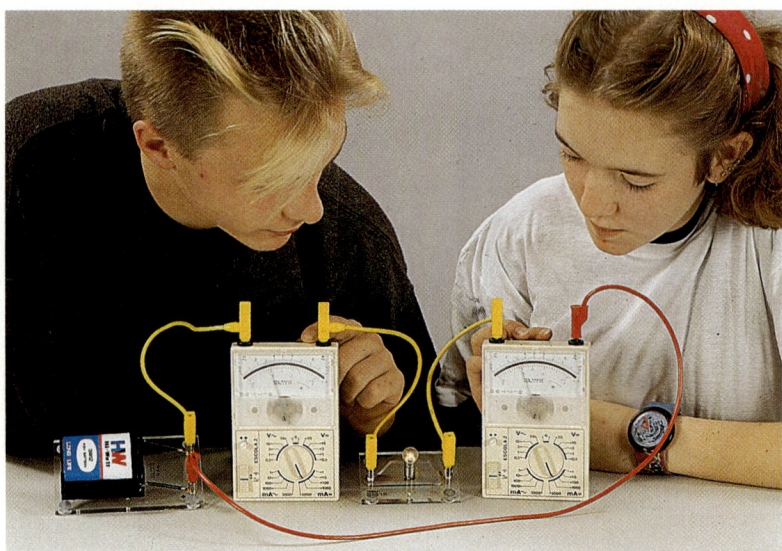

1 Messung der elektrischen Stromstärke an verschiedenen Stellen des Stromkreises

zahl der dem Pluspol zufließenden Elektronen.

Zu diesem Ergebnis gelangen wir auch, wenn wir den elektrischen Stromkreis mit dem Wasserstromkreis-Modell von S. 158 vergleichen. In beiden Stromkreisen geht nichts „verloren". Das Wasser bzw. die Elektronen (Bild 1) werden in einem geschlossenen Kreislauf bewegt.

> **In einem Stromkreis ist die Stromstärke überall gleich. Deshalb kann zur Messung der Stromstärke ein Messgerät an beliebiger Stelle eingefügt werden.**

Stromrichtung

Die Richtung des elektrischen Stromes wurde zu einer Zeit festgelegt, als man noch keine genauen Kenntnisse über die Elektronenbewegung besaß. Sie wurde außerhalb der Quelle vom Plus- zum Minuspol festgelegt. Diese Richtung wird auch heute noch benutzt, obwohl sich die Elektronen vom Elektronenüberschuss (Minuspol) zum Elektronenmangel (Pluspol) bewegen.

> **Festgelegte Stromrichtung:**
> **Vom Pluspol zum Minuspol (außerhalb der Quelle, technische Stromrichtung).**
> **Elektronenstromrichtung:**
> **Vom Minuspol zum Pluspol (außerhalb der Quelle).**

Beispiele für elektrische Stromstärken

Antenne	0,001 mA
Fahrraddynamo	0,1 A
Glühlampe (100 W)	0,45 A
Elektroherd	10 A
Blitz	1 000 000 A

Gleich- und Wechselstrom

Beim Gleichstrom ändert sich die Polarität der Quelle nicht. Der Strom fließt immer in die gleiche Richtung. Elektrochemische Spannungsquellen liefern Gleichströme.

Die im Haushalt verwendete Spannung von 230 V ist eine Wechselspannung. Der Generator im Elektrizitätswerk ändert ständig seine Polarität, so dass der Strom ebenfalls ständig seine Richtung ändert. Die Elektronen bewegen sich im Leiter hin und her.

Was kann man sich unter der Stromstärke von 1 Ampere vorstellen?

Stellen Sie sich vor, man könnte wie in Bild 2 in den elektrischen Leiter „hineinsehen". Es bewegen sich Elektronen mit der sehr kleinen Ladung von $1{,}6 \cdot 10^{-19}$ Amperesekunden (As) vorbei.

Dieses ist eine unvorstellbar kleine Zahl. Damit ein Strom von 1 Ampere fließen kann, müssen sich viele Elektronen durch den Leiter bewegen. Es sind dies in einer Sekunde etwa 6 250 000 000 000 000 000 Elektronen!

Aufgaben

1. Was versteht man unter der elektrischen Stromstärke?
2. In welcher Einheit wird die elektrische Stromstärke gemessen?
3. Was ist der Unterschied zwischen einem Strom und der Stromstärke?
4. Die Stromstärke soll in einem Stromkreis gemessen werden. Wie muss das Strommessgerät im Vergleich zu einem Spannungsmessgerät in die Schaltung eingefügt werden?
5. Beschreiben Sie an einem Modell den Stromfluss in einem metallischen Leiter!
6. In welche Richtung bewegen sich die Elektronen außerhalb der Spannungsquelle in einem metallischen Leiter?
7. Erklären Sie den Unterschied zwischen der festgelegten Stromrichtung und der Elektronenstromrichtung!
8. Worin unterscheiden sich Gleich- und Wechselstrom?

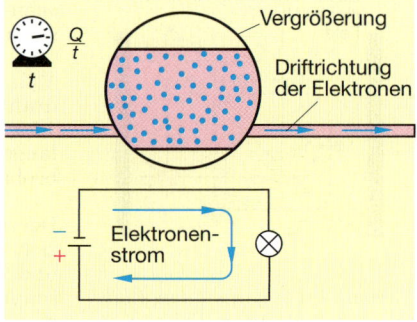

2 Elektrische Stromstärke

Elektrische Spannung und Stromstärke

3 *Verschiedene Glühlampen*

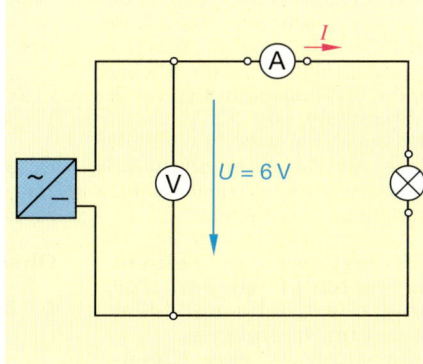

4 *Stromkreis mit einer Lampe*

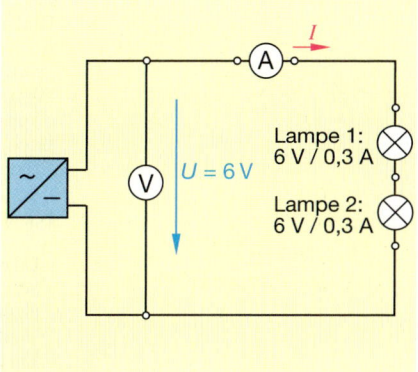

5 *Stromkreis mit zwei Lampen*

Elektrischer Widerstand

Bisher haben wir zwei wichtige elektrische Größen getrennt behandelt, die elektrische Spannung U und die elektrische Stromstärke I. Die Spannung ist dabei eine Eigenschaft der Quelle. Sie ist auch dann vorhanden und an den Anschlüssen messbar, wenn der Stromkreis noch nicht geschlossen ist. Der Strom einer bestimmten Stärke (Stromstärke) dagegen fließt nur dann, wenn mit elektrischen Leitern, Geräten usw. der Stromkreis geschlossen wird. Unklar ist noch, wie diese beiden Größen zusammenhängen.

Zusammenhang zwischen Spannung und Stromstärke

V 1: Schließen Sie eine 6-V-Glühlampe an eine Spannungsquelle an, deren Ausgangsspannung einstellbar ist (Netzteil, Bild 4)! Messen Sie die Spannung und die Stromstärke im Stromkreis, wenn nacheinander Lampen mit der Kennzeichnung 6 V/0,3 A und 6V/0,1 A (Nenndaten) eingeschraubt werden! Beschreiben Sie die Beobachtungen!

Die Lampe mit der Kennzeichnung 6 V/0,3 A leuchtet heller, denn sie verursacht einen dreimal so großen Strom wie die Lampe 2 mit der Kennzeichnung 6 V/0,1 A. Die Lampen verursachen also gemäß ihrer Kennzeichnung unterschiedlich große Ströme und damit auch unterschiedliche Lichtwirkungen. Sie wirken in den Stromkreis wie unterschiedlich große „Hindernisse".

- Lampe 1 ist im Vergleich zu Lampe 2 ein geringeres Hindernis (0,3 A),
- Lampe 2 ist im Vergleich zu Lampe 1 ein größeres Hindernis (0,1 A).

Diese strombehindernde Eigenschaft ist ein wichtiges Merkmal elektrischer Leiter. Sie wird durch die physikalische Größe **Widerstand** ausgedrückt.

Elektrische Leiter im Stromkreis können aber nicht nur als Hindernisse aufgefasst werden. So ruft z. B. die Lampe 2 bei gleicher Spannung einen größeren Strom als die Lampe 1 hervor. Die Lampe 2 leitet also besser. Diese Aussage ist dem Sinn nach das Gegenteil von Hindernis (Widerstand). Es lässt sich auch hierfür eine Größe definieren. Sie wird als elektrische Leitfähigkeit (**Leitwert**) bezeichnet.
Überträgt man diese neuen Begriffe auf die Lampen, dann ergibt sich:

- Der Widerstand der Lampe 1 (0,3 A) ist kleiner als der Widerstand der Lampe 2 (0,1 A) oder anders ausgedrückt:
- Der Leitwert von Lampe 1 ist größer als der Leitwert von Lampe 2.

> **Widerstand und Leitwert stehen in einem umgekehrten Verhältnis (umgekehrt proportional).**

Wir wollen jetzt die strombehindernde Eigenschaft von Leitern in einer veränderten Schaltung untersuchen.

Reihenschaltung von Hindernissen

V 2: Ändern Sie die Schaltung in Bild 4 so, dass zwei Lampenfassungen in Reihe liegen! Lassen Sie die Spannung unverändert auf 6 V eingestellt und schrauben Sie zwei Lampen mit den Kennzeichnungen 6 V / 0,3 A in die Fassungen (Bild 5)!
Was ist zu beobachten??

Beide Lampen leuchten mit geringerer Helligkeit und das Strommessgerät zeigt einen geringeren Wert an. Die Behinderung im Stromkreis (Widerstand) ist also größer geworden. Jede Lampe hat mit ihrem Widerstand zu der verringerten Stromstärke beigetragen.

☐ 3: Was muss geändert werden, damit die Lampen wieder gleich hell leuchten?

Da die Widerstandseigenschaft der Lampen immer vorhanden ist, kann nur durch eine Erhöhung der Quellenspannung ein größerer Strom fließen. Wenn wir die Quellenspannung auf die doppelte Spannung von 12 V vergrößern, fließt wieder ein Strom mit der Stromstärke von 0,3 A im Stromkreis und jede Lampe leuchtet wieder mit ihrer ursprünglichen Helligkeit.

> **Die Stromstärke in einem Stromkreis hängt ab von der Spannung der Quelle und dem Widerstand im Stromkreis.**
> **Der Widerstand ist eine Eigenschaft des Leiters.**

Glühlampen sind für die bisherigen Untersuchungen brauchbare Bauelemente gewesen. Da sie sich jedoch aufgrund des Stromflusses erwärmen, müsste bei einer genaueren Untersuchung auch die Temperatur berücksichtigt werden. Wir verwenden deshalb für die Untersuchung des Zusammenhangs zwischen Spannung und Stromstärke einen Metalldraht (Konstantandraht), der sich durch den Stromfluss nicht nennenswert erwärmt.

Stromstärke und Spannung bei einem metallischen Leiter

V 1: Legen Sie an einen Konstantandraht (Bild 1, Legierung aus 54 % Cu, 45 % Ni, 1 % Mn) eine Spannungsquelle mit veränderbarer Spannung! Sie ist in Stufen zu verändern und die Stromstärke ist zu messen. Übertragen Sie die Messwerte in eine Tabelle und zeichnen Sie mit diesen Werten ein Diagramm!

Aus dem Diagramm in Bild 3 wird deutlich, dass Stromstärke und Spannung proportional sind. Die Stromstärke steigt im gleichen Verhältnis wie die Spannung.

Eine Spannungsverdopplung bringt eine Verdopplung der Stromstärke mit sich usw.

□ 2: Bilden Sie für jede Messung das Verhältnis U/I! Was erkennt man?

Ergebnis:
Das Verhältnis U/I ist im Rahmen der Messgenauigkeit eine Konstante.

Ohmsches Gesetz:

$$I \sim U \qquad \frac{U}{I} = \text{konstant}$$

> **Der Quotient aus Spannung und Stromstärke wird als elektrischer Widerstand bezeichnet. Er wird in Ohm (Ω) gemessen: 1 Ω = 1 V/1 A**

Für die Messwerte ergibt sich ein mittlerer Wert von 25,3 Ω.

$$\text{Widerstand} = \frac{\text{Spannung}}{\text{Stromstärke}}, \quad R = \frac{U}{I}$$

Georg Simon Ohm (deutscher Physiker, 1787–1854)

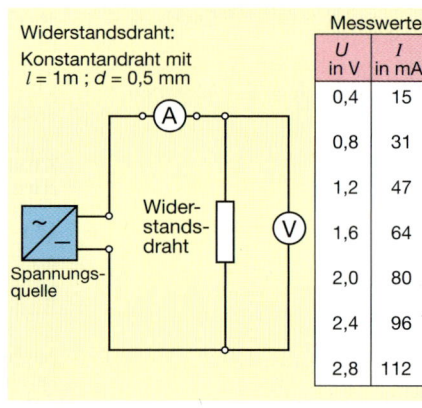

Widerstandsdraht: Konstantandraht mit $l = 1\,m$; $d = 0{,}5\,mm$	Messwerte	
	U in V	I in mA
	0,4	15
	0,8	31
	1,2	47
	1,6	64
	2,0	80
	2,4	96
	2,8	112

2 Schaltbild für den Versuchsaufbau zum ohmschen Gesetz

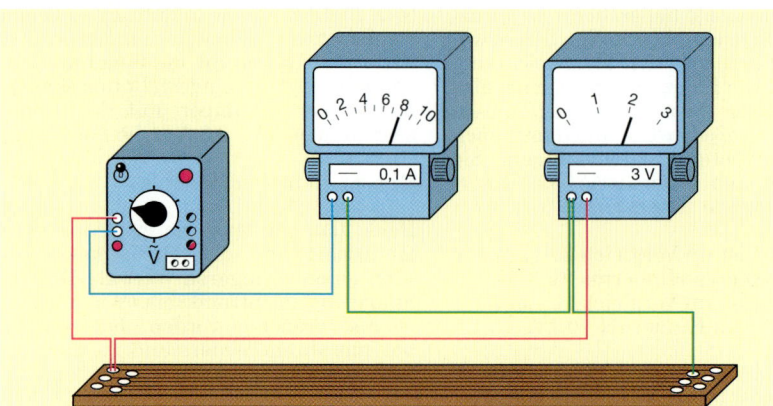

1 Versuchsaufbau und Messwerte zum ohmschen Gesetz

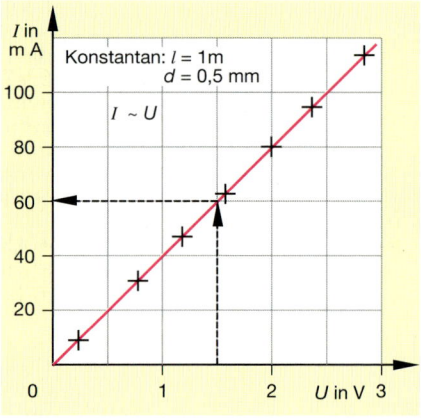

3 Diagramm zum ohmschen Gesetz

Elektrische Spannung und Stromstärke

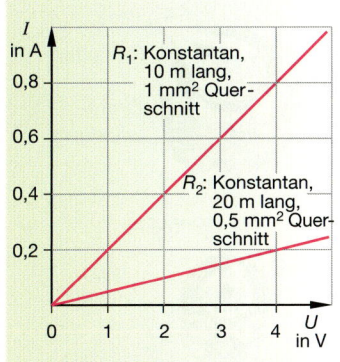

4 Widerstandskennlinien, Konstantandraht

Widerstandskennlinien
Diagramme sind für Physik und Technik wichtige Darstellungsformen. Mit ihrer Hilfe können u.a. das Verhalten bei Änderung der Größen oder Werte abgelesen werden, die nicht gemessen wurden.

☐ 3: Ermitteln Sie aus dem Bild 3 die Stromstärke durch den Draht bei 1,5 V!

Das Ergebnis findet man in Bild 3, wenn man von der Spannungsachse bei 1,5 V senkrecht bis zum Schnittpunkt mit der Geraden wandert. Auf der Achse für die Stromstärke kann jetzt ein Wert von $I = 60$ mA ablesen werden.

☐ 4: Berechnen Sie den Widerstand eines Konstantandrahtes, der bei einer Spannung von $U = 3$ V eine Stromstärke von 60 mA verursacht!

$$R = \frac{U}{I} \quad R = \frac{3\,V}{60\,mA} \quad R = \frac{3\,V}{0{,}06\,A} \quad R = 50\,\Omega$$

In ein Diagramm können wie in Bild 4 auch mehrere Kennlinien eingezeichnet werden.

☐ 5: Untersuchen Sie die zwei Widerstandskennlinien in Bild 4! Welcher Draht hat den größeren und welcher den kleineren Widerstand?

Das Problem kann gelöst werden, wenn angenommen wird, dass beide Drähte an einer gleich großen Spannung liegen, z. B. $U = 3$ V. Durch den mit R_1 bezeichneten Draht fließt ein größerer Strom (0,6 A) und durch R_2 ein kleinerer (0,15 A). Deshalb stellt R_2 ein größeres Hindernis als R_1 dar. Sein Widerstand ist also größer.

Wir haben bei dieser Betrachtung die Formeln wie folgt umgestellt:

> **Stromstärke = $\dfrac{\text{Spannung}}{\text{Widerstand}}$** $\quad I = \dfrac{U}{R}$

Salzwasser als Widerstand
Bisher haben wir das Widerstandsverhalten von metallischen Leitern kennen gelernt (Glühlampe, Konstantandraht). Besitzen auch Flüssigkeiten oder andere Stoffe ähnliche Eigenschaften?

▽ 6: Ein Becherglas wird wie in Bild 6a mit Salzwasser gefüllt. Die beiden Elektroden berühren sich nicht und tauchen in die Flüssigkeit ein. Die Spannungsquelle, die Salzwasser-Strecke zwischen

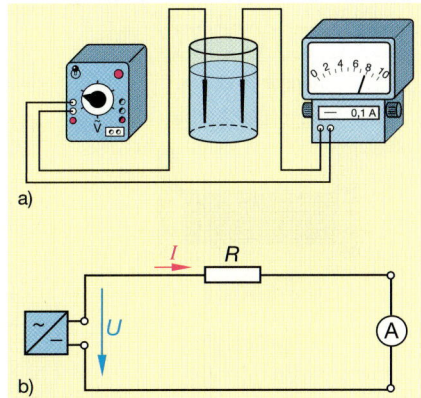

6 Salzwasser als Widerstand

den Elektroden und das Strommessgerät bilden einen Stromkreis. Die Spannung ist auf 6 V eingestellt.

Wie bereits erwartet, fließt ein elektrischer Strom durch die Flüssigkeit. Da die Stromstärke von der jeweiligen Salzkonzentration abhängt, wird auch die Behinderung für den Stromfluss (sein Widerstand) unterschiedlich ausfallen. Dieser Widerstand lässt sich mit $R = U/I$ berechnen (Bild 6).

Verallgemeinert man und bezieht auch Geräte (Bild 5) mit ein, in die ein elektrischer Strom hineinfließt, dann ergibt

> **Aus Stromstärke und zugehöriger Spannung kann für jedes beliebige Gerät ein Widerstand berechnet werden.**

sich:
Verwendet wird dieses Verfahren z. B. zur Bestimmung des Erdungswiderstandes von Blitzableitern, Antennen oder der Feuchtigkeit von Mauerwerk.

Aufgaben
1. An einem gleich bleibenden Konstantandraht wird die Spannung verdreifacht. Wie verändert sich die Stromstärke?
2. Erklären Sie den Unterschied zwischen Leitwert und Widerstand!
3. In einer Schaltung wird ein elektrischer Widerstand durch einen kleineren ersetzt. Wie verändert sich die Stromstärke, wenn die Spannung konstant bleibt?
4. Bei einer Spannung von 12 V fließt durch eine Lampe ein Strom von 0,3 A. Wie groß ist der Widerstand der Lampe?
5. Ein Heizgerät mit einem Widerstand von 50 Ω wird an eine Spannung von 6 V gelegt. Wie groß ist die Stromstärke?
6. Durch den Kupferleiter eines Motors mit 4,3 Ω fließt ein Strom von 2,5 A. Wie groß ist die Spannung?
7. Berechnen Sie die Widerstände R_1 und R_2 von Bild 4 bei 2 V, 4 V und 5 V!

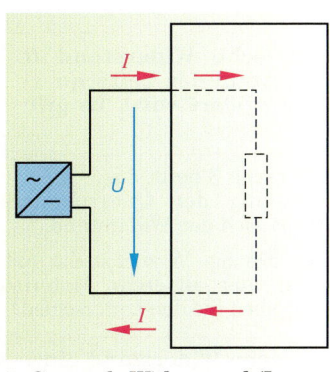

5 Gerät als Widerstand (Innenwiderstand)

Elektrizitätslehre

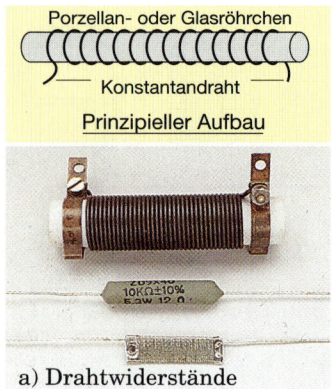

a) Drahtwiderstände

1 Festwiderstände

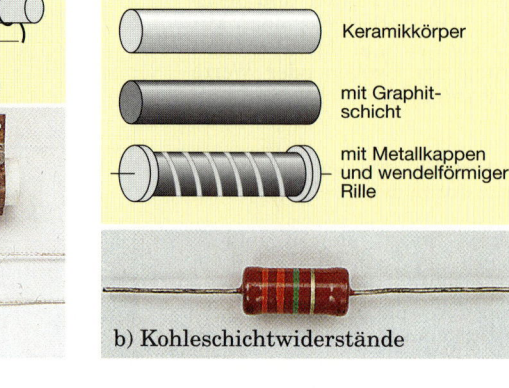

b) Kohleschichtwiderstände

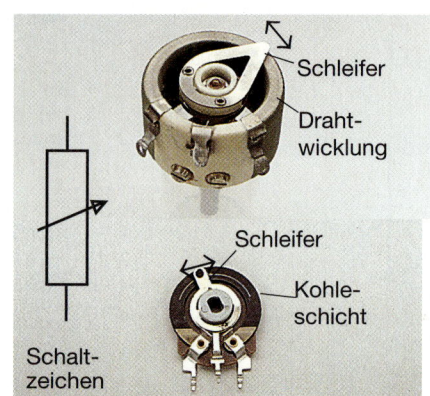

2 Einstellwiderstände

Spezifischer Widerstand

Bild 1 zeigt eine Auswahl aus dem großen Angebot an Draht- und Kohleschichtwiderständen.

Drahtwiderstände enthalten einen Metalldraht, der schraubenförmig auf einem meistens zylinderförmigen Isolator aus Keramik aufgewickelt ist. Auch die auf einem Keramikkörper aufgedampfte Kohleschicht der **Schichtwiderstände** weist eine Wendelform auf. Zum Schutz wird das ganze Bauelement mit einer Lackschicht überzogen, mit Ausnahme der Anschlussdrähte.

Unabhängig von der Bauform kann eine Einteilung in **Festwiderstände** und **veränderbare Widerstände** (**Potentiometer**) vorgenommen werden. Bei letzteren lässt sich der wirksame elektrische Widerstand auch nach dem Einbau in eine Schaltung noch verändern (Bild 2), um so die bestmögliche Funktionsweise zu erhalten.

Untersuchung von Drahtwiderständen

Für den elektrischen Widerstand gilt nach dem ohmschen Gesetz: $R = U/I$. Wovon hängt aber der Wert eines Drahtwiderstandes ab bzw. wie kann man einen Drahtwiderstand mit bestimmtem Wert herstellen?

V 1: Bauen Sie eine Versuchsschaltung nach Bild 3 auf! Spannen Sie einen 50 cm langen Draht aus dem Material Konstantan mit dem Durchmesser von 0,3 mm ein und legen Sie eine Spannung von 2 V an! Messen Sie die Stromstärke! Wiederholen Sie den Versuch mit einem doppelt so langen Konstantandraht und vergleichen Sie die Messwerte!

Führt man Versuch 1 mit anderen Drahtlängen und anderen Spannungen durch, bekommt man immer wieder bestätigt: Je länger der Draht ist, desto kleiner wird die Stromstärke.

☐ 2: Berechnen Sie nach dem ohmschen Gesetz die Widerstände der beiden Drähte und vergleichen Sie diese!

Man erhält:
Bei $l = 0,50$ m wird $R \approx 3,5\ \Omega$
Bei $l = 1,00$ m wird $R \approx 7\ \Omega$

> **Der elektrische Widerstand nimmt mit der Länge des Leiters zu. Es gilt: $R \sim l$.**

V 3: Spannen Sie nun zwei 0,5 m lange Drähte parallel zueinander in die Vorrichtung ein und messen Sie die gesamte Stromstärke! Vergleichen Sie das Ergebnis mit der Stromstärke bei einem Draht!

Da durch die Parallelschaltung der Leiterquerschnitt A verdoppelt wurde, lässt sich folgern:
Je größer der Leiterquerschnitt, umso größer die elektrische Stromstärke.

☐ 4: Berechnen Sie aus den Messwerten den Gesamtwiderstand bei zwei parallel geschalteten Drähten und vergleichen Sie ihn mit dem Wert bei einem Draht!

> **Der elektrische Widerstand R nimmt ab, wenn der Leiterquerschnitt vergrößert wird. Es gilt: $R \sim 1/A$.**

Bezüglich Versuch 3 heißt das:
Bei Verdopplung der Querschnittsfläche halbiert sich der Widerstand.

V 5: Führen Sie die Versuchsreihe mit Drahtstücken aus anderem Material durch! Beschreiben Sie den Unterschied!

> **Der elektrische Widerstand eines Drahtes hängt vom Material ab.**

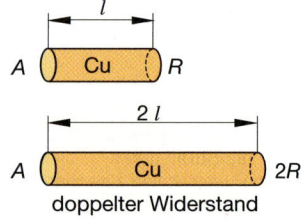

doppelter Widerstand

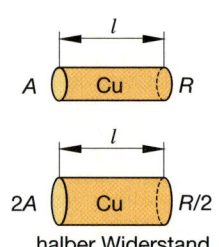

halber Widerstand

Elektrische Spannung und Stromstärke

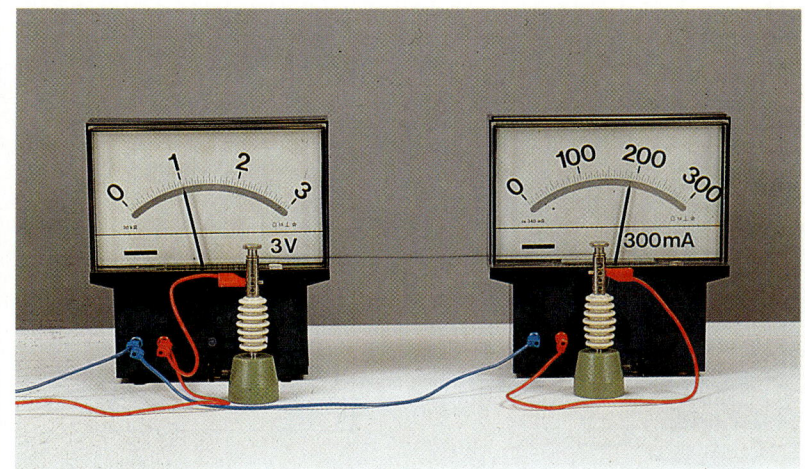

3 Versuchsaufbau zur Widerstandsbestimmung von Metalldrähten

Beispiele für spezifische Widerstände

Material	ϱ in $\frac{\Omega \, mm^2}{m}$
Silber	0,016
Kupfer	0,017
Eisen	0,1
Konstantan	0,50
Kohle	67
Porzellan	10^9
Glimmer	10^{14}
PVC	10^{15}

Widerstandsreihe E 6

in Ω			in kΩ	
1	10	100	1,0	10
1,5	15	150	1,5	15
2,2	22	220	2,2	22
3,3	33	330	3,3	33
4,7	47	470	4,7	47
6,8	68	680	6,8	68

1 kΩ = 1 Kiloohm = 1000 Ω

Den Einfluss des Materials auf den elektrischen Widerstand erfasst man mit dem **spezifischen Widerstand**, Formelzeichen ϱ (griechischer Buchstabe, sprich „RHO") .

Beispiel: Für Silber, dem besten elektrischen Leitermaterial, entnehmen wir der Tabelle: 0,016 $\Omega \cdot mm^2/m$. Das bedeutet: Ein 1 m langer Silberdraht mit der Querschnittsfläche 1 mm^2 hat den Widerstand 0,016 Ω.

☐ 6: Entnehmen Sie aus der Tabelle die Werte der im Versuch benutzten Drähte! Erklären Sie ihre Bedeutung wie in obigem Beispiel!

Fasst man die Einflussgrößen ϱ, l und A in einer Formel zusammen, erhält man für den Widerstand eines Drahtes:

$$R = \frac{\varrho \cdot l}{A} \qquad \begin{array}{l} \varrho: \text{spezifischer Widerstand} \\ l: \text{Leiterlänge} \\ A: \text{Querschnittsfläche} \end{array}$$

Beispiel: Wir wenden diese Formel auf einen Silberdraht der Länge 1 m und der Querschnittsfläche 1 mm^2 an:

$$R = \frac{0,016 \, \Omega \cdot mm^2 \cdot 1 \, m}{m \cdot 1 \, mm^2} = 0,016 \, \Omega$$

Diesen Wert haben wir erwartet; er stimmt mit dem Tabellenwert überein.

 7: Messen Sie mit Hilfe der Versuchsschaltung aus Bild 3 für einen Draht, dessen Länge, Querschnittsfläche und Material bekannt sind, die Spannung U und die Stromstärke I! Berechnen Sie den Widerstand mit der Formel $R = U/I$, danach mit $R = \varrho \cdot l/A$! Vergleichen Sie! Erklären Sie den Unterschied!

Normung von Widerständen

Es wäre unwirtschaftlich, alle denkbaren Widerstände auf dem Markt anzubieten. Deshalb hat man sich international auf bestimmte Staffelungen **(Normreihen)** festgelegt.

Beispiel: Die Normzahlreihe E 6 weist von 1 bis 10 folgende sechs Werte in Ohm auf: 1,0/1,5/2,2/3,3/4,7/6,8. Diese Staffelung wiederholt sich (siehe linke Spalte). Die **Fertigungsabweichungen (Toleranzen)** betragen bei der E-6-Reihe ±20 %. Das bedeutet, dass z. B. ein mit 10 Ω ausgewiesener Widerstand in Wirklichkeit einen Wert zwischen 8 Ω und 12 Ω besitzen kann.

Benötigt man beispielsweise einen Widerstand von 9 Ω, kann man mit Hilfe eines Widerstandsmessgerätes eine Reihe vorhandener 10-Ω-Widerstände der Normreihe E 6 durchmessen, bis ein passender gefunden wird.

Der Widerstandswert ist bei Drahtwiderständen meistens direkt aufgedruckt. Bei Kohleschichtwiderständen benutzt man einen Farbcode in Form von Ringen. Bild 4 erklärt die Bedeutung der vier Farbringe allgemein und am Beispiel eines 27-Ω-Widerstandes mit der Toleranz ±10 %.

Aufgaben

1. Stellen Sie einen Drahtwiderstand mit dem Wert 1 Ω her! Überprüfen Sie diesen durch Messung!
   Annahme: Es sei ein Eisendraht mit der Querschnittsfläche 0,3 mm^2 vorhanden. Berechnen Sie die benötigte Länge!
2. Welche Farbringe trägt ein Kohleschichtwiderstand mit dem Wert 68 Ω und einer Toleranz von ± 1 %?

$R = (27 \cdot 10°) \, \Omega \pm 10\%$
$R = 27 \, \Omega \quad \pm \, 2,7 \, \Omega$

Kennfarbe	Widerstandswert in Ω			Toleranz
	1. Kennziffer	2. Kennziffer	3. Kennziffer	
keine	—	—		± 20%
silber	—	—	10^{-2}	± 10%
gold	—	—	10^{-1}	± 5%
schwarz	—	0	$10^0=1$	—
braun	1	1	10^1	± 1%
rot	2	2	10^2	± 2%
orange	3	3	10^3	—
gelb	4	4	10^4	—
grün	5	5	10^5	± 0,5%
blau	6	6	10^6	—
violett	7	7	10^7	—
grau	8	8	10^8	—
weiß	9	9	10^9	—

4 Farbcode für Widerstände

Elektrizitätslehre

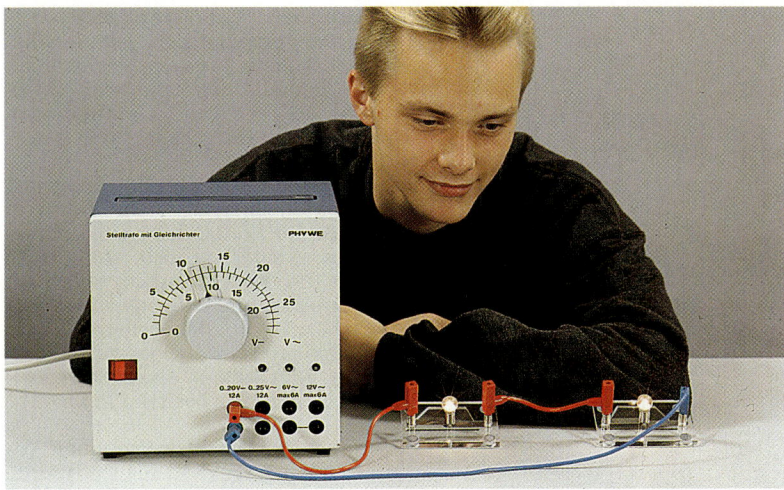

1 Versuchsaufbau zur Reihenschaltung von Glühlampen

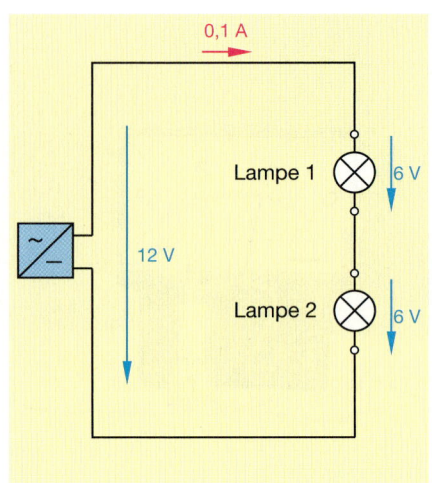

3 Schaltbild zur Reihenschaltung von Glühlampen

Reihenschaltung von Widerständen

In der Anlage für eine Modelleisenbahn von Thomas ist eine Glühlampe mit der Beschriftung 12 V/0,1 A ausgefallen. Thomas besitzt vom Aussehen gleichartige Lampen aus einer anderen Anlage, jedoch mit den Nenndaten 6 V/0,1 A.

☐ 1: Was würde passieren, wenn Thomas die Glühlampe mit den Nenndaten 6 V/0,1 A in die Fassung für eine Lampe mit den Nenndaten 12 V/0,1 A hineinschraubt und die Spannung einschaltet?

Die Lebensdauer der Glühlampe 6 V/0,1 A würde nur sehr kurz sein. Welche Ursachen führen zur Zerstörung?

Glühlampen sind so aufgebaut, dass sie bei Betrieb mit den vorgeschriebenen Werten (Nenndaten 12V/0,1 A und 6 V/0,1 A) ihre optimale Helligkeit abgeben und dabei eine bestimmte Lebensdauer erreichen. Sie sind dabei für den Strom ein Widerstand. Er hängt vom Aufbau und vom verwendeten Material ab. Durch Berechnung erhält man für die Lampen die folgenden Widerstandswerte:

Lampe 1: $R_1 = \dfrac{12\,\text{V}}{0,1\,\text{A}};\quad R_1 = 120\,\Omega$

Lampe 2: $R_2 = \dfrac{6\,\text{V}}{0,1\,\text{A}};\quad R_2 = 60\,\Omega$

Wie groß würde der Strom kurzzeitig werden, wenn die Lampe 2 verwendet wird?

☐ 2: Ermitteln Sie dazu die Stromstärke, wenn die Lampe 2 an 12 V betrieben und für den Widerstand der Lampe ein Wert von 60 Ω zu Grunde gelegt wird!

Mit der Formel $I = U/R$ erhält man einen Wert von 0,2 A. Dieser Wert ist doppelt so groß. Ein Durchschmelzen des Glühfadens ist unausweichlich. Wenn Thomas trotzdem die Lampe verwenden will, muss der Strom auf 0,1 A verringert werden.

☐ 3: Welche Möglichkeit besteht, eine Glühlampe für 6 V an einer Spannung mit 12 V zu betreiben?

An der vorgesehenen Lampe darf nur eine Spannung von 6 V liegen. Die doppelt so große Versorgungsspannung muss deshalb auf die Hälfte verringert werden. Erreichen lässt sich dieses, wenn wir zwei gleichartige Lampen mit den Nenndaten 6 V/0,1 A hintereinander schalten (Reihenschaltung) und diese dann gemeinsam an die 12-V-Versorgungsspannung legen (Bild 3).

Jede Lampe besitzt einen Widerstand von 60 Ω und beide zusammen erhöhen den Widerstand im Stromkreis, so dass trotz der höheren Spannung von 12 V der Strom den vorgeschriebenen Wert von 0,1 A durch jede Lampe nicht überschreitet.

▽ 4: Überprüfen Sie diese Aussage, indem Sie eine Schaltung entsprechend Bild 3 aufbauen und die Spannungen an den Lampen und den Strom messen!

In vielen Schaltungen ist es zur Verringerung des Stromes nicht immer sinnvoll, mehrere Glühlampen in Reihe zu schalten. Die zusätzliche Lichtwirkung ist unerwünscht. Gibt es eine andere Möglichkeit?

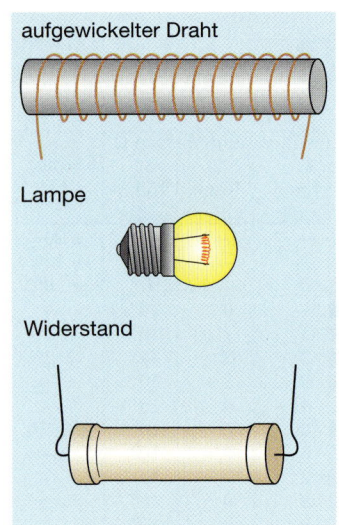

2 Widerstände mit 60 Ω

Elektrische Spannung und Stromstärke

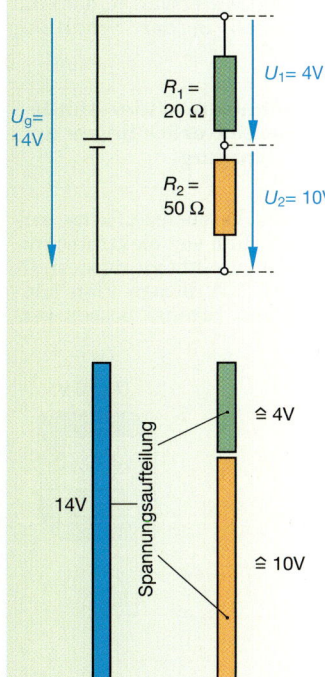

4 Spannung teilt sich auf

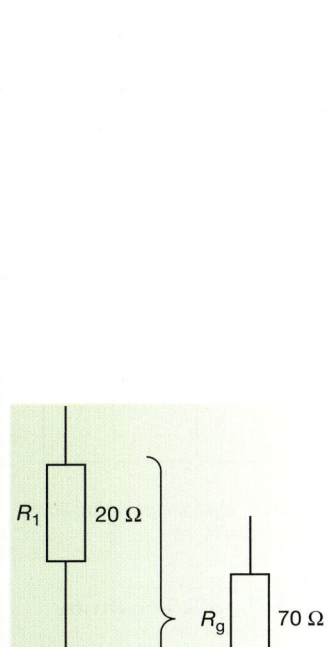

5 Widerstände addieren sich

An Stelle einer zweiten Lampe müsste man ein Bauteil einfügen, das wie die Lampe einen Widerstand von 60 Ω besitzt. Wir könnten dazu z. B. Konstantandraht von 0,5 mm² Querschnitt nehmen (R_2 in Bild 4, S. 163) und ihn auf einen Isolierkörper (z. B. Bleistift) aufwickeln, bis wir einen Widerstand von 60 Ω erhalten. Dieses Verfahren ist sehr umständlich. Einfacher ist es, diesen Widerstand zu kaufen.

Stromstärke in der Reihenschaltung

▽ 5: Schalten Sie zwei Widerstände von 20 Ω und 50 Ω entsprechend Bild 6 in Reihe und messen Sie an verschiedenen Stellen des Stromkreises die Stromstärke! Verändern Sie die Spannung von 0 bis 10 V. Welche Aussage lässt sich über die Stromstärke machen?

> **Bei der Reihenschaltung von Widerständen ist die Stromstärke im gesamten Stromkreis überall gleich.**

Dieses Ergebnis hatten wir bereits im Versuch 4 bei der Reihenschaltung von zwei Lampen ermittelt. Die Ladungen aus der Quelle gehen nicht „verloren". Es wird lediglich durch die Reihenschaltung von Widerständen die Stromstärke im Stromkreis geringer.

Spannungen in der Reihenschaltung

▽ 6: Bauen Sie eine Reihenschaltung entsprechend Bild 6 auf und stellen Sie die Spannung am Netzteil auf 14 V ein! Messen Sie die Spannung an den Widerständen!

Ergebnis (Bild 4):
$U_g = 14$ V $U_1 = 4$ V $U_2 = 10$ V
  14 V =   4 V +   10 V

> **Bei der Reihenschaltung teilt sich die Gesamtspannung auf. Die Gesamtspannung ist die Summe der Einzelspannungen.**
> **(2. Kirchhoffsches Gesetz[1])**
> $$U_g = U_1 + U_2$$

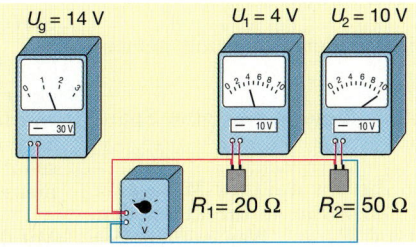

6 Spannungsmessung in der Reihenschaltung

[1]) Gustav Robert Kirchhoff (deutscher Physiker, 1824–1887)

Aus den Messwerten lassen sich noch weitere Erkenntnisse gewinnen. Die aufgeteilten Spannungen sind von den Widerständen abhängig. Am größten Widerstand liegt auch die größte Spannung.

Beispiel:
$R_1 = 20$ Ω; $U_1 = 4$ V; $R_2 = 50$ Ω; $U_2 = 10$ V

> **Bei der Reihenschaltung verhalten sich die Teilspannungen wie die Widerstände.**

Gesamtwiderstand der Reihenschaltung

Lässt sich eine Reihenschaltung durch einen einzelnen Widerstand ersetzen?

Dieses Problem soll mit bekannten Formeln gelöst werden. Wir gehen dabei von der Spannungsaufteilung aus:

$$U_g = U_1 + U_2$$

Für die Spannungen lässt sich $U = I \cdot R$ einsetzen:

$$U_g = I \cdot R_g \qquad U_1 = I \cdot R_1 \qquad U_2 = I \cdot R_2$$

$$I \cdot R_g = I \cdot R_1 + I \cdot R_2$$

Diese Gleichung zeigt uns, dass die Stromstärke als gemeinsamer Faktor gekürzt werden kann.

> **Gesamtwiderstand $R_g = R_1 + R_2$**

$R_g = 70$ Ω $R_1 = 20$ Ω $R_2 = 50$ Ω

> **Bei der Reihenschaltung ist der Gesamtwiderstand gleich der Summe der Einzelwiderstände.**

Aufgaben

1. In einem Stromkreis sind drei Widerstände in Reihe geschaltet. An verschiedenen Stellen sind Strommessgeräte eingefügt. Welche Aussage lässt sich über die angezeigten Werte machen?
2. Bei der Reihenschaltung von zwei Widerständen werden die Teilspannungen gemessen. Wie lässt sich daraus die Gesamtspannung ermitteln?
3. Die Heizwiderstände einer Kochplatte haben folgende Werte:
   $R_1 = 107$ Ω, $R_2 = 80$ Ω, $R_3 = 55$ Ω.
   Wie viele unterschiedliche Reihenschaltungen lassen sich damit herstellen? Wie groß sind die jeweiligen Gesamtwiderstände?
4. Widerstände von 100 Ω und 470 Ω sind in Reihe geschaltet. Wie groß ist der Gesamtwiderstand?
5. Eine Glimmlampe für 100 V und 1 mA soll an 230 V betrieben werden. Wie groß muss der Vorwiderstand sein?

Elektrizitätslehre

1 Parallel geschaltete Elektroheizungen

Parallelschaltung von Widerständen

In Bild 1 sind mehrere Geräte angeschlossen (parallel geschaltet). In Bild 2 ist eine z.T. geöffnete Mehrfachsteckdose für die 230 V Netzwechselspannung der Hausinstallation zu sehen. Wenn die Stecker der Geräte in diese Steckdose gesteckt werden, liegen sie elektrisch gesehen auch nebeneinander, denn sie werden alle mit der erforderlichen Spannung von 230 V versorgt. Es handelt sich in beiden Fällen um Parallelschaltungen.

Wenn ein Gerät entfernt wird, hat dieses keinen Einfluss auf die anderen Geräte, da sie ja immer noch mit ihrer notwendigen Spannung versorgt werden.

Auch zusätzliche Geräte beeinflussen die angeschlossenen Geräte nicht. Das neue Gerät erhält auch die notwendige Spannung.

Wir wollen jetzt das Verhalten einer Parallelschaltung von zwei Widerständen genauer untersuchen.

Spannung in der Parallelschaltung

V 1: Bauen Sie eine Schaltung entsprechend Bild 3 auf! Die Geräte in einer Parallelschaltung sind durch Widerstände ersetzt worden.

– Was wird in der Schaltung gemessen?

– Wie groß sind die angezeigten Spannungen?

– Nehmen Sie ein weiteres Messgerät und schließen Sie es direkt an den Widerstand R_1 an! Was stellen Sie fest?

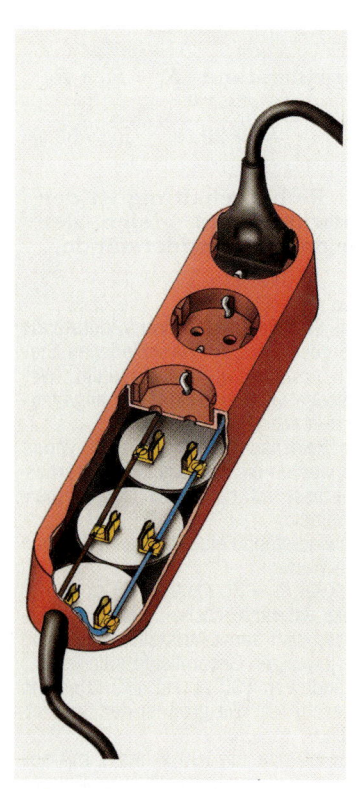

2 Mehrfachsteckdose

Der Versuch zeigt wie erwartet, dass die Spannung überall in der Schaltung gleich groß ist.

> **Parallel geschaltete Widerstände oder elektrische Geräte liegen an derselben Spannung.**

Die Skizze des Versuchsaufbaus aus Bild 3 kann mit Hilfe von elektrotechnischen Symbolen vereinfacht dargestellt werden (Bild 4). Mit diesem Plan können die einzelnen Ströme besser verfolgt werden.

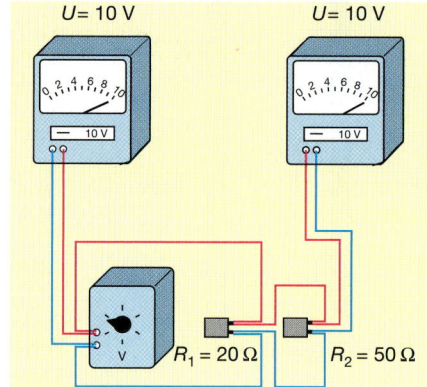

3 Spannungsmessung bei einer Parallelschaltung

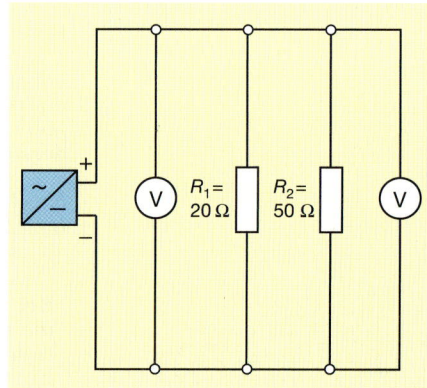

4 Schaltung zur Spannungsmessung bei der Parallelschaltung

Ströme in der Parallelschaltung

☐ 2: Wie müssen Strommessgeräte in einer Parallelschaltung angeschlossen werden? Wie viele unterschiedliche Ströme können in einer Parallelschaltung aus zwei Widerständen gemessen werden?

Mit der Skizze des Versuchsaufbaus in Bild 8 können die Fragen beantwortet werden. Die Strommessgeräte sind di-

Elektrische Spannung und Stromstärke

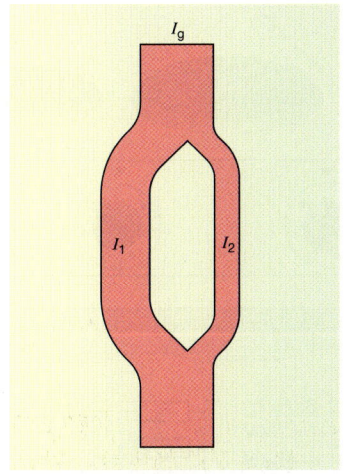

5 Der elektrische Strom verzweigt sich

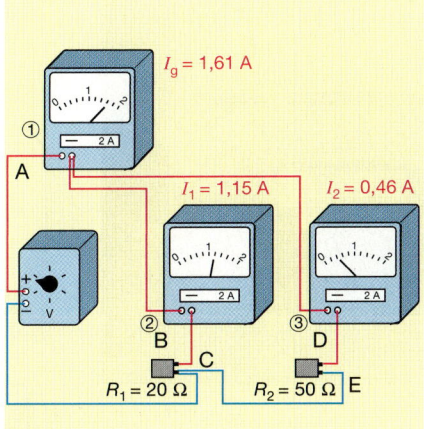

8 Strommessung bei der Parallelschaltung

Bild 6 durch einen Widerstand ersetzen, der die gleiche Wirkung erzielt?

Wir wollen dieses physikalische Problem auf mathematischem Wege lösen und benutzen dazu das Schaltbild in Bild 7. Die Strommessgeräte sind weggelassen und alle bekannten Größen sind eingetragen worden. Ausgegangen wird von der Stromverzweigungsformel:
$I_g = I_1 + I_2$

Stromstärken lassen sich durch das Verhältnis von Spannung und Widerstand ausdrücken:

$$I = \frac{U}{R}, \quad I_g = \frac{U}{R_g}, \quad I_1 = \frac{U}{R_1}, \quad I_2 = \frac{U}{R_2},$$

$$\frac{U}{R_g} = \frac{U}{R_1} + \frac{U}{R_2}.$$

Die Division durch die gemeinsame Größe U liefert:
Der Kehrwert des Widerstandes wird

$$\boxed{\frac{1}{R_g} = \frac{1}{R_1} + \frac{1}{R_2}}$$

als Leitwert bezeichnet. Danach ist der Gesamtleitwert gleich der Summe der Einzelleitwerte.

rekt in den Stromweg eingefügt und es können drei Ströme gemessen werden.

☐ 3: Wie groß ist der Gesamtstrom I_g (Bild 8)?
Wie groß sind die Teilströme?

Aus den abgelesenen Werten erkennt man, dass 1,61 A = 1,15 A + 0,46 A sind. Es gilt:

> **Bei einer Parallelschaltung verzweigt sich der Gesamtstrom. Die Gesamtstromstärke ist die Summe der Einzelstromstärken (1. Kirchhoffsches Gesetz, Bild 6):**
> $I_g = I_1 + I_2$

Gesamtwiderstand der Parallelschaltung

Nachdem wir nun schon wichtige Erkenntnisse über die Spannung und die Stromstärke in der Parallelschaltung gefunden haben, wollen wir uns jetzt mit den Widerständen befassen.

☐ 4: Welcher Zusammenhang besteht zwischen der Stromstärke durch die Widerstände und den jeweiligen Werten der Widerstände?

Schauen Sie dazu die Schaltung zur Strommessung in Bild 8 an und ermitteln Sie, durch welchen Widerstand der größte und durch welchen Widerstand der kleinste Strom fließt!

Kleine Widerstände stellen für den Strom ein geringeres Hindernis dar als größere. Deshalb fließt durch den kleineren Widerstand der größere Strom und durch den größeren Widerstand der kleinere Strom.

Kann man die beiden Widerstände in

> **Der Kehrwert des Gesamtwiderstandes (Gesamtleitwert) ist gleich der Summe der Kehrwerte aus den Einzelwiderständen (Einzelleitwerte).**

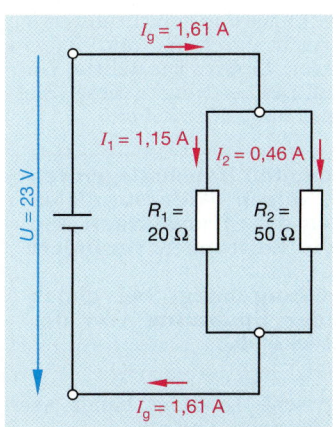

6 Stromverzweigung bei der Parallelschaltung

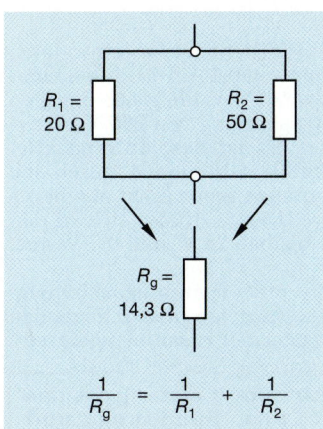

7 Einzelleitwerte addieren sich zum Gesamtleitwert

Aufgaben
1. Zwei Widerstände liegen parallel an einer Spannungsquelle mit konstanter Spannung. Es wird jetzt ein dritter Widerstand parallel geschaltet.
   Wie verändern sich die Ströme in der Schaltung?
2. In welchem Verhältnis stehen Ströme und Widerstände bei der Parallelschaltung von Widerständen?
3. Zwei Widerstände von 100 Ω und 50 Ω sind parallel geschaltet.
   Berechnen Sie den Gesamtwiderstand der Parallelschaltung!
4. Der Strommessbereich eines Messgerätes soll erweitert werden.
   Beschreiben Sie die Maßnahme zur Messbereichserweiterung!
5. Zwei Widerstände liegen parallel an einer Spannung von 3 V. Es fließt ein Gesamtstrom von 0,45 A. Ein Widerstand ist 20 Ω groß.
   Wie groß sind der Gesamtwiderstand und die Teilströme?

Elektrizitätslehre

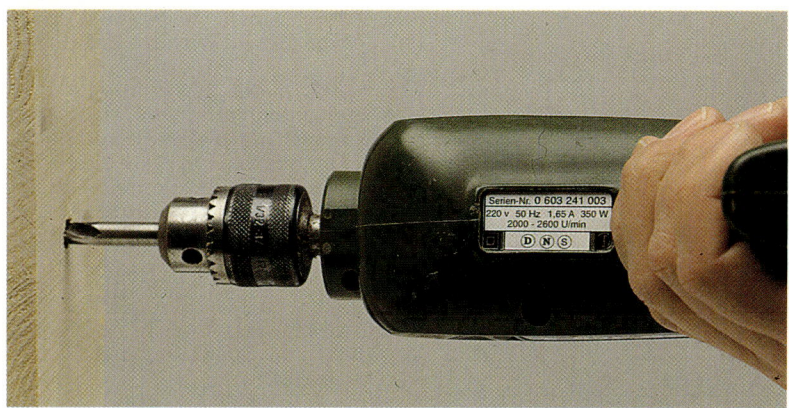

1 Elektrogerät mit Typenschild

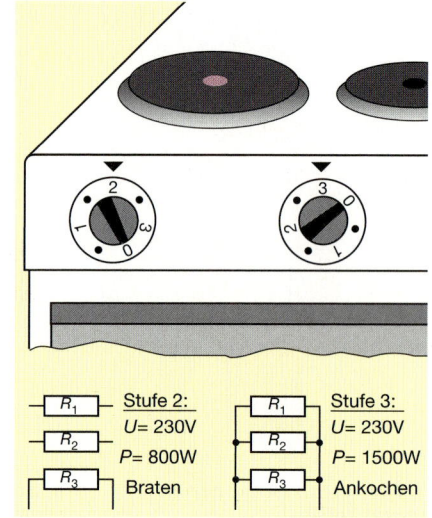

3 Leistungsänderung bei der Kochplatte

Elektrische Leistung

Elektrische Geräte sind durch Typenschilder gekennzeichnet (Bild 1). Neben der zum Betrieb erforderlichen Spannung findet man dort die Angabe der elektrischen Leistung. Sie wird durch das Formelzeichen P (engl. = power) abgekürzt und in Watt (W) angegeben.

Was verstehen wir unter der elektrischen Leistung?

Elektrische Geräte sind in den meisten Fällen Energiewandler. Die elektrische Energie wird genutzt, um andere Energieformen zu erzeugen.

Die Energieumwandlung kann unterschiedlich ausfallen. Eine Glühlampe mit der Leistung von 100 W leuchtet heller als eine mit 25 W, sie ist also leistungsfähiger.

> **Je größer die Leistungsangabe in Watt auf einem Gerät, desto mehr elektrische Energie kann in derselben Zeit im Gerät umgewandelt werden.**

Von welchen Größen hängt die elektrische Leistung ab?

Wir haben bisher die elektrische Spannung, Stromstärke und den Widerstand kennen gelernt und benutzen sie, um die Zusammenhänge an der Kochplatte (Bild 3) zu untersuchen.

☐ 1: In Bild 3 sind die Schaltstufen 2 und 3 einer Kochplatte verdeutlicht. Die Umwandlung der elektrischen Energie in Wärme erfolgt durch Widerstände. Mit Hilfe eines Schalters können unterschiedliche Widerstände an die Nennspannung von 230 V geschaltet werden.

In Schaltstufe 2 liegt nur der Widerstand R_3 an 230 V. Es fließt ein Strom, der zu der Leistung von 800 W führt. In Schalterstellung 3 dagegen liegen drei Widerstände (R_1, R_2 und R_3) parallel und gemeinsam an der Spannung von 230 V. Es wird also nicht durch R_3, sondern auch durch R_1 und R_2 ein Strom fließen. Es wird zusätzliche Wärme erzeugt. Die Leistung in dieser Stellung ist also insgesamt höher.

> **In bestimmten Haushaltsgeräten können durch Widerstandsänderungen die Stromstärken und damit die Leistungen verändert werden.**
> **Die Leistung hängt bei gleich bleibender Spannung von der Stromstärke ab.**

Die elektrische Leistung hängt aber auch von der Spannung ab.

☐ 2: Vergleichen Sie die beiden Glühlampen in Bild 2! Worin unterscheiden sie sich?

Durch beide fließt etwa ein gleich großer Strom von 0,1 A. Die kleine Lampe muss aber an 7 V, die große dagegen an der Netzspannung von 230 V betrieben werden. Es ist deshalb eindeutig, dass die große Glühlampe durch die höhere Spannung mehr Licht abgibt als die kleinere. Dieses drückt sich in den Leistungsangaben 25 W und 0,7 W aus.

Die Strom- und Spannungsabhängigkeit der Leistung ist in der folgenden Berechnungsformel zusammengefasst:

> **Die elektrische Leistung ist das Produkt aus Spannung und Stromstärke:**
> $P = U \cdot I$ $\qquad$ P **in W (Watt)**

2 Glühlampen unterschiedlicher Leistung

Elektrische Leistung und Arbeit

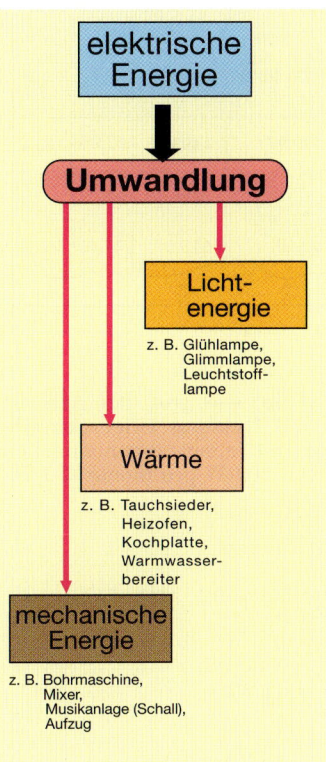

4 Umwandlung elektrischer Energie in andere Energieformen

Elektrische Arbeit

Mit Hilfe der elektrischen Energie und entsprechenden Geräten erleichtern wir unser tägliches Leben, z. B.:
- Motoren helfen Lasten zu heben,
- Heizgeräte erwärmen Wasser,
- Glühlampen beleuchten unsere Wohnung.

Diese „Dienstleistungen" erhalten wir nicht umsonst. Ein „Elektrizitätzähler" (Bild 5) misst für die Kostenabrechnung die gesamte im Haus genutzte elektrische Arbeit. Er macht hinsichtlich der Geräte keinen Unterschied. Ob die Bohrmaschine läuft oder das Licht eingeschaltet ist, in beiden Fällen wird elektrische Arbeit benötigt.

□ 3: Schauen Sie die Beschriftung des „Elektrizitätszählers" in Bild 5 an! In welcher Einheit wird die elektrische Arbeit gemessen?
Was ändert sich an der Anzeige, wenn der Elektroherd mit einer hohen Schaltstufe ein- oder ausgeschaltet wird?

Die elektrische Arbeit wird in Kilowattstunden (kWh) gemessen. „Kilo" ist lediglich eine Vorsilbe und bedeutet 1000. In Watt wird die elektrische Leistung gemessen. Unser „Elektrizitätszähler" misst also die im ganzen Bereich des Hauses oder der Wohnung genutzte elektrische Arbeit. Wenn z. B. der Elektroherd mit seiner hohen Leistung eingeschaltet wird, dreht sich die Scheibe schneller.

> **Die elektrische Arbeit ist das Produkt aus Leistung und Zeit:**
>
> $W = P \cdot t \qquad W = U \cdot I \cdot t$

Die in elektrischen Haushaltsgeräten genutzte elektrische Arbeit wird von den Elektrizitätswerken geliefert. Unter Arbeitsaufwand werden dort Ladungen getrennt (Trennarbeit) und die elektrische Spannung erzeugt. Auf S.155 wurde dazu die Formel $U = W/Q$ erarbeitet. Setzt man für die Ladung $Q = I \cdot t$ ein, dann ergibt sich für die Spannung $U = \dfrac{W}{I \cdot t}$

Durch Umstellen erhält man die bereits angesprochene Formel für die elektrische Arbeit $W = U \cdot I \cdot t$ oder $W = P \cdot t$, mit der die „Dienstleistungen" des elektrischen Stroms gemessen werden können.

Zwischen der im Elektrizitätswerk aufzuwendenden Trennarbeit und der im Gerät umgesetzten elektrischen Arbeit

5 Elektrizitätszähler als Arbeitsmessgerät

besteht also ein direkter Zusammenhang.

Auch für die elektrische Leistung gilt die gleiche Formel wie in der Mechanik: Leistung ist Arbeit durch Zeit.

Nach diesen Formeln ist die Einheit für die elektrische Arbeit die **Wattsekunde (Ws)**:

$1 \text{ Ws} = 1 \text{ V} \cdot \text{A} \cdot \text{s}$ oder

$1 \text{ VAs} = 1 \text{ J (Joule)}$.

Da diese Einheit sehr klein ist, verwendet man im Bereich der elektrischen Energieversorgung die größere Einheit Kilowattstunde (kWh):

$1 \text{ kWh} = 1000 \text{ W} \cdot 3600 \text{ s}$,

$1 \text{ kWh} = 3{,}6 \cdot 10^6 \text{ Ws}$

Aufgaben:
1. Von welchen Größen ist die elektrische Arbeit abhängig?
2. Geben Sie an, welche Leistungen etwa die folgenden Geräte besitzen: Radiogerät, Taschenrechner, Tauchsieder.
3. Nennen Sie Einheiten, in denen man die elektrische Arbeit misst!
4. In welche Energieformen lässt sich die elektrische Energie umwandeln?
5. In welcher Einheit wird die elektrische Leistung gemessen?
6. Von welchen Größen ist die elektrische Leistung abhängig?
7. Mit welchen Messgeräten und anschließender Berechnung lässt sich die Leistung eines Gerätes bestimmen?
8. Auf dem Tauchsieder steht die Angabe 750 W. Er wird an 230 V betrieben. Wie groß ist der Betriebsstrom?
9. Bei einem Kassettenrekorder wird bei einer Spannung von 9 V eine Stromstärke von 0,18 A gemessen. Wie groß ist die Leistung des Gerätes?

Beispiele für Leistungen:

Taschenrechner	0,0005 W
Fahrraddynamo	0,8 W
Glühlampen	25 W
Farbfernsehgerät	150 W
Bügeleisen	1000 W
Elektroherd	2500 W
Elektrolokomotive	5000 kW
Kraftwerk	1000 MW

Elektrizitätslehre

Energieart	Zähler-end-nummer	Zähler-stand neu	Zähler-stand alt	Verbrauch kWh bzw. m³	Arbeits-/Mind.-Leistg. Preis EUR/kWh/m³	Summe Arbeitspreis EUR	Grund- bzw. Leistungspreis je Jahr EUR	Anzahl Tage	Summe Grund- bzw. Leistungspreis EUR	Summe EUR	Steuer in EUR	Mehr-wert-steuer %
Gas	015	45225	41123	4102 m³ ≙ 44310 kWh	0,036	1373,61	123,00	356	119,97	1493,58	67,25	16,00
Wasser	864	00535	00423	112 m³	130,00	145,60		356		72,8		7
Strom	888	65825	62054	3771 kWh	0,126	475,15	41,38	356	40,36	515,51	47,60	16,00
				①	②	③	④		⑤	⑥	⑦	

1 Kostenabrechnung eines Jahres für Energie und Wasser (Beispiel)

Kosten für elektrische Energie

Die Energieversorgungsunternehmen verschicken in der Regel jährlich Rechnungen, aus denen der Verbrauch und die Kosten für einzelne Haushalte entnommen werden können. In Bild 1 ist ein Ausschnitt einer Abrechnung dargestellt. Neben der Primärenergie Gas und der Sekundärenergie „Strom" ist auch noch der Wasserverbrauch mit den Kosten aufgelistet.

☐ 1: Schauen Sie in die Abrechnungsunterlagen. Welche Unterschiede bzw. Gemeinsamkeiten bestehen zwischen Ihrer und der in Bild 1 dargestellten Abrechnung?

Mit der durch die Elektrizitätswerke gelieferten Energie wird Arbeit verrichtet. Diese wird in den sog. „Elektrizitätszählern" gemessen und als Kilowattstundenzahl angegeben. Aus der Differenz der Zählerstände (in Bild 1 alt / neu) lässt sich der Verbrauch ermitteln.

An elektrischer Energie wurden in dem Beispiel 3771 kWh genutzt ①.
Für jede Kilowattstunde werden 0,126 Euro berechnet ②. Es handelt sich hierbei um den Arbeitspreis. Insgesamt ergibt sich ein Betrag von 475,15 Euro ③.

Zu diesem Preis wird ein Festbetrag von 41,38 Euro addiert ④. Er wird als Leistungspreis bezeichnet und pro Haushalt und Jahr berechnet. Als Summe ergibt sich somit ein Preis von 515,51 Euro ⑥.

In diesem Preis sind die Strom- und Mehrwertsteuer noch nicht enthalten. Sie muss noch addiert werden.

> **Die Kosten für die elektrische Energieversorgung setzen sich aus dem Leistungs- und Arbeitspreis zusammen.**

Beispiel:
Berechnen Sie, wie groß der Arbeitspreis für die Nutzung einer Schreibtischlampe mit einer angenommenen Leistung von 100 W pro Monat (30 Tage) ist!

Lösung

Arbeit = Leistung · Zeit
$W = P \cdot t$
$W = 100\ W \cdot 2h \cdot 30$
$W = 6000\ Wh$
$W = 6\ kWh$

Kosten:
$$\frac{6\ kWh \cdot 0{,}126\ Euro}{kWh} = 0{,}756\ Euro$$

> **Der Arbeitspreis für die Energiekosten eines Gerätes lässt sich errechnen, indem man die Leistung des Gerätes mit der Einschaltdauer und dem Arbeitspreis für eine Kilowattstunde multipliziert.**

In Deutschland wurden 1999 etwa 350 Millionen Kilowattstunden elektrischer Energie von den Elektrizitätswerken geliefert. In einem privaten Haushalt dagegen werden im Jahr etwa 3500 kWh benötigt.

Was kann man sich unter einer Kilowattstunde vorstellen?

☐ 2: In dem Berechnungsbeispiel wurde der Arbeitspreis pro Monat für eine 100-W-Lampe berechnet.
Wie lange könnte diese Lampe leuchten, bis 1 kWh erreicht wird?

> **Mit einer elektrischen Energie von 1 kWh kann man eine Glühlampe von 100 W etwa zehn Stunden lang betreiben.**

Weitere Beispiele befinden sich in der linken Spalte.

Kosten für die elektrische Energie
=
Genutzte elektrische Arbeit in kWh x Arbeitspreis
+
Leistungspreis/Jahr

Mit einer Kilowattstunde lassen sich etwa

- 100 l Wasser um 7 °C erwärmen,
- 100 l Wasser auf einen Berg von 3600 m Höhe transportieren,
- ein Mittagessen für vier Personen kochen,
- in der Waschmaschine 1 kg Wäsche waschen,
- zwei Abende lang fernsehen.

Elektrische Energie

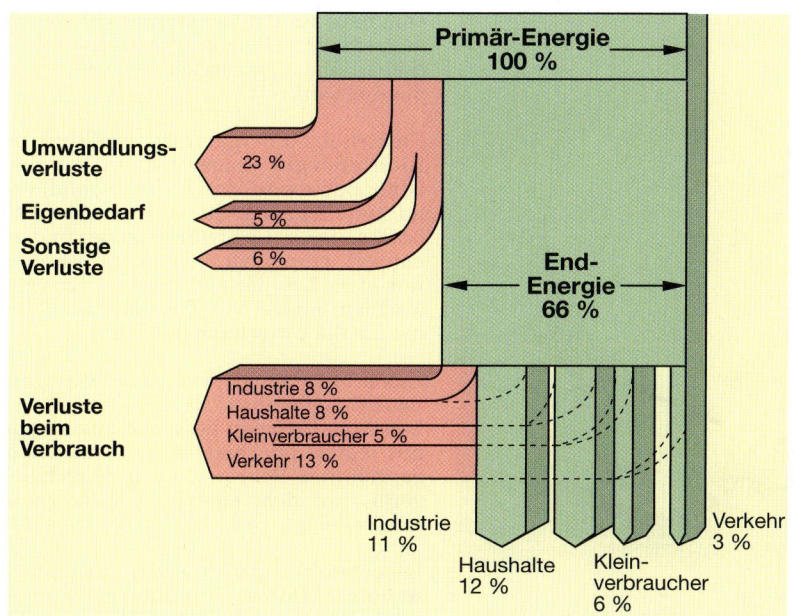

2 Energiefluss in der Bundesrepublik Deutschland und Umwandlungsverluste

3 Steinkohleneinsatz für eine Kilowattstunde elektrischer Energie in Deutschland

Energieumwandlung und Sparmöglichkeiten

Die in der Natur vorkommenden Primärenergien werden in Anlagen der Energieversorgungsunternehmen in End-Energien (spezielle Kraftstoffe, elektrische Energie) umgewandelt und den Verbrauchern zugeführt. Dort werden sie in Geräten und Anlagen erneut umgewandelt, denn wir

- benötigen warmes Wasser,
- wollen Räume beleuchten und heizen,
- müssen Mahlzeiten zubereiten,
- stellen Produkte her,
- müssen Gegenstände bewegen usw.

Primärenergien werden in einer Umwandlungskette am Ende in eine für den Menschen nützliche Energieform (Nutzenergie) wie z. B. Licht, Wärme, Bewegung umgewandelt.

☐ 1: Ermitteln Sie aus Bild 2, wie viel Prozent der Primärenergie nicht als End-Energie zur Verfügung stehen!

Das Diagramm in Bild 2 macht deutlich, dass 34 % der Primärenergie für die Nutzenergie „verloren" gehen. Dieses ist ein noch recht hoher Wert, obwohl in den letzten Jahren große Anstrengungen unternommen wurden, den **Wirkungsgrad** bei der Energieumwandlung zu verbessern. So wurden z. B. 1950 noch 682 g Steinkohle, im Jahre 1990 dagegen nur noch 349 g benötigt, um eine Kilowattstunde elektrischer Energie zu erzeugen.

Aber auch die Verluste auf der Ebene der Verbraucher sind noch erheblich. Dort gehen nochmals 34 % der Energie „verloren" (Bild 2).

☐ 2: Ermitteln Sie, in welchem Verbraucherbereich die Verluste am größten sind!

Da Primärenergie nur in begrenztem Umfang zur Verfügung steht, ist es erforderlich, unseren Umgang mit Energie zu überdenken.

☐ 3: Überlegen Sie, wo im privaten Bereich sinnvoller mit Energie umgegangen werden kann!

Es gibt zunächst die Möglichkeit, bestimmte Energien nicht in Anspruch zu nehmen. Wäsche kann z. B. bei guten Wetterbedingungen und entsprechenden Möglichkeiten von der Sonne und muss nicht vom Wäschetrockner getrocknet werden.

Da wir aber auf bestimmte wichtige Dinge des Lebens wie Licht, Raumheizung usw. nicht verzichten können, müssen wir diese Wirkungen mit einem möglichst geringen Energieeinsatz erreichen.

Energie sollte so effektiv wie möglich eingesetzt werden. Energiesparen beginnt bei der Energienutzung.

Im häuslichen Bereich gibt es eine Vielzahl von Geräten, die elektrische Energie nutzen. Insgesamt sind in Deutschland heute etwa 170 Millionen Haushalts-Großgeräte (Waschmaschinen, Geschirrspüler usw.) im Einsatz. Gerade in diesem Bereich kann jeder von uns zum Energiesparen beitragen, indem er z. B. die Geräte bei vorhandenen Sparprogrammen betreibt oder den Energiebedarf durch kurze Einschaltzeiten möglichst gering hält.

In vielen Geräten wird elektrische Energie in **Wärme** umgewandelt, z. B. beim Heizofen, beim Elektroherd und beim Warmwasserbereiter. Der elektrische Strom fließt bei diesen Geräten durch Widerstandsdrähte. Sie erwärmen sich und geben ihre Wärme an die Umgebung ab. Bei einer Raumheizung kann durch einen Lüfter für eine gleichmäßige Erwärmung des Raumes gesorgt werden. Bei der Speicherheizung werden durch den elektrischen Strom Speichersteine erhitzt, die am Tage die Wärme allmählich abgeben.

Elektrizitätslehre

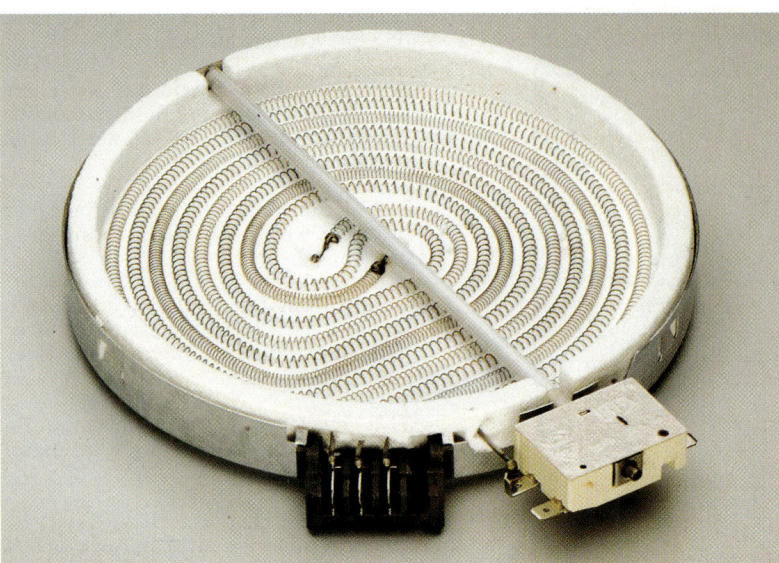

1 Kochplatte als Wärmegerät (aufgeschnitten)

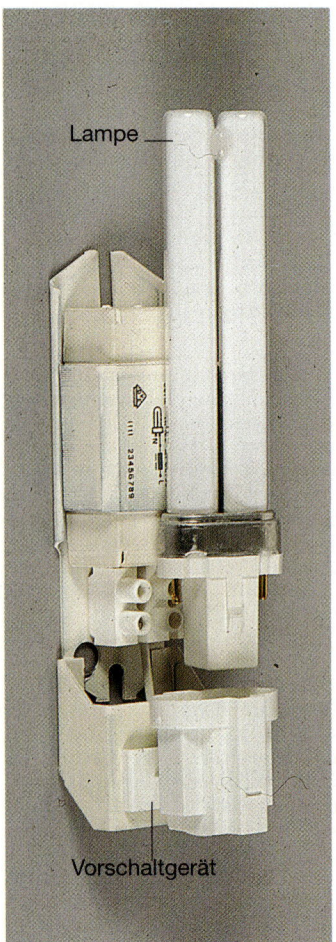

2 Kompaktleuchtstofflampe mit Steckfassung

Die Möglichkeiten des sinnvollen Umgangs mit der Raumheizung sind vielfältig. Hier zwei Beispiele:
- Eine Verringerung der Raumtemperatur um 1 °C bringt eine Energieeinsparung von etwa 6 %!
- Anpassung der Raumtemperatur an den Bedarf (Nachtabsenkung).

Im Bereich der Raumheizung ist es wichtig, dass durch Einstellgeräte und Regelungen die Raumtemperatur den Erfordernissen optimal angepasst wird.

Auch bei der Kochplatte (Bild 1) wird durch Widerstandsdrähte elektrische Energie in Wärme umgewandelt. Damit möglichst viel Wärme von der Platte zum Topf gelangen kann, müssen beide möglichst eben und sauber sein. Auch empfiehlt es sich, die Verluste durch verdampfendes Wasser möglichst gering zu halten (Dampfdrucktopf).
Da die Kochplatte auf Grund ihrer Masse ein Wärmespeicher ist, kann bei abgeschaltetem Strom eine gewisse Zeit lang die Mahlzeit noch warm gehalten werden.

Vermeiden Sie beim Zubereiten von Mahlzeiten Verluste durch verdunstendes Wasser, sorgen Sie für eine gute Wärmeleitung und nutzen Sie die Wärme nach dem Abschalten!

Elektrische Haushaltsgeräte sind in den letzten Jahren erheblich sparsamer geworden (Bild 3). Trotzdem ist es sinnvoll, beim Kauf neuer Geräte Vergleiche anzustellen. Genaue Produktinformationen und Testvergleiche erleichtern die Auswahl.

Elektrische Energie wird vielfältig in **Lichtenergie** umgewandelt. Bei der Glühlampe wird durch den Stromfluss im Metallfaden Licht erzeugt. Zur Verbesserung der Lichtstärke ist der Faden doppelt gewendelt. Trotzdem werden nur etwa 5 % der elektrischen Energie als Licht abgegeben. Der Rest ist Wärme für die Umgebung der Lampe.

Einen besseren Wirkungsgrad besitzen Leuchtstofflampen. Er liegt bei 20 %. Leuchtstofflampen bestehen aus einem mit einer Leuchtschicht versehenen gasgefüllten Rohr und einem Vorschaltgerät, mit dem eine hohe Zündspannung erzeugt wird.

Leuchtstofflampen werden in großen Räumen (Büros, Kaufhäuser) eingesetzt. Für den häuslichen Bereich gibt es Kompaktleuchtstofflampen, die in Fassungen für Glühlampen geschraubt werden können. Das Vorschaltgerät befindet sich im Sockel.

Noch günstiger sind Kompaktleuchtstofflampen, bei denen wie in Bild 2 die Lampe und das Vorschaltgerät mit einer Steckvorrichtung zusammengefügt werden können.

Aufgaben
1. Nennen Sie Beispiele in Ihrem privaten Bereich, in denen elektrische Energie sinnvoll genutzt oder sogar eingespart werden kann!
2. Berechnen Sie den Arbeitspreis für ein Wannenbad von 80 l, wenn für die Erwärmung von 100 l Wasser um 7 °C die elektrische Energie von 1 kWh benötigt wird!
3. Erstellen Sie ein Protokoll der genutzten elektrischen Energie für einen beliebigen Zeitbereich eines Tages, indem Sie die Kilowattstunden auf dem Zähler ablesen (z. B. in Abständen von einer Stunde)!

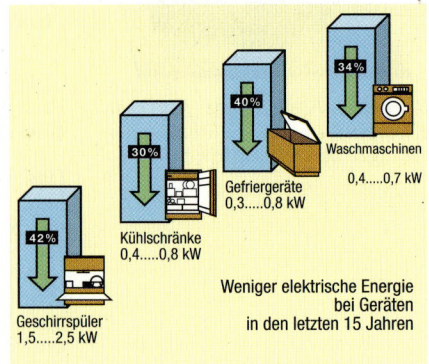

3 Elektrogeräte werden sparsamer

Basiswissen Elektrizitätslehre (I)

Hausinstallation
Bestandteile: Hausanschlusskasten, Verteilerkasten (Sicherungen, Sicherungsautomaten, Fehlerstromschutz-Schalter, Elektrizitätszähler,), Leitungen, Steckdosen, Schalter, Lampenfassungen. ↑ S. 140–143

Elektrischer Stromkreis

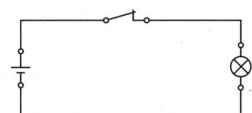

In einem Stromkreis fließt nur dann ein Strom, wenn der Stromkreis geschlossen ist. ↑ S. 144

Gefahren des elektrischen Stromes
Vorsicht beim Umgang mit elektrischen Geräten. Der elektrische Strom fließt auch durch den Menschen.
Gefahren: Verbrennungen, Gerinnung von Eiweiß, Zersetzung von Zellflüssigkeit, Muskelkrämpfe, Herzkammerflimmern. ↑ S. 146

Schutzmaßnahmen
- Schutzleiter mit grün-gelber Färbung (Leiter ist mit Metallteilen verbunden). ↑ S. 147
- Schutzisolierung (umfassende Kunststoffisolierung). ↑ S. 147
- Kleinspannung (bis 42 V, z. B. für Klingeltransformator, Kinderspielzeug). ↑ S. 143

Elektrische Ladungen
Es gibt positive und negative Ladungen. Elektronen sind negativ und Protonen sind positiv geladen. Zwischen gleichartig geladenen Körpern gibt es Abstoßung, zwischen ungleichartig geladenen Körpern gibt es Anziehung. Das Formelzeichen für die Ladung ist Q, die Einheit ist das Coulomb (C) oder die Amperesekunde (As).
Um elektrische Ladungen bilden sich elektrische Felder. Schutz vor elektrischen Feldern: Metallabschirmungen. ↑ S. 149–153

Elektrische Spannung U
Einheit der Spannung: 1 Volt (V)
Durch Trennungsarbeit werden in Spannungsquellen Ladungen voneinander getrennt. ↑ S. 154

Elektrische Stromstärke I
Einheit der Stromstärke: 1 Ampere (A)
Elektrischer Strom: In Metallen bewegen sich Elektronen vom Minuspol zum Pluspol. ↑ S. 158

Stromstärke = $\dfrac{\text{Ladung}}{\text{Zeit}}$ $I = \dfrac{Q}{t}$ ↑ S. 159

Messung der Spannung: **Messung der Stromstärke:**

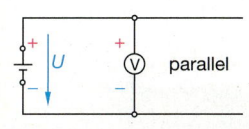 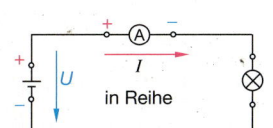

Messgerät liegt parallel. ↑ S. 155

Messgerät wird in den Stromkreis geschaltet. ↑ S. 159

Reihenschaltung von Spannungsquellen:
$U_g = U_1 + U_2 + \ldots + U_n$ (Polarität beachten) ↑ S. 156

Parallelschaltung von Spannungsquellen:
mit gleicher Spannung: ↑ S. 156 Spannung ändert sich nicht.

Gleichspannung: Polarität bleibt gleich. ↑ S. 156
Wechselspannung: Polarität ändert sich ständig. ↑ S. 156

Elektrischer Widerstand R
Einheit des elektrischen Widerstandes: 1 Ohm (Ω)
Die Bezeichnung Widerstand wird für die Eigenschaft von Leitern und für das Bauteil selbst verwendet. ↑ S. 161–S. 165

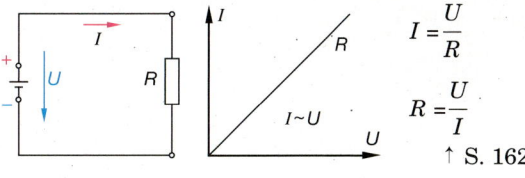

$I = \dfrac{U}{R}$

$R = \dfrac{U}{I}$

↑ S. 162, 163

Reihenschaltung von Widerständen

Gesamtspannung teilt sich auf
$U_g = U_1 + U_2$ ↑ S. 167

Widerstände addieren sich zum Gesamtwiderstand.
$R_g = R_1 + R_2$ ↑ S. 167

Es fließt nur ein Strom im gesamten Stromkreis. ↑ S. 166

Parallelschaltung von Widerständen

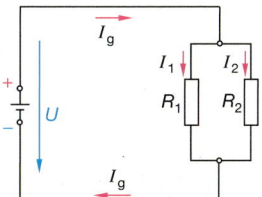

Gesamtstrom teilt sich auf.
$I_g = I_1 + I_2$ ↑ S. 169

Die Kehrwerte der Widerstände (Leitwerte) addieren sich.

$\dfrac{1}{R_g} = \dfrac{1}{R_1} + \dfrac{1}{R_2}$ ↑ S. 169

Es gibt nur eine Spannung im Stromkreis. ↑ S. 168

Elektrische Leistung und Arbeit
Leistung = Spannung · Stromstärke. $P = U \cdot I$ ↑ S. 170 f
Einheit der Leistung: 1 Watt (W), Kilowatt (kW) ↑ S. 170
Arbeit = Leistung · Zeit $W = P \cdot t$ ↑ S. 171
Einheit der Arbeit: Wattsekunde (Ws), Kilowattstunde (kWh) ↑ S. 171
Arbeitsmessung: Leistung mit Zeit multiplizieren. ↑ S. 171

Energiekosten: Genutzte elektrische Arbeit in kWh · Arbeitspreis in Euro/kWh + Leistungspreis in Euro. ↑ S. 172

Umwandlung von elektrischer Energie: Bewegung, Heizung, Kühlen und Gefrieren, Licht. ↑ S. 173

Energiesparen durch: Verzicht auf Energieeinsatz, optimale Anpassung der Geräte an die Bedürfnisse, kurze Einschaltdauer der Geräte, Geräte mit gutem Wirkungsgrad einsetzen. ↑ S. 174

Elektrizitätslehre

Hans Christian Oersted, dänischer Physiker, 1777–1851

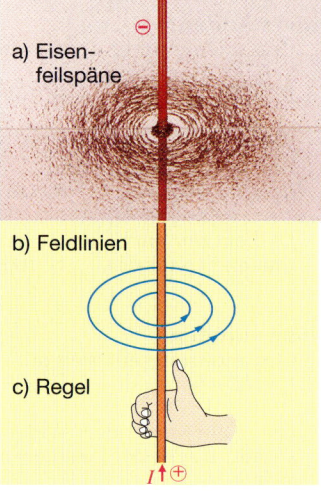

a) Eisenfeilspäne
b) Feldlinien
c) Regel

1 Magnetfeld eines geraden stromdurchflossenen Leiters

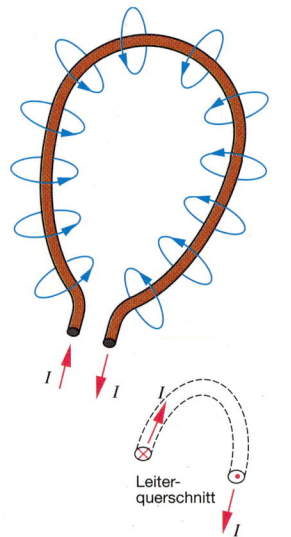

2 Feld einer stromdurchflossenen Leiterschleife

Magnetische Wirkung stromdurchflossener Leiter

Im Jahre 1820 beschrieb der dänische Physiker Hans Christian Oersted den folgenden Versuch:
„Man bringe ein geradliniges Stück dieses verbindenden Drahtes in horizontaler Lage über eine gewöhnliche, frei sich bewegende Magnetnadel, so daß er ihr parallel sey; und zu dem Ende kann man den Draht ohne Schaden nach Belieben biegen. Ist alles so eingerichtet, so wird die Magnetnadel in Bewegung kommen, und zwar so, daß sie unter dem von negativen Ende des galvanischen Apparates herkommenden Theile des verbindenden Drahtes nach Westen zu weicht …"
Dieser bahnbrechende Versuch führte zur Entwicklung des **Elektromagnetismus**. Heute würden wir sagen: Die Magnetnadel wurde abgelenkt. Es wirkte also eine Kraft auf die Magnetnadel. Ursache ist das **magnetische Feld**.

> Um stromdurchflossene Leiter entsteht ein magnetisches Feld. In diesem Feld werden auf Magnete (Magnetnadeln) Kräfte ausgeübt.

Magnetfeld stromdurchflossener Leiter
Magnetische Felder können wir mit unseren Sinnesorganen nicht wahrnehmen. Wir benötigen dazu Hilfsmittel wie z. B. kleine Magnete. Auch auf Eisenfeilspäne wirkt eine Kraft im Magnetfeld. Deshalb sind sie ebenfalls als Nachweismittel geeignet.

V 1: Wir führen einen geraden Leiter senkrecht durch das Loch einer Kunststoffplatte, auf die wir Eisenfeilspäne streuen. Sie liegen auf der Platte ungeordnet. Wir schalten einen Strom mit großer Stärke ein.

Ergebnis: Die Eisenfeilspäne ordnen sich kreisförmig um den Leiter herum an (Bild 1a). Je weiter die Späne vom Leiter entfernt sind, desto ungeordneter bleiben sie. Wir schließen daraus, dass die Stärke des Feldes nach außen hin abnimmt.

Magnetische Felder veranschaulicht man durch Linien (**Feldlinien**, Bild 1b). Sie geben das Muster an, nach dem sich Eisenfeilspäne oder Magnetnadeln anordnen.

> Das Feld eines stromdurchflossenen und geradlinigen Leiters lässt sich durch kreisförmige Feldlinien darstellen.

☐ 2: Wie verändert sich das Feld, wenn die Stromrichtung im Leiter umgekehrt ist?

Bereits Oersted stellte fest, dass bei geänderter Stromrichtung auch die Magnetnadel in eine andere Richtung abgelenkt wird.

Das magnetische Feld besitzt also eine Richtung, die durch Pfeile an den Feldlinien gekennzeichnet wird. **Rechte-Hand-Regel (Bild 1c)**.

> **Zeigt der Daumen der rechten Hand in die Richtung des Stromes vom Plus- zum Minuspol, dann geben die gekrümmten Finger der rechten Hand die Richtung der Feldlinien an.**

Strom durch einen ringförmigen Leiter
☐ 3: Wie verlaufen die Feldlinien im Innern des stromdurchflossenen ringförmig gebogenen Leiters (**Leiterschleife**) in Bild 2?

Da sich um den Leiter kreisförmige Feldlinien bilden, liegen im Innern der Schleife die Feldlinien gleicher Richtung dichter. Sie treten an der einen Seite der durch die Leiterschleife gebildeten Kreisfläche ein und an der anderen Seite wieder aus. Es kommt im Innern zu einer Feldverstärkung.

Für die Kennzeichnung der Stromrichtung im Leiter haben wir im Bild 2 folgende Symbole verwendet:

Der Stromfluss von Plus nach Minus wird durch einen Pfeil gekennzeichnet. In den Leiterquerschnitt zeichnen wir für das hintere Ende des Pfeils ein Kreuz und für die Pfeilspitze einen Punkt.

Strom durch eine Spule
V 4: Schneiden Sie in die Mitte eines Blattes aus Zeichenkarton ein rechteckiges Loch, in das eine Spule passt! Streuen Sie Eisenfeilspäne auf das Blatt und schließen Sie an die Spule eine Spannungsquelle an! Erhöhen Sie allmählich die Stromstärke in der Spule! Fertigen Sie eine Skizze des Feldverlaufs an!

3 Feld einer stromdurchflossenen Spule

Elektromagnetische Wechselwirkung

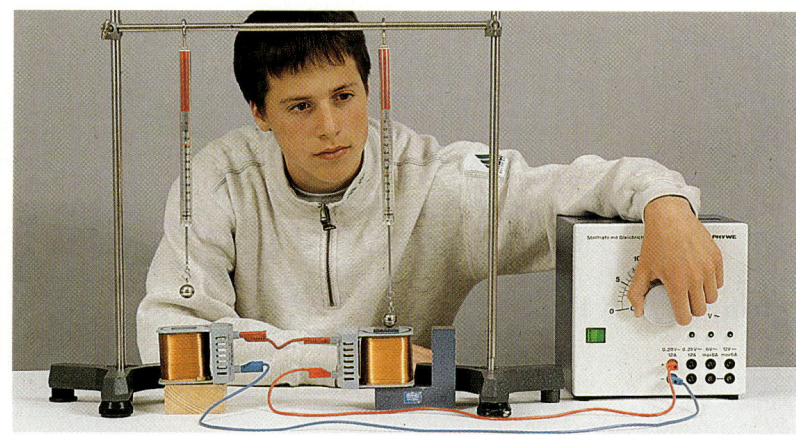

4 Magnetische Wirkung wird verstärkt

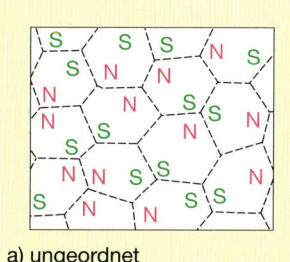

a) ungeordnet

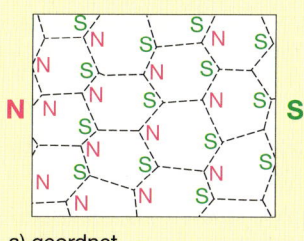

a) geordnet

5 Elementarmagnete im Eisen

Die zunächst ungeordneten Eisenfeilspäne beginnen sich mit größer werdender Stromstärke auszurichten. Eine besonders starke Ausrichtung erfolgt in Richtung des Innenraums der Spule (Bild 3).

Das Ergebnis kann wieder mit Hilfe von Feldlinien erklärt werden. Aus Gründen der Übersichtlichkeit sind in Bild 6 an Stelle der vielen Windungen der Spule nur einige wenige nebeneinander liegend gezeichnet worden.

Um jede Windung entstehen kreisförmige Feldlinien. Da viele Windungen neben- und übereinander liegen, überlagern sich die Felder so, dass im Innern der Spule eine Vielzahl von annähernd parallel verlaufenden Feldlinien entstehen. Dadurch wird die Kraftwirkung deutlich erhöht. Die Feldlinien treten an einem Ende der Spule aus und an dem anderen Ende wieder ein. Sie sind geschlossen.

Die Feldlinien einer stromdurchflossenen Spule sind geschlossen. Sie treten an einem Ende der Spule aus und an dem anderen Ende wieder ein. Im Innern der Spule verlaufen die Feldlinien annähernd parallel.

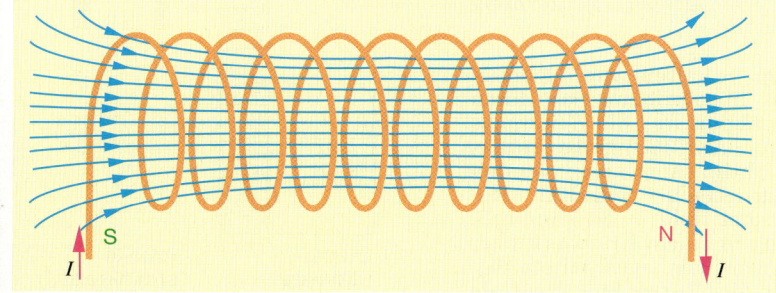

6 Feldlinien einer stromdurchflossenen Spule

Spule mit Eisenkern
Als Nächstes soll jetzt der Einfluss der Stromstärke und des Eisens auf die Kraftwirkung untersucht werden.

▽ 5: Schließen Sie zwei Spulen (Bild 4) mit gleichen Windungszahlen in Reihe an eine Spannungsquelle an! Dadurch wird erreicht, dass durch jede Spule ein gleich großer Strom fließt. Hängen Sie über jede Spule gleiche Eisenstücke an gleichartige Kraftmesser! Stecken Sie in eine Spule einen Eisenkern und schalten Sie die Spannung ein! Erhöhen Sie die Stromstärke! Was ist zu beobachten?

Ergebnis: Die Kraftwirkung vergrößert sich mit der Stromstärke. Sie ist bei der Spule mit Eisenkern größer als bei der Spule ohne Eisenkern.

Zur Erklärung der größeren Kraftwirkung greifen wir auf die Vorstellung zurück, dass es im Eisen **Elementarmagnete** gibt. Diese sind zunächst ungeordnet (Bild 5a). Durch das Magnetfeld der stromdurchflossenen Spule findet eine Ausrichtung statt (Bild 5b). Dadurch wird das Magnetfeld der Spule verstärkt. Wenn wir den Strom durch die Spule wieder abschalten, fallen die Elementarmagnete mit geringen Ausnahmen (Restmagnetismus, Remanenz) wieder in einen ungeordneten Zustand zurück.

Der Einfluss der Windungszahl auf die magnetische Wirkung der Spule wurde bereits mit Versuch 4 erarbeitet. Das Ergebnis kann man mit Hilfe des Versuchs im Bild 4 bestätigen.

▽ 6: Ersetzen Sie eine Spule in Bild 4 durch eine Spule mit der doppelten Windungszahl! Untersuchen Sie die Kraftwirkung beider Spulen bei gleicher Stromstärke!

Ergebnis: In den Spulen überlagern sich die Felder der einzelnen Windungen. Bei gleich bleibender Stromstärke in zwei Spulen treten in der Spule mit mehr Windungen auch mehr Feldlinien auf. Die Kraftwirkung wird größer.

Die magnetische Wirkung einer Spule kann vergrößert werden durch
- **eine größere Stromstärke,**
- **eine größere Windungszahl,**
- **einen Eisenkern.**

Aufgaben
1. Zeichnen Sie einen stromdurchflossenen Leiter und legen Sie die Stromrichtung fest! Zeichnen Sie um diesen Leiter Feldlinien und kennzeichnen Sie die Richtung durch Pfeile!
2. Was verändert sich, wenn in Bild 6 die Stromrichtung umgekehrt wird?

Elektrizitätslehre

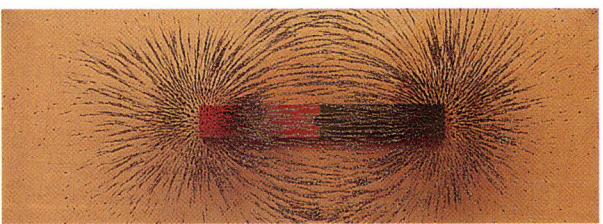

1 Eisenfeilspäne um einen Stabmagneten

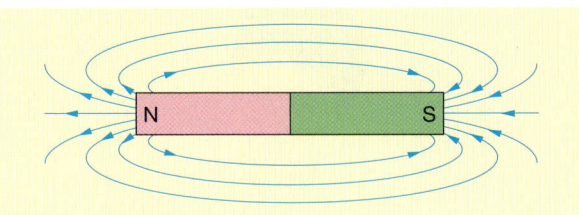

4 Magnetfeld bei einem Stabmagneten

Anwendungen von Elektromagneten

Elektromagnete können Dauermagnete ersetzen. Eine stromdurchflossene Spule ist mit einem Stabmagneten vergleichbar. Zur Bestätigung dient der folgende Versuch:

V 1: Legen Sie über einen Dauermagneten ein Blatt Papier und streuen Sie auf das Blatt Eisenfeilspäne! Vergleichen Sie das Magnetfeld des Dauermagneten mit dem Magnetfeld des Elektromagneten!

Die Bilder 1 und 4 zeigen uns, dass die Magnetfelder von Spule und Dauermagnet ähnlich sind. Die Feldlinien sind geschlossen und treten an den Enden ein bzw. aus.

> **Eine stromdurchflossene Spule verhält sich wie ein Dauermagnet.**

Elektromagnete werden in der Technik vielfältig verwendet. Ein wichtiger Bereich ist z. B. die elektrische Energieversorgung und ihre Verteilung über elektrische Leitungsnetze. Die Verteilung erfolgt mit Hilfe von **Schaltzentralen**. Aus Sicherheitsgründen befinden sich die Schaltzentralen nicht in der Nähe der Umschaltstationen.

Von dort werden die Energieströme z. B. mit Schaltern gesteuert, in denen sich Elektromagnete befinden. Durch einen geringen Stromfluss in einer Spule können auf diese Weise großflächige Kontakte aus großer Entfernung betätigt werden.

Neben dem Schalten von Energieströmen ist innerhalb unserer durch Technik geprägten Welt die Weitergabe von Informationen über große Entfernungen wichtig. Auch hier werden **elektromagnetische Schalter (Relais)** verwendet (Bild 2). So kann z. B. eine Störung in einem Kraftwerk über eine mit einem Relais geschaltete Signallampe an die Überwachungszentrale weitergegeben werden.

> **Mit elektromagnetischen Schaltern lassen sich mit kleinem Aufwand große Spannungen bzw. Ströme schalten und Informationen weitergeben.**

Relais

☐ 2: Beschreiben Sie mit Hilfe von Bild 3 die Arbeitsweise des Relais!

Wenn ein elektrischer Strom durch die Spule fließt, dann entsteht in der Spule ein Magnetfeld. Der Eisenanker wird angezogen und der Hebel überträgt die Bewegung auf die Kontakte. Mit ihnen kann jetzt z. B. eine Signallampe in einer Alarmanlage eingeschaltet werden.

In Bild 5 ist der grundsätzliche Aufbau eines Relais dargestellt. Mit ihm lässt sich z. B. eine Lampe einschalten. Der Stromkreis mit der Relaisspule wird als **Steuerstromkreis** und der mit der Lampe als **Arbeitsstromkreis** bezeichnet.

V 3: Bauen Sie das Modell eines Relais entsprechend dem Bild 5 auf!

Relaiskontakte sind oft als Umschalter (Bild 6) aufgebaut. Wenn kein Strom durch die Relaisspule fließt, ist bereits ein Kontakt geschlossen. Bei Stromfluss bewegen sich die durch ein isoliertes Plättchen verbundenen beiden äußeren Kontakte. Auf diese Weise lässt sich ein Stromkreis unterbrechen und gleichzeitig ein anderer schließen.

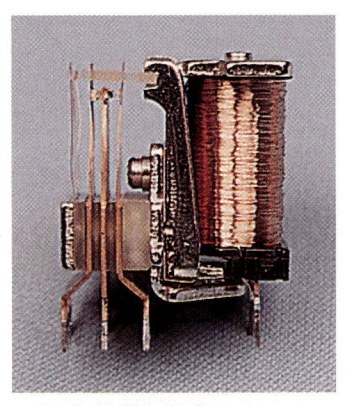

2 Technisches Relais

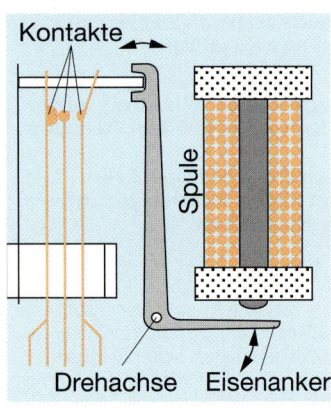

3 Aufbau eines Relais

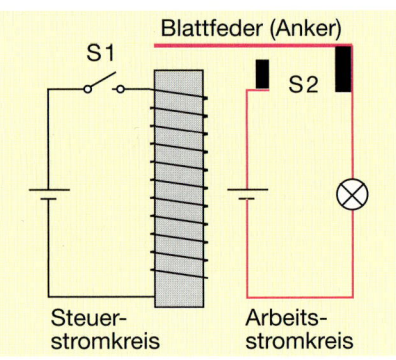

5 Modell eines Relais

Elektromagnetische Wechselwirkung

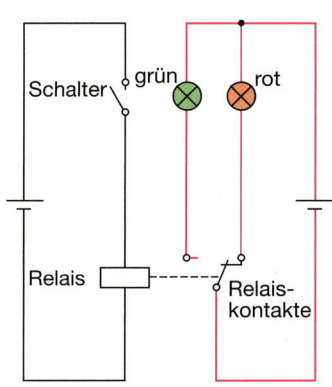

6 Ampelanlage mit Relais

☐ 4: Beschreiben Sie die Funktion der Ampelschaltung in Bild 6!

Wenn der Schalter noch nicht betätigt ist, leuchtet bereits die rote Lampe, weil ein Kontakt des Relais und damit der Lampenstromkreis geschlossen ist. Wenn jetzt der Schalter betätigt wird, entsteht in der Spule ein Magnetfeld. Durch die Kraftwirkung schaltet ein Kontakt um und die grüne Lampe leuchtet. Der Strom fließt durch einen anderen Stromkreis.

Die bisher beschriebenen Relais gibt es noch in vielen elektrischen Geräten und Anlagen. Auf Grund einer zunehmenden Verkleinerung der Geräte und erhöhter Anforderungen an die Zuverlässigkeit sind Relais entwickelt worden, deren Schaltkontakte sich im Innern der Spule in einem mit Schutzgas gefüllten Behälter befinden. Dadurch wird eine Oxidation der Kontakte verhindert.

Sicherungsautomat
Auch der Sicherungsautomat arbeitet wie ein elektromagnetischer Schalter.

☐ 5: Finden Sie mit Bild 7 heraus, wie der Sicherungsautomat arbeitet!

Der Sicherungsautomat besitzt einen festen und einen beweglichen Kontakt. In Bild 7 sind die Kontakte geschlossen gezeichnet. Es ist dies der „Normalzustand". Wird der Strom auf Grund eines Kurzschlusses (z. B. 30 A) in der Spule zu groß, wird der bewegliche Anker in die Spule hineingezogen. Der an diesem Kern befestigte Schlaganker bewegt sich jetzt nach unten und öffnet den Kontakt. Der Stromkreis wird unterbrochen. Durch den Schaltgriff lässt sich der Kontakt wieder schließen.

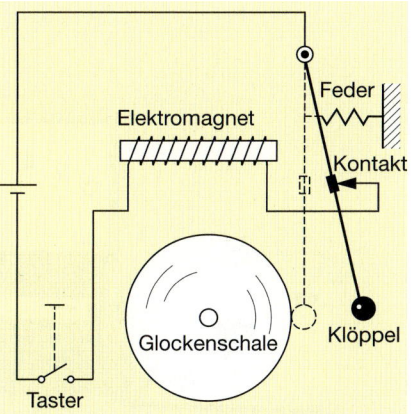

8 Aufbau einer elektrischen Klingel

Klingel
Ein weiteres Anwendungsgebiet für den Elektromagnetismus sind Meldegeräte wie z. B. Klingel oder Gong.

☐ 6: Beschreiben Sie mit Hilfe von Bild 8 die Funktion der elektrischen Klingel!

Bei geöffnetem Schalter (Taster) berührt der federnde Klöppel einen einstellbaren Kontakt (Pfeilspitze in der Zeichnung). Schließt man jetzt den Schalter, dann fließt ein Strom durch die Spule des Elektromagneten. Der Klöppel wird angezogen und schlägt gegen die Glockenschale. Dabei wird der Strom im Elektromagneten unterbrochen und der Klöppel kehrt durch eine Feder wieder in die Ausgangslage zurück. Bleibt der Schalter geschlossen, dann wiederholt sich der Vorgang. Es handelt sich hierbei um einen selbstgesteuerten Ablauf.

Aufgaben
1. Beschreiben Sie den Aufbau und die grundsätzliche Arbeitsweise eines Relais!
2. Überlegen Sie die Arbeitsweise eines elektrischen Gongs.
   Skizzieren Sie hierzu einen Versuchsaufbau und versuchen Sie mit den zur Verfügung stehenden Geräten einen Gong zu bauen!
3. Bei einem Lautsprecher befindet sich um einen Dauermagneten eine Spule, an der die Membran befestigt ist (Bild 9). Was geschieht, wenn durch die Spule ein Wechselstrom fließt?

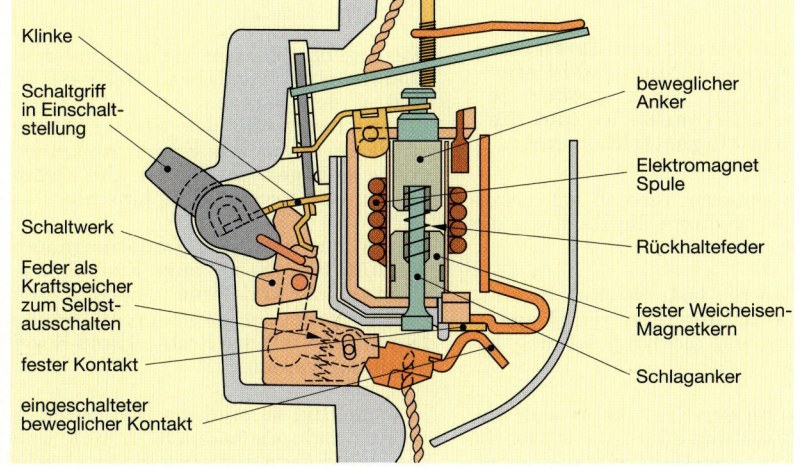

7 Sicherungsautomat

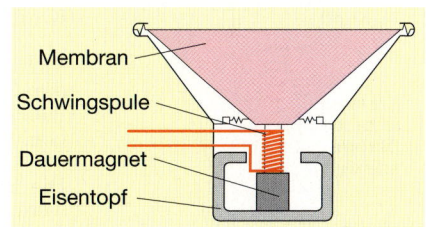

9 Schnitt durch einen Lautsprecher

Elektrizitätslehre

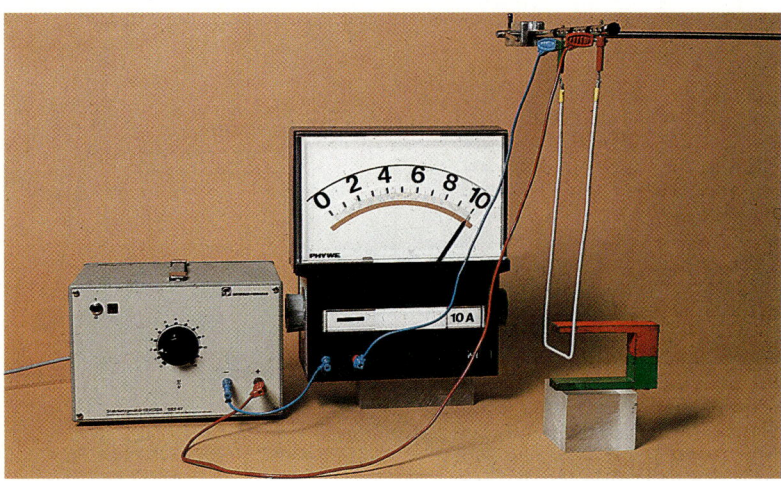

1 Leiter im Magnetfeld

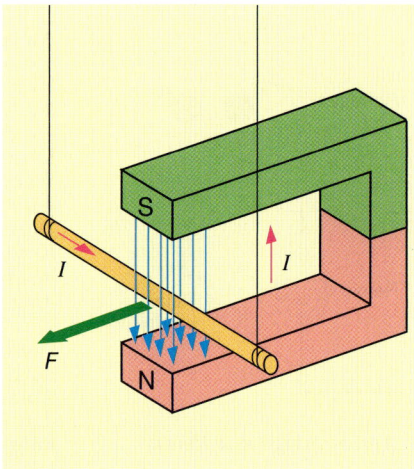

3 Kraft-, Magnetfeld- und Stromrichtung

Leiter im Magnetfeld

In dem Oersted-Versuch auf S. 176 wurde eine Magnetnadel durch einen stromdurchflossenen Leiter abgelenkt. Ist es auch möglich, einen stromdurchflossenen Leiter durch ein Magnetfeld abzulenken? Lassen sich also mit Hilfe elektrischer Ströme Bewegungen erzeugen? Diese Fragen können durch Versuche beantwortet werden.

Gerader Leiter im Magnetfeld

▽ 1: Hängen Sie einen Leiter entsprechend Bild 1 in das Magnetfeld eines U-Magneten! Schalten Sie die Spannungsquelle ein und erhöhen Sie langsam die Stromstärke bis etwa 10 A! Was kann man beobachten?

Der Leiter wird ausgelenkt. Es wirkt also eine Kraft auf den stromdurchflossenen Leiter. Die Größe der Kraft hängt von der Größe der Stromstärke und von der Stärke des Magneten ab.

> **Auf einen stromdurchflossenen Leiter wirkt im Magnetfeld eine Kraft. Sie ist umso größer, je größer die Stromstärke und die Stärke des Magnetfeldes sind.**

In einem weiteren Versuch soll ermittelt werden, wodurch die Richtung der Kraft bestimmt wird.

▽ 2: Stellen Sie fest, welchen Einfluss die Stromrichtung und die Magnetfeldrichtung auf die Kraftrichtung haben!

Die Richtung der Kraft kehrt sich um, wenn die Richtung des Stromes oder die Feldrichtung des Dauermagneten umgekehrt werden. Bei nur einer der beiden Maßnahmen wird der Leiter in den Magneten „hineingezogen".

Den Zusammenhang zwischen den Richtungen der Stromstärke, des Magnetfeldes und der Kraft verdeutlichen wir durch die Pfeile in Bild 2. Die Richtung der Kraft F steht senkrecht auf der von der Richtung des Stromes und der Feldrichtung gebildeten Ebene (Bild 2a).

Mit der **Dreifingerregel der rechten Hand** kann man sich die Zusammenhänge leicht merken (Bild 2b).

> **Wenn der Daumen in die Stromrichtung (vom Pluspol zum Minuspol) und der Zeigefinger in die Richtung des Magnetfeldes zeigen (vom Nord- zum Südpol), dann gibt der senkrecht abgespreizte Mittelfinger die Bewegungsrichtung an (Ursache – Vermittlung – Wirkung, UVW-Regel).**

Das Ergebnis können wir auch mit dem Feldlinienbild verstehen. Dazu ist in Bild 4 der Versuch von Bild 1 als Schnitt dargestellt. Die Stromrichtung ist darin durch ein Kreuz im Leiterquerschnitt gekennzeichnet. Der Strom fließt in die Zeichenebene hinein.

Das Magnetfeld des Dauermagneten verläuft vom Nord- zum Südpol. Die Richtung der kreisförmig angeordneten Feldlinien um den stromdurchflossenen Leiter kann mit der Rechte-Hand-Regel bestimmt werden.

□ 3: In Bild 4a sind die Magnetfelder des stromdurchflossenen Leiters und des Dauermagneten einzeln eingezeichnet. Wie wirken sie gemeinsam?

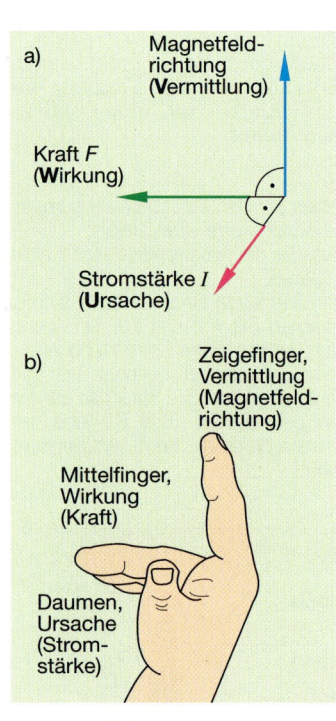

2 Dreifingerregel der rechten Hand (UVW-Regel)

Motoren

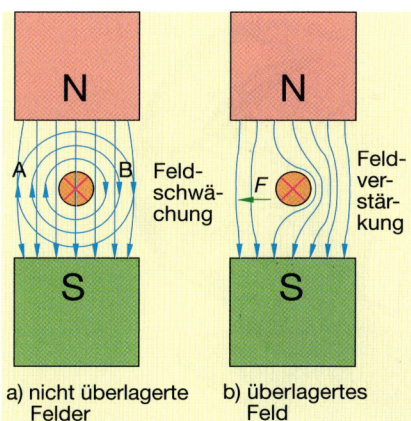

4 Verstärkung und Schwächung eines magnetischen Feldes durch einen stromdurchflossenen Leiter

Im Bereich A (Bild 4a) laufen die Feldlinien der beiden Magnetfelder gegeneinander. Im Bereich B dagegen haben sie die gleiche Richtung. Die Felder überlagern sich (Bild 4b), so dass es auf der einen Seite zu einer Feldverstärkung und auf der anderen Seite zu einer Feldschwächung kommt. Die Kraft wirkt in die Richtung des schwächeren Feldes.

> **Wenn Feldlinien gegeneinander laufen, wird das Feld geschwächt. Laufen die Feldlinien in die gleiche Richtung, kommt es zu einer Feldverstärkung.**

Spule im Magnetfeld

Mit Spulen im Magnetfeld wird bei Motoren eine Drehbewegung erzeugt. Um die Zusammenhänge vereinfacht erklären zu können, ist in Bild 5 als Ersatz für eine Spule eine einzelne Leiterschleife eingezeichnet. Mit ihr soll das Prinzip der Erzeugung einer Drehbewegung erarbeitet werden. Die Schnittdarstellungen in Bild 6 zeigen verschiedene Stellungen der Leiterschleife.

☐ 4: Erklären Sie mit den Darstellungen von Bild 6, auf welche Weise die Magnetfelder die jeweilige Stellung der Leiterschleife beeinflussen!

Um den stromdurchflossenen Leiter entsteht ein Magnetfeld. Das Magnetfeld der stromdurchflossenen Leiterschleife und das Magnetfeld des Permanentmagneten überlagern sich. Es entstehen entsprechend Bild 4b Schwächungen und Verstärkungen des Magnetfeldes.

Da die Leiterschleife in der Achsenmitte gelagert ist, wirken die beiden Kräfte F_1 und F_2 in einem bestimmten Abstand vom Drehpunkt. Es sind also wie beim Hebel zwei Hebelarme vorhanden. Daher kann die Leiterschleife durch die Kräfte in Drehung versetzt werden.

In Bild 6a ist bereits die 90°-Position dargestellt. Die Hebelarme sind dort am längsten. Bild 6b zeigt eine Zwischenstellung und Bild 6c die Endstellung. Der Hebelarm ist dort zu null geworden. Die Leiterschleife hat dabei insgesamt einen Winkel von 180° überstrichen.

> **Auf eine stromdurchflossene und drehbar gelagerte Leiterschleife wirken in einem Magnetfeld Kräfte. Ihre Abstände vom Drehpunkt (Hebelarme) ändern sich mit der Stellung der Leiterschleife.**

Aufgaben

1. Wie verändert sich die Drehbewegung in Bild 6, wenn die Stromrichtung in der Leiterschleife geändert wird?
2. Was passiert, wenn in Bild 6 der Dauermagnet so gedreht wird, dass Nord- und Südpol vertauscht sind?

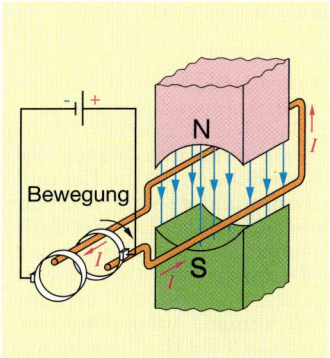

5 Leiterschleife im Magnetfeld

6 Verschiedene Stellungen der stromdurchflossenen Leiterschleife im Magnetfeld

Elektrizitätslehre

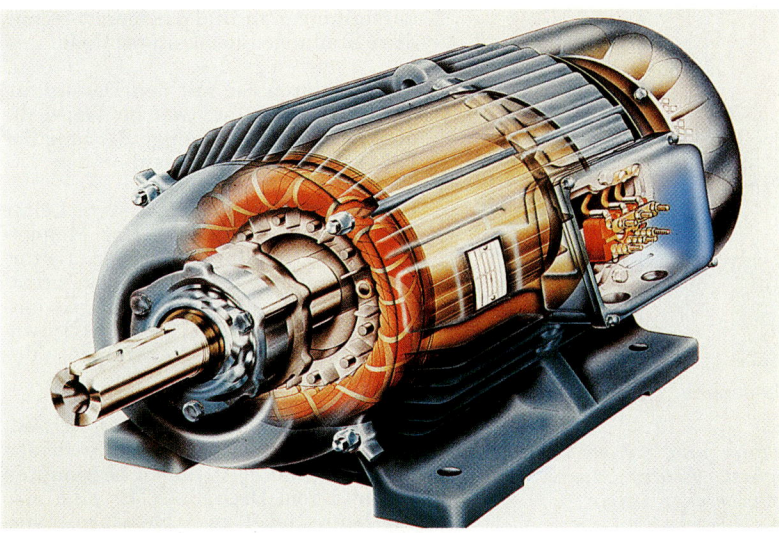

1 Elektromotor

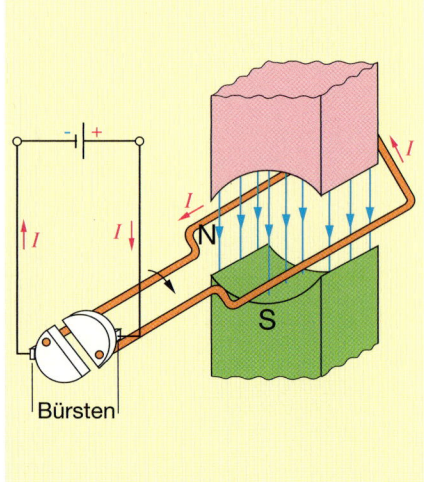

3 Modell eines Gleichstrommotors

Beispiele für Leistungen von Elektromotoren

Spielzeugmotor	100 mW
Kassettenrekorder	600 mW
Staubsauger	800 W
Motor im Kran	40 kW
Walzwerkmotor	3 MW

Elektromotor

Elektromotoren entlasten Menschen von schwerer körperlicher Arbeit. Sie können aber auch an schwer zugänglichen Stellen angebracht sein und dort für den gewünschten Bewegungsablauf sorgen (z. B. beim Scheibenwischer).

Der „durchsichtige Motor" in Bild 1 zeigt uns, dass wesentliche Teile aus Kupferwicklungen und Eisen bestehen. Wie wird mit diesem Aufbau eine fortlaufende Drehung erreicht?

Gleichstrommotor

Eine halbe Umdrehung (180°) haben wir bereits mit dem einfachen Modell auf S. 181 erzeugt. Ein Weiterdrehen war jedoch nicht möglich, weil die beiden Kräfte genau entgegengesetzt gerichtet sind. Die Hebelarme sind in der letzten Position (Bild 6c, S. 181) zu null geworden. Die Kräfte „ziehen" lediglich an der Leiterschleife in entgegengesetzte Richtungen.

□ 1: Beschreiben Sie einen geänderten Aufbau, bei dem sich die Leiterschleife (Bild 6c, S. 181) über den Endpunkt (Totpunkt) hinausdrehen kann (Bild 3)!

Durch die rasche Bewegung der Leiterschleife in die Endstellung hinein dreht sie sich geringfügig über diesen Punkt hinaus. Ein Weiterdrehen lässt sich jedoch nur erreichen, wenn sich jetzt die Stromrichtung in der Leiterschleife umkehrt. Die Kräfte wirken dann in umgekehrter Richtung. Eine Drehung um weitere 180° schließt sich somit an.

Die Umkehrung der Stromrichtung beim Gleichstrommotor geschieht automatisch durch einen **Kommutator**

Mit einer Leiterschleife im Magnetfeld wird eine fortlaufende Drehung erreicht, wenn man die Stromrichtung in der Leiterschleife nach jeder halben Umdrehung umpolt.

(auch **Stromwender** genannt, Bild 3). Im einfachsten Fall besteht er aus zwei voneinander isolierten Halbringen, an die die Enden der Leiterschleife angelötet sind. Die Stromzuführung erfolgt über zwei Schleifkontakte (**Bürsten**, Bild 2).

Der industriell gefertigte Motor ist recht kompliziert aufgebaut, weil es bei diesen Maschinen auf einen hohen Wirkungsgrad und eine lange Lebensdauer ankommt. Wenn aber nur das Prinzip wichtig ist, kann man bereits mit einfachen Bauteilen einen Motor aufbauen.

□ 2: In Bild 4 ist ein mit einfachen Mitteln aufgebauter Spielzeugmotor zu sehen. Beschreiben Sie den Weg des Stromes und die grundsätzliche Arbeitsweise!

Die Spannungsquelle wird an die Leitungen A und B angeschlossen. Von A aus fließt der Strom zunächst durch einen aus zwei einfachen Stäben aufgebauten Kommutator. An die Kontaktstäbe des Kommutators sind nicht die Enden einer einzelnen Leiterschleife, sondern mehrere Wicklungen angeschlossen. Dadurch wird die Kraftwirkung vergrößert. Außerdem befinden sich diese Wicklungen auf einem Eisenkern, wodurch sich die Kraft weiter vergrößert. Diese Spule mit Eisenkern wird bei Motoren als **Anker** bezeichnet.

2 Stromzuführung über Kohlebürsten

Motoren

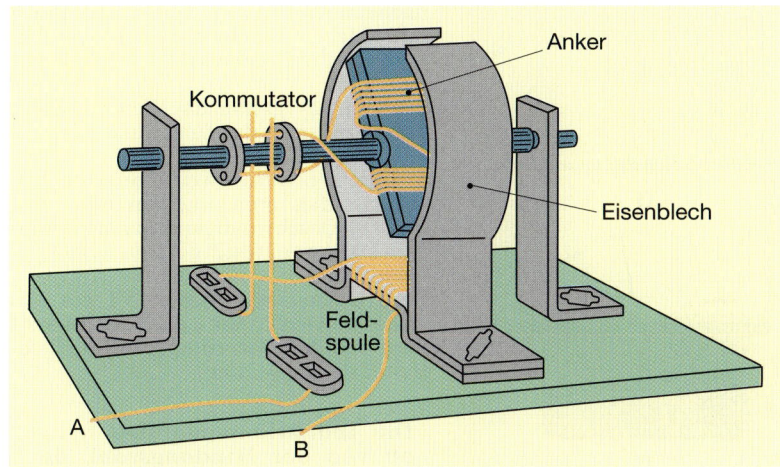

4 Motor zu Bastelzwecken

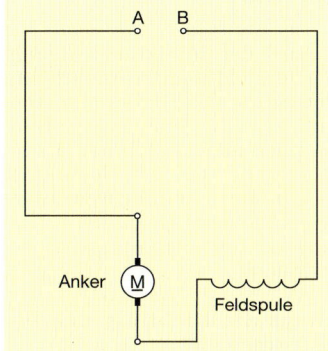

5 Schaltbild zum Motor in Bild 4

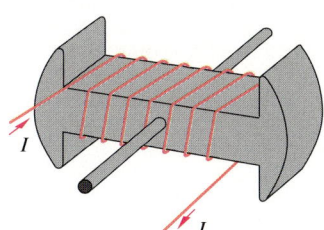

6 Doppel-T-Anker

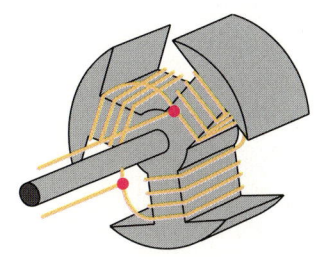

7 Dreifach-T-Anker

Vom zweiten Kontaktstab des Kommutators fließt der Strom weiter durch die sogenannte Feldspule bis zum Anschluss B. Der Stromkreis ist geschlossen. Mit der Feldspule wird das notwendige Magnetfeld erzeugt. Sie ersetzt also den Dauermagneten. Man nennt diese Anordnung **Stator**, da sie sich nicht bewegt. Durch die kreisförmig gebogenen Eisenbleche wirkt das Magnetfeld auf die Ankerspule.

Bei diesem Spielzeugmotor liegen die Feld- und die Ankerspule in Reihe. Der Motor wird deshalb auch als **Reihenschlussmotor** bezeichnet. Das Schaltzeichen dafür ist in Bild 5 zu sehen. Die Feldspule ist deutlich zu erkennen. Sie liegt in Reihe mit der durch einen Kreis dargestellten Ankerspule.

Ankerspule und Feldspule lassen sich aber auch parallel schalten. Man nennt diesen Motor dann **Nebenschlussmotor**.

In industriell gefertigten Motoren sind die Anker so geformt, dass das Magnetfeld der Feldspule möglichst ungehindert in die Ankerspule eintreten kann. Der Luftspalt zwischen dem rotierenden Anker und dem Stator muss also möglichst klein sein. Erreicht wird dieses durch einen Anker, der ein T-förmiges Aussehen hat (Doppel-T-Anker, Bild 6).

Der Doppel-T-Anker hat aber einen Nachteil, der durch folgendes Problem deutlich wird:

☐ 3: Stellen Sie sich vor, bei einem Motor mit einem Doppel-T-Anker stehen sich die Pole des Ankers und die des Feldmagneten genau gegenüber! Was geschieht, wenn die Spannungsquelle angeschlossen wird?

Bei dieser Stellung kann der Motor nicht anlaufen. Die Hebelarme für die Drehbewegung sind null. Die Kräfte wirken gegeneinander.

Das Problem lässt sich vermeiden, wenn ein Anker mit einer ungeraden Zahl von T-Stücken verwendet wird (z. B. **Dreifach-T-Anker**, Bild 7).

> **Ein Gleichstrommotor besteht aus einem rotierenden Anker mit Kommutator und einem fest stehenden Stator für die Felderzeugung.**

Der beschriebene Gleichstrommotor kann auch mit Wechselstrom betrieben werden. Da sich beim Wechselstrom die Stromrichtung ständig ändert, wechselt auch die Feldrichtung im Stator ständig und es entsteht eine fortlaufende Drehbewegung. Auf Grund dieser vielfältigen Anwendungsmöglichkeiten nennt man diesen Motor auch **Universalmotor**. Er ist in vielen Haushaltsgeräten und Werkzeugmaschinen zu finden. Vorteilhaft ist auch, dass er durch elektronische Schaltungen geregelt werden kann. Auf diese Weise lässt sich z. B. die Drehzahl bei einer Bohrmaschine konstant halten.

Aufgaben

1. Beschreiben Sie und erklären Sie Maßnahmen, mit denen sich beim Gleichstrommotor in Bild 3 die Drehrichtung ändert!
2. Der Dauermagnet des Gleichstrommotors in Bild 3 soll durch einen Elektromagneten ersetzt werden.
   Skizzieren Sie den Aufbau!
3. Wodurch wird beim Gleichstrommotor die Stromrichtung in der Ankerspule ständig geändert?
4. Beschreiben Sie Aufbau und Wirkungsweise eines Kommutators (Stromwenders)!
5. Zählen Sie die wichtigsten Teile eines Gleichstrommotors auf und beschreiben Sie ihr Zusammenwirken!
6. Ein Gleichstrommotor soll zwei Feldspulen besitzen. Der Anker befindet sich in Reihe dazu zwischen den Feldspulen.
   Zeichnen Sie das Schaltbild!

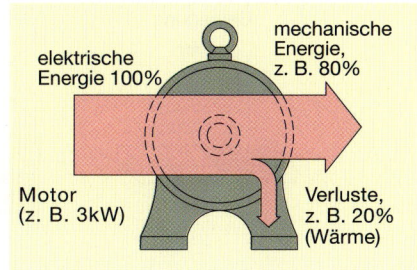

8 Energieumwandlung beim Motor

Elektrizitätslehre

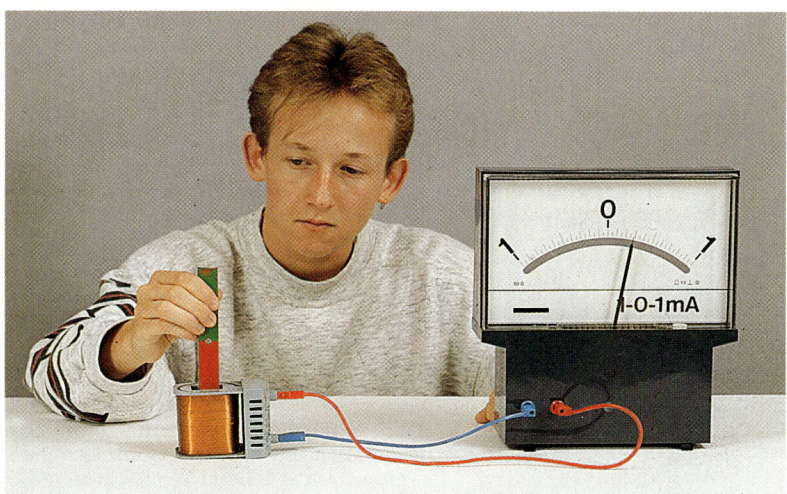

1 Spannung und Strom durch einen bewegten Dauermagneten und eine Spule

Spannungserzeugung durch Induktion

Die Spannung für die Fahrradbeleuchtung wird durch Induktion erzeugt. Aus Erfahrung wissen wir, dass die Helligkeit der Lampe davon abhängig ist, wie schnell sich das Reibrad und damit der Dauermagnet dreht. Auch ist zu vermuten, dass die Windungszahl der Spule und die Stärke des Magneten eine Rolle spielen. Wir wollen deshalb diese Abhängigkeiten mit einfachen Geräten untersuchen.

Ⓥ 1: Schieben Sie einen Dauermagneten unterschiedlich schnell in eine Spule, an die ein Messgerät angeschlossen ist (Bild 1)!

Ergebnis: Je schneller der Magnet bewegt wird, desto größer ist der Zeigeranschlag.

Ⓥ 2: Schieben Sie den Dauermagneten mit etwa konstanter Geschwindigkeit nacheinander in zwei Spulen mit unterschiedlichen Windungszahlen! Vergleichen Sie die Ergebnisse!

Ergebnis: Je größer die Windungszahl, desto größer ist der Zeigerausschlag.

Ⓥ 3: Schieben Sie zwei unterschiedlich starke Magneten nacheinander mit gleicher Geschwindigkeit in eine Spule! Was stellt man fest?

Die gleichen Wirkungen (V1 bis V3) werden erreicht, wenn die Spule bewegt wird und der Dauermagnet ruht (Relativität der Bewegung).

> **Die Induktionsspannung hängt ab von der Windungszahl, der Schnelligkeit der Magnetfeldänderung und von der Stärke des Magneten.**

In Bild 2 wird der Induktionsvorgang mit Hilfe von Feldlinien verdeutlicht. Bei der Bewegung des Dauermagneten dringt das Feld in die Spule ein. In Bild 2b durchdringen mehr Feldlinien als in Bild 2a die Spule und die Spannung wird größer. In den Windungen werden Spannungen induziert, die dann als Gesamtspannung am Spulenanschluss wirksam werden.

Wovon hängt die Richtung des Induktionsstromes ab?

Bei den Versuchen 1 und 2 haben wir ein Messgerät mit einem Zeiger mit Nullstellung in der Mitte verwendet. Dieses war erforderlich, weil beim Eintauchen des Magneten in die Spule der Zeiger in die eine Richtung und beim Herausziehen in die andere Richtung ausschlug. Es entstanden also eine Spannung und ein Strom mit wechselnder Polarität (Wechselstrom).

Wir wollen jetzt herausfinden, wovon die Richtung des Stromes abhängt.

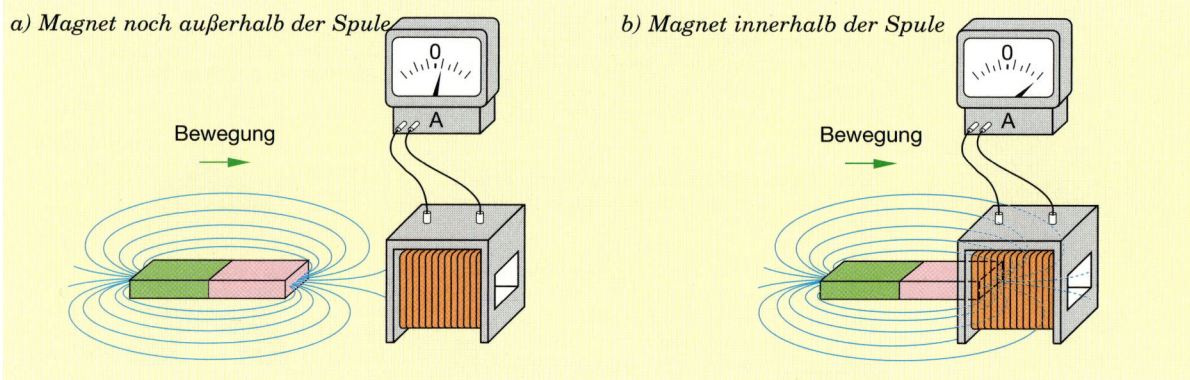

2 Eindringen des Magnetfeldes in eine Spule zur Spannungserzeugung durch Induktion

Generatoren

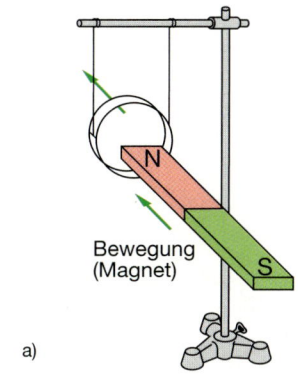

3 Abstoßung durch bewegten Dauermagneten

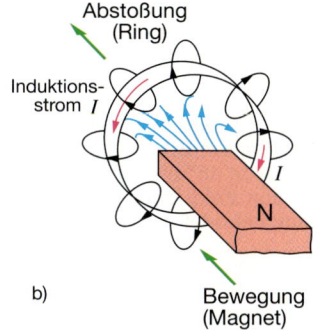

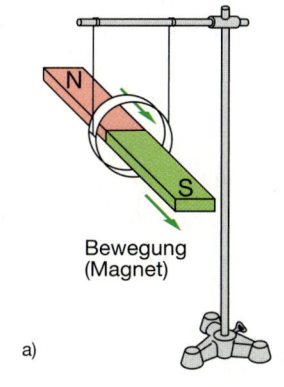

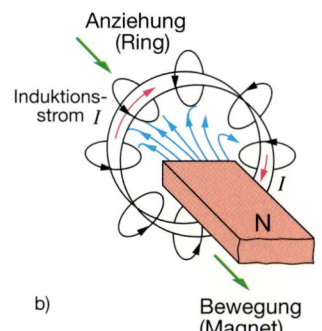

4 Anziehung durch bewegten Dauermagneten

$\boxed{V}$ 4: Wir vereinfachen die Spule zu einer einzelnen Windung (kurzgeschlossener Ring) und hängen diesen Ring an zwei Fäden auf und nähern bzw. entfernen den Dauermagneten entsprechend Bild 3a und 4a! Was ist zu beobachten?

Ergebnis: Beim Annähern wird der Ring abgestoßen, beim Entfernen dagegen angezogen. Es treten also Kräfte auf. Wie lässt sich dieses erklären?

Der Induktionsstrom im Ring (Kurzschluss!) erzeugt Magnetfelder, die die Anziehungs- und Abstoßungskräfte verursachen. Der Strom und die damit verbundenen Magnetfelder sind also stets so gerichtet, dass die Bewegung des Dauermagneten behindert wird (Bild 3b und 4b).

> **Der Induktionsstrom ist so gerichtet, dass sein Magnetfeld dem erzeugenden Magnetfeld entgegenwirkt (lenzsche Regel).**

☐ 5: Beschreiben Sie die Folgen, wenn das Prinzip der Gegenwirkung beim Induktionsvorgang nicht vorhanden wäre!

Durch die Annäherung des Magneten würde durch den Induktionsstrom ein Magnetfeld entstehen, das die Bewegung nicht mehr behinderte, sondern verstärkte. Es würde zu einer Rückwirkung und Aufschaukelung kommen. Energie würde ohne Arbeitsaufwand freigesetzt werden. Damit hätte man eine Maschine konstruiert, die ständig Energie bereitstellte, ohne dass eine entsprechende Menge Energie zugeführt würde. Vielfältige Erfahrungen belegen, dass eine solche Maschine (**perpetuum mobile**) unmöglich ist.

Anwendungen der Induktion
Die Spannung für unsere Elektrizitätsversorgung wird durch Induktion in Generatoren (vgl. S. 186) erzeugt. Induktionsspannungen treten aber auch in vielen kleinen Geräten auf. Dazu zwei Beispiele:

Mikrofon
Im dynamischen Mikrofon befindet sich im Feld eines Dauermagneten eine Spule (Bild 5). An ihr ist eine Membran befestigt, auf die der Schall trifft. Er sorgt für eine Bewegung der Spule und damit für eine Induktionsspannung, die der Schwingungsform des Schalls entspricht. Akustische Signale werden auf diese Weise in elektrische Signale umgewandelt.

Tonband
Ein Tonband eines Kassettengerätes hat eine Dicke von etwa 0,06 mm. Es besteht aus Kunststoff, das mit Eisenoxid, Reineisen oder Chromdioxid beschichtet wurde. Beim bespielten Tonband ist das Eisen entsprechend der aufgenommenen Informationen magnetisiert. Bei der Wiedergabe bewegt es sich mit seinen vielen Magneten am Tonkopf vorbei (Bild 6). Da der Tonkopf aus einer Spule mit Eisenkern aufgebaut ist, entsteht in der Spule eine Induktionsspannung. Sie ist ein Abbild der gespeicherten Informationen auf dem Band.

Aufgaben
1. Eine Spule wird in einem gleich bleibenden (homogenen) Magnetfeld bewegt. Entsteht an den Anschlüssen eine Induktionsspannung? Begründen Sie!
2. Für den Versuch zur Ermittlung der Richtung der Induktionsspannung wurde ein kurzgeschlossener Ring verwendet, nicht aber ein offener Ring. Begründen Sie dieses!
3. Was geschieht, wenn man an ein Mikrofon eine kleine Wechselspannung (mV) legt?
4. Beschreiben Sie, wie die Schallaufzeichnung auf ein Tonband funktioniert (Umkehrung der Wiedergabe)!

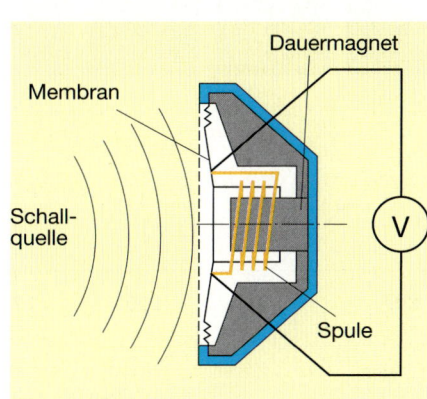

5 Dynamisches Mikrofon

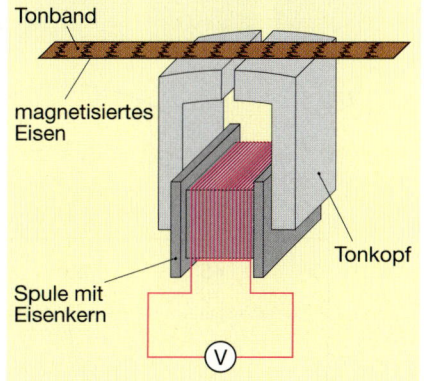

6 Tonband und Tonkopf

Elektrizitätslehre

Wechselspannungsgenerator

Den grundsätzlichen Aufbau eines Wechselspannungsgenerators zeigt Bild 2. Die vielen Windungen der Spule sind vereinfacht durch eine einzelne Leiterschleife dargestellt. Damit eine Spannung abgenommen werden kann, sind die Enden der Leiterschleife mit Ringen fest verbunden, auf die die Kohlebürsten drücken. Dadurch kann ständig eine Spannung abgenommen werden. Wir wollen jetzt für verschiedene Winkelstellungen der Leiterschleife die Spannung ermitteln.

In Bild 1 sind in 45°-Abständen unterschiedliche Stellungen der Leiterschleife zu sehen. In der ersten Position liegt sie waagerecht. Dieses ist die Winkelstellung 0°. Das magnetische Feld ist in allen Fällen durch Feldlinien dargestellt worden. Sie verlaufen parallel, d.h. das Feld ist gleichmäßig (homogen). Durch die Anzahl (Dichte) der Feldlinien verdeutlichen wir die Stärke des Feldes.

Aus den grundlegenden Versuchen zur Erzeugung einer Induktionsspannung wissen wir, dass nur dann eine Induktionsspannung entsteht, wenn sich das Magnetfeld ändert. Wo tritt diese Änderung bei der rotierenden Leiterschleife auf? Das Feld ist doch homogen!

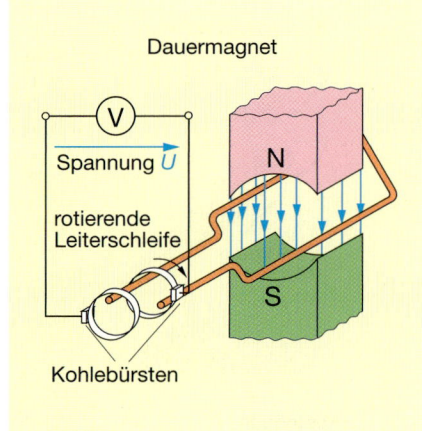

2 Modell eines Wechselspannungsgenerators

☐ 1: Stellen Sie sich vor, die Leiterschleife dreht sich in Bild 1 von 0° nach 45° und dann von 45° bis 90°! Wie verändert sich das Feld in der durch die Leiterschleife gebildeten Fläche?

In beiden Bereichen kommt es zu einer Änderung des Feldes, die allerdings zwischen 0° und 45° geringer ist als zwischen 45° und 90°. Das bedeutet aber, dass auch die Induktionsspannung von 45° bis 90° größer ist als zwischen °0 und 45°.
Diese grobe Betrachtung kann auf kleinere Winkeländerungen übertragen werden. Es entsteht somit, von 0 V be-

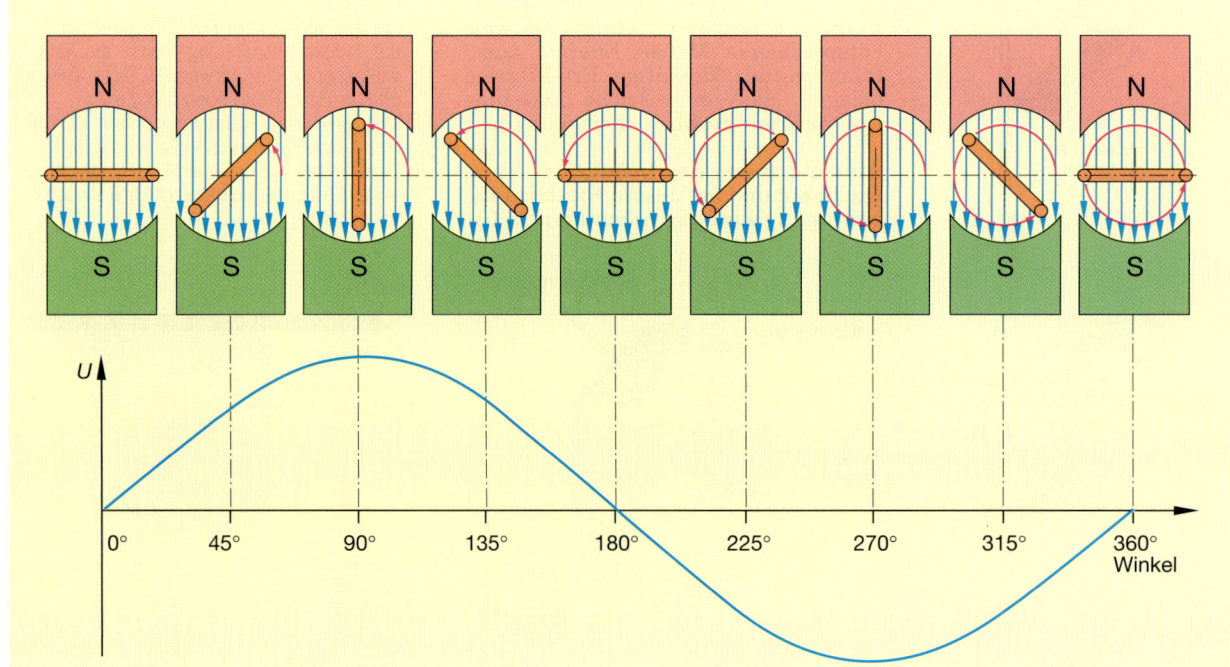

1 Spannungsentstehung beim Wechselspannungsgenerator

Generatoren

3 Industrieller Generator, Innenpolmaschine

ginnend, eine bis zur Winkelstellung von 90° ständig ansteigende Spannung im positiven Bereich. Bei 90° ist die Änderung des Feldes am größten. Drehen wir die Leiterschleife über 90° hinaus, nimmt die Änderung des Feldes ab. Die Spannung sinkt bis auf 0 V.

☐ 2: Beschreiben Sie den Spannungsverlauf, wenn sich die Leiterschleife von 180° bis 360° weiterdreht!

Ab 180° durchdringen die Feldlinien die durch die Leiterschleife gebildete Fläche von der anderen Seite. Deshalb hat die Induktionsspannung in diesem Bereich eine andere Polarität. Sie ist im Vergleich zu vorher negativ. Die Spannung steigt auch hier zunächst langsam an, da die Feldänderung am Anfang gering ist. Bei 270° wird wieder ein Maximalwert erreicht, allerdings im negativen Bereich. Wird jetzt die Leiterschleife weitergedreht, sinkt die Spannung und sie erreicht bei 360° wieder den Wert 0 V.

Bei unseren Betrachtungen hat sich die Leiterschleife einmal um ihre Achse gedreht. Dabei ist eine vollständige Schwingung der Wechselspannung (Bild 1) entstanden. Man nennt diesen Verlauf **sinusförmig**.

> **Bei einem Wechselspannungsgenerator entsteht eine Wechselspannung mit einem sinusförmigen Verlauf.**

Bei dem im Bild 2 dargestellten Generatormodell wurde die elektrische Energie über Schleifkontakte abgenommen. Bei großen Leistungen ist diese Art der Energieabnahme ungünstig. Die Kontakte können durch Funkenbildung verbrennen. Deshalb nimmt man bei industriellen Generatoren die Energie an fest stehenden Spulen im Außenbereich (Stator) ab und lässt einen Magneten im Innern rotieren (Bild 4, **Innenpolmaschine**). Dieses Prinzip wird auch beim Dynamo angewendet.

Bei industriellen Generatoren ersetzt man den Dauermagneten durch einen Elektromagneten (Bild 3 und 4). Über Schleifkontakte wird die Energie für den Elektromagneten zugeführt.

> **Bei einer Innenpolmaschine wird die elektrische Energie an einer fest stehenden Spule, bei einer Außenpolmaschine an einer rotierenden Spule abgenommen.**

Aufgaben
1. Beschreiben Sie die Entstehung einer sinusförmigen Spannung in einem Generator!
2. Beschreiben Sie den Unterschied zwischen einer Innen- und Außenpolmaschine.

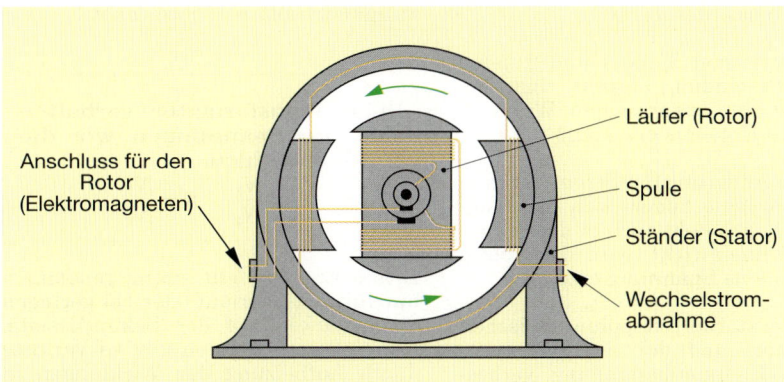

4 Prinzip einer Innenpolmaschine

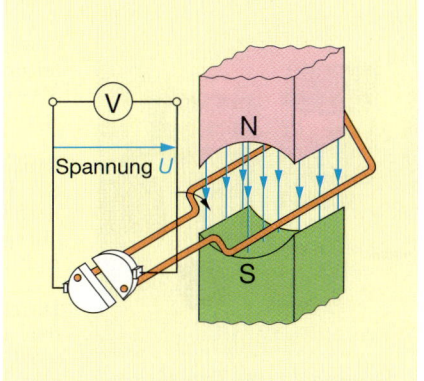

5 Gleichspannungsgeneratormodell

Elektrizitätslehre

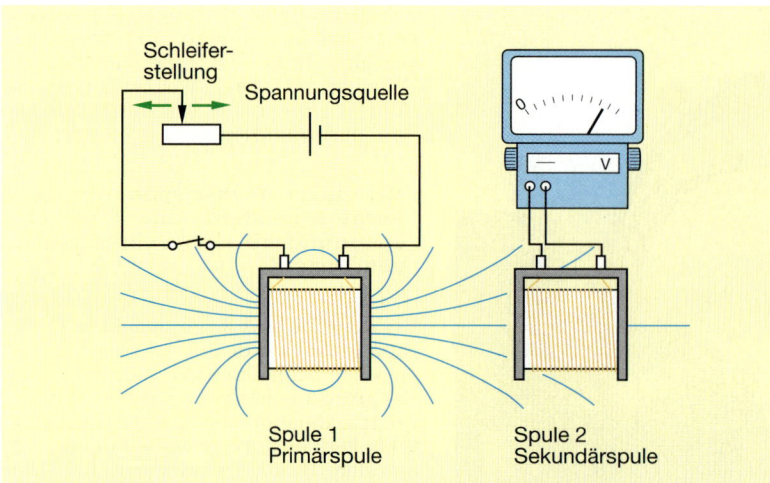

1 Induktionsspannung ohne bewegte Leiter

Transformatoren

Elektrizitätswerke liefern über ein weit verzweigtes Leitungsnetz in unsere Haushalte eine Wechselspannung von 230 V. Für viele Geräte werden aber kleinere Spannungen benötigt, wie z. B. bei der elektrischen Klingel, bei der elektrischen Eisenbahn oder bei bestimmten Halogenlampen. Es muss deshalb zwischen der zur Verfügung stehenden Netzspannung an der Steckdose und dem Gerät ein **Transformator** zur Spannungsanpassung geschaltet werden.

Transformatoren können sehr unterschiedlich aussehen (Bild 2). Sie bestehen aber immer aus mindestens zwei Wicklungen und einem Eisenkern. Der nachfolgende Versuch soll zeigen, weshalb trotz der getrennten Wicklungen eine Energieübertragung möglich ist.

V 1: Ordnen Sie zwei Spulen entsprechend Bild 1 an! Schließen Sie an Spule 1 eine Gleichspannungsquelle mit einem Einstellwiderstand und an Spule 2 ein Spannungsmessgerät an! Ändern Sie den Einstellwiderstand und beobachten Sie das Messgerät!

Obwohl zwischen Spule 1 und 2 keine leitende Verbindung besteht, zeigt das Messgerät eine Spannung an. Wie lässt sich dieses Ergebnis erklären?

Durch die Änderung der Stromstärke in der Primärspule ändert sich das Magnetfeld. Da das Feld auch in die Sekundärspule hineinwirkt, wird dort durch Induktion eine Spannung erzeugt.

Durch eine stärkere Kopplung zwischen der Primär- und der Sekundärspule wird die Energieübertragung verbessert. So kann man z. B. den räumlichen Abstand der Spulen verringern und/oder einen Eisenkern einfügen, der für eine bessere Übertragung des Magnetfeldes sorgt.

Transformatoren werden nicht mit Gleichspannung, sondern mit Wechselspannung betrieben. Es gibt sie für Leistungen von einigen Milli- bis Megawatt. Die zwei oder mehreren Wicklungen sind in einen Eisenkern eingebettet und liegen oft übereinander, um eine gute Verkopplung zu erzielen.

An die Primärspule wird eine Wechselspannung angelegt. Es fließt ein Strom, der im Eisenkern ein Magnetfeld hervorruft. Dieses Magnetfeld durchsetzt auch die Sekundärspule. Bei einer angelegten Wechselspannung ändern sich Spannung, Stromstärke und damit das Magnetfeld ständig. In der Sekundärspule entsteht somit ständig eine Induktionsspannung.

Wir wollen durch den folgenden Versuch herausfinden, wovon diese Sekundärspannung abhängig ist.

V 2: Legen Sie an die Primärwicklung eines Transformators (Bild 3) eine Wechselspannung von 10 V! Messen Sie die Sekundärspannung in Abhängigkeit von der Windungszahl! Verwenden Sie N_1 bzw. $N_2 = 600$ und N_1 bzw. $N_2 = 1200$ (vier Fälle)!

U_1 in V	N_1	U_2 in V	N_2
10	600	10	600
10	1200	10	1200
10	1200	5	600
10	600	20	1200

Ergebnis:
Aus den Messwerten kann man erkennen, dass die Sekundärspannung durch die Primärspannung und durch das Verhältnis der Windungszahlen bestimmt wird. Das Verhältnis der Windungszahlen N_1/N_2 wird als **Übersetzungsverhältnis** $ü$ bezeichnet.

Beim Transformator verhalten sich die Spannungen wie die Windungszahlen.

$$\frac{U_1}{U_2} = \frac{N_1}{N_2} \qquad ü = \frac{N_1}{N_2}$$

Dieses Ergebnis gilt streng genommen nur für den Leerlauf oder bei geringen Stromstärken auf der Sekundärseite. Bei größeren Strömen gibt es Verluste durch Aufheizung der Wicklungen in Form von Wärme, die an die Umgebung abgeführt wird.

Schaltzeichen für Transformatoren

2 Bauformen von Transformatoren

Transformatoren

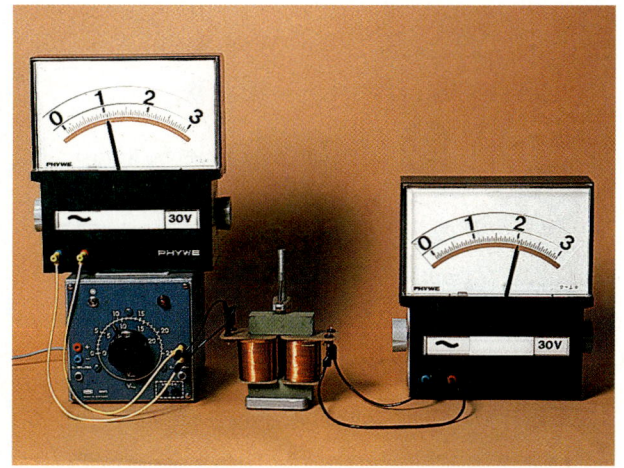

3 Spannungsübersetzung beim Transformator

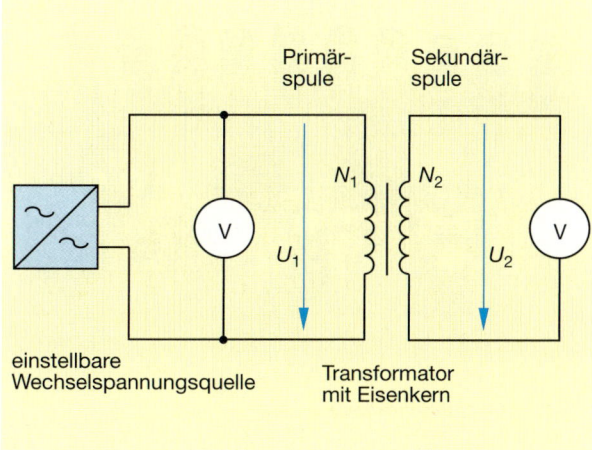

5 Schaltbild zum Versuchsaufbau von Bild 3

Wie erzeugt man Hochspannung?

V 3: Vorsicht, nur Lehrerversuch! Wir bauen einen Transformator mit einer Primärwicklung von $N_1 = 500$ und einer Sekundärwicklung von $N_2 = 23\,000$ auf. Die Primärwicklung wird an die Netzspannung von 230 V über einen Schalter angeschlossen. An die Sekundärwicklung schließen wir zwei hörnerartig gebogene Drähte an. Der Abstand an der unteren und engsten Stelle beträgt etwa 2 mm (Bild 4).

Wenn wir jetzt die Spannung an der Primärspule einschalten, entsteht ein kleiner Lichtbogen, der langsam nach oben steigt und schließlich abreißt. Durch die Entladung wird, wie beim Blitz, die Luft leitend. Die erzeugte Spannung beträgt etwa 10 000 V! Überprüfen Sie dieses rechnerisch!

Stromübersetzung

V 4: Schließen Sie an die Spule der Sekundärseite des Transformators aus Versuch 2 einen einstellbaren Widerstand an! Messen Sie die Stromstärke auf beiden Seiten für verschiedene Windungszahlen! Stellen Sie eine Formel auf, in der die Stromstärken und die Windungszahlen vorkommen!

Ergebnis:

I_1 in A	N_1	I_2 in A	N_2
0,10	1200	0,09	1200
0,06	1200	0,10	600
0,35	600	0,17	1200

> **Bei einem Transformator verhalten sich die Stromstärken etwa umgekehrt wie die Windungszahlen.**
>
> $$\frac{I_1}{I_2} \approx \frac{N_2}{N_1}$$

Zum Schweißen werden hohe Stromstärken benötigt. Ein Schweißgerät enthält in der Regel einen Transformator, bei dem eine geringe Stromstärke auf der Primärseite in eine hohe Stromstärke auf der Sekundärseite umgesetzt wird (Geringe Windungszahl auf der Sekundärseite).

Aufgaben

1. Ein Transformator hat ein Übersetzungsverhältnis von 13:1.
   Wie groß ist die Sekundärspannung, wenn auf der Primärseite 24 V anliegen?
2. Bei einem Schweißtransformator mit $N_1 = 1200$ und $N_2 = 1$ wird auf der Primärseite eine Stromstärke von 0,3 A gemessen. Wie groß ist die Sekundärstromstärke?

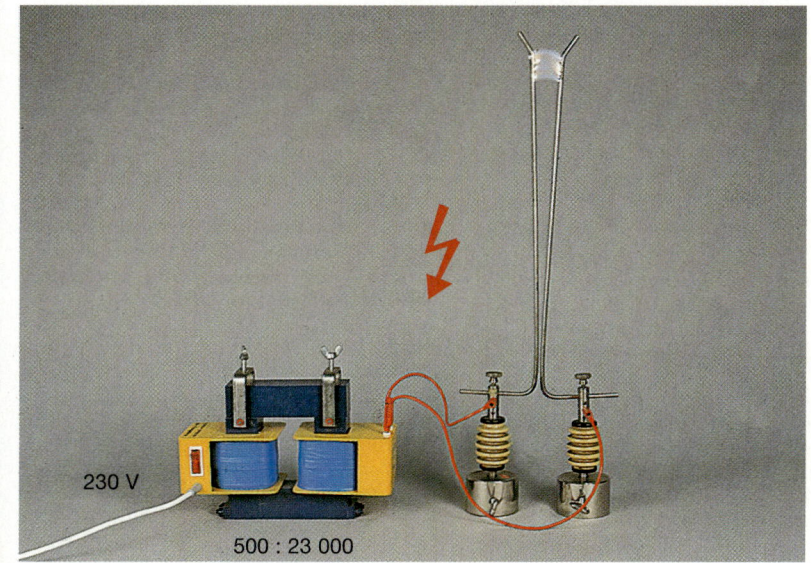

4 Hochspannungstransformator

1 Elektronische Schaltung

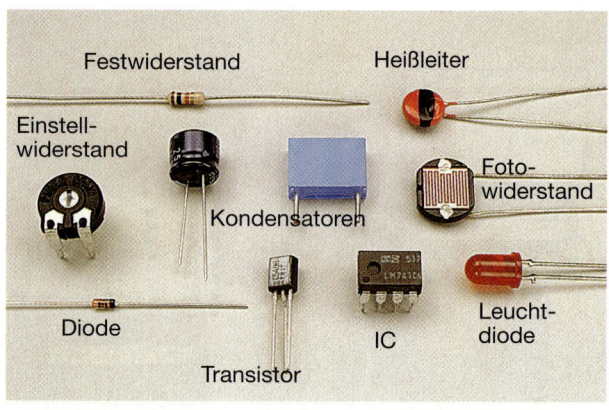

3 Auswahl häufig benutzter elektronischer Bauelemente

Bauelemente der Elektronik

Elektronische Schaltungen enthalten viele Bauelemente, die sich hinsichtlich Werkstoff, Bauform, Baugröße sowie Anzahl der elektrischen Anschlüsse unterscheiden. Bild 3 zeigt eine Auswahl häufig eingesetzter Bauelemente der Elektronik. Mit IC (engl. = Integrated Circuit) bezeichnet man eine **integrierte Schaltung**. Sie besteht aus vielen elektronischen Bauelementen, die auf kleinstem Raum zu einer Funktionseinheit zusammengefasst sind.

☐ 1: Welche der in Bild 3 dargestellten Bauelemente kommen auf der Platine in Bild 1 vor?

Werkstoffe für elektronische Bauelemente

Die wichtigsten Werkstoffe elektronischer Bauelemente sind die **Halbleiter**.

> **Halbleiter sind Werkstoffe, die bei Zimmertemperatur den elektrischen Strom besser leiten als Isolatoren, aber schlechter als Metalle (Bild 4).**

Zu den Halbleitern gehören unter anderem die chemischen Elemente Silizium, Germanium, Selen und einige chemische Verbindungen wie z. B. Indiumantimonid, Galliumarsenid, Cadmiumsulfid.

Das für die Technik wichtigste Halbleitermaterial ist seit etwa 1960 **Silizium**. Mit rund 25 % kommt es nach dem Sauerstoff am häufigsten in der Erdkruste vor (Bild 2), allerdings nur im Siliziumdioxid. Aus dieser Verbindung bestehen weitgehend Sand, Kieselsteine und Quarz. Quarz findet man als Bergkristall oder, durch geringe Mengen von Schwermetallen gefärbt, als violetten Amethyst und als schwarzen Rauchquarz.

Die Gewinnung des metallisch glänzenden Siliziums (Bild 5a) aus Quarzsand erfordert einen hohen Energieeinsatz. Zunächst wird dem Sand in speziellen Hochöfen Kohle bzw. Koks beigemengt. Bei Temperaturen von über 1800 °C gewinnt man dann über ein nochmals extra zu behandelndes Zwischenprodukt schließlich das Rohsilizium mit einer Reinheit von ca. 98 %. Zur Herstellung elektronischer Bauelemente benötigt man jedoch noch viel reineres Silizium, bei dem auf ca. 10 Milliarden Siliziumatome nur ein Fremdatom kommen darf. Das gelingt mit einem besonderen Schmelzverfahren, dem sogenannten **Zonenschmelzverfahren**.

Eine ganze Reihe weiterer Verfahren ist nötig, bis schließlich ein funktionsfähiges elektronisches Bauelement oder gar ein IC zur Verfügung steht.

Die **Geschichte der Halbleitertechnik** beginnt um 1874. In diesem Jahr baut der Physiker Ferdinand Braun den ersten Gleichrichter (Diode) aus dem Halbleitermaterial Selen.

1906 wird Silizium erstmals als günstigstes Material für Halbleiterdioden genannt; die Bezeichnung Halbleiter benutzt man erst ab 1911.

Im Jahre 1948 gelingt die Herstellung des ersten Transistors. Die Serienproduktion kann jedoch erst 1952 beginnen, da man das Zonenschmelzverfahren vorher nicht beherrschte.

1959 kann zum ersten Mal eine Halbleiterschaltung aus mehreren Transistoren auf einem Stück Silizium untergebracht werden. Damit nahm die **Mikroelektronik** ihren Anfang.

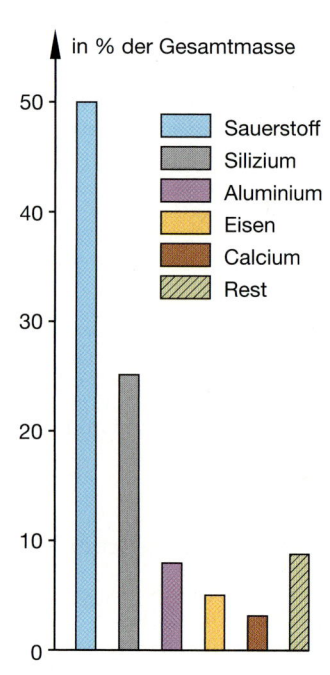

2 Häufigkeit der Elemente in der Erdkruste

Elektronische Werkstoffe

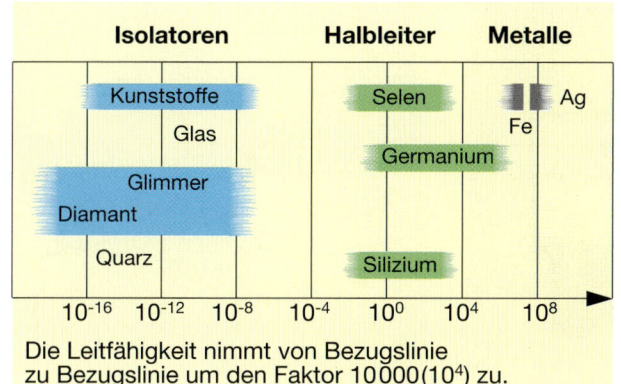

4 Einteilung der Stoffe nach der elektrischen Leitfähigkeit

6 Ausschnitt aus dem Periodensystem der Elemente

1982 beträgt die Anzahl der Transistorfunktionen auf einem 7 mm x 7 mm großen Halbleiterplättchen, Chip genannt, schon 150 000. In einem solchen **Chip** lässt sich der Inhalt von vier Schreibmaschinenseiten speichern.

Heute gelingt es bereits, auf einem einzigen Chip mehrere Millionen Bauelemente bzw. Bauelementefunktionen unterzubringen.

Erst die Beherrschung der notwendigen Technologien (Verfahrensweisen) ermöglicht die perfekte Massenproduktion. Vom Quarzsand bis zum fertigen fehlerfreien Chip ist eine große Anzahl von Fertigungsschritten zu durchlaufen. Das schon erwähnte Reinstsilizium wird dabei wieder eingeschmolzen. Aus der Schmelze gewinnt man dann ca. 1 m lange zylinderförmige Stäbe, die jeweils aus einem einzigen Kristall (**Einkristall**) bestehen und einen Durchmesser von etwa 15 cm haben. Diese Stäbe werden mit einer Diamantsäge in 0,5 mm dicke Scheiben zersägt. Auf ihnen entstehen dann in bis zu 400 einzelnen Fertigungsschritten viele Chips gleichzeitig.

Bild 5b zeigt eine Siliziumscheibe, auf der 140 ICs mit je 26 mm² Fläche untergebracht sind.

Die Entwicklung ist auch heute längst nicht abgeschlossen. Die Aufgabenstellung lautet nach wie vor: kleiner, leichter, zuverlässiger und billiger.

Aufgaben
1. Nennen Sie je fünf elektronische Geräte, die
   a) die Sicherheit im Verkehr erhöhen,
   b) im medizinischen Bereich eingesetzt werden,
   c) Ihrer Meinung nach zur Unterhaltung beitragen!
2. Aus welchen Stoffen bestehen Halbleiterbauelemente? Siehe dazu Bild 6!
3. Welche Bedeutung hat die Bezeichnung „Halbleiter"?
4. Ordnen Sie folgende Stoffe nach abnehmender elektrischer Leitfähigkeit: Cadmiumsulfid, Styropor, Silber!
5. Nennen Sie Berufe, in denen elektronische Geräte verwendet werden!
6. Was versteht man unter einem Chip?
7. Welche Schwierigkeiten ergaben sich, als man versuchte, Silizium als Werkstoff für Halbleiterbauelemente zu verwenden?

a) Einkristall aus Reinstsilizium

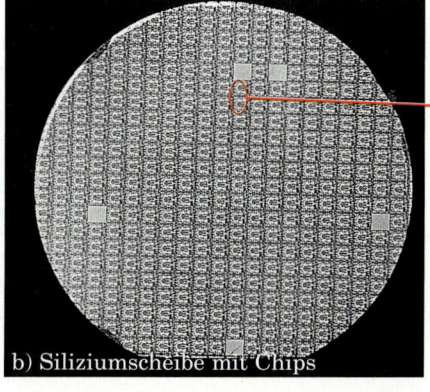

b) Siliziumscheibe mit Chips

c) Einbaufertiger Chip

5 Vom Einkristall zum Chip

Elektronik

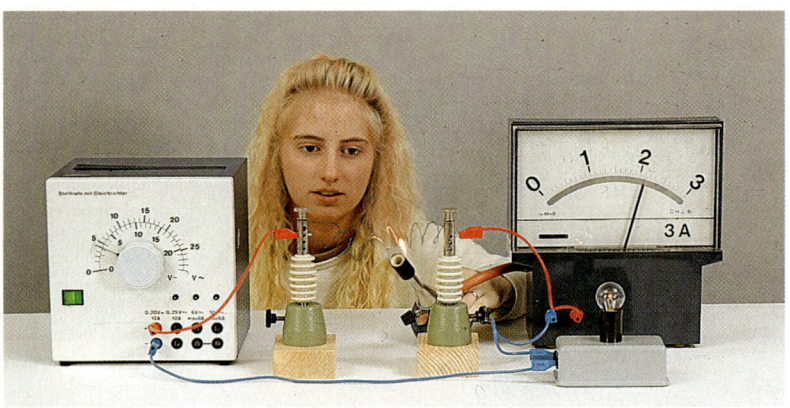

1 Der Widerstand eines Eisendrahts nimmt beim Erwärmen zu

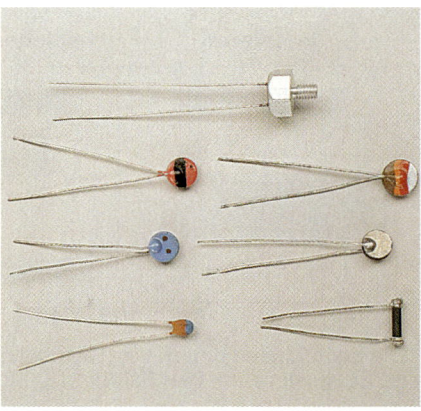

4 Bauformen von Kalt- und Heißleitern

Widerstand und Temperatur

Bisher wurde der Einfluss der Temperatur auf den Widerstand nicht untersucht. Das soll jetzt geschehen.

▽ 1: Bauen Sie die in Bild 1 dargestellte Reihenschaltung auf! Wählen Sie die Spannung so, dass die Lampe hell leuchtet! Erhitzen Sie nun den Draht mit einem Brenner oder einem Föhn! Was beobachten Sie?

Bei steigender Temperatur des Drahtes geht die Helligkeit der Lampe zurück. Die Strommesseranzeige verringert sich dabei ebenfalls. Das lässt die Schlussfolgerung zu: Beim Erwärmen hat der Widerstand des Drahtes zugenommen. Widerstände, die bei niedrigeren Temperaturen den elektrischen Strom besser leiten als bei höheren, nennt man **Kaltleiter** oder **PTC-Widerstände** (von „positiver Temperatur-Koeffizient").

> Bei Kaltleitern (PTC-Widerständen) nimmt der Widerstand bei Temperaturerhöhung zu.

Daneben gibt es **Heißleiter**, auch **NTC-Widerstände** (von „negativer Temperatur-Koeffizient") genannt, weil ihr Widerstand abnimmt, wenn die Temperatur steigt. Bild 4 zeigt Bauformen, die in der Praxis üblich sind.

□ 2: Was ändert sich im Versuch nach Bild 1, wenn der Drahtwiderstand durch einen Heißleiter ersetzt wird? Begründen Sie!

> Bei Heißleitern (NTC-Widerständen) nimmt der elektrische Widerstand ab, wenn die Temperatur steigt.

Im Prinzip kann man jeden Stoff einer der beiden Gruppen zuordnen. Alle Metalle, und damit auch die Drahtwiderstände, gehören zu den Kaltleitern.

Eine Ausnahme stellt Konstantan dar. Sein Widerstandsmaterial besteht aus einer besonderen Legierung mit nur ganz geringer Temperaturabhängigkeit. Die meisten Halbleiterstoffe (z. B. Silizium, Kohlenstoff) und die aus ihnen gefertigten Bauelemente (z. B. Dioden, Transistoren, Kohleschichtwiderstände) verhalten sich wie Heißleiter.

Anwendungsbeispiele: Temperaturfühler (Temperatursensoren) zur Überwachung (Bild 2) und zur Messung (Bild 3) von Temperaturen.

Aufgaben
1. Wie können Sie vorgehen, um herauszufinden, ob ein nicht gekennzeichneter Widerstand ein Heißleiter oder ein Kaltleiter ist?
2. Beschreiben Sie die Funktion der Schaltung in Bild 2!
3. Beschreiben Sie, wie die Schaltung in Bild 2 arbeitet, wenn der Heißleiter durch einen Kaltleiter ersetzt wird!
4. Bei dem Messgerät in Bild 3 handelt es sich um einen Strommesser. Beschreiben Sie, wie Sie dem Strommesser einer Temperaturskala zuordnen können!!

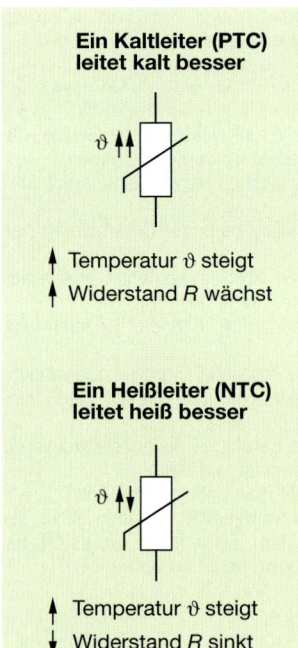

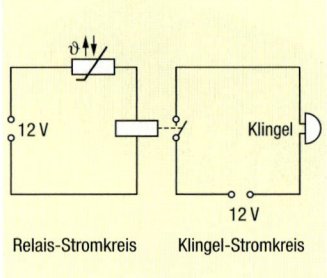

2 Temperaturwächter

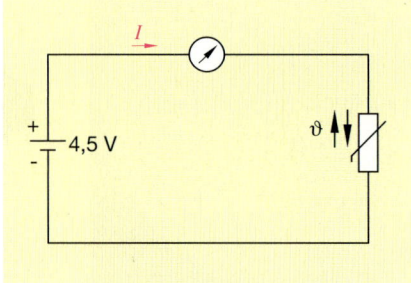

3 Thermometer (zu Aufgabe 4)

Elektronische Werkstoffe

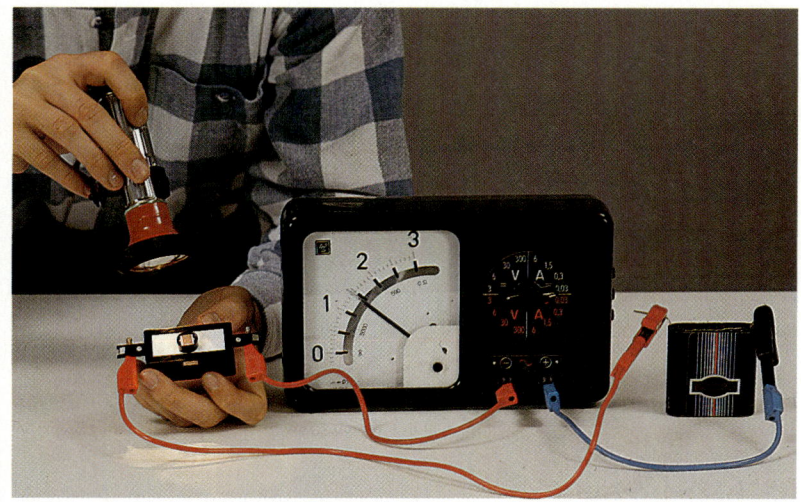

5 Beleuchtung eines Fotowiderstandes

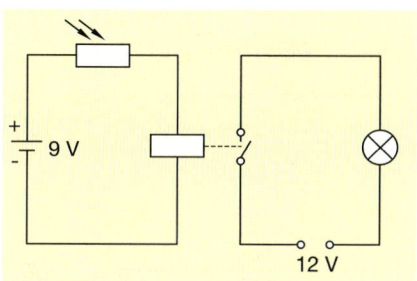

7 Lichtabhängiges Ein- und Ausschalten einer Lampe

Widerstand und Licht

Ⅴ 3: Bauen Sie die Schaltung nach Bild 5 auf! Beleuchten Sie den Fotowiderstand mit einer Taschenlampe! Was beobachten Sie?

Die Anzeige des Strommessers vergrößert sich umso mehr, je näher die Taschenlampe an den Fotowiderstand herangebracht wird. Bei Dunkelheit hat dieses Bauelement offensichtlich einen viel größeren Widerstand als bei Helligkeit bzw. bei Beleuchtung. Einen Widerstand mit dieser Eigenschaft nennt man **Fotowiderstand** oder auch **LDR** (light dependent resistor, engl. = lichtabhängiger Widerstand).

> **Der Fotowiderstand (LDR) leitet den elektrischen Strom umso besser, je größer die Beleuchtungsstärke ist.**

Der LDR besitzt ein lichtdurchlässiges Fenster, damit das auftreffende Licht die dahinter liegende lange gewundene lichtempfindliche Widerstandsbahn gut treffen kann (Bild 6).

Anwendungsmöglichkeiten

Belichtungsmesser: Tauscht man in Bild 3 den Heißleiter gegen einen Fotowiderstand aus, dann kann man mit Hilfe eines Belichtungsmessers dem Anzeigegerät eine Beleuchtungsstärkeskala zuordnen. Man hat damit einen einfachen Belichtungsmesser gewonnen.

Dämmerungsschalter: Abends soll die Beleuchtung am Hauseingang automatisch eingeschaltet, morgens automatisch ausgeschaltet werden.
Lösungsmöglichkeit: Die Prinzipschaltung in Bild 7 besitzt die gewünschte Wirkungsweise. Bei Tageslicht leitet der Fotowiderstand gut. Das Relais hat folglich angezogen und der Lampenstromkreis ist unterbrochen. Wird es abends dunkel, erhöht sich der Widerstand immer mehr, bis schließlich der Relaiskontakt den Lampenstromkreis schließt und die Lampe aufleuchtet.

Füllstandsüberwachung: Bild 8 zeigt einen Fotowiderstand als Bauelement in einer Lichtschranke, die den Füllstand eines Tanks überwachen soll. Sinkt das Niveau der Flüssigkeit unter die Höhe des Lichtweges, dann soll eine Warnlampe aufleuchten.

☐ 4: Übertragen Sie die Zeichnung aus Bild 8 in Ihr Heft und ergänzen Sie den fehlenden Teil der Schaltung! Erklären Sie die Funktionsweise! Warum arbeitet die Schaltung nur bei dunklen Flüssigkeiten wunschgemäß?

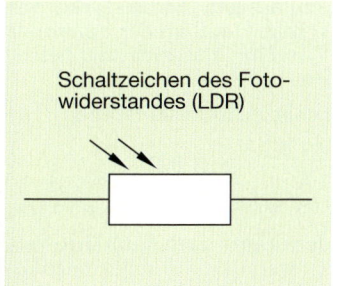

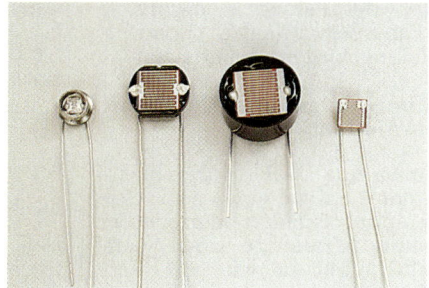

6 Bauformen von Fotowiderständen

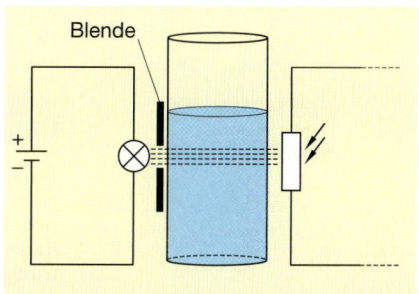

8 Füllstandsüberwachung eines Tanks

Elektronik

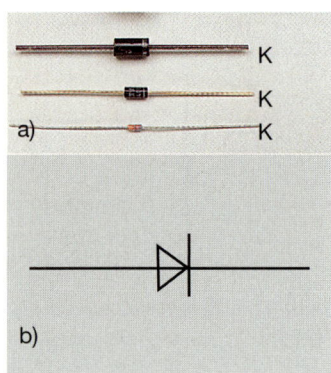

1 Halbleiterdioden
a) Bauformen, b) Schaltzeichen

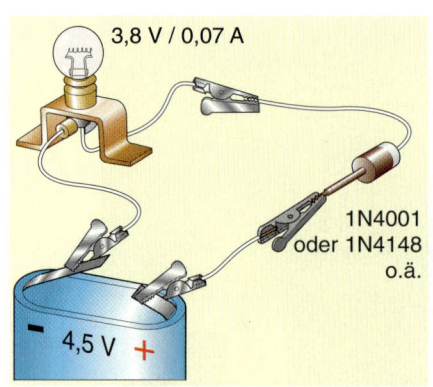

3 Versuchsaufbau: Diode im Gleichstromkreis

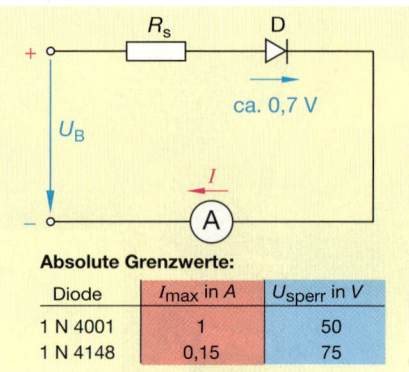

4 In Durchlassrichtung benötigt die Diode einen Schutzwiderstand

Gleichrichterdioden

Die Diode – ein elektrisches Ventil

In vielen elektronischen Geräten (z. B. Kassettenrekorder, Walkman) müssen Sie die Batterien richtig gepolt einlegen. Trotzdem entsteht meist kein Schaden, wenn Sie dabei einen Fehler machen. Wie lässt sich das erklären?

Dioden eignen sich als Schutz gegen falsches Polen einer Gleichspannung.

V 1: Bauen Sie mit einer Batterie, einer Lampe und einer Diode einen Stromkreis nach Bild 3 auf! Fügen Sie die Diode einmal wie dargestellt, danach anders herum in den Stromkreis ein! Was stellen Sie fest?

Eine Diode leitet den elektrischen Strom in einer Richtung sehr gut, in der anderen dagegen sperrt sie ihn. Sie wirkt somit für den Strom wie eine Einbahnstraße (Bild 2). Diese Eigenschaft hat im Prinzip jedes **Ventil**.

> **Eine Gleichrichterdiode wirkt wie ein Ventil: In einer Richtung lässt sie den elektrischen Strom durch; in der anderen Richtung sperrt sie ihn.**

Das Schaltzeichen gibt dieses Verhalten gut wieder. Bei Polung in der Pfeilrichtung kann Strom fließen, bei umgekehrter Polung wird er gesperrt.

Vorsicht beim Experimentieren mit Halbleiterdioden!

Betreibt man eine Diode in Durchlassrichtung, dann hat sie einen sehr kleinen Widerstand. Schaltet man sie bei dieser Polung parallel zu einer Spannungsquelle, wirkt sie wie ein Kurzschluss. Dabei wird die maximal zulässige Stromstärke überschritten.

Die Temperatur im Inneren der Diode erhöht sich dadurch so, dass die Kristallstruktur zerstört wird und die Diode ihre Ventilwirkung verliert.

> **Bei Betrieb in Durchlassrichtung benötigt eine Diode einen Schutzwiderstand.**

In der Schaltung von Bild 3 begrenzt der elektrische Widerstand der Lampe die Stromstärke. Sie hat den Widerstand: $R = 3{,}8\,V / 0{,}07\,A = 54{,}2\,\Omega$.

Nach der Widerstandsreihe E 6 (S. 165) kann an Stelle der Lampe ein Schutzwiderstand mit dem Normwert 68 Ω vorgesehen werden. Er liegt in Reihe zur Diode. Bei Polung in Durchlassrichtung fließt durch beide Bauelemente der gleiche Strom und die Batteriespannung U_B teilt sich auf beide Bauelemente auf.

Messungen zur Ermittlung des Schutzwiderstandes R_S ergeben eine Spannung an der Diode von 0,7 V, auch Schleusenspannung genannt. Nach der Schaltung in Bild 4 gilt:

$$R_S = \frac{U_B - 0{,}7\,V}{I_{max}}.$$

Der erforderliche Schutzwiderstand hängt auch vom Diodentyp ab.

Beispiel: Die Diode 1 N 4001 mit der maximal zulässigen Stromstärke von $I_{max} = 1\,A$ (Bild 4) soll an der Spannung $U_B = 12\,V$ in Durchlassrichtung betrieben werden.

Erforderlicher Schutzwiderstand:

$$R_S = \frac{12\,V - 0{,}7\,V}{1\,A} = 11{,}3\,\Omega$$

Nach E 6 (S. 165) wählbar: $R_S = 15\,\Omega$.

Eine Diode verliert auch dann ihre Ventilwirkung, wenn sie mit einer unzulässig hohen Sperrspannung betrieben wird (Bild 4).

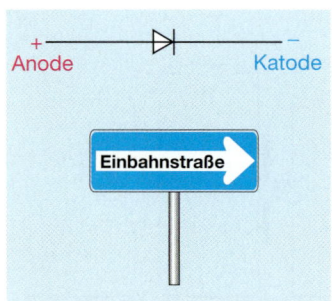

2 Dioden lassen den Strom nur in einer Richtung durch

Elektronische Bauelemente

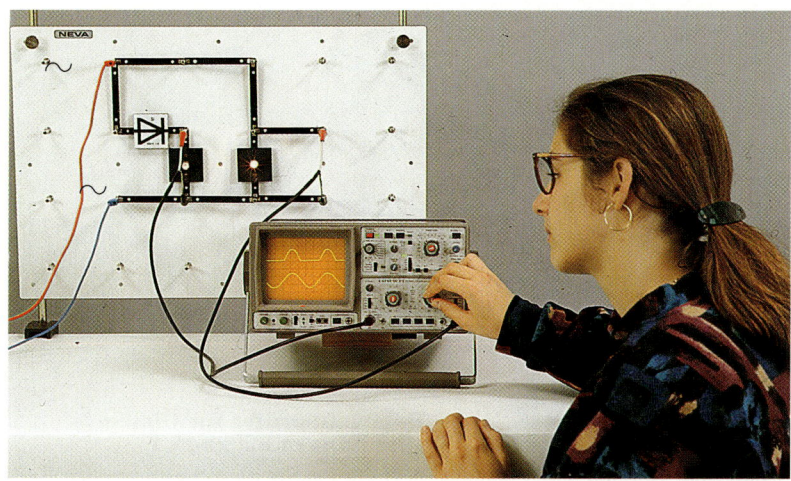

5 Diode im Wechselstromkreis

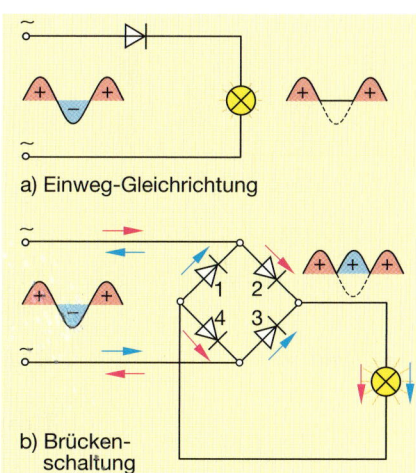

7 Gleichrichterschaltungen

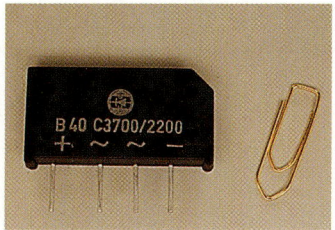

6 Bauform eines Brückengleichrichters

Dioden richten gleich

Viele elektronische Geräte betreibt man am 230-V-Wechselspannungsnetz, obwohl sie zum Betrieb Gleichspannung benötigen. Wie ist das möglich?

V 2: Bauen Sie eine Schaltung nach Bild 5 auf! Stellen Sie am Wechselspannungsgerät die Nennspannung der beiden Lampen ein! Betreiben Sie eine Lampe direkt mit der Wechselspannung und die andere über eine in Reihe geschaltete Diode! Beschreiben Sie den Unterschied in der Helligkeit!

V 3: Schließen Sie ein Oszilloskop an die Lampen an und wiederholen Sie Versuch 2! Erklären Sie den Helligkeitsunterschied der Lampen mit Hilfe der Bilder im Oszilloskop!

Auf dem Bildschirm des Oszilloskops sieht man, dass bei Wechselspannungsbetrieb nur in der Zeit, in der die Diode in Durchlassrichtung gepolt ist, eine Spannung an der Lampe liegt und somit auch ein Strom fließt. In der jeweils nachfolgenden gleich langen Sperrzeit fließt kein Strom.

Der Spannungsverlauf an der Lampe weist nur eine Polarität auf: Die Wechselspannung wurde gleichgerichtet. Wegen der regelmäßigen Unterbrechungen spricht man von einer **pulsierenden** Gleichspannung. Diese Lampe leuchtet deshalb im Wechselstromkreis bei gleicher Nennspannung deutlich schwächer.

> **Durch eine Diode entsteht in einem Wechselstromkreis eine pulsierende Gleichspannung.**

Auch die zweite Hälfte einer Wechselspannung kann gleichgerichtet werden. Das gelingt mit Hilfe einer **Brückenschaltung** nach Bild 7b, bei der vier Dioden (1 bis 4) in besonderer Weise angeordnet sind.

☐ 4: Erklären Sie mit Hilfe von Bild 7b, dass bei Brückengleichrichtung der Strom immer in der gleichen Richtung durch die Lampe fließt!

Auf Grund der beschriebenen Wirkungsweise der Dioden im Wechselstromkreis spricht man von **Gleichrichterdioden** bzw. von **Einweg-Gleichrichtung**, wenn nur eine Diode eingesetzt wird (Bild 7a), und von **Zweiweg-Gleichrichtung**, wenn vier Dioden eine Brückenschaltung bilden.

Aufgaben
1. Gegeben ist die Reihenschaltung aus einer Diode und einer Lampe. Was ändert sich, wenn Sie die Diode in umgekehrter Richtung anordnen,
   a) in einem Gleichstromkreis?
   b) in einem Wechselstromkreis?
2. In einer Brückenschaltung wird eine Diode
   a) vergessen,
   b) falsch gepolt.
   Welche Auswirkungen haben diese Fehler?
3. Ein Drehspulinstrument, dessen Nullpunkt am linken Skalenrand liegt, kann nur nach rechts ausschlagen. Wie müssen Sie eine Diode anordnen, wenn sie das Messwerk vor falscher Polung schützen soll? Fertigen Sie eine Schaltskizze an!
4. Eine Diode vom Typ 1 N 4001 soll in einer Einweg-Gleichrichterschaltung betrieben werden. Berechnen Sie den Schutzwiderstand R_S, wenn der Spitzenwert der Wechselspannung 6 V beträgt! Wählen Sie aus der Normreihe E 6 den passenden Widerstand!
5. Was ändert sich auf dem Bildschirm in Bild 5, wenn Sie die Diode in der Gegenrichtung einbauen? Begründen Sie!

Elektronik

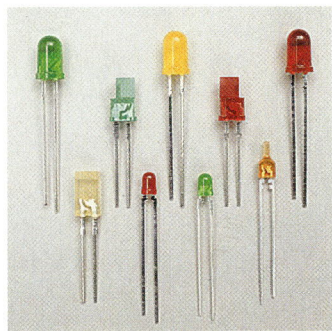

1 Leuchtdioden

3 LED im Gleichstromkreis
a) Schaltung
b) Versuchsaufbau

Leuchtdioden (LEDs)

Kassettenrekorder, Radios, CD-Player u. a. besitzen eine Reihe von Leuchtfeldern. Sie zeigen an, wie weit der Verstärkerausgang mit den Lautsprechern ausgesteuert wird. Die Signalanzeige besorgen Leuchtdioden. Die Schaltung in Bild 1 auf S. 190 besitzt eine solche Leuchtdiodenkette. Prinzip: Je stärker ausgesteuert wird, um so mehr Leuchtdioden senden Licht aus.

▽ 1: Bauen Sie zur Untersuchung der Leuchtdiode eine Schaltung nach Bild 3 auf! Polen Sie mehrmals um! Was beobachten Sie?

Die **Leuchtdiode**, auch **LED** (light emitting diode, engl.= lichtaussendende Diode) genannt, leuchtet nur bei Polung in Durchlassrichtung. Um beim Einbau in eine Schaltung Fehler zu vermeiden, erkennen Sie die Katode (Minusanschluss der LED) an dem verkürzten Anschlussdraht und an einer Gehäuseabflachung (Bild 2).

> **Wenn Leuchtdioden in Durchlassrichtung betrieben werden, wandeln sie elektrische Energie in Licht um.**

Leuchtdioden benötigen zur Strombegrenzung einen Schutzwiderstand. Für die am häufigsten eingesetzten roten LEDs gelten folgende Kenndaten:

Durchlassspannung: 1,6 V,
Maximaler Durchlassstrom: 20 mA.

Legt man eine Batteriespannung von 5 V zu Grunde, ergibt sich für den Schutzwiderstand ein Wert von 170 Ω. Nimmt man den Widerstand 180 Ω der Normreihe E 12, kann man mit einer 4,5-V-Batterie experimentieren, ohne die LED zu gefährden.

☐ 2: Welche Farbringe muss der Schutzwiderstand von 180 Ω aufweisen?

Kennzeichnung der Anschlüsse

Katode (kürzerer Draht)

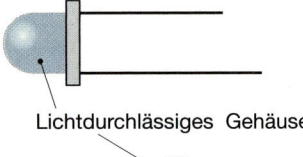

Lichtdurchlässiges Gehäuse

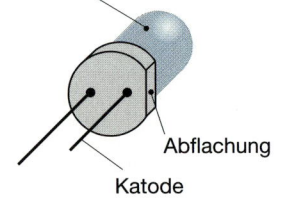

Abflachung
Katode

Schaltzeichen

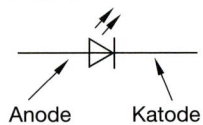

Anode   Katode

2 Kennzeichnung und Schaltzeichen für Leuchtdioden

Polaritätsprüfer für Gleichspannungen bis zu 12 V

▽ 3: Bauen Sie die Schaltung nach Bild 4 auf! Erproben Sie sie bei Gleichspannungen bis zu 12 V! Erklären Sie, wie Sie mit dieser Schaltung eindeutig den Plus- und den Minuspol einer Gleichspannung bestimmen können!

Bei Polung in Durchlassrichtung leuchtet die LED, wobei die Stromstärke durch den Schutzwiderstand R_S im Messbereich sicher begrenzt wird.

Bei Polung in Sperrrichtung ist bei einer LED nur eine Sperrspannung von 3 V bis 5 V zulässig. Bei Spannungen über 5 V würde sie zerstört. Die parallel geschaltete Schutzdiode D_S verhindert das, denn an ihr liegen bei dieser Polung nur ca. 0,7 V.

Aufgaben

1. Wie unterscheiden sich Leuchtdioden von Gleichrichterdioden
   a) bezüglich der Funktionsweise?
   b) bezüglich der Bauform?
2. Warum benötigen Leuchtdioden einen Schutzwiderstand?
3. Welche Krokodilklemme muss bei der Schaltung nach Bild 3 b an den Pluspol angeschlossen werden, damit die LED leuchtet? Begründen Sie!

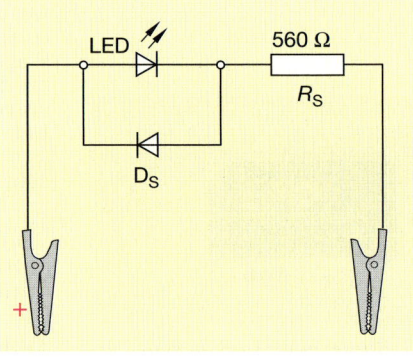

4 Polaritätsprüfer bis 12 V

Transistoren

5 a) Die Erfinder des Transistors   b) Der erste Transistor

Der Transistor - eine Epoche machende Erfindung
Die drei amerikanischen Forscher Shockley, Bardeen und Brattein - in Bild 5 a) von links nach rechts - untersuchten bereits 1940 in den Laboratorien der Bell Telefongesellschaft Halbleiterbauelemente. 1948 gelang es ihnen, den ersten funktionierenden Transistor zu bauen. Für diese Epoche machende Erfindung erhielten die drei Forscher 1956 den Nobelpreis für Physik.

Transistoren verstärken

6 Bauformen von Transistoren

Der Transistor besitzt drei elektrische Anschlüsse mit den Bezeichnungen **Emitter E, Kollektor C** und **Basis B**. Bild 6 zeigt in der Praxis verwendete Bauformen, Bild 7 die Zonenfolge und das Schaltzeichen des häufigsten Transistortyps des sogenannten npn-Transistors. Das Transistorgehäuse besteht aus Metall oder aus Kunststoff oder aus beiden Materialien. Das Gehäuse beherbergt den eigentlichen Transistor aus einem Halbleiter, meistens Silizium, das durch Anreichern mit Elektronen (n-Silizium) und durch Anreichern mit positiven elektrischen Ladungen (p-Silizium) drei Zonen aufweist. Bedeutung der Transistorbezeichnungen:
B: Silizium-Transistor; C: Niederfrequenz-Transistor; D: Leistungs-Transistor

Wie wird ein Transistor leitend?

Der Transistor ist dann im elektrisch leitenden Zustand, wenn sein Kollektorstrom I_C größer als null ist. Nur in diesem Schaltzustand kann ein Transistor als Verstärker wirken. Die Schaltung in Bild 7c) ermöglicht es, die Zusammenhänge zu untersuchen.

▽4: Bauen Sie die Schaltung nach Bild 7c) auf! Stellen Sie mit Hilfe des 50-kΩ-Potentiometers verschiedene Basisströme I_B (0,1 mA; 0,2 mA...bis 0,8 mA) ein! Messen Sie die zugehörigen Kollektorströme I_C und übertragen Sie die Messwerte in ein Koordinatensystem gemäß Bild 7d)!

Trägt man I_C über I_B ab, erhält man die **Stromsteuerkennlinie** des Transistors. Dabei fällt auf, dass sie ziemlich geradlinig verläuft, vor allem aber, dass ein kleiner Basisstrom einen großen Kollektorstrom bewirkt. Diesen Sachverhalt erfasst man mit dem **Gleichstromverstärkungsfaktor** B:

$$B = \frac{I_C}{I_B}.$$

Beispiel: Für $I_B = 0{,}05$ mA entnimmt man aus Bild 7d: $I_C = 44$ mA; somit gilt $B = 44$ mA/0,05 mA = 880.
Ergebnis: I_C ist 880-mal so groß wie I_B.

> **In einem Transistor steuert ein kleiner Basisstrom einen viel größeren Kollektorstrom.**

Achtung **Grenzwerte** einhalten! In Datenblättern sind als zulässige Maximalwerte angegeben: die Grenzwerte für die Ströme I_B und I_C sowie für die Sperrspannungen U_{BE} und U_{CE}.

Aufgabe
1. Entnehmen Sie dem Diagramm Bild 7d für $I_B = 0{,}2$ mA und 0,7 mA die Kollektorströme und berechnen Sie den Gleichstromverstärkungsfaktor B!

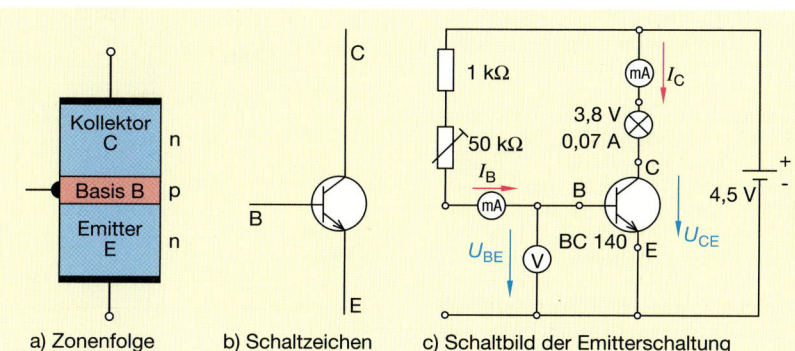
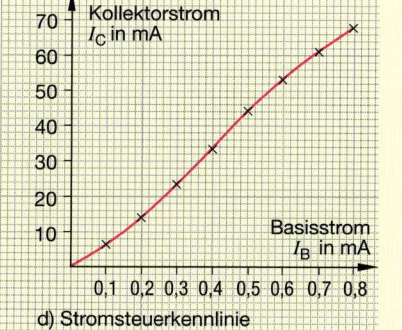

7 npn-Transistor
a) Zonenfolge   b) Schaltzeichen   c) Schaltbild der Emitterschaltung   d) Stromsteuerkennlinie

Elektronik

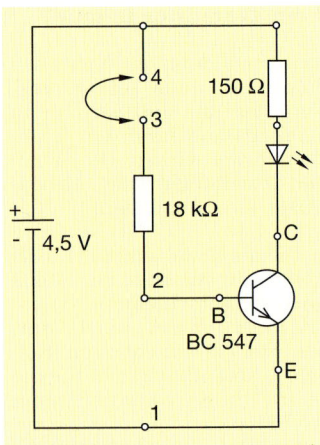

1 Schaltbild eines Transistorschalters

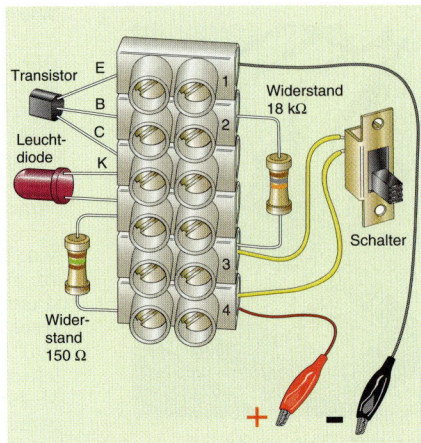

2 Transistorschalter in „Lüsterklemmentechnik"

V 2: Klemmen Sie den Transistor ab und überbrücken Sie die Anschlussstellen von Kollektor C und Emitter E mit einem Draht oder mit Hilfe eines Schalters! Vergleichen Sie die Ergebnisse der beiden Versuche!

Durch Steuerung über den Basisstrom kann ein Transistor wie ein mechanischer Schalter zwei Zustände annehmen: den Sperrzustand (Schalter offen), den Durchschaltzustand (Schalter geschlossen).

Die zwei Schaltzustände lassen sich mit Hilfe der Stromsteuerkennlinie aus Bild 7d auf S. 197 wie folgt beschreiben:
Sperrzustand: $I_B \approx 0$ mA und $I_C \approx 0$ mA;
Durchschaltzustand: z.B. $I_B = 0{,}07$ mA und $I_C = 61$ mA.

Für den Durchschaltzustand sind auch andere Werte denkbar, z. B. $I_B = 0{,}06$ mA und $I_C = 53$ mA.

Maßgebend für die Wahl der beiden Schaltzustände sind der Transistortyp und die gewünschte Funktionsweise der Schaltung.

Transistoren schalten

Der Transistor lässt sich in einer elektronischen Schaltung auch als Schalter verwenden. Im Gegensatz zu einem mechanischen Schalter kann ein Transistor kontaktlos und somit verschleißfrei tausende von Schaltvorgängen in einer einzigen Sekunde ausführen. Ein Schalter weist zwei Zustände auf: „EIN" und „AUS". Soll ein Transistor als Schalter eingesetzt werden, dann dürfen im Bereich der Stromsteuerkennlinie (Bild 7d, S. 197) nur diese zwei Zustände erlaubt sein.

V 1: Bauen Sie die Schaltung nach Bild 1 z. B. mit Lüsterklemmen wie in Bild 2 auf! Überbrücken Sie die Anschlüsse 3 und 4 und unterbrechen Sie die leitende Verbindung wieder! Beschreiben Sie die beiden Schaltzustände, die durch die Leuchtdiode angezeigt werden!

AUS-Zustand: Dabei sind die Anschlusspunkte 3 und 4 nicht verbunden. Die LED leuchtet nicht. Es fließt also kein Kollektorstrom. Der Transistor sperrt, weil die Strecke zwischen Kollektor und Emitter einen hohen elektrischen Widerstand besitzt.

EIN-Zustand: Die Anschlüsse 3 und 4 sind leitend verbunden. Die LED sendet Licht aus, denn jetzt fließt ein Basisstrom und steuert (schaltet) den Transistor in den leitenden Zustand. Dabei weist die Strecke Kollektor-Emitter nur noch einen kleinen Widerstand auf.

Den Nachweis, dass der Transistor in dieser Schaltung tatsächlich wie ein mechanischer Schalter wirkt, können Sie wie folgt führen:

Aufgaben
1. Ein Transistor soll als Schalter eingesetzt werden. Beschreiben Sie den EIN- und den AUS- Zustand mit Hilfe der Ströme I_B und I_C.
2. Welche Unterschiede bestehen zwischen einem mechanischen Schalter und einem Transistorschalter?
3. Wie wirkt es sich aus, wenn beim Aufbau der Schaltung gemäß Bild 2 Kollektor und Emitter des Transistors vertauscht werden?
4. Bild 3 zeigt eine einfache Alarmvorrichtung. Sie soll ansprechen, wenn ein im Gelände ausgelegter Draht unterbrochen wird. Erklären Sie, wie sie funktioniert! Überprüfen Sie Ihre Erklärung mit Hilfe Ihrer Schaltung nach Bild 2!

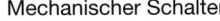

Mechanischer Schalter

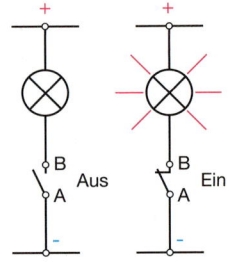

Transistorschalter

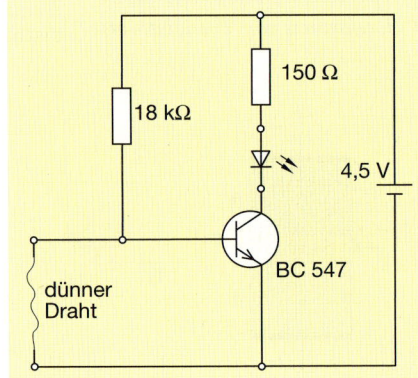

3 Alarmvorrichtung mit einem Transistorschalter

Elektronische Schaltungen

4 Lichtschranke in einer Autowaschanlage

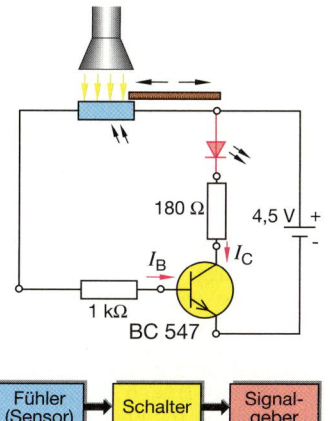

5 Lichtgesteuerter Transistor-Schalter

Transistorschaltungen

Lichtschranke
Das Förderband einer Waschanlage transportiert das Auto bis zu der Linie mit der richtigen Waschposition (Bild 4). Dort stoppt es automatisch; gleichzeitig wird die Waschanlage eingeschaltet. Wie funktioniert das?

V 2: Bauen Sie eine Experimentierschaltung nach Bild 5 auf! Erproben Sie sie, indem Sie den Lichtweg zwischen Taschenlampe und Fotowiderstand z. B. mit einem Pappkarton mehrmals unterbrechen und wieder freigeben!

Bei Abdunkelung hat der Fotowiderstand einen hohen Widerstand. Der Basisstrom I_B ist deshalb klein. Der Transistor sperrt folglich. Wird der Fotowiderstand beleuchtet, sinkt sein Widerstand. Als Folge davon steigt I_C, bis der Transistor leitet und die Leuchtdiode Licht aussendet. Der Transistor wirkt hier als ein **lichtgesteuerter Schalter**.

Verallgemeinert kann die Wirkungskette wie folgt beschrieben werden:
Ein elektronisches Bauelement wirkt als Fühler **(Sensor)**, der auf eine physikalische Größe (hier Licht) anspricht. Dadurch wird ein Transistorschalter immer mehr durchgesteuert, bis ein Signalgeber (hier LED) ein Signal liefert. Die beiden Signalzustände sind:
AUS, wenn die LED nicht leuchtet;
EIN, wenn sie Licht aussendet.

Bei der Waschanlage in Bild 4 wurde der Weg des Lichtstrahles zur Veranschaulichung eingezeichnet. In Wirklichkeit ist er für das menschliche Auge unsichtbar, denn es handelt sich um eine **Infrarot-(IR-)Lichtschranke**. Ein Sender erzeugt den IR-Lichtstrahl und ein Empfänger nimmt ihn auf.

Dämmerungsschalter
Der lichtgesteuerte Transistorschalter kann auch zum automatischen Ein- und Ausschalten der Beleuchtung im Haus-, Hof-, Garten- und Straßenbereich eingesetzt werden. Zur Überwachung der Flamme eines Heizölbrenners eignet er sich ebenfalls. Erlischt die Flamme, schaltet er die Ölzufuhr ab.

Temperaturwächter
Ersetzt man in Bild 5 den Fotowiderstand durch einen Heißleiter, erhält man einen temperaturgesteuerten Schalter. Beim Erwärmen (z. B. Föhn, Streichholz) sinkt der Widerstand des Heißleiters; dadurch erhöht sich der Basisstrom des Transistors, bis dieser leitend wird und die LED aufleuchtet. Baut man in die Basiszuleitung ein Potentiometer ein, gelingt es, die LED bei einer bestimmten Temperatur z. B. als Warnlampe aufleuchten zu lassen.

Berührschalter (Sensortaster)
Ein besonders großer Verstärkungsfaktor kann erreicht werden, wenn man zwei Transistoren wie in Bild 6 a schaltet. Hier genügt das Überbrücken der Anschlusspunkte 1 und 2 mit dem Finger, also ein sehr kleiner Basisstrom, um die LED ansprechen zu lassen. Diese Schaltung eignet sich als Feuchtigkeitsfühler im Erdreich von Blumentöpfen oder als Durchgangsprüfer. Zu diesem Zweck müssen die Anschlüsse 1 und 2 mit den Messstellen leitend verbunden werden.

Aufgaben
1. Bauen und erproben Sie die Schaltung in Bild 6a auch als Feuchtigkeitsfühler und als Durchgangsprüfer!
2. Der Gebläsemotor eines Händetrockners läuft automatisch an, wenn man die Hände darunter hält. Wie könnte das funktionieren?

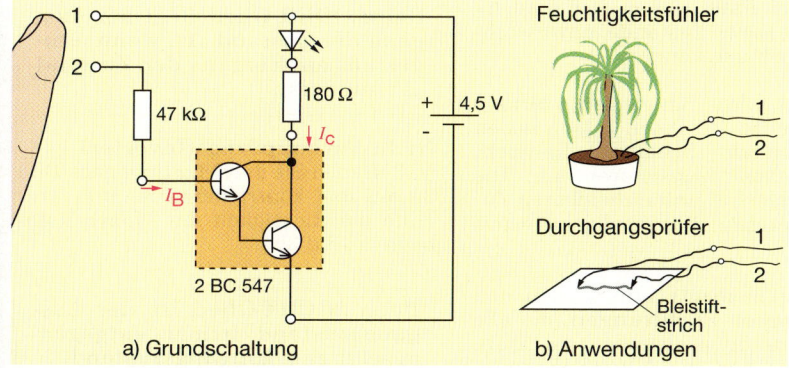

6 Berühr-(Sensor)schalter

Elektronik

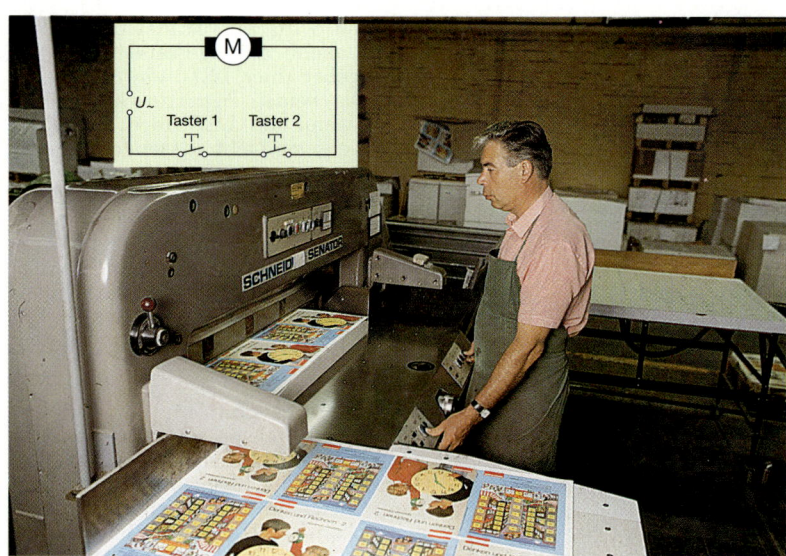

1 Logische Schaltung mit zwei Tastern

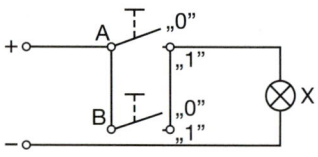

a) Schaltung

A	B	X
0	0	0
1	0	1
0	1	1
1	1	1

b) Wahrheitstabelle

2 ODER-Verknüpfung

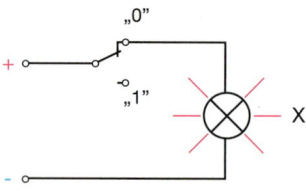

a) Schaltung

A	X
0	1
1	0

b) Wahrheitstabelle

3 NICHT-Verknüpfung

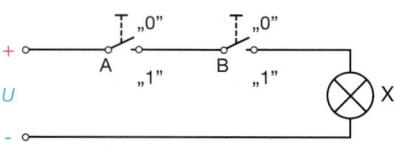

a) Schaltung

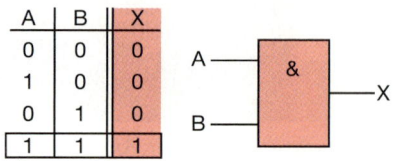

4 UND-Verknüpfung mit zwei Schaltern

Grundlagen der Schaltalgebra

Logische Verknüpfungen und logische Schaltungen

Um Unfällen vorzubeugen, werden bei manchen Maschinen zwei Schalter (Taster) vorgesehen, die mit beiden Händen gleichzeitig zu bedienen sind. Nur wenn der eine **und** der andere Taster betätigt werden, ist der Stromkreis geschlossen und der Motor läuft (Bild 1).

V 1: Bauen Sie eine Reihenschaltung aus zwei Schaltern und einer Lampe auf (Bild 4 a). Wie viele Kombinationen der Stellungen „EIN" bzw. „AUS" der beiden Schalter gibt es? Wählen Sie diese der Reihe nach! Bei welcher Kombination leuchtet die Lampe?

Binäre Bauelemente – Bausteine für logische Schaltungen

Im Beispiel von Bild 1 gibt es für jeden der beiden Taster nur zwei Möglichkeiten: „JA", er wird bedient, oder „NEIN", er wird nicht betätigt. Zur Darstellung dieser zwei Fälle eignen sich Bauelemente, die zwei Zustände unverwechselbar annehmen können.

Man nennt solche Bauelemente **binäre Bauelemente**. Zu ihnen zählen neben Tastern auch Schalter, Lampen, Leuchtdioden, Transistoren u.a. Die beiden fehlerfrei unterscheidbaren Zustände bezeichnet man allgemein mit „0" und „1".

Binäre Bauelemente ermöglichen den Bau **logischer Schaltungen**, die alle auf drei Grundtypen beruhen: die UND-, die ODER- und die NICHT-Verknüpfung.

George Boole (1815–1864) entwickelte die nach ihm benannte **boolesche Algebra**, auch **Schaltalgebra** genannt, und schuf damit die Voraussetzung zur konsequenten Anwendung logischer Schaltungen und zum Bau von Computern.

UND-Verknüpfung

Bild 4b zeigt die sogenannte **Wahrheitstabelle** der bereits in Versuch 1 getesteten UND-Schaltung. A = 1, B = 1 bedeuten: beide Schalter sind in Position „1"; A = 0 und B = 0 stehen für „Schalter in Position 0". Ferner bedeuten: X = 1 „Lampe leuchtet" und X = 0 „Lampe leuchtet nicht".

> **Ein UND-Glied liefert nur dann am Ausgang den Zustand „1", wenn an allen Eingängen der Zustand „1" liegt.**

ODER-Verknüpfung

V 2: Ordnen Sie die Schalter in Bild 4a parallel gemäß Bild 2a an! Realisieren Sie alle Kombinationen und überprüfen Sie die Richtigkeit der Wahrheitstabelle in Bild 2b!

> **Beim ODER-Glied liegt am Ausgang der Zustand „1", wenn mindestens ein Eingang den Zustand „1" ausweist.**

Nicht-Verknüpfungs(Inverter)

V 3: Bauen Sie die Schaltung nach Bild 3a auf und kontrollieren Sie mit ihrer Hilfe die Richtigkeit der Wahrheitstabelle in Bild 3b!

> **Beim NICHT-Glied ist der Ausgangszustand immer entgegengesetzt zum Eingangszustand.**

Basiswissen Elektrizitätslehre (II) und Elektronik

Magnetische Felder durch Stromfluss

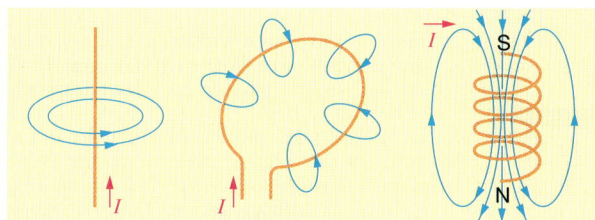

Gerader Leiter Leiterschleife Spule
↑ S. 176 ↑ S. 176 ↑ S. 177

Rechte - Hand - Regel: Daumen der rechten Hand in Stromrichtung halten (Plus nach Minus), gekrümmte Finger geben die Feldlinienrichtung an. ↑ S. 176

Die magnetische Kraftwirkung einer Spule hängt ab von Stromstärke, Windungszahl und Eisenkern. ↑ S. 177

Anwendungen von Elektromagneten: Hebemagnet, Relais, Klingel, Sicherungsautomat, Lautsprecher, Drehspulmesswerk. ↑ S. 178f.

Kraftwirkung durch Magnetfelder auf stromdurchflossene Leiter (Motoren)

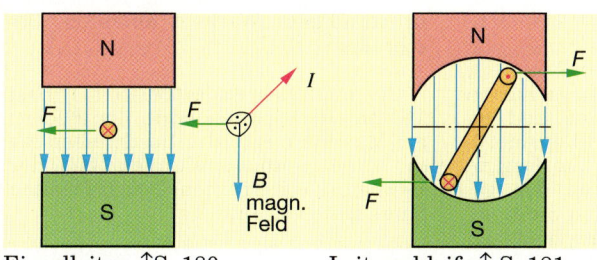

Einzelleiter ↑S. 180 Leiterschleife ↑ S. 181
Drehung von 0° bis 180°

Gleichstrommotor: Eine Drehung der Leiterschleife um 360° wird durch Umkehrung der Stromrichtung in der Leiterschleife möglich (Stromwender, Kommutator). ↑ S. 182

Bestandteile des Gleichstrommotors:
Rotierende Anker, ruhender Stator (Felderzeugung), Stromwender mit Kohlebürsten. ↑ S. 183

Die **Induktionsspannung** hängt ab von der Windungszahl, der Schnelligkeit der Magnetfeldänderung und der Stärke des Magnetfeldes. ↑ S. 184

Lenzsche Regel: Der Induktionsstrom ist immer so gerichtet, dass sein Magnetfeld dem erzeugenden Magnetfeld entgegenwirkt. ↑ S. 185

Anwendungen der Induktion: Mikrofon, Tonband, Generator. ↑ S. 185

Generatoren
Wechselspannungsgenerator
Sinusförmige Wechselspannung ↑ S. 186

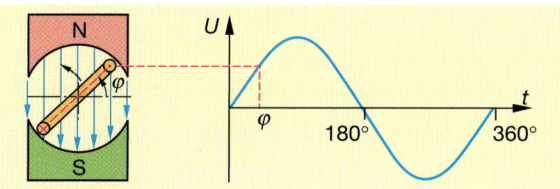

Transformator
Aufbau: Zwei oder mehr Wicklungen (Primär- und Sekundärwicklung), Eisenkern. ↑S. 188

Das Magnetfeld der Primärspule durchdringt die Sekundärspule und induziert in ihr eine Spannung.

Transformatoren arbeiten mit Wechselspannung. ↑S. 188
Anwendungen: Spannungsanpassung, Stromvergrößerung (Schweißtransformator). ↑ S. 189

Übersetzung ↑ S. 188 f.

$$\ddot{u} = \frac{N_1}{N_2}$$

$$\frac{U_1}{U_2} = \frac{N_1}{N_2} \qquad \frac{I_1}{I_2} \approx \frac{N_2}{N_1}$$

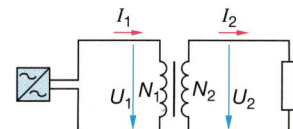

Elektronik

Für elektronische Bauelemente benutzt man vorrangig Halbleiter, in erster Linie Silizium. ↑ S. 190f.

Wichtige Halbleiter - Bauelemente:

Heißleiter (NTC - Widerstände) und **Kaltleiter (PTC - Widerstände)** haben einen temperaturabhängigen elektrischen Widerstand. ↑ S. 192

Fotowiderstände (LDR- Widerstände) ändern ihren elektrischen Widerstand mit der Beleuchtung ↑ S. 193

Gleichrichterdioden leiten den elektrischen Strom nur in einer Richtung (Ventilwirkung). ↑ S. 194f.

Leuchtdioden (LEDs) wandeln bei richtiger Polung elektrische Energie in Licht um. ↑ S. 196

Transistoren besitzen drei Anschlüsse: Emitter (E), Kollektor (C) und Basis (B). Bei richtiger Polung der Kollektor- und der Basisspannung gelingt es, den Transistor leitend zu machen. Dabei steuert ein kleiner Basisstrom einen viel größeren Kollektorstrom. ↑ S. 197f.

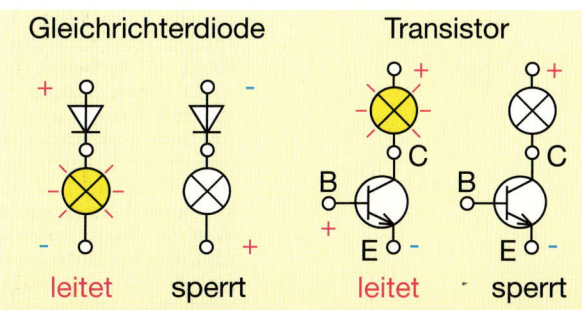

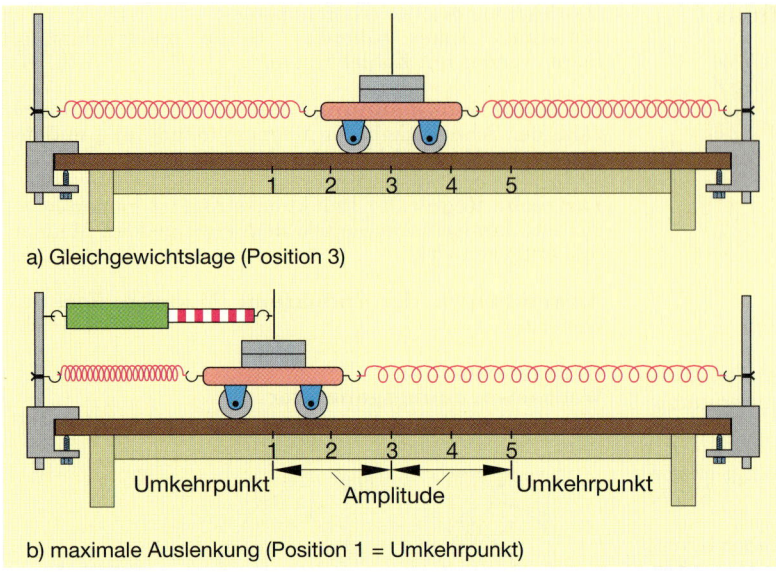

a) Gleichgewichtslage (Position 3)

b) maximale Auslenkung (Position 1 = Umkehrpunkt)

1 Federpendel mit einem Experimentierwagen

Position	Spann-energie	Bewegungs-energie
1	Maximum	null
2	sinkt	wächst
3	Minimum	Maximum
4	wächst	sinkt
5	Maximum	null

2 Energieumwandlungen beim Federpendel

Beschreibung von Schwingungen

Wann schwingt ein Körper?

▽ 1: Bauen Sie mit zwei nicht zu harten elastischen Schraubenfedern und einem Experimentierwagen die Anordnung nach Bild 1a auf! Zu Beginn nimmt der Wagen zwischen den gespannten Federn die Position 3 ein. Er befindet sich dort im Gleichgewicht (Gleichgewichtslage). Lenken Sie den Wagen waagerecht aus und lassen Sie ihn dann los! Beschreiben Sie die Bewegung des Wagens! Warum bewegt er sich so lange hin und her?

Bewegungen und Bewegungsänderungen werden durch Kräfte verursacht. Die Kraft, die beim Wagen Schwingungen bewirkt und in Gang hält, kann man nachweisen.

▽ 2: Lenken Sie den Wagen mit Hilfe eines Kraftmessers aus (Bild 1b)! Wie ändert sich die Kraftmesseranzeige bei zunehmender Auslenkung?

Bereits beim Auslenken mit der Hand spüren Sie, dass auf den Wagen eine Kraft in Richtung Gleichgewichtslage wirkt. Benutzt man einen Kraftmesser, erkennt man, dass diese Kraft mit der Auslenkung zunimmt. Da sie den Wagen in die Ausgangsposition zurückzutreiben versucht, bezeichnet man sie als **Rückstellkraft**. Beim Auslenken des Wagens nach links oder nach rechts nimmt der Betrag der Rückstellkraft gleichmäßig zu. Nach dem Loslassen wird der Wagen durch die Rückstellkraft zur Gleichgewichtslage hin beschleunigt.

Man könnte sich vorstellen, dass sich der ausgelenkte Wagen nach dem Loslassen sofort wieder in die Gleichgewichtslage begibt, denn dort ist die Rückstellkraft auf null zurückgegangen. Da der Wagen aber in dieser Position die größte Geschwindigkeit besitzt, schießt er infolge seiner Trägheit über die Gleichgewichtslage hinaus. Ab diesem Moment nimmt die Rückstellkraft in entgegengesetzter Richtung mit zunehmender Auslenkung ständig zu, bis die Geschwindigkeit des Wagens in Position 5 null ist.

Nun wiederholt sich der geschilderte Ablauf von Position 5 nach Position 1. In diesen beiden Punkten ändert sich die Bewegungsrichtung; sie heißen deshalb Umkehrpunkte. Durch sie ist auch die weiteste Auslenkung aus der Gleichgewichtslage, die **Amplitude** der Schwingung, festgelegt.

Schwingungen lassen sich auch mit Hilfe der Energieumwandlungen, die dabei in ständigem Wechsel ablaufen, beschreiben.

☐ 3: Im Umkehrpunkt Position 1 (Bild 1b) hat die Spannenergie der Federn ein Maximum erreicht. Beschreiben Sie die Energieumwandlungen bei der Bewegung von Position 1 nach Position 5 mit Hilfe von Bild 2!

> **Bei Schwingungen spielen sich die Energieumwandlungen periodisch ab.**

Bei den Schwingungen des Wagens wird Spannenergie der Federn in Bewegungsenergie umgewandelt, wenn er sich zur Gleichgewichtslage hinbewegt. Entfernt er sich aus dieser Position, erfolgt die Energieumwandlung in der umgekehrten Richtung. Die für den Umwandlungsprozess verfügbare Energie stammt aus dem Arbeitsaufwand für das Auslösen der Schwingungen, im vorliegenden Fall aus der Verformungsarbeit an den beiden Federn (Bild 1b).

Harmonische Schwingungen

Langsame Schwingungen lassen sich mit dem Auge gut verfolgen. Der Bewegungsablauf lässt sich aber besser beschreiben, wenn der schwingende Körper eine Spur hinterlässt.

▽ 4: Bauen Sie ein Sandpendel nach Bild 3 auf und füllen Sie den Trichter mit feinem, trockenem Sand! Versetzen Sie das Pendel in Schwingungen und ziehen Sie einen Papierstreifen senk-

Mechanische Schwingungen

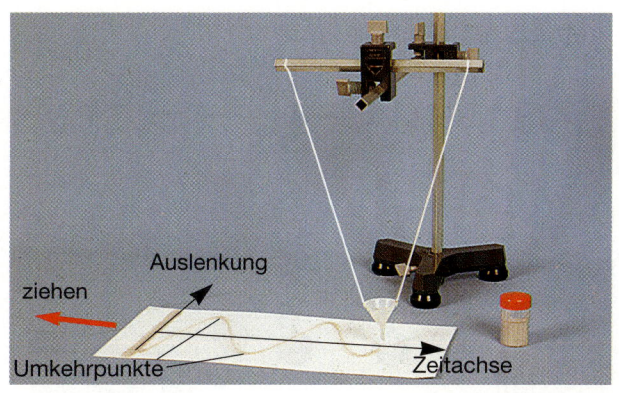

3 Sandpendel

4 Auslenkung-Zeit-Diagramm

recht zur Schwingungsebene gleichmäßig unter ihm durch! Beschreiben Sie die entstandene Sandspur!

Das Experiment liefert sozusagen ein Autogramm der Pendelschwingung. Es führt die Bezeichnung Auslenkung-Zeit-Diagramm. In ihm ist zu jedem Zeitpunkt des Bewegungsablaufes die Auslenkung des Pendelkörpers aus der Gleichgewichtslage festgehalten.

☐ 5: Untersuchen Sie die Höhe der Sandspur! Welche Schlüsse ziehen Sie?

Die Sandspur ist nicht überall gleich hoch. In den Umkehrpunkten liegt der Sand am höchsten, denn dort ist die Geschwindigkeit klein und für einen Augenblick sogar null. Besonders wenig Sand liegt im Bereich der Gleichgewichtslage, da sich dort das Pendel am schnellsten bewegt.

Bild 4 zeigt das Auslenkung-Zeit-Diagramm noch einmal, ergänzt um den Begriff **Periodendauer T.** Sie gibt die Dauer einer Schwingung (**Schwingungsdauer**) an.

Als weitere Größe interessiert die **Frequenz** f. Sie ist wie folgt definiert:

> Fre-   Anzahl der Schwingungen
> quenz = ────────────────────────
>   dazu benötigte Zeit
>
> $$f = \frac{n}{t}$$

Als Einheit für die Frequenz ergibt sich $1/s$ oder 1 Hertz $= 1$ Hz, benannt nach dem deutschen Physiker Heinrich Hertz (1857–1894).

Für den Sonderfall $n = 1$ (eine Schwingung) wird $t = T$ und es gilt:

$$f = \frac{1}{T} \text{ oder } T = \frac{1}{f}.$$

🅥 6: Messen Sie beim Sandpendel die Zeit für zehn Schwingungen! Berechnen Sie dann die Zeit für eine Schwingung und die Anzahl der Schwingungen pro Sekunde (= Frequenz)!

Trägt man die Auslenkung über der Zeit in ein Schaubild ein, so entsteht eine Sinuslinie. Alle Schwingungen dieses Typs nennt man **harmonisch**.

> **Schwingungen, deren Auslenkung-Zeit-Diagramm eine Sinuslinie darstellt, nennt man harmonisch.**

Harmonische Schwingungen weisen eine weitere Besonderheit auf: Bei ihnen nimmt die Rückstellkraft gleichmäßig (proportional) mit der Entfernung des schwingenden Körpers aus der Gleichgewichtslage zu.

Aufgaben
1. Welche Eigenschaften besitzen harmonische Schwingungen?
2. Skizzieren Sie das Auslenkung-Zeit-Diagramm einer harmonischen Schwingung und erklären Sie damit die Begriffe Amplitude, Periodendauer und Frequenz.
3. a) Erklären Sie, wie man die Frequenz eines Fadenpendels ermitteln kann!
   b) Ermitteln Sie nach a) die Frequenz eines Fadenpendels mit der Länge $l = 1\,\text{m}$!
4. Ein Federpendel führt 50 Schwingungen in 20 Sekunden aus. Berechnen Sie die Periodendauer und die Frequenz!
5. Lässt man einen Tennisball fallen, hüpft er auf und ab. Handelt es sich dabei um eine harmonische Schwingung? Begründen Sie!
6. Stellen Sie sich an die Tafel und bewegen Sie auf ihr zwischen zwei senkrecht übereinander liegenden Punkten ein Stück Kreide gleichmäßig auf und ab!
   Bewegen Sie sich nun zusätzlich gleichmäßig die Tafel entlang!
   Beschreiben Sie den entstandenen Kurvenzug und versuchen Sie ihn zu erklären!

Schwingungen und Wellen

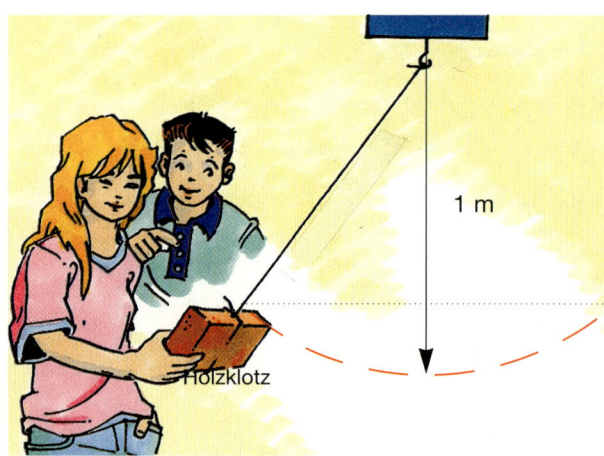

1 Abhängigkeit der Eigenfrequenz eines Fadenpendels

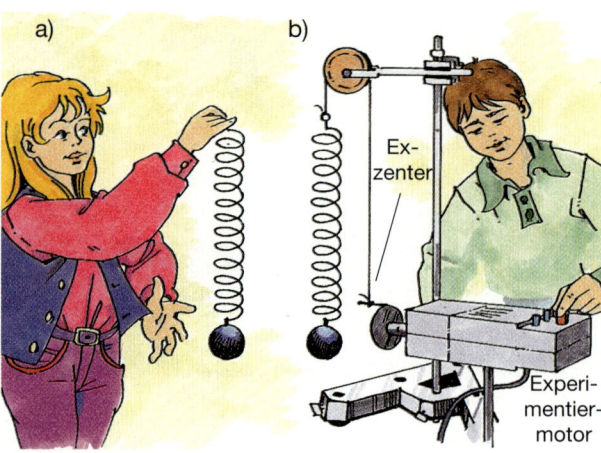

3 Erzwungene Schwingungen und Resonanz

Schwingungsarten

Freie Schwingungen und Eigenfrequenz

Freie Schwingungen (**Eigenschwingungen**) entstehen, wenn ein schwingfähiges System einmal angeregt und dann sich selbst überlassen wird. Die zugehörige Frequenz heißt **Eigenfrequenz**.

Wovon die Eigenfrequenz beim Fadenpendel abhängt, können Sie mit folgenden Versuchen herausbekommen (Bild 1).

▽ 1: Stellen Sie eine Anordnung nach Bild 1 her! Wählen Sie beim Anregen der Schwingungen verschiedene Auslenkwinkel, z. B. ca. 5°, 10°, 20° u. a.! Hinweis: Messen Sie zunächst die Zeit für zehn Schwingungen und berechnen Sie dann T und schließlich $f = 1/T$!

▽ 2: Ersetzen Sie den Holzklotz durch ein Gewichtsstück mit der Masse 500 g!

▽ 3: Wählen Sie bei gleichem Pendelkörper einen halb so langen Faden!

Sie erhalten folgende Ergebnisse:

> **Beim Fadenpendel hängt die Eigenfrequenz bei kleinen Auslenkwinkeln nur von der Pendellänge ab. Sie ist umso größer, je kürzer der Faden ist.**

Theoretische Überlegungen ergeben, dass folgende Gleichung gilt:

$$T = 2\pi \cdot \sqrt{\frac{l}{g}}$$
l: Pendellänge
g: Fallbeschleunigung (≈ 10 m/s²)

☐ 4: Überprüfen Sie Ihre in den Versuchen ermittelten Werte mit dieser Formel!

Erzwungene Schwingungen und Resonanz

▽ 5: Bewegen Sie ein Federpendel mit einer weichen Feder nach Bild 3a gleichmäßig langsam auf und ab! Steigern Sie dann die Frequenz der Handbewegungen allmählich! Was beobachten Sie?

Durch die Auf- und Abbewegungen der Hand wird dem Pendel Energie zugeführt. Es muss im Rhythmus der aufgezwungenen Frequenz (**Erregerfrequenz**) mitschwingen. Die Amplitude ist dabei zunächst klein. Bei einer bestimmten Erregerfrequenz erreicht sie ein Maximum. Man spricht von **Resonanz** (resonare, lat. = mitschwingen) und von **Resonanzfrequenz**.

Wir vermuten, dass sich die maximale Amplitude bei Gleichheit von Erreger- und Eigenfrequenz einstellt. Eine genauere Untersuchung der Resonanz gestattet ein Versuch nach Bild 3b. Ein Motor mit Exzenterstift und verstellbarer Drehzahl ermöglicht die Aufnahme einer **Resonanzkurve** (Bild 2).

☐ 6: Beschreiben Sie den Versuch zu Bild 3b! Erklären Sie die Resonanzkurve!

> **Der Resonanzfall tritt ein, wenn Erregerfrequenz und Eigenfrequenz nahezu übereinstimmen. Dabei wird vom schwingenden Körper an das mitschwingende System ein Maximum an Energie übertragen.**

Bei Fahrzeugen bewirken Resonanzeffekte bei bestimmten Motordrehzahlen das Mitschwingen von Fahrzeugteilen (z. B. Kotflügel, Antenne u. a.). Mitunter kommt es zu Materialzerstörungen, sogenannten **Resonanzkatastrophen**, z. B. Risse an Wänden und Brücken bis zum Einsturz.

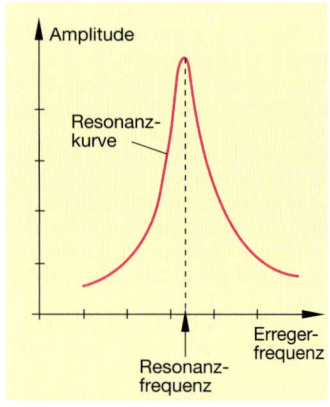

2 Resonanzkurve

Mechanische Schwingungen

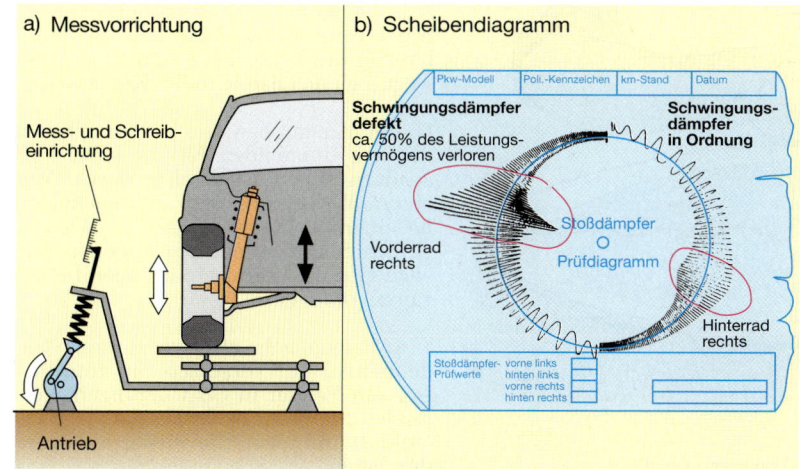

4 Überprüfung der Schwingungsdämpfer eines Pkw

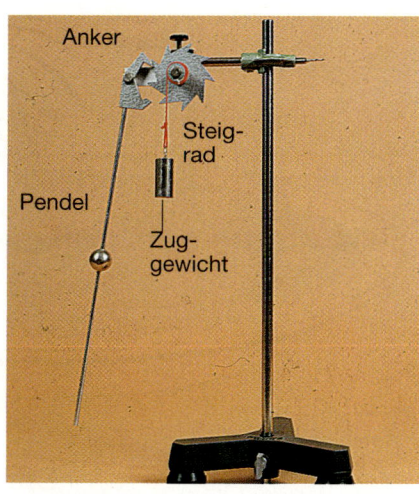

6 Selbststeuerung eines Uhrenpendels

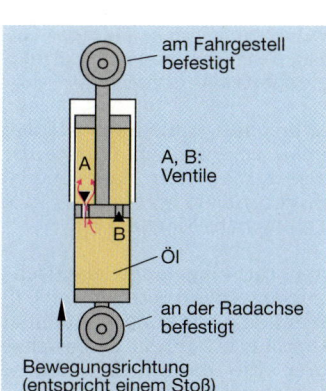

5 Funktionsprinzip eines hydraulischen Schwingungsdämpfers

Gedämpfte Schwingungen
Beobachten Sie die Schwingungen eines Pendels eine Zeit lang, stellen Sie fest, dass die Ausschwingweite immer mehr abnimmt, bis das Pendel wieder die anfängliche Gleichgewichtslage erreicht hat. Die Schwingung ist **gedämpft**.

> Bei gedämpften mechanischen Schwingungen wird die beim Auslösen des Schwingungsvorganges zugeführte Energie immer mehr in innere Energie umgewandelt und dann als Wärme an die Umgebung abgegeben.

Sehr wichtig ist das Dämpfen von Schwingungen bei Fahrzeugen aller Art. Bei Fahrrädern werden Erschütterungen durch die Bereifung (Luftfederung) und die Sattelfederung abgeschwächt. Kraftfahrzeuge sind federnd aufgehängt. Robuste Schraubenfedern sorgen dafür, dass kurze, harte Stöße gedämpft werden.

Besonders günstig wirken sich die zwischen Fahrzeugaufbau und Radaufhängung angebrachten **hydraulischen Schwingungsdämpfer** auf den Fahrkomfort aus. Der Kolben, der in einem Zylinder durch enge Öffnungen Öl verdrängen muss (Bild 5), mildert die in Bodenunebenheiten entstehenden unangenehmen Federschwingungen wesentlich.

Der technische Zustand von Schwingungsdämpfern kann mit einer Anordnung nach Bild 4a überprüft werden. Als Ergebnis des Tests erhält man ein Scheibendiagramm.

☐ 7: Woran erkennt man in Bild 4b, dass der Schwingungsdämpfer des Vorderrades defekt, der des Hinterrades dagegen in Ordnung ist?

Ungedämpfte Schwingungen
Bei den Schwingungen der Pendeluhr ist keine Abnahme der Amplitude zu beobachten; es handelt sich also um **ungedämpfte Schwingungen**. Wie kommen sie zu Stande?

Soll eine ungedämpfte Schwingung entstehen, muss der durch Reibung umgewandelte Energieanteil regelmäßig gezielt und dosiert ausgeglichen werden.

☐ 8: Ein Kind schaukelt. Sie sollen dafür sorgen, dass die Amplitude der Schwingungen annähernd gleich bleibt. Wie müssen Sie vorgehen?

Sie können Ihren Auftrag erfüllen, wenn Sie dem Kind jeweils nach Durchlaufen eines Umkehrpunktes einen genau dosierten Schubs geben. Dosiert bedeutet dabei: Durch die Energiezufuhr müssen die durch Reibung verursachten Verluste ausgeglichen werden.

In der Pendeluhr gelingt das perfekt nach einem Verfahren, das bereits 1656 der niederländische Physiker und Mathematiker Christian Huygens (1629–1695) ersonnen hat. Bild 6 zeigt das Prinzip der **Selbststeuerung**. Mittels der Bauteile **Anker** und **Steigrad** steuert sich das Pendel selbst, indem das Steigrad dem Pendel portionenweise Energie zuführt. Diese stammt aus dem Vorrat an Lageenergie des langsam herabsinkenden Zuggewichts. Die Ankerklauen greifen dabei im Takt der Pendelschwingungen („Ticktack-Rhythmus") in die Zähne des Steigrades und verhindern ein schnelles Durchdrehen.

Mit der huygensschen Pendeluhr begann das Zeitalter der genauen Zeitmessung (damalige Zeitabweichung: ca. 2 min pro Tag; heute möglich: ca. 3 s pro Jahr, bei Funkuhren sogar 0 s!).

Schwingungen und Wellen

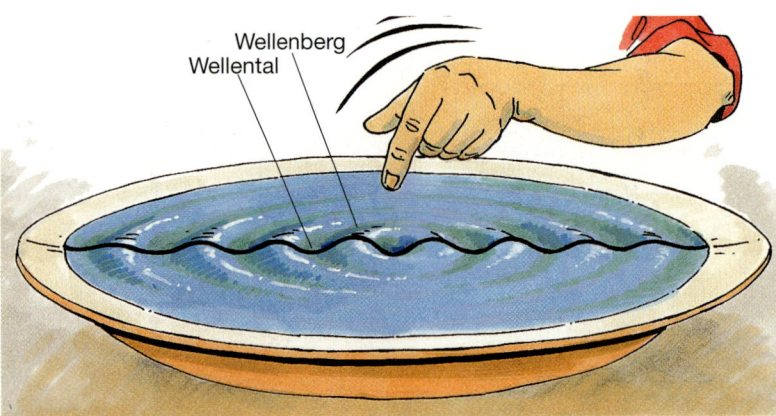

1 Entstehung von Wasserwellen

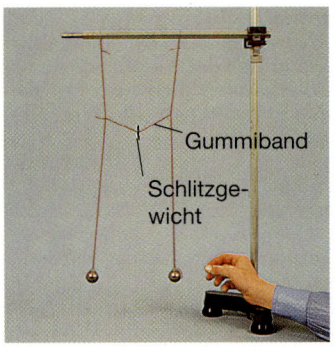

2 Zwei gekoppelte Pendel

Entstehung und Ausbreitung von Wellen

Fällt ein Gegenstand auf eine Wasseroberfläche, dann geht von der getroffenen Stelle eine Störung aus. Gut beobachten können Sie die Störungen, die entstehen, wenn Wassertropfen auf eine ebene Wasseroberfläche fallen. Solche Störungen können Sie in einfacher Weise selbst erzeugen (Bild 1).

Ⅴ 1: Füllen Sie einen großen flachen Teller mit Wasser und tauchen Sie eine Fingerspitze kurz ein! Was beobachten Sie, wenn Sie schräg darauf schauen?

Von der Eintauchstelle breitet sich eine Störung aus, die sich kreisförmig nach außen bewegt.

Ⅴ 2: Wiederholen Sie Versuch 1, aber so, dass Sie dieses Mal Ihren Finger in regelmäßigen Zeitabständen eintauchen lassen! Beschreiben Sie den Unterschied!

Beim periodischen Erzeugen von Störungen entstehen **Wellen**. Sie bestehen aus **Wellenbergen** und dazwischen liegenden Vertiefungen, den **Wellentälern**. Das Wasser, das die Wellenbildung ermöglicht, wirkt als **Wellenträger**.

Ⅴ 3: Legen Sie ein Streichholz oder ein Stück Kork in den Teller und wiederholen Sie die Versuche 1 und 2! Wie bewegt sich das Streichholz (Korkstück)?

Die Störungen bzw. die Wellen nehmen den schwimmenden Körper nicht mit, sondern gehen unter ihm durch. Von einem Wellenberg wird er angehoben, bei einem Wellental sinkt er ab. Wie lässt sich das erklären? Der folgende Versuch gibt Ihnen Aufschluss über die Zusammenhänge.

Ⅴ 4: Fertigen Sie zwei gleich lange Fadenpendel an! Versetzen Sie zunächst nur ein Pendel in Schwingungen! Verbinden Sie dann beide Pendel elastisch (Bild 2) und regen Sie wieder nur eines der beiden zu Schwingungen an! Was beobachten Sie?

Ohne Verbindung zum Nachbarpendel schwingt erwartungsgemäß nur das angeregte Pendel. Im zweiten Fall schwingt das zunächst ruhende Pendel immer lebhafter mit, während das angeregte in gleichem Maße immer langsamer wird und kurzzeitig ganz zur Ruhe kommt. Danach wiederholt sich der Vorgang in umgekehrter Richtung. Wird die **elastische Kopplung** z. B. durch Einhängen eines kleinen Gewichtsstückes straffer gemacht, erfolgt die Energieübertragung rascher.

Um ein ähnliches Wellenbild wie bei Wasserwellen zu erhalten, müsste die Anzahl der gekoppelten Fadenpendel wesentlich vergrößert werden. Es gibt aber eine einfachere Möglichkeit.

Ⅴ 5: Lenken Sie eine lange elastische Schraubenfeder (Bild 3) auf ebener Unterlage an einem Ende zunächst einmal kurz senkrecht zu ihrer Längsachse aus! Führen Sie danach periodische Hin- und Herbewegungen (Schwingungen) aus! Beschreiben Sie die ausgelösten Bewegungen!

Die einmalige Störung wandert als Wellenberg die Feder entlang. Im zweiten Fall folgen in regelmäßigen Abständen Wellenberge und -täler aufeinander. Die einzelnen Windungen der Feder wirken wie elastisch gekoppelte Pendel und geben die zugeführte Energie von Windung zu Windung weiter.

> In mechanischen Wellen übertragen Teilchen auf elastisch gekoppelte Nachbarteilchen Energie. Dabei beginnen die Teilchen nacheinander mit derselben Frequenz um ihre Gleichgewichtslage zu schwingen.

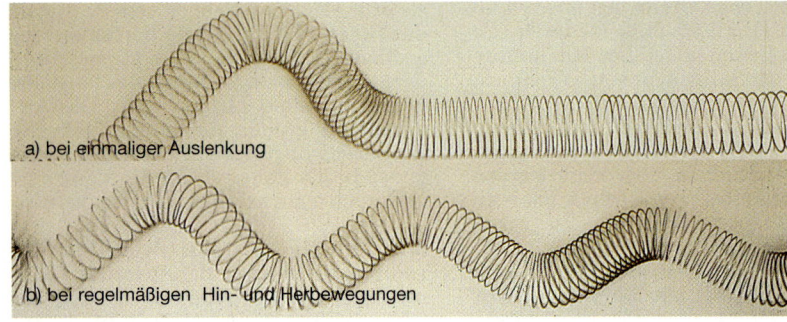

3 Ausbreitung von Querstörungen in einer elastischen Schraubenfeder

Mechanische Wellen

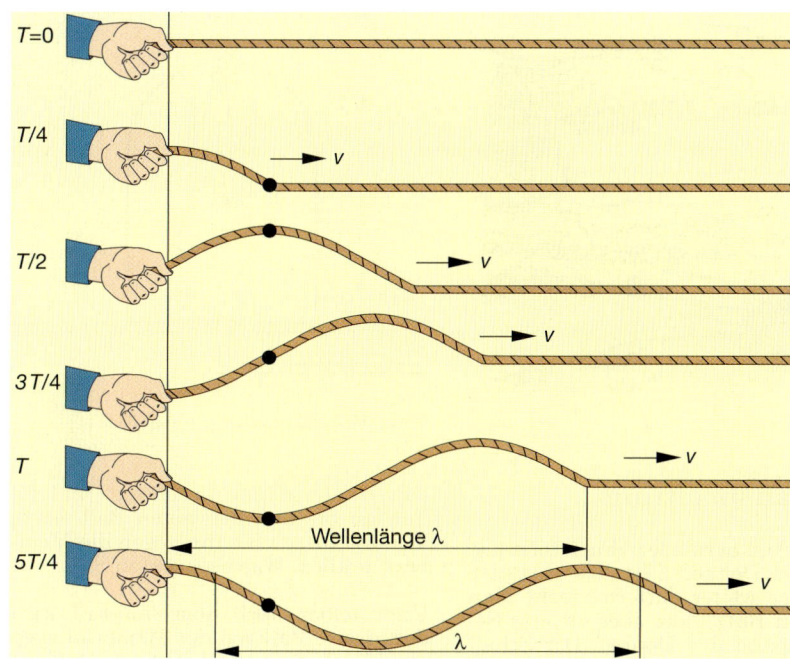

4 Wandernde (fortschreitende) Seilwelle

schwindigkeit der Welle mit der Formel $v = s/t$! Hier bedeutet s die von der Welle durchlaufene Strecke.

Die **Ausbreitungsgeschwindigkeit** einer Seilwelle lässt sich aus Bild 4 ableiten. Bei einer vollständigen Erregerschwingung, d.h. in der Zeit T, hat die Welle eine bestimmte Strecke zurückgelegt; man nennt sie Wellenlänge λ (griechischer Buchstabe; sprich „Lambda"). Da sich die Welle gleichförmig ausbreitet, erhält man die konstante Ausbreitungsgeschwindigkeit als Quotient aus Weg und dazu benötigter Zeit:

$v = \frac{\lambda}{T}$ oder mit $T = \frac{1}{f}$ $v = \lambda \cdot f$

f: Frequenz des Wellenerregers und Frequenz, mit der die einzelnen Teilchen der Welle schwingen
λ: Wellenlänge, z. B. Abstand zwischen zwei Wellenbergen

Beispiel:
Eine Seilwelle, die mit der Frequenz $f = 2$ Hz erzeugt wird, braucht 5 s für die Strecke 3 m. Wie groß ist die Wellenlänge?

Lösung: $v = \frac{s}{t} = \frac{3 \text{ m}}{5 \text{ s}} = 0{,}6$ m/s;

$\lambda = \frac{v}{f} = \frac{0{,}6 \frac{\text{m}}{\text{s}}}{2 \frac{1}{\text{s}}} = 0{,}3$ m

Teilchenbewegung im Wellenträger
Eine Welle wandert. Versuch 3 hat gezeigt, dass sich ein schwimmender Körper auf und ab bewegt, wenn er von Wasserwellen erfasst wird. Die Teilchen des Wellenträgers müssen folglich genau solche Bewegungen ausführen. Wellen dieser Art nennt man Querwellen.

> **Bei Querwellen schwingen die Masseteilchen senkrecht zur Ausbreitungsrichtung der Welle.**

Wellenerregung und Wellenform
V 6: Legen Sie ein nicht zu dünnes Seil gerade ausgerichtet auf einen Tisch und bewegen Sie das eine Ende gleichmäßig hin und her! Beschreiben Sie die entstehende Welle!

Die erzeugte Seilwelle (Bild 4) breitet sich längs des Seiles aus. Dabei nimmt das Seil als Wellenträger eine Form an, die der Wellenform der Wasserwellen ähnelt. In Bild 4 sind die momentanen Seil(-wellen-)formen in Zeitabständen von je $T/4$ festgehalten. T bedeutet die Zeit für eine vollständige Hin- und Herbewegung der Hand, die das eine Seilende hält. T ist somit auch die Schwingungsdauer der Erregerschwingung, mit der die Seilwelle erzeugt wird.

Wie schnell sind Wellen?
V 7: Erzeugen Sie eine Seilwelle! Lassen Sie jemanden die Zeit t stoppen, die die Welle vom Seilanfang bis zum Seilende benötigt! Berechnen Sie die Ge-

Aufgaben
1. Wie können Sie erklären, dass mechanische Wellen nur in einem Wellenträger entstehen können?
2. Skizzieren Sie eine Seilwelle nach Bild 4, aber für den Zeitbereich 3 $T/2$! Tragen Sie die Wellenlänge in zwei unterschiedlichen Bereichen Ihrer Skizze ein!
3. Marco taucht von einem Boot aus im Abstand von je einer Sekunde einen Finger kurz in das Wasser. Die erzeugte Welle erreicht nach 5 Sekunden das 2,5 m entfernte Ufer.
   a) Berechnen Sie die Geschwindigkeit der Welle!
   b) Berechnen Sie die Wellenlänge!
   c) Was ändert sich, wenn Marco im Abstand von je einer halben Sekunde seinen Finger eintaucht? Siehe dazu Bild 5!
4. Beschreiben Sie die Bewegung des markierten Masseteilchens in Bild 4!

5 Je schneller die Handbewegung, umso kürzer die Wellenlänge

Schwingungen und Wellen

1 Wettlauf zwischen Licht und Schall

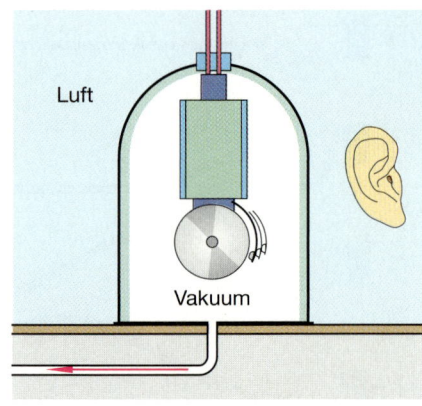

3 Im Vakuum ist es totenstill

Schallausbreitung

Blitze zucken hernieder; ihnen folgt das Rollen des Donners. Ist das Gewitter noch etwas weiter entfernt, sieht man zuerst den Blitz, hört aber oft erst Sekunden später den Donner. Der Schall benötigt also Zeit, um sich vom Ort der Entstehung bis zu uns, genauer gesagt, bis zu unserem Ohr auszubreiten.
Wie geschieht das eigentlich?
Da unser Ohr keinen direkten Kontakt mit der Schallquelle hat, wird der Schall vermutlich durch die Luft übertragen. Das wollen wir überprüfen.

Ohne Materie kein Weiterkommen
V 1: Wir lassen eine elektrische Klingel unter einer Glasglocke läuten und pumpen dann mit einer Vakuumpumpe Luft heraus. Je mehr Luft herausgepumpt wird, umso leiser hören wir das Läuten, bis es schließlich ganz verstummt (Bild 3).

Schall kann sich nur in Materie ausbreiten.

V 2: Bespannen Sie zwei Pappröhren mit Gummihäuten (z. B. von einem Luftballon), kehren Sie deren offenen Enden einander zu und befestigen Sie diese Anordnung auf zwei separaten Holzklötzen! Bringen Sie nun zwei Tischtennisbälle so an, dass sie die beiden Häute gerade berühren (Bild 2)! Lenken Sie nun den einen Ball etwas aus und lassen Sie ihn gegen die Membran prallen. Was beobachten Sie?

Unmittelbar nach dem Aufprall wird der andere Ball von der Membran weggeschleudert. Der aufprallende Ball hat die Gummihaut kurz nach innen gedrückt und die Luft dahinter stoßartig zusammengepresst. Diese Verdichtung läuft bis zur anderen Membran, drückt diese nach außen und schubst dabei den zweiten Tischtennisball weg.

V 3: Ein Modellversuch (Bild 4) veranschaulicht das Prinzip der Schallausbreitung. Wird das eine Ende einer elastischen Schraubenfeder in Achsrichtung hin- und herbewegt, dann wandern diese Störeinflüsse in Form von Verdichtungen und Verdünnungen die Schraubenfeder entlang, d. h. sie werden von Windung zu Windung weitergegeben.

Aufgaben
1. Warum können sich Menschen auf dem Mond nicht so unterhalten wie auf der Erde?
2. Ersetzen Sie in Versuch 2 die rechte Pappröhre durch eine brennende Kerze! Was beobachten Sie? Erklären Sie! Hinweis: Die Kerze nahe an die Öffnung der Pappröhre heranbringen!

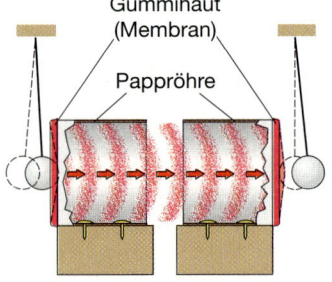

2 Ausbreitung einer Störung

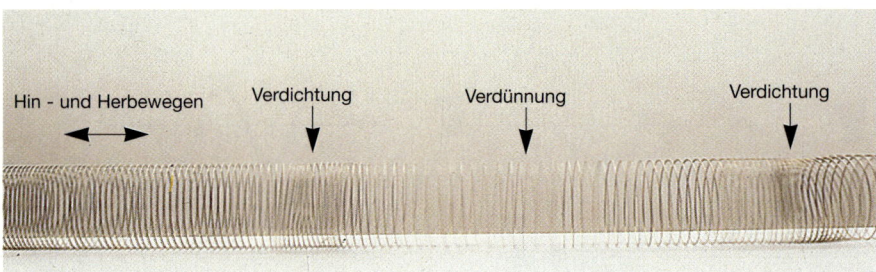

4 Ausbreitung von Störungen in einer elastischen Schraubenfeder

Akustik

5 Ermittlung der Schallgeschwindigkeit

Schallgeschwindigkeit

V 4: Eine einfache Messmöglichkeit bietet der Versuch nach Bild 5.
Uli mit einer Stoppuhr und Ina mit einer Startpistole oder einer Starterklappe nehmen in einer genau bekannten Entfernung voneinander – günstig sind ca. 200–300 m – Aufstellung. Uli startet die Stoppuhr, wenn Ina die Starterklappe bedient bzw. der Rauch der Startpistole zu sehen ist; Uli stoppt die Uhr, sobald er den Schall hört.

Die Auswertung mehrerer Versuche liefert die Merkregel:

> **In der Luft legt der Schall in drei Sekunden ungefähr einen Kilometer zurück.**

Auch in festen und flüssigen Stoffen breitet sich der Schall mehr oder weniger schnell aus (siehe Tabelle).

Wie gut ein fester Stoff (z. B. Tischplatte) und eine Flüssigkeit (z. B. Wasser) den Schall übertragen, können Sie durch folgende Experimente überprüfen:

V 5: Legen Sie eine deutlich tickende Uhr flach auf die blanke Tischplatte; setzen Sie sich an das andere Ende und hören Sie sich das Ticken genau an! Legen Sie nun ein Ohr auf die Tischplatte und vergleichen Sie!

V 6: Nehmen Sie zwei Löffel mit in die Badewanne und schlagen Sie sie zunächst über dem Wasser zusammen! Tauchen Sie danach ein Ohr unter Wasser und schlagen Sie die beiden Löffel unter Wasser im gleichen Abstand zum Ohr wie vorher gegeneinander! Vergleichen Sie!

> **Im Vakuum kann sich der Schall nicht ausbreiten. Feste Körper und Flüssigkeiten sind meistens bessere Schall-Leiter als Gase.**

Schall kann wieder zurückkommen
Schickt man ein Schallsignal auf ein Hindernis (z. B. eine Felswand), dann wird es als sog. **Echo** zurückgeworfen (reflektiert) wie Licht von einem Spiegel (Bild 7).
Die **Reflexion** von Schall verursacht in manchen Sälen und Bahnhofshallen einen mitunter störenden **Nachhall**. Man spricht dann von „schlechter Akustik".

Aufgaben
1. Wie weit ist ein Gewitter ungefähr entfernt, wenn zwischen dem Aufleuchten des Blitzes und dem Hören des Donners 6 s (4,5 s) vergehen?
2. Wie weit ist eine Felswand entfernt, wenn das Echo sechs Sekunden nach dem ausgesandten Schallsignal eintrifft?
3. Jemand behauptet, man könne einen herannahenden Zug viel früher hören, wenn man ein Ohr auf eine Schiene hält. Was sagen Sie dazu?
4. Warum muss Uli im Versuch 4 auf ein optisches und nicht auf ein akustisches Signal (z. B. Rufen eines Startkommandos) hin die Stoppuhr starten?
Hinweis: Das Licht legt in einer Sekunde ca. 300 000 km zurück.

Beispiele für Schallgeschwindigkeiten in m/s (bei 20°C)

Stoff	m/s
Kautschuk	40
Kohlendioxid	270
Luft	344
Kork	500
Wasser	1480
Holz	bis 5500
Eisen	bis 5800

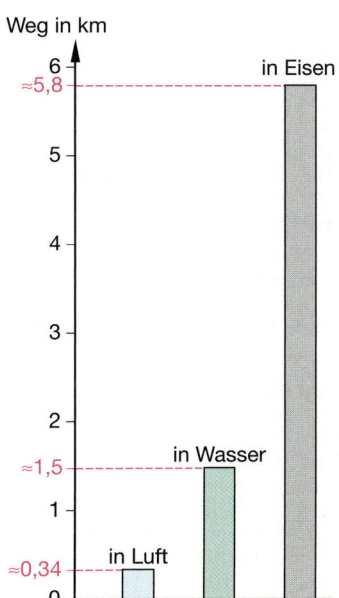

6 Schallweg in einer Sekunde

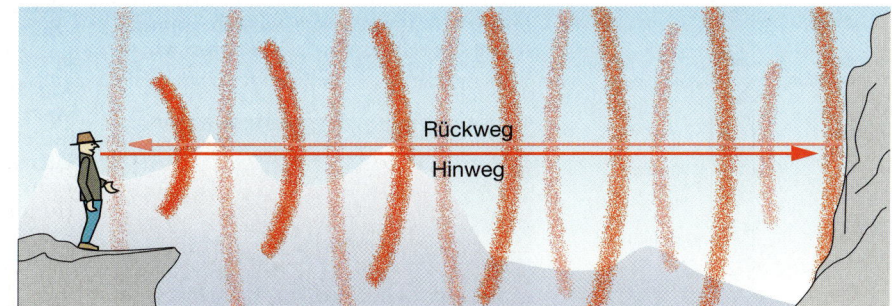

7 Schall wird an einer Felswand zurückgeworfen (reflektiert)

Schwingungen und Wellen

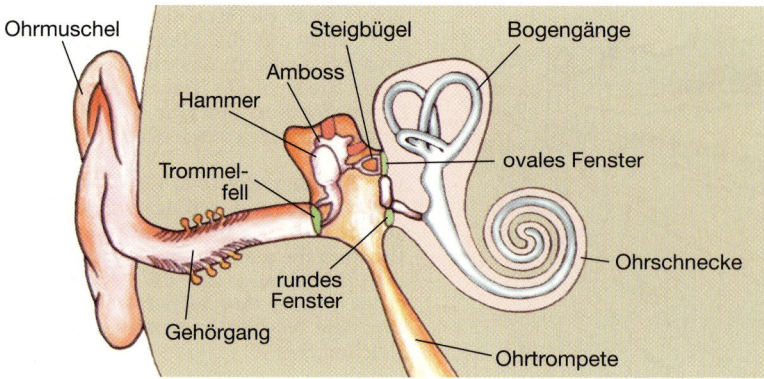

1 Das menschliche Ohr

Schallmessung

„Ruhe! Stören Sie nicht dauernd den Unterricht!", ruft ein Lehrer einem Schüler zu. „Lauter!", fordert derselbe Lehrer und meint damit eine Schülerin in der letzten Bank, die gerade vorliest.

Was einmal als laut oder gar zu laut bewertet wird, gilt in einem anderen Zusammenhang als leise, zu leise. Häufig kommt es dabei auf die Situation, die Art des Schalles und die Empfindlichkeit des Betroffenen an.

Die **Lautstärkeskala** (Bild 2) stellt dar, wie das menschliche Ohr unterschiedlich laute Schallereignisse empfindet. Um die Auswirkungen des Schalls auf unser Gehör bewerten zu können, müssen wir den Hörvorgang etwas genauer kennen.

Wahrnehmung des Schalls
V 1: Legen Sie das Metallband eines Heftstreifens so auf die Tischkante, dass ungefähr die Hälfte darüber hinausragt! Zupfen Sie das freie Ende an und beobachten Sie, wie lange der erzeugte Schall zu hören ist.

Der erzeugte Schall wird immer leiser und schließlich unhörbar, obwohl wir genau sehen, dass die Blattfeder noch etwas schwingt.

Zu leiser Schall bleibt unhörbar; überlaute Schallereignisse wirken unangenehm bis schmerzhaft. Erwarten wir einen Knall, z. B. die Explosion eines Feuerwerkskörpers in unserer Nähe, versuchen wir uns noch rechtzeitig die Ohren zuzuhalten. Bild 1 zeigt einen Schnitt durch das menschliche **Ohr**. Der ankommende Schall gelangt in Form von Druckschwankungen – Luftverdichtungen und -verdünnungen – an unsere Ohrmuschel, die ihn wie ein Schallfänger sammelt. Danach erreicht er über den äußeren Gehörgang das Trommelfell, das dann im Rhythmus der Druckschwankungen zu schwingen beginnt.

Die Gehörknöchelchen im Mittelohr – wegen ihrer Form Hammer, Amboss und Steigbügel genannt – leiten die Schwingungen über die Membran des ovalen Fensters in das innere Ohr weiter. Dort sprechen die ca. 20 000 Hörzellen der Ohrschnecke je nach Art und Lautstärke des Schalles verschieden an. Die dabei ausgelösten Nervenreize wandern über den Gehörnerv zum Gehirn und lösen dort Schallempfindungen aus.

> **Der menschliche Hörbereich hängt von der Lautstärke und der Frequenz ab.**

Ein Ton mit zu geringer Amplitude bleibt unhörbar, denn die sogenannte **Hörschwelle** wird noch nicht erreicht. Zu lauter Schall tut weh; die zugehörige Grenzlautstärke heißt **Schmerzgrenze**. Beide Grenzen sind in der Lautstärkeskala (Bild 2) eingetragen. Die Abhängigkeit des Gehörs von der Frequenz zeigt folgender Versuch:

V 2: Bei gleicher Lautstärke (Amplitude) ändern wir die Frequenz eines Tongenerators von tiefen (z. B. 5 Hz) bis zu hohen Werten (ca. 20 000 Hz).
Wir stellen fest: Unser Ohr kann nur in einem bestimmten Frequenzbereich Schall hören. Beim Kleinkind liegt dieser Bereich zwischen ca. 20 Hz und 20 000 Hz. Im Alter sinkt die obere Grenze bis unter 10 000 Hz (**Altersschwerhörigkeit**).

> **Schall unter 20 Hz heißt Infraschall,
> Schall über 20 000 Hz Ultraschall.**

Auf **Infraschall** hoher Intensität reagiert der Mensch mit Schwindelgefühlen, Übelkeit und sogar Ohnmacht. **Ultraschall** kann von einigen Tieren wahrgenommen werden. So gehorchen Hunde auf Signale aus Ultraschallpfeifen. Fledermäuse erzeugen und hören Laute mit Frequenzen bis zu 120 000 Hz; sie orten mit Hilfe des reflektierten Schalles (Echo) Hindernisse und Beutetiere (Bild 3).

Beispiele	dB(A)	Empfindungen
	130	Schmerzgrenze
Donner	120	
Flugzeugmotor	110	ohrenbetäubend
	100	
Pressluftbohrer	90	
Straßenverkehr	80	sehr laut
Orchestermusik	70	
	60	
normale Unterhaltung	50	mäßig laut
	40	
ruhige Straße	30	schwach (leise)
	20	
Flüstern	10	sehr leise
	0	Hörschwelle

2 Lautstärkeskala

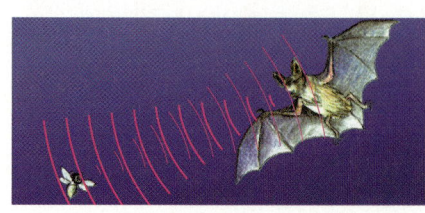

3 Die Fledermaus jagt mit Ultraschall

Akustik

4 Messung des Schallpegels in einer Fabrik

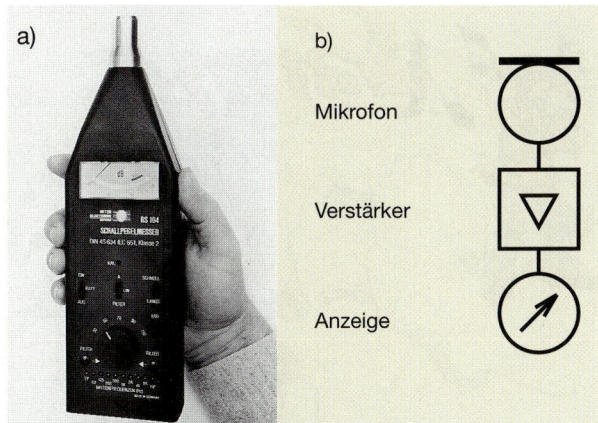

6 Schallpegelmesser: a) Foto, b) Funktionsprinzip

Schallmessung so, wie wir hören

Innerhalb des Hörbereiches weist unser Gehörsinn zwei Besonderheiten auf:

1. Wie gut wir hören, hängt nicht nur von der Lautstärke, sondern auch von der Frequenz ab. Auf Frequenzen von ca. 2 000 Hz bis 4 000 Hz (z. B. Klirren von Flaschen) spricht unser Ohr am empfindlichsten an.

2. Wie laut wir etwas hören, hängt maßgeblich von Lautstärkeunterschieden ab.

V 3: Lassen Sie zuerst eine Klingel (elektrische Klingel oder Fahrradklingel) läuten und danach zwei! Beschreiben Sie den Unterschied!

Untersuchungen mit vielen Testpersonen ergaben: Zwei genau gleiche Schallerzeuger empfindet der Mensch – obwohl die Druckschwankungen auf dem Ausbreitungsweg doppelt so stark sind – nicht als doppelt so laut. Dieser Eindruck entsteht erst bei zehn gleichen Schallquellen. Aus diesem Grund hat man für die Schallwahrnehmung durch den Menschen an Stelle der rein physikalischen Schallstärke die Lautstärke eingeführt und gibt sie in der **Einheit** **dB(A)** an. A bedeutet: an die Empfindlichkeit des menschlichen Ohres angepasst; dB steht für Dezibel, die Einheit der Schallstärke.

Die Lautstärkeskala auf Seite 210 kann mit Hilfe eines **Schallpegelmessers** (Bild 6) ermittelt werden. Dieses Gerät zeigt die Lautstärke in dB(A) an. Es registriert den Schall also genau so, wie ihn gesunde Ohren empfinden.

Aufgaben
1. Der Hahn (Bild 5) schafft 75 dB(A). Ordnen Sie diesen Schallpegel in der Lautstärkeskala ein!
2. Ein Kraftfahrzeug erzeugt beim Fahren 77 dB(A).
   Welchen Schallpegel liefern 2, 4, 10 Fahrzeuge des gleichen Typs gemäß Bild 7?
3. Der Schallpegelmesser zeigt in einer Disko 100 dB(A) an. Wievielmal lauter ist dieser Schall, verglichen mit Orchestermusik gemäß der Lautstärkeskala auf Seite 210?
4. Messen Sie mit dem Schallpegelmesser
   a) die Lautstärke aus einem Musikgerät, die Sie gerade noch hören können,
   b) die Lautstärke, die das Gerät maximal hergibt!
   c) Ordnen Sie diese Werte auf der Lautstärkeskala ein!

5 Lautstärke 75 dB(A)! Wer bietet mehr?

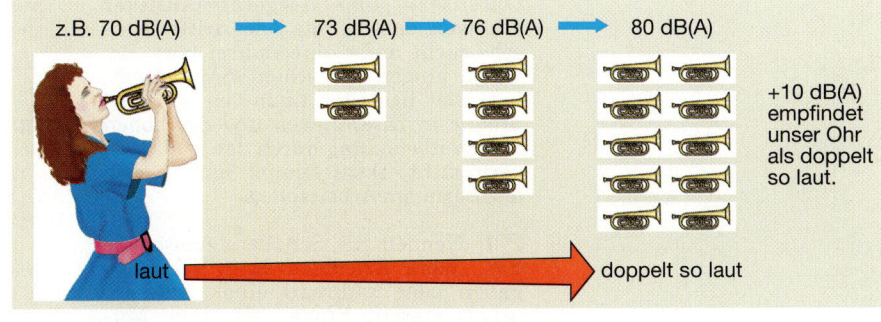

7 So empfindet unser Ohr Lautstärkeunterschiede

Schwingungen und Wellen

Gehörschäden durch „Walkman-Power"

Eine Untersuchung der Physikalisch-Technischen Bundesanstalt Braunschweig (PTB) ergab, dass ein zu laut eingestellter Minikassetten-Rekorder (Walkman) auf die Dauer zu Gehörschäden führt. Derartige Geräte erreichen bereits bei 66 Prozent der möglichen Lautstärke 80 bis 90 dB(A). Tägliche mehrstündige Benutzung bei Pegeln ab 90 dB(A) ist schädlich. Untersuchungen bei Berufsanfängern und Schülern zeigten, dass zehn bis 15 Prozent schon Hörverluste hatten.
(Aus einem Artikel der Braunschweiger Zeitung)

1 Zuviel Lärm ist schädlich!

Was ist Lärm?

Der Bakteriologe Robert Koch (1843 – 1910) prophezeite: „Eines Tages wird der Mensch den Lärm ebenso bekämpfen müssen wie Pest und Cholera."

Diese Situation ist inzwischen für viele Wirklichkeit geworden. Umfragen belegen, dass sich bereits mehr als 50 Prozent der Bevölkerung durch Lärm – Nachbarschaftslärm, Verkehrslärm, Baustellenlärm, Fluglärm, Arbeitsplatzlärm u. a. – belästigt fühlen. Als gesundheitlicher Dauerschaden stellt sich häufig **Lärmschwerhörigkeit** ein.
Ohrenärzte und Hörgeräteakustiker schätzen, dass bereits jeder dritte Deutsche nicht mehr einwandfrei hört. Bei vielen jungen Menschen wird Schwerhörigkeit in erster Linie von dem Gedröhne in Diskotheken und der hohen Langzeitbelastung durch den Walkman verursacht. Dazu kommt häufig noch der Lärm am Arbeitsplatz.

☐ 1: Nennen Sie Schallereignisse, die Sie beim Erledigen Ihrer Hausaufgaben oder während einer Klassenarbeit stören! Fragen Sie Ihre Mitschüler, ob sie Ihrer Meinung sind!

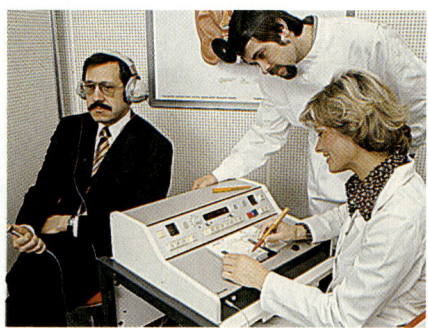

2 Hörgeräteakustikerin überprüft auf Hörschäden

Wie sehr auch die Meinungen auseinander gehen, folgende Beschreibung kann wohl jeder akzeptieren:

> **Lärm ist Schall, der stört oder die Gesundheit schädigt.**

Ab etwa 60 dB(A) gilt Lärm als lästig, ab etwa 90 dB(A) als schädlich. Von Lärm belästigte Menschen schlafen schlecht und zeigen eine Reihe weiterer Störungen.

Ob Schall stört, hängt oft von der Art und der Einstellung zum Verursacher ab. So darf Musik, die man mag, auch laut oder sogar sehr laut sein.

Für die richtige Einschätzung von **Lärmgefahren** sollte man folgende Tatsachen kennen und beachten:

- An Lärm gewöhnt sich unser Gehör nicht.

- Gehörschäden sind unheilbar, da bei häufiger Überlastung Gehörzellen absterben und nicht mehr nachwachsen.

- Schwerhörige haben privat und beruflich große Nachteile (Hörprobleme z. B. im Unterricht, Verständigungsprobleme, erhöhte Unfallgefahr im Straßenverkehr, verminderte Berufschancen). Ein Hörgerät ist zwar hilfreich, aber kein Ersatz für ein gesundes Gehör!

Aufgaben
1. a) Nennen Sie Maßnahmen, wie Sie Ihre Augen vor zu grellem Licht (Sonnenlicht, Scheinwerferlicht) schützen können!
   b) Welche Möglichkeiten gibt es, um Ihre Ohren vor zu lautem Schall zu schützen?
2. Nennen Sie Verursacher von Lärm
   a) in Ihrer Nachbarschaft,
   b) in der Gemeinde, in der Sie wohnen!

Akustik

3 Einige gesetzliche Richtwerte für Lärm am Arbeitsplatz in dB(A)

5 Technische Lärmschutzmaßnahmen

Lärmschutz

Um Lärmschädigungen vorzubeugen, hat der Gesetzgeber **Lärmschutzbestimmungen** erlassen, z. B. gegen Straßenlärm und Lärm am Arbeitsplatz (Bild 3). Die **Unfallverhütungsvorschrift (UVV) „Lärm"** schreibt vor, dass alle Personen, die Lärm über 90 dB(A) ausgesetzt sind, arbeitsmedizinisch untersucht werden und am Arbeitsplatz einen Gehörschutz tragen müssen.

Lärmschutzmaßnahmen
Oberstes Gebot muss sein: **Lärm vermeiden!**
Bei der Anschaffung von Maschinen, Arbeitsgeräten, Fahrzeugen sollte folglich gelten: je leiser, umso besser!

Ⓥ 2: Hören Sie sich eine elektrische Klingel oder eine Uhr aus einem Meter Entfernung an! Legen Sie die Klingel bzw. die Uhr in eine Styroporschachtel und vergleichen Sie! Schätzen Sie den Unterschied in dB(A) und messen Sie dann zur Kontrolle mit dem Schallpegelmesser!

Bei den **technischen Maßnahmen zur Lärmbekämpfung** lassen sich drei Methoden unterscheiden:

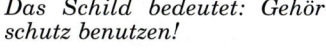

Das Schild bedeutet: Gehörschutz benutzen!

- **Maßnahmen an der Lärmquelle** sind am wirkungsvollsten. Beispiele: Kunststoff statt Metall verwenden, Vorgänge verlangsamen (z. B. pressen statt hämmern), Schalldämpfungsmaßnahmen (z. B. gepolsterte Türen, Doppeltüren, Schalldämpfer im Auspufftopf von Autos, Kapseln von Schallquellen durch schallschluckende Umhüllungen, elastische Lagerung). Erkenntnis: **schallarm konstruieren!**

- **Maßnahmen auf dem Ausbreitungsweg** sind auch möglich. Beispiele: sinnvolle Aufgliederung des Baulandes in Wohn- und Industriegebiete mit Zwischenzonen in Form von Parks oder mit Lärmschutzwänden (Bild 5) bzw. -wällen, die Schall wirkungsvoll zurückwerfen bzw. schlucken.

- **Empfängerseitige Maßnahmen:** Dabei handelt es sich um wirkungsvollen Schutz des Ohres gegen zu hohe Schallpegel, beispielsweise durch Gehörschutzkapseln, Gehörschutzwatte oder Gehörschutzstöpsel.
Lärm ist heute bereits ein Hauptfaktor der Umweltgefährdung und nicht weniger bedrohlich als die Luft- und Wasserverschmutzung.
So gesehen bedeutet **Lärmschutz** gleichzeitig **Umweltschutz.** Jeder ist dazu aufgerufen, sich und andere vor Lärm und dessen negativen Auswirkungen zu schützen.

Aufgaben
1. Stellen Sie einen läutenden Wecker auf den Tisch! Beschreiben Sie Maßnahmen, die bewirken, dass Sie ihn leiser hören.
2. Die Wassertropfen eines undichten Wasserhahnes fallen deutlich hörbar in das Spülbecken. Wie können Sie das Geräusch dämpfen?
3. In Diskos wird sehr laute Musik gemacht. Das führt nicht selten zu Beschwerden von Anwohnern und zu Anzeigen wegen Ruhestörung. Was müssen die Betreiber einer Disko beachten?
Hinweis: Orientieren Sie sich an den Richtlinien des Gesetzgebers (z. B. Bild 4) und fragen Sie im Rathaus nach entsprechenden Verordnungen!

4 Lärmschutz nach Wilhelm Busch und mit Paragraphen

Radioaktivität und Kernenergie

Henri Becquerel (1852–1908)

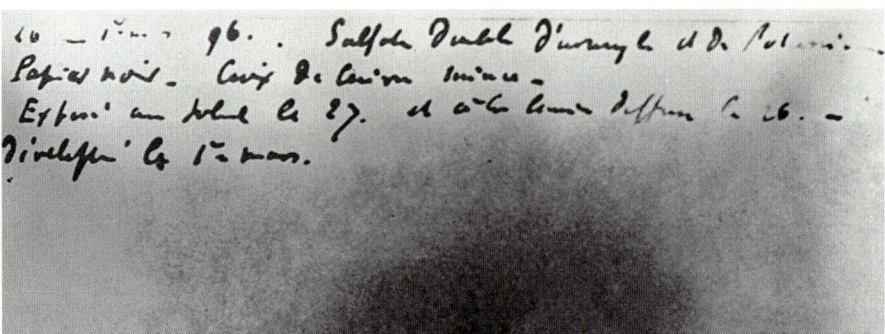

1 Die erste von „Becquerel-Strahlen" geschwärzte Platte

Becquerel:

„Ich wickelte eine ... fotografische Platte ... mit dichtem schwarzen Papier so dick ein, daß sie, obwohl sie einen ganzen Tag lang der Sonne ausgesetzt war, keine Schleier aufwies. Dann legte ich auf das Papier eine phosphoreszierende Substanz und exponierte das Ganze mehrere Stunden lang der Sonne. Als ich die fotografische Platte auswickelte, zeichnete sich die Silhouette der phosphoreszierenden Substanz auf dem Negativ schwarz ab." ... „Wir können daher ... folgern, daß die ... Substanz Strahlung aussendet, die lichtundurchlässiges Papier durchdringt ...".

Strahlen aus dem Atomkern

Becquerel entdeckt die Radioaktivität

Henri Becquerel hatte uranhaltiges Mineral zunächst ins Sonnenlicht und dann auf eine lichtundurchlässig umhüllte Fotoplatte gelegt. Als er die Platte entwickelte, sah er den Mineralbrocken darauf abgebildet (Bild 1). Becquerel wollte die Versuche wiederholen, steckte aber mangels Sonnenschein das Uransalz samt Fotoplatte in eine dunkle Schublade. Doch auch ohne Sonnenlicht war der Brocken abgebildet.

Mit der neuen Entdeckung beschäftigten sich daraufhin viele Forscher. Das französische Ehepaar Marie (1867–1934) und Pierre (1859–1906) Curie untersuchte systematisch alle damals bekannten chemischen Elemente auf diese neue Eigenschaft, die sie als **Radioaktivität** bezeichneten (radius, lat.= Strahl). Sie fanden die Radioaktivität beim Thorium und sehr viel stärker bei zwei bisher unbekannten Elementen, beim Polonium (benannt nach der polnischen Heimat von M. Curie) und beim Radium. In den beiden nächsten Jahrzehnten wurden die übrigen in der Natur vorkommenden radioaktiven Elemente aufgefunden, u.a. von dem Chemiker Otto Hahn (1879–1968) und der Physikerin Lise Meitner (1878–1968).

Entdeckung der Strahlenarten

In der ganzen Welt beschäftigte man sich mit den merkwürdigen Eigenschaften dieser neuen Strahlen. Man fand die folgenden Eigenschaften:

1. Es gibt keine Möglichkeit, durch äußere Einwirkung das Aussenden radioaktiver Strahlen zu verstärken oder zu schwächen. Durch Aufheizen, Abkühlen oder Verändern des Drucks, selbst durch Feuer kann die Radioaktivität nicht zerstört werden.

2. Die Strahlung wird auch nicht durch chemische Reaktionen verändert. Radium z. B. kann chemische Verbindungen eingehen und strahlt trotzdem.

3. Ein radioaktiver Stoff ist stets etwas wärmer als seine Umgebung. Durch Absorption der eigenen Strahlung wird nämlich die Materie erwärmt.

Man fand ferner, dass die von einem Radiumpräparat ausgehende Strahlung drei verschiedene Anteile hat. Sie lässt sich sortieren, wenn man ein Bündel dieser Strahlung durch ein starkes Magnetfeld laufen lässt (Bild 2).

Ein Teil wird abgelenkt. Aus der Ablenkungsrichtung ergibt sich, dass es sich um einen Strom positiver Teilchen handeln muss. Man nennt diese Art von Strahlen **Alphastrahlen** (α-Strahlen), die Teilchen **Alphateilchen** (α-Teilchen).

Ein anderer Teil, die **Gammastrahlen** (γ-Strahlen), geht unabgelenkt durch das Magnetfeld hindurch. Und ein dritter Teil wird erheblich stärker abgelenkt als die Alphateilchen, aber in die entgegengesetzte Richtung. Man nennt sie **Betastrahlen** (β-Strahlen); die Teilchen heißen **Betateilchen** (β-Teilchen). Viele Untersuchungen führten zu folgenden Ergebnissen:

- Alphastrahlen bestehen aus einzelnen, schnellen Heliumkernen. Diese sind zweifach positiv geladen.
- Betastrahlen bestehen aus schnellen Elektronen.
- Gammastrahlen transportieren keine Ladung. Sie werden deshalb im Magnetfeld nicht abgelenkt. Sie sind von derselben Natur wie Röntgenstrahlung, nur energiereicher.
- α-, β- und γ-Strahlen kommen aus dem Atomkern.

In der Natur gibt es sehr viele radioaktive Stoffe. Man spricht von **natürlicher Radioaktivität**.

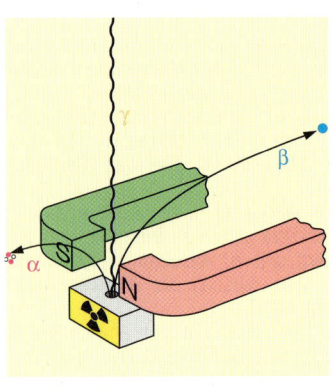

2 Ablenkung im Magnetfeld

Radioaktivität

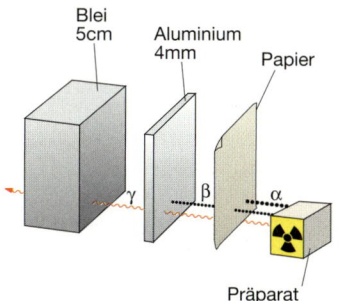

3 Durchdringungsvermögen

Grundregeln des Strahlenschutzes

- Einwirkungsdauer klein halten!
- Entfernung groß wählen!
- Geeignet abschirmen!
- Körperkontakte vermeiden!

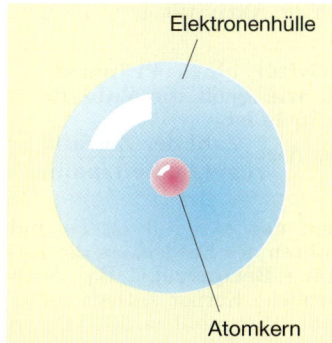

Ernest Rutherford (1871–1937)

4 Atommodell nach Rutherford

Weitere Eigenschaften

[V] 1: Wir laden ein Elektroskop auf und bringen ein radioaktives Präparat in unmittelbare Nähe.

Das Elektroskop wird nach kurzer Zeit entladen. Die Luft in der Umgebung des Elektroskops wird elektrisch leitend, da durch die Strahlung in der Luft geladene Atome, sogenannte Ionen, entstehen. Radioaktive Strahlung kann also Luft ionisieren.

Auf der ionisierenden Wirkung beruhen zahlreiche Nachweismethoden, mit denen weitere Eigenschaften festgestellt werden können:

- α-Teilchen können dünne Papierblätter nicht mehr durchdringen. Sie werden vollständig absorbiert.
- β-Strahlen werden erst durch dickere Aluminiumschichten deutlich geschwächt.
- Noch größere Absorberdicken und dichtere Materialien (Eisen, Blei) sind bei den γ-Strahlen erforderlich (Bild 3).

Daraus ergeben sich Grundregeln für den Strahlenschutz.

Vom Aufbau der Atome

Atommodell nach Rutherford

Der englische Physiker Ernest Rutherford benutzte radioaktive Strahlung, um Atome zu beschießen. Man kam zur Überzeugung, dass der größte Teil eines Atomes leerer Raum ist. Rutherford entwickelte auch ein **Atommodell**, das dazu passte.

Das Atom besteht aus einem positiv geladenen **Atomkern**, in dem nahezu die gesamte Masse (99,9 %) konzentriert ist, und der **Atomhülle**, die sich aus negativ geladenen Elektronen zusammensetzt (Kern-Hülle-Modell). Nach außen ist das Atom neutral (Bild 4).

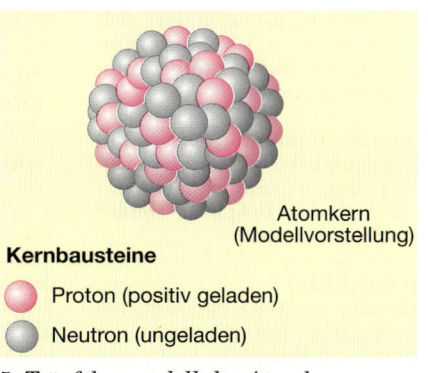

5 Tröpfchenmodell des Atomkerns

Der Kern ist kein einheitliches Gebilde, sondern selbst wieder aus „Elementarteilchen" zusammengesetzt (Bild 5)

> Alle Atomkerne sind aus zwei verschiedenen Bausteinen zusammengesetzt, den Protonen und den Neutronen. Man nennt sie Nukleonen (Kernbausteine).

Protonen sind positiv geladen. Ihre Ladung ist entgegengesetzt gleich der Ladung eines Elektrons und ihre Masse ist nahezu 1836-mal größer als die des Elektrons. **Neutronen** haben fast die gleiche Masse wie die Protonen, tragen jedoch keine Ladung.

Die Anzahl der Nukleonen im Kern heißt **Massenzahl** A des Kerns. Die Zahl der Protonen heißt **Kernladungszahl** Z, da sie Auskunft gibt über die Höhe der im Kern konzentrierten elektrischen Ladung. Sie ist gleich der **Ordnungszahl** des betreffenden chemischen Elementes im Periodensystem.

> Zwischen der Massenzahl A, der Neutronenzahl N und der Kernladungszahl Z besteht die Beziehung $A = N + Z$.

Ein Nuklid ist eine Atomsorte, bei der alle Kerne die gleiche Ordnungszahl Z und die gleiche Massenzahl A haben. Zur Kennzeichnung eines Nuklids schreibt man die Werte für A und Z an das Elementsymbol X: ^A_ZX.

Beispiele: Wasserstoff hat die Kernladungszahl 1, die Massenzahl 1, also wird er bezeichnet mit $^1_1$H. Helium hat die Massenzahl 4 (2 Protonen und 2 Neutronen), also: $^4_2$He.
Weitere Beispiele: Uran $^{235}_{92}$U, Sauerstoff $^{16}_{8}$O. Vereinfachte Schreibweise U 235 oder O 16.

Nun gibt es Nuklide, die sich chemisch nicht unterscheiden, aber unterschiedliche Massenzahlen besitzen. Sie haben gleiche Protonenzahl, aber verschiedene Neutronenzahl. Man nennt sie „**Isotope**". Die meisten chemischen Elemente haben mehrere Isotope.

Eine sehr einfache Vorstellung vom Aufbau des Atomkerns ist das **Tröpfchenmodell** (Bild 5): Die Nukleonen liegen im Kern wie in einem kugelförmigen Flüssigkeitstropfen dicht gepackt beieinander. Dass der Kern auf Grund der abstoßenden elektrischen Kräfte zwischen den positiv geladenen Protonen nicht auseinander fliegt, liegt an der überaus starken **Kernkraft**.

Der radioaktive Zerfall

Der α-Zerfall

Stößt ein Kern ein **α-Teilchen** (^4_2He) aus, so wird seine Massenzahl um 4 kleiner, die Kernladungszahl nur um 2. Aus $^{226}_{88}\text{Ra}$ entsteht das Nuklid mit der Massenzahl 226 − 4 = 222 und der Ladungszahl 88 − 2 = 86. Dem Periodensystem entnehmen wir, dass das Element mit der Ordnungszahl 86 das Edelgas Radon ist. Durch Kernumwandlungen ist ein ganz neues Atom entstanden. Der Ausgangskern zerfällt in zwei Teile. Man spricht deshalb auch von einem Zerfall von Ra 226 (Bild 1).

Da die ausgesandten Teilchen nicht in Ruhe sind, sondern Bewegungsenergie haben, wird gleichzeitig **Energie** frei. Auch Rn 222 ist nicht stabil und zerfällt unter Aussendung eines α-Teilchens in Po 218, das ebenfalls radioaktiv ist.

> Beim α-Zerfall wird die Massenzahl um 4, die Kernladungszahl um 2 kleiner.

Der β-Zerfall

Sendet ein Atomkern ein **β-Teilchen** aus, dann ändert sich die Massenzahl A nicht. Aber die positive Kernladung hat sich um 1 vergrößert. Daher muss sich die Zahl der Protonen um 1 erhöht haben, die der Neutronen um 1 verringert. Aus $^{218}_{84}\text{Po}$ entsteht das Nuklid mit der Ordnungszahl 85 und der Massenzahl 218. An der Stelle mit der Nr. 85 steht im Periodensystem das Element Astat. Auch hier wird gleichzeitig Energie frei (Bild 2).

> Beim β-Zerfall ändert sich die Massenzahl nicht; die Kernladungszahl wird um 1 größer.

Das einzelne Nuklid zeigt niemals beide Zerfälle, sondern entweder nur den α-Zerfall oder nur den β-Zerfall. Bei der γ-Strahlung sendet der Atomkern energiereiche Strahlung, die so genannten Gammaquanten aus. Es verändert sich weder die Massenzahl noch die Kernladungszahl. α- und β-Zerfälle sind häufig von γ-Strahlung begleitet.

In einem älteren Radiumpräparat sind auch die Folgeprodukte vorhanden. Daher finden α- und β-Zerfälle nebeneinander statt und das Präparat sendet α-, β- und γ-Strahlen aus.

Aus Uran wird Blei

Der Zerfall geht so lange vor sich, bis einmal ein stabiles Isotop entstanden ist. Im ersten Beispiel war das Ausgangsnuklid nicht Ra 226, sondern U 238. Der Zerfall endet schließlich bei dem stabilen Blei-Isotop $^{206}_{82}\text{Pb}$.

Wie klingt die Radioaktivität ab?

Untersucht wird eine Thoriumverbindung, die radioaktives Th 232 enthält. Unter den Folgeprodukten ist auch ein radioaktives Gas, nämlich Radon 220. Im Bild 3 ist dargestellt, wie die Anzahl der strahlenden Nuklide mit der Zeit abnimmt. Nach etwa 56 s ist die Hälfte der Atomkerne, die zu Beginn vorhanden waren, zerfallen. Diese Zeit heißt **Halbwertszeit** des Radons.

> Unter der Halbwertszeit einer radioaktiven Substanz versteht man die Zeitspanne, in der die Hälfte einer vorliegenden Zahl von Nukliden zerfallen ist. Jede radioaktive Substanz hat eine charakteristische Halbwertszeit.

Die Angabe der Halbwertszeit hat nur Sinn für eine große Anzahl von Atomen. Vom einzelnen Atom können wir nicht vorhersagen, wann es zerfällt, ob sofort oder erst nach 100 Jahren.

Es gibt Radionuklide mit sehr kurzen, aber auch mit extrem langen Halbwertszeiten. Polonium 214 z. B. hat eine Halbwertszeit von 0,000164 s, Kalium 40 eine von 1 280 000 000 Jahren.

Ein bestimmtes Präparat kennzeichnet man durch die **Aktivität** A.

> Die Aktivität eines Präparates gibt an, wie groß die Zahl der Zerfälle in 1 s ist.
> $$\text{Aktivität } A = \frac{\text{Zahl der Zerfälle}}{\text{zugehör. Zeitspanne}}$$

Die Einheit der Aktivität ist 1/s und heißt zu Ehren des Entdeckers der Radioaktivität **1 Becquerel** (1 Bq). Auch der menschliche Körper enthält radioaktive Stoffe. Man misst ca. 5000 Bq. In jeder Sekunde zerfallen also im Körper 5000 Atomkerne.

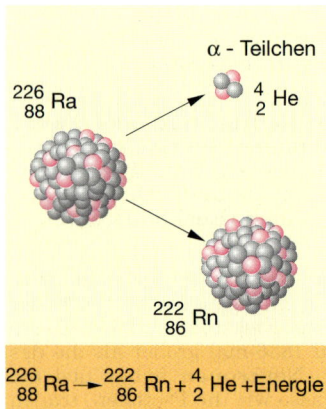

1 Der Alphazerfall (α-Zerfall)

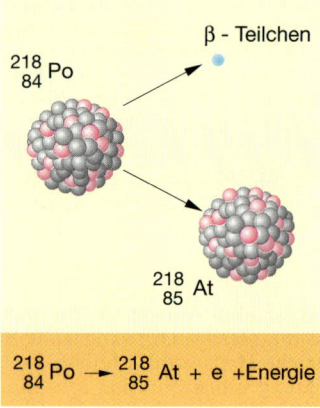

2 Betazerfall (β-Zerfall)

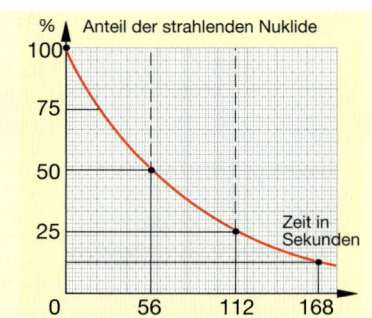

3 Die Zahl der strahlenden Nuklide nimmt ab

Beispiele für Halbwertszeiten

Nuklid	Halbwertszeit	Zerfallsart
Thorium 232	1,41·10¹⁰ a	α
Uran 238	4,51·10⁹ a	α
Kalium 40	1,28·10⁹ a	β
Uran 235	7,1·10⁸ a	α
Kohlenstoff 14	5,74·10³ a	β
Radium 226	1,60·10³ a	α
Strontium 90	28,1 a	β
Cäsium 137	30 a	β
Polonium 210	138,38 d	α
Jod 131	8,05 d	β
Radon 220	55,6 s	α

Kernumwandlungen

5 Hahn (rechts) und Straßmann vor ihrer Versuchsanordnung

Künstliche Kernumwandlung

Kernspaltung

Bei natürlicher radioaktiver Strahlung zerfallen die Kerne ohne unser Zutun. Die erste künstliche Kernumwandlung konnte 1919 Rutherford beobachten. Er beschoss Stickstoffatome mit α-Teilchen und fand, dass hin und wieder auch ein Proton auftrat. Die Versuche waren äußerst mühsam und zeitraubend.

Registriert wurde nämlich die Strahlung mit einem Stoff, der beim Auftreffen von α-Teilchen an der Auftreffstelle kurzzeitig aufleuchtet. Diese Lichtblitze mussten unter dem Mikroskop beobachtet und gezählt werden. Rutherford schloss aus seinen Versuchen, dass schnelle Heliumatome einen Stickstoffkern „zertrümmern" können (Bild 4).

1938 gelang es den beiden Deutschen Otto Hahn (1879–1968) und Fritz Straßmann (1902–1980), Kerne wirklich zu spalten, d. h. in zwei große Bruchstücke zu zerlegen (Bild 5). Sie beschossen Uran 235 mit „langsamen Neutronen" ($v \approx 200$ m/s), weil sie durch Anlagern von Neutronen schwerere Kerne als Uran aufbauen wollten, erhielten stattdessen zwei mittelschwere, radioaktive Spaltprodukte. Zusätzlich traten zwei bis drei schnelle Neutronen ($v \approx 10000$ km/s) auf (Bild 6).

Bei der Spaltung eines Kerns U 235 wird ein Energiebetrag von $1{,}6 \cdot 10^{-19}$ Joule freigesetzt. Das ist eine winzige Energiemenge. Um die Energie von 1 Joule zusammenzubringen, müssten 30 Milliarden Kerne zerfallen. Nun enthält aber 1 kg reines U 235 eine ungeheuer große Zahl von Kernen, nämlich $26 \cdot 10^{23}$. Daher liefert diese Uranmenge rund $8 \cdot 10^{13}$ Joule = 80 000 Milliarden Joule, also rund 2,5-millionenmal so viel Energie, wie bei Verbrennung der gleichen Menge Steinkohle frei wird.

Der überwiegende Teil der freiwerdenden Energie, nämlich ca. 82 %, ist kinetische Energie der Spaltprodukte. Diese kinetische Energie wird durch Stöße auf andere Atome übertragen. Die innere Energie der Materie steigt und sie bekommt eine höhere Temperatur. Die Energie wird als Wärme an die Umgebung abgeführt.

Nutzung der Kernenergie

Die Kernenergie lässt sich nur nutzbar machen, wenn eine ungeheuer große Zahl von Kernreaktionen ausgelöst wird. Da aber bei jeder Spaltung von U 235 zwei bis drei Neutronen entstehen, die wiederum Kernreaktionen auslösen können, kann sich in kurzer Zeit die Reaktion auf sehr viele Atome ausdehnen. Die Zahl der Spaltungen wächst lawinenartig an. Einen solchen Vorgang bezeichnet man als Kettenreaktion. Kontrolliert ablaufende Kernreaktionen verwirklicht man im **Kernreaktor**.

Damit eine Kettenreaktion überhaupt entstehen kann, muss eine Mindestmenge an spaltbarem Material vorhanden sein. Für Uran 235 beträgt diese **kritische Masse** ungefähr 50 kg. Bei **Atombomben** werden mehrere kleine Blöcke mit einem hohen Gehalt an spaltbarem Uran (90 %) zusammengeschossen.

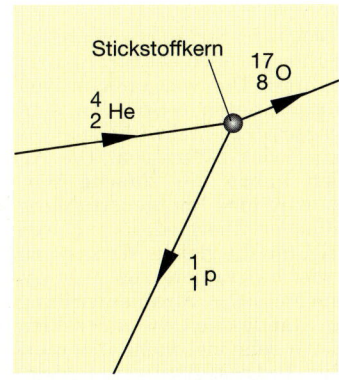

4 Beobachtete Reaktion

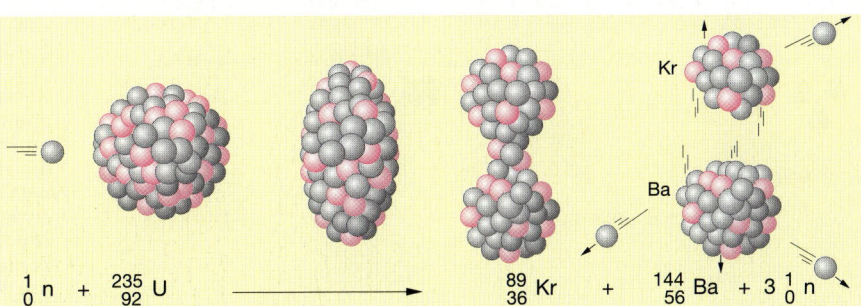

6 Kernspaltung von Uran 235

Radioaktivität und Kernenergie

1 Warnschild

Grundbegriffe des Strahlenschutzes

Strahlenschutz ist notwendig

Schon wenige Jahre nach ihrer Entdeckung wurden die Röntgenstrahlen in der Medizin zum Durchleuchten von Körperteilen verwendet, z. B. beim Behandeln von Knochenbrüchen. Bald stellte man aber fest, dass diese neue Art von Strahlen auch Schäden hervorrufen kann, zumal man anfangs recht sorglos experimentierte. Hautschäden wurden ebenfalls beim Umgang mit radioaktiven Stoffen gemeldet, so bei Becquerel und in einem Selbstversuch bei Pierre Curie.

Der Abwurf zweier Atombomben auf die japanischen Städte Hiroshima und Nagasaki im Jahre 1945 hat der Menschheit klargemacht, welche große Gefahr mit der Nutzung radioaktiver Stoffe verbunden ist. Die beiden Städte wurden dem Erdboden gleichgemacht und weit über 100 000 Menschen getötet. Schreckliche Auswirkungen hatte die freigesetzte radioaktive Strahlung. Die Folgeschäden an Leben und Gesundheit der Opfer wurden erst Jahre oder Jahrzehnte später erkannt.

Spätestens seit der Katastrophe im Kernkraftwerk Tschernobyl in der Ukraine 1986 ist uns allen bewusst geworden, welche Gefahren auch mit der friedlichen Nutzung der Kernenergie verbunden sind und welche außerordentliche Sorgfalt der Betrieb kerntechnischer Anlagen und der Umgang mit radioaktiven Stoffen erfordern.

Heute gibt es **gesetzliche Bestimmungen** und genaue Vorschriften, die beachtet werden müssen. Auch sind radioaktive Stoffe und andere Vorrichtungen, bei denen eine Gefährdung durch Strahlen auftreten kann, durch ein **Strahlenwarnzeichen** zu kennzeichnen (Bild 1).

Strahlenmessung

Um die Strahlwirkungen beurteilen, messen und vergleichen zu können, müssen geeignete physikalische Größen festgelegt werden.

☐ 1: Nennen Sie die Eigenschaften radioaktiver Strahlung und geben Sie an, welche Größen geeignet erscheinen, die Wirkung zu messen!

Ein Maß für die **biologische Strahlenwirkung** ist die Energie, die von 1 kg der Körpersubstanz absorbiert wird. Man hat festgelegt:

$$\text{Energiedosis} = \frac{\text{absorbierte Energie}}{\text{Masse}}$$

$$D = \frac{W}{m}$$

Einheit: 1 Gy (**Gray**) = 1 J/kg (Bild 2), benannt nach dem englischen Physiker L. H. Gray (1905–1965), dem wesentliche Beiträge zur **Strahlendosimetrie** zu verdanken sind.

☐ 2: Welche Energie in Joule wird einem erwachsenen Menschen (m = 75 kg) bei Bestrahlung mit 6 Gy zugeführt?

Bei 75 kg erhält der Mensch 450 Joule. Diese Energie würde nur die winzige Temperaturerhöhung von rund 0,0014 °C bewirken. Bei jeder fiebrigen Erkältung ist die Temperaturerhöhung 1000-mal größer. Eine Energiedosis von 6 Gy aber, die in kurzer Zeit z. B. bei einer Atombombenexplosion dem menschlichen Körper zugeführt wird, ist im Allgemeinen tödlich. Diese Überlegungen machen deutlich, dass die absorbierte Energie allein die Gefährlichkeit der Strahlung nicht ausmacht, sondern ihre Fähigkeit, Atome und Moleküle zu ionisieren. Allgemein gilt:

Je größer die Energieaufnahme, desto größer ist auch die Wirkung.

Für die biologische Strahlenwirkung ist außer der Energie auch die Strahlenart von Bedeutung. Die von radioaktiven Stoffen ausgesandten α-Strahlen sind erfahrungsgemäß 20-mal wirksamer als Röntgen-, γ- oder β-Strahlen. Die Alphastrahlen haben die 20fache Wirkung, also wäre eine Röntgenstrahlung mit der 20fachen Energiedosis z. B. von 2,0 Gy nötig, um die gleiche Wirkung zu erzielen wie α-Strahlen von 0,1 Gy. Die unterschiedliche Strahlenwirkung kommt zu Stande, weil die α-Strahlen pro Weglänge sehr viel mehr Ionen erzeugen (Bild 3). Diese häufigere Ionisierung führt zu größeren Schäden.

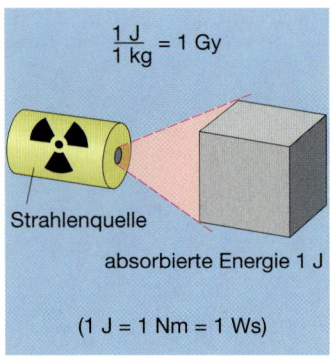

2 Veranschaulichung von 1 Gray

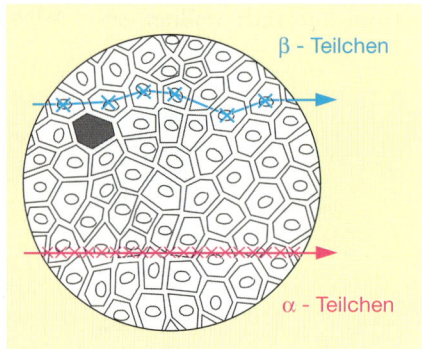

3 Ionisierungsvermögen der Strahlen

Strahlengefahr und Strahlenschutz

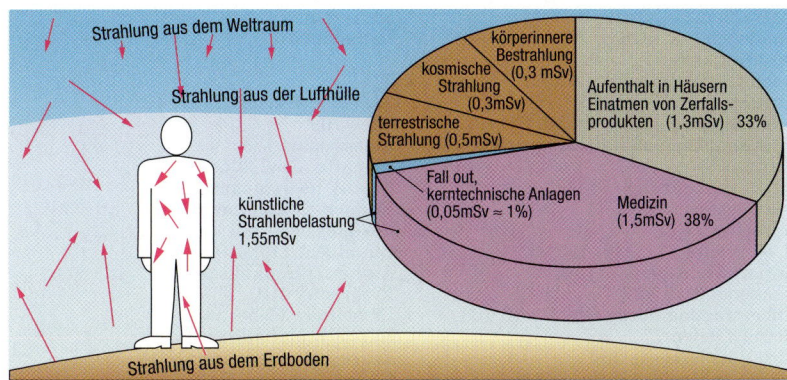

4 Anteil der natürlichen und künstlichen Strahlenbelastung pro Jahr

Strahlenbelastung und Schutzmaßnahmen

Äquivalentdosis

Um die Wirkungen der verschiedenen Strahlenarten miteinander vergleichen zu können, benutzt man die **Äquivalentdosis**. Man erhält sie, indem man die Energiedosis der betreffenden Strahlungsart mit einem **Qualitätsfaktor** Q multipliziert.

> **Äquivalentdosis = Energiedosis · Qualitätsfaktor**
> $$H = D \cdot Q$$

Da Q ein reiner Zahlenfaktor ist, hat H die gleiche Einheit J/kg wie D. An der Angabe z. B. von 2 J/kg kann man nicht erkennen, ob es sich um eine Energie- oder um eine Äquivalentdosis handelt. Deshalb verwendet man für die Äquivalentdosis einen anderen Einheitennamen: **Sievert** (Sv), benannt nach dem schwedischen Strahlenforscher Rolf M. Sievert (1896–1966).

> **Die Einheit der Äquivalentdosis ist das Sievert: 1 Sv = 1 J/kg.**

Frühere Einheit: Rem (rem = röntgen equivalent man). 1 Sv = 100 rem.

Vom Becquerel zum Sievert

Wirken radioaktive Stoffe durch ihre Strahlung von außen auf den Körper ein, dann spielt wegen ihrer großen Reichweite die Gammastrahlung eine wesentliche Rolle. α- und β-Strahlen rufen nur in den obersten Gewebeschichten eine Dosis hervor. Ganz anders sieht es dagegen aus, wenn radioaktive Stoffe mit der Atemluft, mit der Nahrung oder über Wunden in den Körper gelangen (Inkorporation). Dann kommt die große biologische Wirksamkeit der α- und β-Strahlen voll zur Geltung.

Beispielsweise ergeben 1 000 Bq von mit der Nahrung aufgenommenem Jod 131 beim Erwachsenen eine Äquivalentdosis in der Schilddrüse von 0,43 mSv, beim Kleinkind eine von 3,5 mSv.

Strahlenbelastung des Menschen

Die gesamte Natur ist schwach radioaktiv. Die dadurch bedingte, mittlere natürliche Strahlenbelastung von 2,4 mSv im Jahr (Bild 4) setzt sich zusammen aus
- der kosmischen Strahlung (0,3 mSv),
- der Strahlung aus Erdboden und Lufthülle (terrestrische Strahlung, 0,5 mSv) und
- der Eigenstrahlung des menschlichen Körpers, einschließlich des inhalierten Radons von 1,3 mSv (1,6 mSv).

In Frankreich liegt der Mittelwert bei 2,5 mSv, das Maximum bei 4 mSv pro Jahr. Medizin, Kernwaffenversuche und kerntechnische Anlagen in Forschung und Technik bewirken im Mittel eine **zusätzliche Strahlenbelastung** von 1,55 mSv pro Jahr (Bild 4).

Die Gesamtaktivität im menschlichen Körper von ca. 5000 Bq wird vor allem durch Kalium 40, Kohlenstoff 14 und Rubidium 87 hervorgerufen, die mit der Atemluft, dem Trinkwasser und der Nahrung – z. B. über den **Weide-Kuh-Milch-Pfad** – aufgenommen und im Körper für eine gewisse Zeit gespeichert werden.

Auch die bei Katastrophen freigesetzten Radionuklide können auf diese Weise in den Körper gelangen. So stieg in Bayern nach dem Unglück in Tschernobyl der Gehalt an Jod 131 in der Molkereimilch auf 400 Bq/l an. Nach wenigen Wochen war er wieder auf unter 10 Bq/l abgesunken. 1986 wurde in der Bundesrepublik Deutschland im Mittel eine um 0,04 mSv höhere Belastung gemessen.

Jede zusätzliche Strahlenbelastung muss so gering wie möglich gehalten werden. Daher sollte man z. B. Röntgenuntersuchungen auf das Notwendigste beschränken oder – wenn möglich – auf andere Methoden übergehen.

Aufgaben

1. Nennen Sie die wichtigsten Strahlenschutzmaßnahmen!
2. Was versteht man unter der natürlichen Strahlenbelastung?
3. Warum schwankt die natürliche Strahlenbelastung sehr stark?
4. Wie groß ist die zusätzliche Strahlenbelastung a) bei einem 7-stündigen Aufenthalt in 3000 m Höhe (1,3 mSv/Jahr), b) einem 4-wöchigen Ferienaufenthalt in Frankreich (4 mSv/Jahr)?

Qualitätsfaktoren

Röntgenstrahlen	1
Betastrahlen	1
Langsame Neutronen	3
Alphastrahlen	20
Schnelle Neutronen	10
Protonen	10

$1 \text{ Sv} = 1 \frac{\text{J}}{\text{kg}} = 100 \text{ rem}$

$1 \text{ mSv} = \frac{1}{1000} \text{ Sv}$

$1 \text{ mrem} = \frac{1}{1000} \text{ rem}$

Stichwortverzeichnis

A
Abbildungsgesetz 128
Abbildungsmaßstab 127
Abendsonne, verformte 122
Abschirmung 153
Absolute Temperatur 78
Absolute Temperaturskala 78
Absoluter Nullpunkt 78
Abstoßung 150
Abwärme 101
Achse, optische 125
Adaption 132
Adhäsionskraft 9
Aggregatzustand 8, 79, 103
Akkommodation 132
Akkumulatoren 143
Aktivität 216
Alphastrahlen 214, 219
Alphateilchen 214, 216
Alphazerfall 216
Altersweitsichtigkeit 133
Ampere (Einheit) 159
Anhalteweg 49, 55
Anomalie des Wassers 77
Anormales Verhalten 80
Anpresskraft 28, 41
Anziehung 150
Aquaplaning 29
Äquivalentdosis 219
Aräometer 70
Arbeit, elektrische 171
Arbeit, mechanische 36, 41, 82
Arbeitspreis 172
Arbeitsstromkreis 178
Archimedisches Gesetz 62 f., 71
Atmosphäre der Erde 64
Atom 8, 150
Atombombe 217 f.
Atomhülle 215
Atomkern 214 f.
Atommodell 215
Auflagedruck 26, 60
Auftrieb 62, 66, 71
Auftriebskraft 62, 66
Auge, menschliches 132 f.
Augenblicksgeschwindigkeit 44
Augenfehler 133
Ausbreitungsgeschwindigkeit 207
Ausdehnung fester Körper 76 f.
Ausdehnung flüssiger Körper 77
Ausdehnungskoeffizient 76
Auslenkung-Zeit-Diagramm 203
Auswirkungen der Energienutzung 100
Autofokus 130
Automatische Scharfeinstellung 130

B
Bandgenerator 154
Basis 197
Basiseinheit 10
Basisgröße 10
Bauelemente der Elektronik 190
Bauelemente, binäre 200
Bauformen von Widerständen 164
Becquerel (Einheit) 216
Belichten 131
Belichtungsmesser 193
Belichtungszeit 131
Benzin-Luft-Gemisch 97
Berührschalter (Sensortaster) 199
Berührungselektrizität 150
Beschleunigte Bewegung 45
Beschleunigung 48, 50, 55
Beschleunigungsarbeit 37, 38

Betastrahlen 214, 219
Betateilchen 214, 216
Betazerfall 216
Bewegung, beschleunigte 45, 55
Bewegung, geradlinige 55
Bewegung, gleichförmige 45 f., 55
Bewegung, gleichmäßig beschleunigte 49
Bewegung 45
Bewegungsänderung 19, 41
Bewegungsenergie 38, 41
Bild, reelles 116
Bild, virtuelles 111, 116, 125
Bilder am Hohlspiegel 116
Bildkonstruktion 127
Bildübertragung durch Glasfasern 123
Bimetallstreifen 77
Binäre Bauelemente 200
Biologische Strahlenwirkung 218
Biologische Wirksamkeit 219
Blende 131
Blendenöffnung 130
Blendenzahl 131
Blinder Fleck 132
Blitz 148
Blitzableiter 153
Blutdruck 68
Blutdruckmessung 68
Brauchwasserbereitung 93
Brauchwassererwärmung 93
Brechkraft 133
Brechungswinkel 119
Brechzahl 119
Bremsweg 49
Brennpunkt 115, 125
Brennweite 115, 125
Brillantschliff 122
Brille 133
Brownsche Bewegung 78
Brückenschaltung 195
Bürsten 182

C
Cartesischer Taucher 70
Celsiusskala 78
Chemische Energie 92, 97
Chip 191
CO_2-Problem 102
Coulomb (Einheit) 151

D
Dämmerungsschalter 193, 199
Dampfdruck 81
Dampfkraftwerk 99
Dampfturbinen 98
Dauermagnet 178
Dehnungsschleife 76
Diagramm 162
Diaprojektor 129
Dichte 16, 41
Dichteänderung 17
Dieselkraftstoff 97
Dieselmotor 82, 97
Dioptrie 133
Dipol 152
Dispersion 120 f., 135
Doppel-T-Anker 183
Drahtwiderstände 164
Drehachse 33, 41
Drehkolbenmotor 97
Drehmoment 34
Dreifach-T-Anker 183
Dreifingerregel 180
Druck 26, 41, 57 f., 71
Druck, hydrostatischer 60
Druckabhängigkeit der Siedetemperaturen 81
Druckdose 69
Durchschnittsgeschwindigkeit 11, 44, 48, 55
Dynamo 157

E
Ebene, schiefe 32, 37, 41
Echo 209
Eigenbedarf 173
Eigenfrequenz 204
Eigenschwingungen 204
Einfache Maschinen 30
Einfallsebene 110
Einfallslot 110, 119
Einheit, physikalische 10
Einkristall 191
Einseitiger Hebel 33
Einstellwiderstände 164
Einweg-Gleichrichtung 195
Eisenfeilspäne 176
Eisenkern 177, 189
Elastisch 19
Elektrische Arbeit 171
Elektrische Energie 92, 145
Elektrische Leistung 170
Elektrische Spannung 141, 154
Elektrische Stromstärke 158
Elektrischer Stromkreis 144, 158
Elektrischer Widerstand 161, 164
Elektrisches Feld 152
Elektrizitätszähler 142, 171
Elektrochemische Spannungsquelle 143, 157
Elektrode 149
Elektrofilter 99
Elektrogeräte 174
Elektromagnete 178
Elektromagnetische Wechselwirkung 177
Elektromagnetische Wellen 92
Elektromagnetischer Schalter 178
Elektromagnetismus 176
Elektromotor 182
Elcktroncn 150
Elektronenmangel 150, 155
Elektronenstromrichtung 160
Elektronenüberschuss 150, 155
Elektroskop 151
Elementarmagnet 177
Emitter 197
Endoskop 123
Energie 38, 41, 95, 100
Energie, chemische 92, 97
Energie, elektrische 92, 145
Energie, innere 82 ff.
Energie, kinetische 55, 82
Energie, potentielle 82
Energiebilanz 87
Energiedosis 218
Energieerhaltungssatz 55, 82, 91
Energiefluss 173
Energieflussdiagramm 38, 41
Energieträger 95
Energietransport 90
Energieübertragung 83
Energieumwandlung 100 ff., 173
Energiewandler 92
Entschwefelung 99
Entstickung 99
Entwickeln 131
Erdatmosphäre 64
Ergänzungsfarben 137
Erneuerbare Energieträger 102 f.
Erregerfrequenz 204
Erstarren 79 f.
Erster Hauptsatz der Wärmelehre 91
Erwärmungsgesetz 85, 103
Eurostecker 141
Expander 20

F

Fadenpendel 204
Fahrtenschreiber 44
Fall, freier 51, 55
Fallbeschleunigung 51
Fallgesetz 51
Faraday-Käfig 153
Farbcode für Widerstände 165
Farbmischung 137 f.
Farbverhüllung 138
Farbzerstreuung 121
Federkonstante 23, 41
Fehlerstrom-Schutzschalter 142
Feld, elektrisches 152
Feld, magnetisches 176
Feldlinien 176
Fernpunkt 133
Fernrohr 134
Fertigungsabweichung 165
Feste Rolle 30 f., 41
Festwiderstände 164
Fettes Gemisch 97
Feuerbohren 82
Fibroskop 123
Fieberthermometer 75
Finsternisse 108 f.
FI-Schutzschalter 142
Fixpunkte 75
Fixsterne 107
Flaschenzug 30 f., 37, 41
Flüssigkeitsthermometer 75
Fotoapparat 130 f.
Fotopapier 131
Fotowiderstand 193
Freier Fall 51, 55
Frequenz 203
Fresnellinse 129
Friedliche Nutzung der Kernenergie 218
Füllstandsüberwachung 193
Fundamentalabstand 75

G

Gammastrahlen 214
Gammastrahlung 219
Gasdruck 57
Gasturbinen 98
Gedämpfte Schwingungen 205
Gefäße, verbundene 69
Gegenkraft 21, 51
Gekrümmte Lichtstrahlen 122
Gelber Fleck 132
Generatoren 157
Geometrische Optik 105
Gerader Leiter 180
Geradlinige Bewegung 55
Gerät, hydraulisches 68, 71
Gesamtwiderstand 167, 169
Geschwindigkeit 11, 44, 55
Geschwindigkeitsänderung 48
Geschwindigkeit-Zeit-Gesetz 55
Gesetz, archimedisches 62 f., 71
Gesetz, hookesches 22, 41
Gewichtskraft 13, 19, 31, 41, 55
Gewinde 32
Glasfasertechnik 123
Glaskabel 123
Gleichförmige Bewegung 45 f., 55
Gleichgewicht 34, 41
Gleichmäßig beschleunigte Bewegung 49
Gleichrichterdioden 194
Gleichrichtung, Einweg- 195
Gleichrichtung, Zweiweg- 195
Gleichspannung 156
Gleichspannung, pulsierende 195
Gleichstrom 160
Gleichstrommotor 182
Gleichstromverstärkungsfaktor 197
Gleitreibungskraft 28, 41

Gleitreibungszahl 29
Glimmlampen 144
Glühlampen 144
Goldene Regel der Mechanik 37, 41
Grad Celsius 75
Gravitationskraft 13
Gray (Einheit) 218
Grenzwinkel der Totalreflexion 120
Größe, physikalische 11

H

Haftreibungskraft 28, 41
Haftreibungszahl 29
Halbleiter 190
Halbschattengebiet 106
Halbwertszeiten 216
Haltekraft 32, 41
Hangabtriebskraft 25, 32, 41
Harmonische Schwingungen 202
Hauptregenbogen 121
Hebel 33, 41
Hebel, einseitiger 33
Hebel, zweiseitiger 33
Hebelarm 33, 41
Hebelgesetz 33,34
Heißleiter 192
Heißluftballon 66
Heizkessel 93
Heizung 93, 95
Heizwert 84 f.
Hiroshima 218
Hochspannung 189
Hohlspiegel (Konkavspiegel) 114 f.
Hookesches Gesetz 22, 41
Hörbereich 210
Hubarbeit 36 f., 82
Hubble-Weltraum-Teleskop 116
Hülle 150
Hydraulik-Wagenheber 68
Hydraulischer Schwingungsdämpfer 205
Hydraulisches Gerät 68, 71
Hydrostatischer Druck 60

I

Induktion 184
Induktionsspannung 184
Induktionsstrom 184
Industrialisierung 100 ff.
Infrarot-Fotografie 136
Infrarotstrahlung 136
Infraschall 210
Inkorporation 219
Innenpolmaschine 187
Innere Energie 82 ff.
Integrierte Schaltung 190
Inverter 200
IR-Strahlung 136
Isolierglasscheiben 95
Isotope 215

J

Joule (Einheit) 36

K

Kalorimeter 85
Kaltleiter 192
Keil 32
Kelvin (Einheit) 78
Keplersches Fernrohr 134
Kern 150
Kernbausteine 215
Kernenergie 217
Kernenergie, friedliche Nutzung der 218
Kern-Hülle-Modell 215
Kernkraft 215
Kernkraftwerk 95
Kernladungszahl 215 f.
Kernschatten 106, 117

Kernspaltung 217
Kernumwandlung, künstliche 217
Kettenreaktion 217
Kilogramm 12
Kilowattstunde 171 f.
Kinetische Energie 55, 82
Kirchhoffsches Gesetz 167, 169
Klingel 178
Kochplatte 170, 174
Kohäsionskraft 9
Kohlekraftwerk 95, 99
Kohleschichtwiderstände 164
Kolbendruck 58
Kollektor 197
Kommutator 182
Kompaktleuchtstofflampen 174
Komplementärfarben 137
Kompression 82
Kompressionsarbeit 82
Kondensatoren 151
Kondensieren 79 f.
Kondensor 129
Konkavlinsen 125, 127
Konstantandraht 163
Kontaktlinsen 133
Konvektion 88
Konvexlinsen 125
Körper 8
Körperfarben 137
Kraft 19, 42, 50 f., 55
Kräfteaddition 24
Kräftezerlegung 24
Kraftmesser 21, 27
Kraftmessung 20
Kraftpfeil 24, 41
Kraftstoff 97
Kraftumformung 41
Kraftvergleich 20
Kraftverstärkung 59, 71
Kraftwandler 30,34, 37
Kristall 9
Kristallgitter 159
Kristallgitter-Modell 159
Kritische Masse 217
Kugellager 29
Kugelspiegel 114
Kühlschrank 91, 93
Künstliche Kernumwandlung 217
Künstliche Strahlenbelastung 219
Künstliche Wärmequelle 83
Kurbelwelle 34
Kurzschluss 146
Kurzsichtigkeit 133
k-Wert 94 f.

L

Ladung 149 f., 159
Ladungsausgleich 155
Ladungsnachweis 151
Ladungsquellen 149
Ladungsspeicher 151
Lageenergie (potentielle Energie) 38, 41, 82
Lageenergie 38, 41
Landwind 86
Länge 10
Längenmessgerät 10
Lärm 212
Lärmschutz 213
Lärmschutzmaßnahmen 213
Laserlicht 123
Lautstärkeskala 210
LDR 193
LED 196
Leidenfrostsches Phänomen 89
Leistung 39, 41, 145, 170
Leistung, elektrische 170
Leistungsangabe 170

Leiter im Magnetfeld 180
Leiter, metallischer 162
Leiterlänge 165
Leiterschleife 176
Leitungen 141
Leitwert 161
Lenzsche Regel 185
Leuchtdioden 196
Lichtarten 137
Lichtbrechung 118 ff.
Lichtbündel 105
Lichtenberg-Figuren 148
Lichtenergie 174
Lichtfaseroptik 123
Lichtleiterkabel 123
Lichtschranke 199
Lichtstärke 131
Lichtstrahl 105
Lichtstrahlen, gekrümmte 122
Linienspektren 136
Linsen, optische 124
Linsenformen 125
Lochkamera 128
Logische Schaltungen 200
Lose Rolle 30 f., 41
Luftdruck 64, 71
Luftspiegelung 122
Lupe 134, 139

Magdeburger Halbkugeln 64
Mageres Gemisch 97
Magnetfeld 176
Magnetische Wirkung 176 f.
Magnetisches Feld 176
Magnetkraft 27, 41
Magnetnadeln 176
Magnetschwebebahn 29
Maschinen, einfache 30
Masse 12 f., 41, 50
Massenanziehungskraft 13
Massenzahl 215 f.
Mechanische Arbeit 36, 41, 82, 92, 103
Membranschalter 69
Menschliches Auge 132 f.
Messung der Stromstärke 159
Messzylinder 14
Metallischer Leiter 162
Metallthermometer 77
Mikrofon 185
Mikroskop 134
Minuspol 155
Mischfarbe 137
Mischungsmethode 87
Mischungstemperatur 87
Mittelpunktstrahl 126
Mittlere Lebenserwartung 100
Molekül 8
Molekularbewegung 78
Momentangeschwindigkeit 11, 44, 48, 55
Mondaufgang 107
Mondfinsternis 108 f.
Mondphasen 106 f., 117
Mondsichel 107
Montgolfiere 67
Motorkraft 19, 41, 51
Muskelkraft 19, 41

Nachhall 209
Nachtspeicheröfen 86
Nagasaki 218
Nahpunkt 133
Natürliche Radioaktivität 214
Natürliche Strahlenbelastung 219
Natürliche Wärmequelle 83
Nebenschlussmotor 183
Nebenregenbogen 121

Neigungswinkel 32
Netzhautablösung 135
Neumond 107 f.
Neutronen 150, 215
Newton (Einheit) 20, 41
Newtonmeter 36
Newtonscher Farbkreis 137
Nichtkontinuierliche Spektren 136
NICHT-Verknüpfung 200
Niedertemperaturkessel 93
Niedrig-Energie-Haus 94
Normalkraft 25, 28
Normreihen 165
Normung von Widerständen 165
NTC-Widerstände 192
Nukleonen 215
Nuklid 215
Nullpunkt, absoluter 78
Nutzenergie 100

Objektiv 124, 134
ODER-Verknüpfung 200
Ohm (Einheit) 162
Ohmsches Gesetz 162
Ohr, menschliches 210
Okular 124, 134
Ölkraftwerk 95
Optische Achse 114, 125
Optische Kommunikationssysteme 123
Optische Linsen 124 ff., 139
Optische Täuschungen 111
Ordnungszahl 215
Ortsfaktor 13
Ottomotor 96
Ozonschicht 64

Parallelschaltung 156, 168
Parallelstrahlen 126, 139
Pascal (Einheit) 58
Periodensystem 215
Periskop 112
Perpetuum mobile 38
Physikalische Einheit 10
Physikalische Größe 10
Piezoelektrizität 157
Planeten 107
Pluspol 155
Polaritätsprüfer 196
Pole 149
Polonium 214
Potenziometer 164
Primärelemente 143
Primär-Energie 173
Primärenergiebedarf 100
Primärenergieträger 95
Primärspule 188
Prismenferngläser 122, 134
Protonen 150, 215
PTC-Widerstände 192
Pulsierende Gleichspannung 195
Pumpspeicherwerk 40
Purpur 137

Qualitätsfaktor 219
Querschnittsfläche 165
Querwellen 207

Rachitis 135
Rad 34
Radioaktive Strahlung 215
Radioaktivität 214 ff.
Radium 214
Raumheizung 174
Reaktionsweg 49

Rechte-Hand-Regel 176
Reelles Bild 116 f., 127
Reflexion am ebenen Spiegel 110
Reflexion 209
Reflexion, ungerichtete 112
Reflexionsgesetz 111, 117
Regenbogen 121
Reibung 28
Reibungsarbeit 37
Reibungskraft 28, 41
Reibungszahl 28
Reihenschaltung 156, 161, 166
Reihenschlussmotor 183
Relais 178
Rem (röntgen equivalent man) 219
Resonanz 204
Rolle, feste 30 f., 41
Rolle, lose 30 f., 41
Rollenlager 29
Rückspiegel 110, 112
Rückstellkraft 202
Rückstoßprinzip 21
Rückstrahler 112

Salzwasser 163
Sandpendel 203
Schadstoffe 101
Schadstoffemissionen 99, 102
Schallausbreitung 208
Schallenergie 92
Schallgeschwindigkeit 209
Schallmessung 210
Schallpegelmesser 211
Schaltalgebra 200
Schalter 144
Schalter, elektromagnetischer 178
Schaltung, integrierte 190
Schaltung, logische 200
Schaltzeichen 144
Scharfeinstellung, automatische 130
Schärfentiefe 130
Schatten 106 ff., 117
Schichtwiderstände 164
Schiefe Ebene 32, 37, 41
Schmelzen 79 f.
Schmelztemperaturen 79
Schnellkochtopf 81
Schnorchel 69
Schonung der Umwelt 102
Schraube 32
Schraubenfeder 22
Schrecksekunde 49
Schutzisolierung 147
Schutzkontaktstecker 141
Schutzleiter 141, 147
Schutzmaßnahmen 142, 146
Schutzschalter, Fehlerstrom- 142
Schutzwiderstand 194
Schwarzverhüllung 138
Schweben 63
Schweredruck 60 f., 65, 71
Schwerkraft 13
Schwimmdock 70
Schwimmen 63
Schwingungen 202
Schwingungen, gedämpfte 205
Schwingungen, harmonische 202
Schwingungen, ungedämpfte 205
Schwingungsdämpfer, hydraulischer 205
Schwingungsdämpfer, Pkw 205
Seewind 86
Sehwinkel 134
Seil 30, 41
Sekundärelemente 143
Sekundärspule 188
Selbststeuerung 205
Senkwaage 70

Sensortaster (Berührschalter) 199
Sicherung 142
Sicherungsautomat 142, 178
Sieden unter erhöhtem Druck 81
Siedetemperaturen 80 f.
Sievert (Einheit) 219
Sinken 63
Sinusförmiger Verlauf 187
Solarenergie 93
Solarturmkraftwerk 113
Solarzellen 157
Sonne 83, 105, 107
Sonnenenergie 100
Sonnenfinsternis 108 f., 117
Sonnentaler 128
Spannenergie 38, 41
Spannung 154, 161
Spannung, elektrische 141
Spannungsangaben 154
Spannungsentstehung 186
Spannungserzeugung 157, 184
Spannungsmessgeräte 155
Spannungsquelle 144, 149, 154
Spannungsquelle, elektrochemische 143, 157
Sparmöglichkeiten 173
Spektralanalyse 136
Spektralfarbe 135 ff.
Spektren, nichtkontinuierliche 136
Spektrum 135 f.
Spezifische Wärmekapazität 85 ff.
Spezifischer Widerstand 165
Spiegel, ebener 110
Spiegelbild 111
Spiegelreflexkamera 124
Spiegelschrift 113
Spiegelsymmetrisch 111
Spiegelteleskop 116
Spule im Magnetfeld 181
Spule 176
Spule, stromdurchflossene 178
Stab 41
Stange 31, 32
Stator 183
Staub- und Rußemissionen 95
Steckdose 141
Stecker 141
Steckvorrichtungen 141
Steuerstromkreis 178
Stirlingmotor 98
Strahlenarten 214
Strahlenbelastung des Menschen 219
Strahlendosimetrie 218
Strahlengang bei dünnen Linsen 126
Strahlenmessung 218
Strahlenmodell des Lichts 105, 108, 117
Strahlenschutz 214, 218
Strahlenwarnzeichen 218
Strahlenwirkung, biologische 218
Strahltriebwerke 98
Streulicht 112
Strom 158
Stromdurchflossene Leiter 176
Stromdurchflossene Spule 178
Stromkreis 144, 158, 161
Stromleitung 145
Stromrichtung 160
Stromrichtung, Elektronen 160
Stromrichtung, technische 160
Stromstärke 158, 161
Stromsteuerkennlinie 197
Stromübersetzung 189
Stromwender 182
Stromwirkungen 146
Sublimation (Verflüchtigung) 79
Sublimieren 79

T

Tacho 44
Tageslichtprojektor 129
Tangente 48
Taschenspektroskop 135
Tauchen 69
Technische Stromrichtung 160
Teilchenmodell (Wärmeleitung) 89
Teilchenmodell 8
Teleskop 116
Temperatur 75, 78, 103
Temperaturschreiber (Thermograf) 77
Temperaturskala 75
Temperaturskala, absolute 78
Temperaturwächter 199
Thermogramm eines Hauses 88
Thermosäule 90
Thermostat 77
Toleranz 165
Tonband 185
Totalreflexion 120 f., 139
Toter Winkel 113
Trägheit 52, 55
Trägheitsgesetz 52, 55
Trampolin 40
Transformator 188
Transistor 197
Transistorschalter 198
Treibhauseffekt 102
Tripelspiegel 112
Tröpfchenmodell 215
Tschernobyl 218

Ü

Übergangsschatten 106
Übertragung von Nachrichten 123
Ultraschall 210
Ultraviolette Strahlung 135
Umkehrprismen 122
Umwandlungsverluste 173
Umwelt, Erhaltung der 95
Umweltbelastung 101 f.
UND-Verknüpfung 200
Unfallverhütungsvorschrift "Lärm" 213
Ungedämpfte Schwingungen 205
Ungerichtete Reflexion 112
Universalmotor 183
Uran 216 f.
Urkilogramm 12
Urmeter 10
UV-Strahlung 135
UVV "Lärm" 213
UVW-Regel 180

V

Vakuum 64 f., 71
Veränderbare Widerstände 164
Verbrennungskraftmotoren 96 ff.
Verbundene Gefäße 69
Verbundglasfenster 95
Verdampfen 79 f.
Verdichtungsverhältnis 97
Verdunsten 79 f.
Verfestigen 79
Verformte Abendsonne 122
Verformung 19, 41
Verformungsarbeit 37, 38
Vergase 96
Verkehrsspiegel 114
Verteilerkasten 141
Viertakt-Ottomotor 96
Virtuelles Bild 111, 116 f., 125, 127
Vollmond 107 ff.
Volt 155
Volumen 14
Volumenmessung 14, 15

W

Waldsterben 101
Wankelmotor 97
Wärme 83 ff., 92, 103
Wärmedämmung 94 f., 102
Wärmedurchgangszahl 94
Wärmegerät 174
Wärmekapazität 85 ff., 103
Wärmekraftmaschinen 101
Wärmekraftwerk 99
Wärmeleiter 89
Wärmeleitung 83, 88 f., 103
Wärmemenge 83, 85
Wärmepumpe 91, 93
Wärmeschutz 95
Wärmestrahlung 83, 88 ff.
Wärmetransport 88 ff., 103
Warmwasserbereitung 95
Warmwasserheizung 88
Wasserdruck 57
Wasserkraft 19, 41
Wasserkreislauf-Modell 158
Watt (Einheit) 39
Wattsekunde 171
Wechselspannung 156
Wechselspannungsgenerator 186
Wechselstrom 160
Wechselwirkung 21
Wechselwirkung, elektromagnetische 177
Wechselwirkungsprinzip 52
Weg-Zeit-Gesetz 55
Weide-Kuh-Milch-Pfad 219
Weißverhüllung 138
Weitsichtigkeit 133
Wellen 206
Wellenberge 206
Wellenerregung 207
Wellentäler 206
Wellenträger 206
Wellrad 34
Werkzeug 30
Widerstand 161
Widerstand, elektrischer 161, 164
Widerstand, spezifischer 165
Widerstand, veränderbarer 164
Widerstandskennlinien 163
Windkraft 19, 41
Winkelspiegel 112
Wirkung, magnetische 176 f.
Wirkungen des Stroms 146
Wirkungsgrad 55, 99, 100, 102 f., 173
Wölbspiegel 114

Z

Zeit 10
Zerstreuungslinsen 127
Zitronenelement 157
Zugkraft 31
Zusätzliche Strahlenbelastung 219
Zweiseitiger Hebel 33
Zweitaktmotor 95
Zweiter Hauptsatz der Wärmelehre 91
Zweiweg- Gleichrichtung 195

Personenverzeichnis

Ampère, André Marie (1775-1836) 159
Archimedes (um 285-212 v. Chr.) 63
Aristoteles (384-322 v. Chr.) 6
Benz, Karl (1844-1929) 96
Brown, Robert (1773-1858) 78
Bunsen, Robert Wilhelm (1811-1899) 136
Chamisso, Adelbert v. (1781-1838) 106
Coulomb, Charles Augustin (1736-1806) 151
Curie, Marie (1867-1934) 214
Curie, Pierre (1859-1906) 214
Curtis, C. G. (1860-1953) 98
Diesel, Rudolf (1858-1913) 97
Edison, Thomas Alva (1847-1931) 145
Einstein, Albert (1879-1955) 6, 78
Faraday, Michael (1791-1867) 153
Franklin, Benjamin (1706-1790) 148
Galilei, Galileo (1564-1642) 6
Gray, Louis Harold (1905-1965) 218
Guericke, Otto von (1602-1686) 64 f., 148
Hahn, Otto (1879-1968) 214, 217
Hooke, Robert (1635-1703) 23
Hubble, Edwin Powell (1889-1953) 116
Joule, James Prescott (1818-1889) 36
Kelvin, Lord (William Thomson) (1824-1907) 78
Kepler, Johannes (1571-1630) 128
Kirchhoff, Gustav Robert (1824-1887) 136, 167
Laval, Gustaf de (1845-1913) 98
Leidenfrost, Johann Gottlob (1715-1794) 89
Lichtenberg, Georg Christoph (1742-1799) 148
Meitner, Lise (1878-1968) 214
Mongolfier, Jaques Etienne (1745-1799) 67
Montgolfier, Josef Michel (1740-1810) 67
Newton, Isaac (1643-1727) 20, 52
Oersted, Hans Christian (1777-1851) 176
Ohm, Georg Simon (1787-1854) 162
Papin, Denis (1647-1714) 81
Pascal, Blaise (1623-1662) 58, 65
Rutherford, Ernest (1871-1937) 215, 217
Sievert, Rolf M. (1896-1966) 219
Smoluchowski, Marian v. (1872-1917) 78
Stirling, Robert (1790-1878) 98
Straßmann, Fritz (1902-1980) 217
Torricelli , Evangelista (1608-1647) 65
Volta, Alessandro (1745-1827) 143, 155
Wankel, Felix (1902 - 1988) 97
Watt, James (1736-1819) 39

Bildquellenverzeichnis

AKG, Archiv f. Kunst u. Geschichte, Berlin: 66.2; 67.5; S. 143; 148.2; S. 149; S. 153; S. 159; S. 162
Allianz-Zentrum f. Technik, Institut f. Kraftfahrzeugtechnik, Ismaning: 55.3
Artspectrum, Hamburg: S. 180
Astrofoto, Bernd Koch, Leichlingen: 108.1
ATE/Alfred Teves, Frankfurt: 82.1
Dr. Gunter Bang, Ober-Ramstadt: 122.5; 128.5
Bauer & Schauerte, Neuss: 32.3
Bavaria, Gauting: 31.9 (Pulfer); 211.5 (Laemmerer)
Bildarchiv Preuß. Kulturbesitz, Berlin: 217.5
Dieter Blase, Steinfurt: 68.1
Bosch Elektrowerkzeuge, Leinfelden-E.: 147.4
Uwe Brandes, Braunschweig: 182.1
Brüel & Kjaer, Quickborn: 211.4
Bundesanstalt f. Milchforschung, Kiel: 78.1
Daimler-Benz AG, Stuttgart: 22.2
Delmag, Esslingen: 41.5
Deutsches Museum, München: 69.4; S. 136; S. 145; S. 148; S. 151; S. 176; S. 214; S. 215
Diamant Informations-Service, Frankfurt: 122.1
Deutsche Presse-Agentur, dpa, Frankfurt: 40.2 (Scholz); 109.6; 113.5
Droemersche Verlagsanstalt, München: 109.5
E.G.O. Elektro Gerätebau, Oberdedingen: 174.1
ELWE-Lehrgerätebau Klingenthal GmbH, Cremlingen: 90.2
Energieversorgung Schwaben AG, Biberach: S. 74
FOCUS, Hamburg: Titelfoto (NASA); S. 104 (Ressmeyer-Starlight)
HEW, Hamburgische Elektrizitätswerke, Hamburg: 41.4
Heinrich Hübscher, Lüneburg: 122.4
Ifa-Bilderdienst, München: 158.1 (Graf)
A. van Kaick, Ingolstadt: 157.6
Klaus G. Kohn, Braunschweig: S. 7; 54.1
Krupp Fördertechnik, Lübeck: 30.1
Liesegang, Ed., Düsseldorf: 129.6
Horst Lochhaas, Darmstadt: 9.3; 29.5; 33.6; 110.3; 113.7; 114.3; 128.1; 131.4; 131.6
Mauritius, Mittenwald: 37.4 (Bordis); 65.6 (Rosenfeld); 69.3 (Gebhardt); 70.1 (Habel)
Münchner Bilderdienst, Dr. J. Müller, Gräfelfing: 153.5
Joachim Musehold, Erkerode: 10.1
Adam Opel AG, Rüsselsheim: 44.2
Philips, Hamburg: 212.2
Photostudio Druwe & Polastri, Cremlingen: 12.2; S. 15; 17.3; 20.1; 20.2; 21.4; 26.3; 32.1; 39.6; 42.3; 49.2; 53.5; 56.2; 87.4; 90.1; 111.4; 111.5; 112.1; 115.7; 119.7; 120.2; 121.4; 121.7; 125.3; 130.1; 130.2; 134.1; 136.1; 141.1; 141.2; 143.4; 143.5; 143.6; 144.1; 145.5; 146.2; 155.4; 156.1; 156.3; 156.4; 159.6; 160.1; 161.3; 165.3; 166.1; 168.1; 170.1; 170.2; 174.2; 177.4; 184.1; 188.2; 190.1; 190.3; 192.1; 192.4; 193.5; 193.6; 195.5; 195.6; 196.1; 197.6; 199.4; 200.1; 200.4
Phywe Systeme, Göttingen: 50.1; 51.6
PTB, Physikalisch-Technische Bundesanstalt, Braunschweig: 12.4
Dieter Rixe, Braunschweig: 7.1; 16.1; 27.5; 34.1; 50.1; 54.1; 76.4; 81.6; 84.1; 89.10; 112.1; 119.5; 125.6; 125.7; 126.5; 150.3; 154.1
Save-Bild, Augsburg: S. 58
Schlaich Bergermann, Stuttgart: 115.6
Schuster, Oberursel: S. 68 u.l. (Bachmann), S. 68 u.r. (Explorer); 105.1 (Kuka)
Siemens, Erlangen/Erfurt/München: 7.2; 142.3; 171.5; 187.3; 191.5
Ski-Club Hinterzarten e.V., Hinterzarten: 29.8
Spektrum der Wissenschaft Verlagsgesellschaft, Heidelberg, aus: Eric J. Chaisson, "Erste Entdeckungen mit dem Hubble-Weltraumteleskop, 1992: 116.3. Aus: Abrahim Katzir, "Faseroptiken in der Medizin", 1989: 123.7
Stadtverwaltung, Duisburg: S. 89
Stahl-Informations-Zentrum, Düsseldorf: 79.5
Superbild Bach, München: S. 7
USIS, Bonn: 13.6; 197.5
VDE, Verband Deutscher Elektroniker, Frankfurt: 148.1
Bernd Vorwerk, Wedel: 16.1; 33.4; 64.1; 114.1; 153.8
Westermann Archiv, Braunschweig: 12.1; 20.3; 22.3; 30.2-5; 32.2; 59.4; 61.3; 67.3; 72.10; 75.4; 76.1-3; 77.5; 78.2; 105.3; 107.3; 118.4; 120.1; 120.3; 123.9; 135.6; 149.5; 152.4; 153.6; 153.7; 176.3; 178.1; 178.2; 180.1; 189.3; 203.3; 205.6; 206.2; 206.3
Wöhlk Opticenter, Kiel: 133.3
WSA electronic, Altendambach: 157.7
ZEFA, Düsseldorf: 72.9 (Krubner)
ZK Kugellager, Schweinfurt: 29.7

Grafiken:
Dietmar Griese, Hannover: 8.1; 19.1; 19.2; 21.5; 25.5; 25.7; 26.1; 28.1; 31.6 - 8; 33.5; S. 36; 37.3; 37.5; 38.1; 39.4; 42.1; 42.2; 46.1; 47.3; 52.1; 54.2; 62.1; 71.5; 77.9; 82.2; 83.6; 86.1; 91.3; 92.1; 204.1; 204.3; 206.1; 208.1; 209.5; 212.1
Industrial graphic service, Helmstedt: 93.4; 198.2
Alle übrigen Grafiken und Zeichnungen: Technisch-Grafische Abteilung Westermann. Braunschweig
Wir danken den Firmen Elwe-Lehrgerätebau Klingenthal GmbH, Cremlingen, und Phywe, Göttingen, für die freundliche Unterstützung bei der Anfertigung von Fotos.

Eigenschaften verschiedener Stoffe

Stoff	Symbol bzw. Formel	Dichte ρ in g/cm³ bei 20 °C *ρ in g/l bei 0 °C	Schmelz-temperatur ϑ_E in °C 1013,25 mbar	Siede-Temperatur ϑ_S in °C	Spezifische Wärme-kapazität c in $\frac{J}{g \cdot K}$ bei 20 °C [kJ/(kg·K)]	Spezifischer elektrischer Widerstand ρ in $\frac{\Omega mm^2}{m}$ bei 20 °C *bei 25 °C
Feste Stoffe:						
Kohlenstoff	C					
Graphit		2,25	3550	4350	0,708	—
Diamant		3,52	>3600	4200	0,502	$3 \cdot 10^{17} \ldots 5 \cdot 10^{18}$
Schwefel (rhombisch)	S	2,06	113	445	0,720	$\approx 10^{22}$
Natriumchlorid	NaCl	2,164	808	1465	0,867	$1,15 \cdot 10^9$
Metalle						
Aluminium	Al	2,70	660	2400	0,90	0,027
Blei	Pb	11,35	327	1750	0,13	0,21
Eisen	Fe	7,86	1535	2800	0,45	0,099
Gold	Au	19,3	1063	2660	0,13	0,022
Kupfer	Cu	8,93	1083	2582	0,39	0,017
Magnesium	Mg	1,74	650	1110	1,02	0,047
Messing (62% Cu; 38% Zn)		8,3	—	—	0,38	0,08
Nickel	Ni	8,9	1453	2800	0,45	0,073
Platin	Pt	21,45	1769	4000	0,13	0,106
Silber	Ag	10,5	961	2190	0,23	0,016
Wismut	Bi	9,75	271	1550	0,12	1,21
Wolfram	W	19,27	3380	5900	0,13	0,054
Zink	Zn	7,13	420	907	0,39	0,062
Zinn	Sn	7,30	232	2600	0,23	0,121
Typische undotierte Halbleiter						
Germanium	Ge	5,36	959	2700	0,31	$0,6 \cdot 10^6$ bei 27°C
Silizium	Si	2,4	1410	2600	0,70	$2,3 \cdot 10^9$ bei 27°C
Naturstoffe, Keramik u.a.						
Beton (lufttrocken)		1,5…2,4	—	—	0,84	1–5
Eis (bei 0°C)	H₂O	0,917	—	—	2,09	—
Erde (trocken)		1,3…2,0	—	—	—	$10^8 \ldots 10^{10}$
Glas		2,4	≈ 500	—	0,8	$10^{12} \ldots 10^{19}$
Granit		2,6…3,0	—	—	0,75	—
Hartgummi		1,1…1,2	—	—	1,26…1,67	$10^{19} \ldots 10^{22}$
Sandstein		1,9…2,3	—	—	0,71	—
Holz		0,4…0,8	—	—	1,26…1,57	$10^{14} \ldots 10^{20}$
Keramik		2,4	1670	—	0,85	10^{16}
Styropor		0,017	—	—	—	10^{16}
Flüssig:						
Glyzerin	C₃H₈O₃	1,26	18	291	2,39	$1,6 \cdot 10^{11}*$
Petroleum	—	0,85	—	150…300	—	$\approx 10^{18}$
Quecksilber	Hg	13,55	−39	357	0,14	1,86
Wasser	H₂O	0,96	0	100	4,18	$10^{10} \ldots 4 \cdot 10^{10}$
Gasförmig:						
Chlor	Cl₂	3,214*	−101	−34	0,49	—
Helium	He	0,1785*	—	−269	5,23	—
Kohlendioxid	CO₂	1,9769*	−56,6	−78	0,84	—
Luft		1,2929*	−213	−193	1,00	—
Sauerstoff	O₂	1,42895*	−219	−183	0,92	—
Stickstoff	N₂	1,2505*	−210	−196	1,04	—
Wasserstoff	H₂	0,08988*	−259	−253	14,32	—